高等学校“十四五”农林规划新形态教材

U0598028

兽医统计学

（第2版）

主　编　李齐发　贾　青

副主编　张　勤　戴国俊　徐宁迎　高鹏飞

主　审　谢　庄

编　者（按姓氏笔画排序）

刘锁珠　李齐发　李转见　余　梅　张　勤

张廷荣　陈　静　赵宗胜　贾　青　徐宁迎

高鹏飞　潘增祥　戴国俊

中国教育出版传媒集团

高等教育出版社·北京

内容提要

本书内容丰富，全书共13章，全面系统地介绍了兽医统计学的基本原理和方法；特色鲜明，除了介绍生物统计学中常用的几种基本统计方法以外，还介绍了兽医学科中需要使用的统计分析方法，如非参数检验、序贯分析、判别分析和半数致死量等；突出应用性和实践性，每章都安排了大量的例题和复习思考题；内容新颖，很多例题和复习思考题都参考了新近的兽医学科专业文献。

本书除作为兽医专业本科生的必修教材外，还可作为兽医科研工作者、兽医临床工作者、兽医教学工作者及兽医学科研究生的参考用书。

图书在版编目（CIP）数据

兽医统计学 / 李齐发，贾青主编；张勤等副主编．--2版．北京：高等教育出版社，2023.1

ISBN 978-7-04-059040-1

Ⅰ．①兽… Ⅱ．①李… ②贾… ③张… Ⅲ．①家畜卫生-卫生统计 Ⅳ．①S851.67

中国版本图书馆CIP数据核字（2022）第131005号

Shouyi Tongjixue

策划编辑 孟 丽　　责任编辑 张 磊　　封面设计 杨伟露　　责任印制 田 甜

出版发行	高等教育出版社	网　　址	http://www.hep.edu.cn
社　　址	北京市西城区德外大街4号		http://www.hep.com.cn
邮政编码	100120	网上订购	http://www.hepmall.com.cn
印　　刷	北京七色印务有限公司		http://www.hepmall.com
开　　本	787mm×1092mm　1/16		http://www.hepmall.cn
印　　张	17	版　　次	2006年1月第1版
字　　数	410千字		2023年1月第2版
购书热线	010-58581118	印　　次	2023年1月第1次印刷
咨询电话	400-810-0598	定　　价	36.00元

本书如有缺页、倒页、脱页等质量问题，请到所购图书销售部门联系调换

物 料 号　59040-00

数字课程（基础版）

兽医统计学

（第2版）

主编　李齐发　贾青

登录方法：

1. 电脑访问 http://abook.hep.com.cn/59040，或手机扫描下方二维码、下载并安装 Abook 应用。
2. 注册并登录，进入“我的课程”。
3. 输入封底数字课程账号（20 位密码，刮开涂层可见），或通过 Abook 应用扫描封底数字课程账号二维码，完成课程绑定。
4. 点击“进入学习”，开始本数字课程的学习。

课程绑定后一年为数字课程使用有效期。如有使用问题，请点击页面右下角的“自动答疑”按钮。

Abook

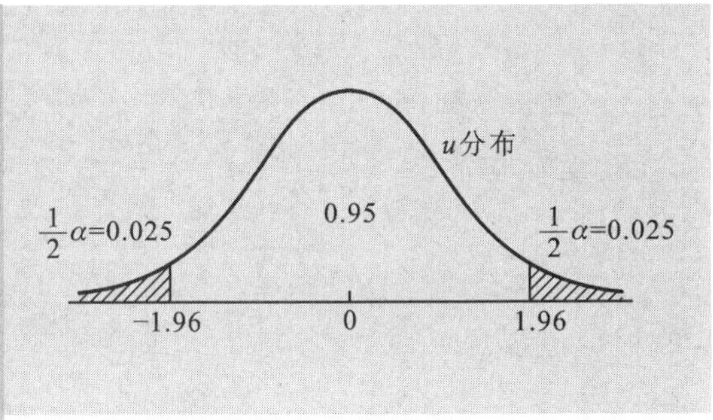

兽医统计学（第2版）

兽医统计学（第2版）数字课程与纸质教材一体化设计，紧密配合。数字课程包括教学课件、参考文献等内容，充分运用多种形式的媒体资源，为师生提供教学参考。

用户名：　密码：　验证码：　5360　忘记密码？　登录　注册

http://abook.hep.com.cn/59040

扫描二维码，下载Abook应用

第 2 版前言

《兽医统计学》教材第 1 版于 2006 年 1 月出版，至今已有 16 个年头了。16 年来，教材先后 6 次印刷，获得了使用者的认可，这给了我们修订教材的信心。同时，在教材的使用过程中，也收到了使用者和编写者反馈回来的一些问题和建议，使我们感到教材修订的必要性和迫切性，因此决定对本教材进行修订。

此次教材的修订主要包括以下几个方面：

在整体框架上，对原教材进行了“瘦身”，将实验部分的内容独立成书。考虑到部分院校已独立开设生物统计学实验课程的实际情况，我们于 2015 年编写了《生物统计学实验》（高等教育出版社出版）一书，弥补了原教材限于篇幅等原因，实验部分内容介绍不够详细、操作性不强等问题。

对例题和复习思考题进行了较大幅度的调整，全部采用兽医学科的病例和数据，更加突出教材的专业性和特色。修订过程中我们也参考了不少同类书籍，择其精要者列于书末。

全面审核了全书内容，修改了描述和符号不规范之处，统一了不同章节间专业名词和符号，校正了文字、数字和计算等方面的错误。同时，也修改了一些有歧义、可能给读者阅读造成困扰的内容，使之更加通俗易懂。

本次教材的修订工作是由长期从事兽医统计学教学的高校教师集体完成的，参与修订工作的有南京农业大学李齐发（第一章）、青岛农业大学张廷荣（第二章）、中国农业大学张勤（第三章）、扬州大学戴国俊（第四章）、华中农业大学余梅（第五章）、沈阳农业大学陈静（第六章）、浙江大学徐宁迎（第七章）、河南农业大学李转见（第八章）、山西农业大学高鹏飞（第九章）、石河子大学赵宗胜（第十章）、西藏农牧学院刘锁珠（第十一章）、南京农业大学潘增祥（第十二章）和河北农业大学贾青（第十三章）。教材最后由主编统稿，经主审精心审阅后定稿。在此，我们特别感谢教材第一版主编、南京农业大学谢庄教授应邀作为本教材的主审。同时，感谢高等教育出版社孟丽编辑在教材修订过程中给予的无私帮助。

尽管我们为教材的修订做了大量的工作，对教材进行了全面的修订，但由于水平有限，教材一定还存在不足、疏漏和错误之处，再次恳请使用教材的教师、学生和读者继续为我们提供宝贵意见。

李齐发

2021 年 12 月于南京

第 1 版前言与编者名单

目　录

第一章　绪　　论

本章主要介绍兽医统计学的概念、特点，以及总体、样本、变异、变量、观测值、参数、统计量、系统误差、随机误差、准确度和精确度等兽医统计学中的常用术语。

第一节　兽医统计学概念

人类对生物体的认识是通过对生物体复杂多样的特征性状的认识来实现的。对个体而言，这些特征性状一般表现为描述性或可测量的具体数字。对于一个大的群体来说，这些具体数字就可以形成一个海量的数据资料。如何处理、分析这些看似杂乱无章的数据资料，并发现其内在的规律？一般的数学方法显得力不从心，甚至无能为力。因此，科学家将概率论和数理统计学原理引入到生物学领域带有随机性的数量变化规律的研究中，于是就形成了**生物统计学**（biostatistics）。生物统计学就是用概率论和数理统计学的原理与方法来处理生物学资料的学科。

兽医统计学是生物统计学的一个分支，具体来说就是研究如何应用概率论和数理统计学的原理和方法有效的收集、整理和分析兽医学临床实践与科学研究中产生的带有随机性的数据，并对所研究的问题做出统计推断，提供决策依据的一门学科。

目前，生物统计学已广泛应用于生物学科的各个领域，兽医学科也不例外。越来越多的兽医工作者已认识到生物统计学的重要性，越来越多的兽医科研工作者使用生物统计学的知识来设计科学试验，处理试验数据和调查结果，从而得出合理、客观和正确的结论。可以看出，生物统计学对兽医学科的科学研究、疾病防治和临床诊断等正起着越来越重要的促进作用。

生物统计学在兽医学科中的基本功能主要体现在以下几个方面：

对资料进行整理和描述。一般来说，从兽医临床实践和科学研究中得来的原始数据资料往往都是杂乱无章的，不经过整理是无法看出其中的规律的，也说明不了任何问题，因而有必要对这些数据资料进行科学、合理的整理，并用经过整理的数据资料来对研究对象进行描述和说明。

用局部数据来推断和估计总体研究对象的特征。在兽医临床实践和科学研究中，我们总希望针对全部研究对象进行科学研究，但这是不现实的，也是不可能的。因而我们只能抽取少部分有代表性的个体进行观测和研究，用由此得出的结论在一定的概率保证下来估计和推断全部研究对象的特征，从而得出带有普遍意义的一般规律。

通过显著性检验来确定试验效应。兽医科研和临床实践中，一般都是比较性试验，即首先使可能影响试验的外部因素保持一致，然后把被研究因素根据试验要求划分成若干个等级（水平），根据设计要求进行试验，对各个水平的效应通过误差分析进行比较，从而确定各水平的处理效应。

寻找因素间的相互关系。生物体的许多特征性状间都不是孤立的，而是存在着某种平行或因果关系，兽医学科的研究对象也不例外。两个或多个变量间到底存在着何种关系，一个或一些变量对另一个或另一些变量起着什么样的作用，它们的变化规律如何，…，我们都可以对从兽医临床实践和科学研究中得到的数据资料进行分析研究，从而对这些变化规律进行定量的描述。

提供试验设计的一般原则。用尽可能少的人力、物力、财力和时间获取尽可能多的试验信息，并能精确地估计处理效应和试验误差，是每一个兽医科研工作者的愿望。因此，试验必须要进行科学合理的设计，而科学合理的试验设计依赖于生物统计学为其提供科学的设计原则。这些原则保证了试验的合理性、科学性、公正性和客观性，从而使得由试验得到的数据是正确的，结论是可靠的，效果是可信的。

第二节 兽医统计学特点

统计学(statistics)的推理思维与其他自然学科不同。在自然界中，我们可以总结出许多普遍规律，但也总能发现一些例外。例如，血是红的，这是普遍规律。但有人却发现了白色血液的鱼。按某些自然学科的推理方法，出现反例就应当否定原来的结论，即否定“血是红的”这一结论。但是，如果从统计学角度来看，结果会完全不同，我们可以这样描述这一结论，“至少 99% 以上的动物的血是红的”，这就是事物的**概率性**(probability)。在自然界中，概率性是普遍存在的。概率性的特点是所作结论并不是 100% 正确的，而是在一定概率保证下是正确的。因此，概率性是统计学的第一个特点。兽医统计学也不例外，也以概率性为其第一特点。

任何一门独立的学科都有其自身的理论体系，兽医统计学也一样。但兽医统计学又必须同时面对大量来源于临床实践的数据资料。如果没有这些数据资料，兽医统计学就失去了其存在和发展的必要。收集、整理和分析来自兽医科研、临床实践、防治第一线的数据资料是兽医统计学的主要任务。因此，兽医统计学不是一门纯理论的学科，而是理论和实践并重、理论和实践密切结合的学科，这就是兽医统计学的第二个特点：**二元性**(duality)。

理论上，我们总希望能获得并处理具有同一性质的所有资料，然而在实践中这往往是不可能的，我们只能获得其中具有代表性的一部分资料，对这一小部分资料进行分析和处理，从而得出一个结论，并用这一结论在一定的概率保证下进行统计推断。因此，统计学(包括兽医统计学)的第三个特点就是**归纳性**(induction)，即对部分资料进行整理分析，得出一个结论，在一定的概率保证下推断总体资料的带有普遍意义的规律，即从特殊推断一般，从局部推断总体。换句话说，就是用样本的数量特征值、数量关系和数量变化规律来推断总体相应的数量规律。但这一推断过程的前提是样本必须随机取得的(即随机样本)，且具有代表性。当然，统计学并不排斥演绎性。

一般来说，兽医统计学所要分析的资料来源于以下两个方面：科学试验与调查。这就涉及抽样和试验设计。正确地确定抽样方案，正确地对将要进行的试验进行科学设计是统计工作的基础。所谓**试验设计**(experimental design)，就是指在试验工作进行之前，应用统计学原理，制订出合理的试验方案，如最适样本大小、最佳样本配置、正确的试验动物种类、试验整个过程的安排等等，以使我们可以使用最少的人力、物力、财力和时间，以获得尽可能多的、可靠的信息和资料进行统计分析，从而得到可信的科学结论。

从兽医科研和临床实践中所得到的数据资料具有变异性、随机性和复杂性，而数据资料往往又是最能反映事物变化规律的证据。因此，学习兽医统计学的目的就是要应用统计学的原理和方法来定量地处理和分析兽医学数据的这些变异性、不确定性和复杂性，从而得出最令人信服的结论，以阐明兽医学科事物发展的规律。

兽医统计学是兽医学科中的一个重要工具，它能帮助兽医工作者发现隐藏在纷繁复杂的表面现象下面的客观规律。因此，学习兽医统计学首先要确立统计学的思维方式，要学会用统计学的思想来武装自己的头脑，用统计学的思考方式来观察世界；其次，在兽医科研、临床诊断和疾病防治等方面要用好用活统计学。除了学好兽医统计学，掌握兽医统计学的基本原理、计算公式、数学概念和含义，具有一定的计算机知识和操作技能（统计学软件如 SPSS 等的操作）外，还必须有扎实的兽医专业方面的知识及丰富的兽医临床实践经验；最后，用兽医统计学处理和分析每一批数据资料，都必须有充分的生物学意义和兽医学意义，而所做的试验也必须有兽医学科的理论意义和实践意义，否则，计算结果再正确、再精确，也毫无实际意义。因此，兽医统计学的学习及统计方法的应用不能孤立地、单独地进行，必须紧密结合兽医学科实践，以取得具有指导意义的结果。

第三节　常用统计术语

一、总体和样本

所谓**总体**（population），是指具有相同性质的观测值所组成的**集合**（set）。由于每一生物体都有许多个**性状**（trait），因而相似的生物体所组成的集合，如同一物种，同一类群，就不是兽医统计学意义上的总体。只有相似生物体所具有的某一相同性状所表现出来的值的集合才能作为统计学的总体。例如，成年母牛的血压、羔羊的血糖和猪血清中圆环病毒抗体水平等。总体可以是无限的，也可以是有限的。无限的总体既有时间上的含义，又有空间（地域）上的含义。当我们把某一总体限定于某一时间、某一地域时，总体就成了有限的。如上述总体（成年母牛的血压）就是无限的，但如果要研究 2020 年某一奶牛场中成年母牛的血压，就成了有限总体了。总体还有虚、实之分。例如，在试验某一新药时，我们总假想这一部分被试动物就来自于已施这一新药的动物总体，而这一总体其实在新药推广之前还不存在，是一假想总体，只有当这一新药试验成功并加以推广后这一总体才存在，才是现实总体。总体往往是无限的、假想的，即使是有限总体，其量往往也很大，因此在实际工作中不可能对总体中所有的观测值一一加以考察，而只能对其中具有代表性的一小部分进行研究。为了能对总体有一个很好的了解和认识，被研究的这一小部分观测值必须来自于这一总体，并具有很好的代表性。这样的一小部分观测值的集合就称为**样本**（sample）。从总体中得到样本的过程称为**抽样**（sampling）。

一个样本内观测值的个数，称为**样本容量**，用 n 表示（相对应的，有限总体的大小用 N 表示）。根据样本容量的大小，可以把样本分为大样本和小样本。大小样本之间实际上并没有严格的界限。习惯上，可以用 $n=30$ 作为大小样本的分界线。但这种划分界限也存在一定的争议，认为在一些情况下，这一界限是不够合理的。

二、变异和变量

在兽医科研和临床实践中，无论是总体还是样本，无论是调查还是试验，所得到的数值都是有差别的，这种差别在统计学中称为统计数据的**变异**(variation)。例如，同一年龄的成年母牛，其血压、体重和体格大小等都会不同，表现出不同程度的变异。这种在不同个体间具有变异性质的某种特征就称为**变量**(variate)。变量在某一个体具体表现出来的数值又称为变数或**观测值**(observation value)。例如，测得 2020 号二花脸猪的体重为 16.8 kg，这里的 16.8 kg 就是观测值，体重就是变量。变量是和常量相对应的一个概念。

三、参数和统计量

用来描述总体特征的数值称为**参数**(parameter)。例如，总体平均数反映了总体的集中程度和一般水平，因此总体平均数就是参数。参数用希腊字母表示，如总体平均数用 μ 表示。相应的，由样本观测值计算得到的描述样本特征的数值称为**统计量**(statistic)。例如，样本平均数反映了样本变量的集中程度和一般水平，因此样本平均数是统计量。统计量用拉丁字母表示，如样本平均数用 $\bar{x}$ 表示。参数一般为一常量，由于总体容量很大，且往往是无限的，因此在绝大多数情况下，参数很难直接由计算得到，而只能通过样本的统计量来进行**估计**(estimation)。从同一总体中抽取不同的样本所计算得到的同一性质的统计量是不会完全相同的，但这些统计量都可以用来估计相应的参数。

四、误差

在科学试验中，除了对希望所要研究或讨论的某一个或几个试验条件人为地加以区别外，其余非试验条件(包括外部及内部条件)都应当保持一致，以使试验所得到的结果符合真值(总体参数)。然而，在生物科学中，人们几乎无法把所有非试验条件绝对地控制在同一水平上，同时试验对象也是错综复杂的生物体，因此，很难使所得到的试验结果完全符合真值。试验结果和真值之间的这种差异和偏离，就是**误差**(error)。误差按其来源和性质可分为系统误差和随机误差。

系统误差(systematic error)是指由于某些特定的非试验条件所造成的使试验结果朝某一个方向发生有规律的偏移。造成系统误差的原因有以下几种：度量工具的不精确或未经校正，试验仪器及其读数器发生偏差或未经校正，外界试验条件发生了很大的变化，观测时间及顺序的影响，试验人员操作及观测时的偏爱和习惯，试验动物分组时发生的偏差等。这些因素都会使得试验结果有规律地偏离真值。由于系统误差影响了试验的准确性，因此应当在试验前就加以预防和克服。一般来说，系统误差是能被消除的。

随机误差(random error)是指由种种偶然因素引起的、无法加以预测和控制的无规律的偏差。随机误差又称为偶然误差。随机误差的大小、方向都无法确定。不管试验条件控制得多么严格，试验仪器多么精密，观测手段多么完善，所得到的试验结果总会发生大小不等、方向不定的偏差。消除系统误差以后，试验过程中主要的误差来源就是随机误差。在不发生歧义的情况下，随机误差简称为误差。可以发现，如果观测次数足够多的话，随机误差有统计学上的意义。每一次观测所产生的随机误差都是独立发生的，且服从一定的规律。通过各种手段可以把随机误差降到最低的程度,但无法消灭它。实际上,随机误差是进行假设检验的基础。降低随机误差,可以提高试验的精确性,可以更好地区别误差效应和处理效应,使得试验结果更准确,对试验处理间的差异所做出的评定更准确、更可靠。

由于工作人员的粗心大意或不负责任(如仪器使用不当,错读数据,记录不准,任意涂改,凭空杜撰等)所产生的观测值与真值的偏差,称为错误。错误不是兽医统计学的研究内容。在试验和调查中,错误应当、同时也是可以避免的。

五、准确度和精确度

准确度和精确度是和两类误差(系统误差和随机误差)密切相关的。

准确度(accuracy)是指观测值与真值接近的程度。当发生系统误差时,观测值都会有规律地向某一个方向偏离真值,因而降低了试验的准确度。**精确度**(precise)是指在同一处理条件下,同一批观测值间相互接近的程度。当随机误差较大时,数据较离散,精确度较低。

相比之下,准确度是比精确度更重要的一个概念。由于在很多情况下,准确度和精确度往往不可兼得,因此在制订试验设计或做试验时,应当很好地加以权衡。原则上,可以适当放弃一些精确度以保证足够的准确度,即首先应当将系统误差降至为零或降至最小,或将系统误差化为随机误差,以保证有足够的准确度。

复习思考题

1. 生物学数据的本质特性是什么?
2. 兽医统计学的概念和特点是什么?
3. 试举例说明总体和样本的概念及相互关系。
4. 简述参数和统计量的关系。
5. 什么是误差?如何控制误差?
6. 论述准确度、精确度与两类误差之间的关系。

第二章　数据资料的整理与分析

本章主要介绍数据资料的分类、采集、检查与核对；不同类型资料的整理与分组；常用统计图、表；资料的平均数、方差、标准差和变异系数等的计算。

采集资料是进行科学研究的一个重要内容，也是进行统计分析工作的第一步和全部统计推断工作的基础。如果不能正确地收集原始资料，无论分析方法多么正确，都难以获得反映事物本质规律的正确结论。

原始资料进行检查核对后，仍然是一堆杂乱无序的数据，往往不能直接从中看出规律。在对原始资料进行分析之前，必须加以整理和分组。整理首先是按资料的类型、性质或时间不同等进行分类，将性质相同的资料归纳到一起，使资料系统化，这样才能反映事物的本质。因此，在资料整理时必须坚持"同质"原则，以显示资料内部的规律性，得出正确的结论。资料经过整理以后，根据观测值的多少确定是否分组。观测值不多时不必分组，直接进行统计分析，或按数值从小到大（或从大到小）进行排列，以观察资料的变化情况。当观测值较多时，宜将观测值分成若干组，以便进行统计分析。将观测值分组后，制成次数分布表，即可看出资料的集中和变异情况。不同类型的资料，其整理的方法是不同的。

第一节　数据资料的采集与核对

一、资料的种类

不同性质的资料，其统计分析方法也不同。按性质的不同，资料一般可以分为两大类。

（一）连续性资料

连续性资料（continuous data）是指对每个观测单位使用仪器或试剂来测定其某项指标的数值大小而得到的资料。其数值特点是各个观测值不一定是整数，两个相邻的整数间可以有带小数的任何数值出现，其小数的位数随测量仪器或工具的精确性而变化，它们之间的变异是连续性的，因而称为连续性资料。常见的连续性资料有动物的各种生理、生化指标，药物动力学指标等，如血液中血红蛋白含量。计量资料一般都为连续性资料。

（二）间断性资料

间断性资料（discrete data）是指在一定范围内只取有限种可能值的数据资料。间断性资料又可进一步分为计数资料和分类资料两种。

计数资料（counting data）是指用计数方法得到的数据资料。在兽医学科研和临床中有些指标不能用仪器或工具直接测量,而只能用分类计数的方式获得。这类数据资料全都是整数,各观测值之间是不连续的。常见的计数资料有畜禽疫病感染个数、发病数、死亡数、呼吸次数、单位容积内细胞数、细菌数等。

分类资料(categorical data)是指可自然或人为地分为两个或多个不同类别的资料。有些只能观察到而不能直接测量的性状指标,如充血程度、精神状态、生死、发病类型等。这种资料可以转化为数值表示,如药物治疗畜禽某种疾病的疗效分为治愈、显效、好转和无效,可用 1、2、3、4 等数值分别表示。分类资料各类别用数值表示时,不同数值仅代表不同的类别,不代表大小。要获得这类性状的数据资料,须对观察结果按性状的类别统计次数,以获得性状指标的数据。例如,中毒的潜伏期按不同的时间点分别计数,用药物治疗畜禽某种疾病的疗效分为治愈、显效、好转和无效等 4 种情况分别计数等。这类数据资料既有程度差别,又有量的不同,兽医学上把这类资料也称为次数资料,或称半定量资料。

在兽医学中,分类资料常用相对数(率)或构成比的形式表示。

率是一种频率指标,是在一定条件下,某种现象实际发生的次数在总次数中的比例,用以说明该类现象发生的频率或强度。率以百、千等为基数,称为百分率、千分率,以**百分率**(percentage)为常见。百分率的计算公式为:

$$百分率 = \frac{某一现象实际发生的次数}{总次数} \times 100\% \tag{2-1}$$

在兽医临床实践中常见的率有发病率、死亡率、感染率、治愈率、免疫率、阳性率等,如:

$$发病率 = \frac{一定时期内发病的家畜数}{同一时期同类家畜饲养总数} \times 100\%$$

构成比是某类事物可以分成两个或以上不同的部分,每一部分在总的数据中所占的比率。例如调查一个鸡场鸡死亡的原因,我们可以发现,鸡死亡的原因很多,每一类原因引起的鸡死亡的比例是不同的。假设有 500 羽鸡死亡,其中因鸡白痢死亡的有 160 羽、鸡法氏囊病死亡的有 87 羽、啄肛死亡的有 158 羽、由于拥挤死亡的有 38 羽,其余原因死亡的有 57 羽,则各种死亡原因引起的死亡率分别为 32%、17.4%、31.6%、7.6%、11.4%,这就是构成比,构成比的总和是 100%。

可以这样理解,在分类资料中,如果强调各种分类中某一类在总类别中的比率,通常称为百分率,而各种类别在总类别中的比率常叫做构成比。例如上面所提及的各类死亡原因中,如果我们仅统计该鸡场的病死率,假设该鸡场共饲养 10 000 羽鸡,总的死亡率应为 $p = \frac{500}{10\ 000} = 5.0\%$,而病死率则显然为 $p = \frac{160+87}{10\ 000} = 2.47\%$。这里,总死亡率和病死率均为率,病死率在总死亡率中所占的比重就是构成比。

二、资料的采集

在收集资料之前,必须根据研究的目的认真考虑所需资料的来源、要求、项目、内容及收集的方法,尽可能用最经济的人力和物力采集到所需资料。一般可通过两种途径采集数据资料,一是通过调查收集资料,二是通过科学试验获得资料。

（一）调查

根据调查方法、对象和目的的不同，调查又可分为：

（1）对历史资料的调查。如查阅各种兽医卫生工作情况的年报表、畜禽疫情月报表等。对以往历史资料的调查分析，可以获得兽医工作的基本情况和疫情规律，制订兽医工作计划和措施，指导兽医卫生防疫的实践和科学研究。

（2）临床兽医工作记录的调查。如临床化验报告、门诊病例等，也是研究畜禽疫病病情和疗效的基本资料。通过对这些资料的研究，可以分析疫病发生的规律及治疗措施的有效性。为使这些资料具有科学研究价值，平时要认真填写，并妥善保存。

（3）现场专题调查。现场专题调查分为两种，一是普查，二是抽样调查。普查是全面调查，即对研究对象的全部个体进行观测，如牛结核病、乳房炎、布氏杆菌病等的普查。普查能全面了解群体的基本情况，甚为重要。抽样调查是指根据预定的抽样方法从研究总体中抽取一部分个体作为样本进行观测，对观测结果进行统计分析，并对总体的情况作出估计。抽样调查如使用得当，能在较少的人力和物力条件下，对总体作出准确的推断。

（二）试验

在兽医实践和科学研究工作中，很多问题的解决必须通过试验来完成。例如药物试验、临床疗效试验、畜禽生理生化指标测定及病毒的致病机理研究等。一般试验研究都是有计划地通过随机样本进行观测，所得到的资料都是随机样本的结果。

三、资料的检查与核对

检查与核对原始资料的目的在于确保原始资料的完整性和正确性。所谓完整性，是指原始资料没有遗缺或重复；所谓正确性，是指原始资料的测量和记录无差错，没有不合理的合并。检查中尤其要注意特别大、特别小和异常的数据，要结合专业知识做出判断。对于有重复、异常或遗缺的资料，经核实确认予以删除；对于有错误、相互矛盾的资料经检查核对后进行更正，必要时进行复查或重新试验。资料的检查与核对工作虽然简单，但在统计分析工作中却是非常重要的一项工作，因为只有完整、正确的数据资料，才能真实地反映出调查或试验的客观规律，经过统计分析才能得出正确的结论。

第二节 数据资料的整理

不同种类的数据资料，其整理方法也不相同。

一、间断性资料的整理

间断性资料的整理常采用单项式分组法。它的特点是用样本的观测值直接进行分组，每组均用一个观测值表示。分组时，将资料中的每个观测值归入相应的组内，然后画线记数，制成次数分布表。

【例 2－1】 对 200 羽鸡新城疫血球凝集抑制（ND－HI）滴度检测资料进行整理分组。

按不同凝集抑制滴度进行分组整理，制成次数分布表，见表 2－1。从表中可以看出鸡新城疫血球凝集抑制滴度在 1∶10～1∶640 范围内变动，有 7 个不同的观测值，主要集中在 1∶40～

1∶160 范围内，以 1∶80 为最多。可见经过整理、分组后，就可以直接、清晰地看出数据资料的规律。

表 2－1　鸡新城疫血球凝集抑制滴度的次数分布表

ND－HI 滴度	画线计数	次数(*f*)
1∶10	｜｜｜｜	4
1∶20	卌 卌 卌 ｜｜｜	18
1∶40	卌 卌 卌 卌 卌 卌 卌 卌 卌 卌 ｜｜｜｜	54
1∶80	卌 卌 卌 卌 卌 卌 卌 卌 卌 卌 卌 卌 卌 ｜｜	67
1∶160	卌 卌 卌 卌 卌 卌 卌 ｜	36
1∶320	卌 卌 卌	15
1∶640	卌 ｜	6
合计		200

有些计数资料中观测值较多，变异范围较大，若以每一个观测值为一组，则组数太多，而每组内包含的观测值又太少，资料的规律性显示不出来。对于这样的资料，可将几个相邻观测值组合并为一组，以适当减少组数，这样资料的规律性就较明显，对资料进一步分析计算也比较方便。需要注意的是，相邻观测值是否存在质的差别应结合专业知识来进行分析，防止不合理的合并归组。同时还应注意组间距的设定必须相等。

【例 2－2】　对 100 例断奶仔猪附红细胞体病例的血液涂片显微镜下病变红细胞数资料进行整理分组。

病变红细胞数变异范围在 6～21 个，如果以一个单独观测值为一组，分 16 组就太多，不易看出资料的分布规律。如每间隔 1 个分为一组，则可使组数适当减少。经适当合并后分为 9 组，资料的分布规律就比较明显，见表 2－2。

表 2－2　100 例血液涂片病变红细胞数的次数分布表

病变红细胞数(个)	组中值(x)	画线计数	次数(*f*)
5～6	5.5	｜	1
7～8	7.5	｜｜｜｜	4
9～10	9.5	卌 卌 ｜	11
11～12	11.5	卌 卌 卌 卌	20
13～14	13.5	卌 卌 卌 卌 卌 卌 ｜	31
15～16	15.5	卌 卌 卌 ｜	16
17～18	17.5	卌 卌 ｜	11
19～20	19.5	卌	5
21～22	21.5	｜	1
合计			100

从表 2－2 可以看出，血液涂片病变红细胞数大部分在 9～18 个之间，有少数在 5～8 个之间和 19～22 个之间。

二、连续性资料的整理

对于连续性资料的分组整理，常采用组距式分组法。在分组前需要根据数据的多少确定组数、组距、各组的上下限及组中值，然后将全部观测值按其数值大小归组，画线计数，制成次数分布表。以例 2－3 说明连续性资料的整理分组步骤。

【例 2－3】 200 头奶牛 100 mL 血液中镁离子含量（单位：mg）资料见表 2－3，对该资料进行整理分组。

表 2－3　200 头奶牛血液镁离子含量　　单位：mg

2.5	2.0	1.8	2.1	2.4	2.4	2.2	2.3	1.4	1.8	2.2	2.1	2.0
2.9	1.9	2.1	2.0	2.9	2.0	1.8	1.8	1.4	2.0	1.8	1.8	1.7
1.7	1.7	2.2	2.0	1.9	1.9	1.6	2.6	2.3	2.7	2.4	2.6	2.4
2.1	2.7	2.1	2.1	2.2	2.0	2.3	2.3	2.2	2.3	2.6	2.2	2.1
3.3	2.5	2.3	2.9	2.3	1.6	1.8	1.6	2.8	2.7	2.5	2.6	2.0
2.4	2.4	2.3	2.3	2.2	2.0	2.1	2.7	2.1	1.8	3.0	2.5	1.6
2.2	2.6	2.3	2.5	2.3	2.3	2.4	2.4	2.2	1.5	3.2	1.8	2.1
2.3	2.2	2.1	1.9	1.7	1.7	2.0	1.7	1.9	1.5	1.9	2.2	2.1
2.3	2.5	2.2	2.7	2.5	1.9	1.6	1.5	2.3	1.8	1.9	1.4	1.5
1.1	1.8	1.4	2.2	2.6	3.0	3.1	1.8	2.1	2.0	1.9	2.8	2.1
2.8	3.0	2.8	1.6	1.9	3.1	1.6	1.9	1.4	2.4	1.9	2.1	2.6
2.4	1.9	2.8	2.2	2.5	2.0	2.1	1.3	2.0	1.3	2.0	2.3	1.8
2.2	2.8	2.0	2.7	2.9	2.5	2.3	2.2	2.0	2.3	1.7	2.1	2.1
2.2	2.3	1.9	2.1	2.3	2.2	2.6	2.4	2.6	1.6	1.0	2.4	2.5
1.9	2.5	2.3	2.6	1.9	2.1	2.0	2.1	1.1	2.1	2.3	2.1	2.0
1.2	1.6	2.1	2.2	3.0								

1. 求全距　全距是全部观测值中最大值与最小值之差，又称为**极差**（range），用 R 表示。计算公式为：

$$R = x_{max} - x_{min} \tag{2-2}$$

本例中最大值为 3.3，最小值为 1.0，因此 $R = 3.3 - 1.0 = 2.3$（mg）。

2. 确定组数　组数的多少应根据样本容量、资料的变异范围大小及要求精确度的高低而定。一般以达到既简化资料又不影响反映资料的规律性为原则。组数要适当，不宜过多，亦不宜过少。分组越多，所求的统计量越精确，但增大了运算量；若分组过少，资料的规律性又反映不出来，计算出的统计量的精确性也较差。一般组数的确定可参考表 2－4。

表 2－4　样本容量与组数的关系

样本容量	可分组数	样本容量	可分组数
30～60	6～8	200～500	12～17
60～100	7～10	500 以上	17～20
100～200	9～12		

本例中 $n=200$，根据表 2－4，初步确定组数为 12 组。

3. 确定组距　每组中最大值与最小值之差称为**组距**（class interval），用 i 表示。分组时要求各组的组距相等。组距的大小由全距 R 与组数 k 确定，计算公式为：

$$i=R/k \tag{2-3}$$

本例 $i=2.3/12=0.19\approx0.2$。

为方便分组和便于计算，组距常采用偶数整数。

4. 确定组限　各组的最大值和最小值称为**组限**（class limit），最小值称为组下限，最大值称为组上限。分组时要使第一组的组下限小于资料的最小值，最后一组的组上限大于资料的最大值。为避免第一组中变数过多，一般第一组的组下限最好比资料的最小值小半个组距。本例第一组的组下限为 $1.0-\frac{1}{2}\times0.2=0.9$，第一组的组下限确定后，即可求出各组的组限。由于各组之间的组距相等，故第一组的组下限加上组距即是第二组的组下限，第二组的组下限加上组距就是第三组的组下限，以此类推，一直到能包括资料中最大值的一组为止。在相邻的两组间，后一组的组下限就是前一组的组上限，于是本例的组限为 0.9～1.1，1.1～1.3，1.3～1.5，…。为了使恰好等于前一组上限和后一组下限的数据能确切归组，约定将其归于后一组，通常将上限略去不写。如第一组记为 0.9—，第二组记为 1.1—，…。

5. 求组中值　分组后，每一组的中点值称为组中值，它是该组的代表值。组中值与组限、组距的关系为：

$$组中值=(组下限+组上限)/2=组下限+\frac{1}{2}组距=组上限-\frac{1}{2}组距$$

本例第一组的组中值为 $(0.9+1.1)/2=1.0$。

6. 画线计数，作次数分布表　分组结束后，把原始资料中的每一个观测值逐一归组，画线计数，然后制成次数分布表。如表 2－3 中的第一个观测值 2.5 归入第九组（2.5—），第二个观测值 2.0 归入第六组（1.9—），依次将全部观测值都进行归组，画线计数，制成次数分布表，见表 2－5。

表 2－5　200 头奶牛血液镁离子含量的次数分布表

组限	组中值(x)	画线计数	次数(f)
0.9—	1.0	|	1
1.1—	1.2	|||	3
1.3—	1.4	卌 ||	7
1.5—	1.6	卌 卌 |||	13
1.7—	1.8	卌 卌 卌 卌	20
1.9—	2.0	卌 卌 卌 卌 卌 卌 ||||	34
2.1—	2.2	卌 卌 卌 卌 卌 卌 卌 卌 |||	43
2.3—	2.4	卌 卌 卌 卌 卌 卌 ||||	34
2.5—	2.6	卌 卌 卌 卌 |	21
2.7—	2.8	卌卌 ||	12
2.9—	3.0	卌 |||	8
3.1—	3.2	|||	3
3.3—	3.4	|	1
合计			200

由表 2－5 可以看出 200 头奶牛血液镁离子含量资料分布的一般趋势，血液镁离子含量的变化范围在 0.9～3.5 之间，大部分奶牛血液镁离子含量在 1.7～2.7 之间。

在归组画线时应注意，不要重复或遗漏，归组画线后应将各组的次数相加，结果应与样本容量相等，若不相等说明画线有误，应予检查纠正。在分组后所得实际组数，有时和最初确定的组数不同，如第一组下限和资料中的最小值相差较大，或实际组距比计算的组距为小，则实际分组数将比原定组数多，反之则少，但不影响分组和计算。

次数分布表不仅便于观察资料的规律性，而且可据此绘成次数分布图及计算平均数、标准差等统计量，进一步了解数据资料的内在规律。

第三节 常用统计图表

统计表是用表格的形式来表示数量关系，统计图是用几何图形来表示数量关系。利用统计表与统计图，可以把研究对象的特征、内部构成、相互关系等简明、形象、直观地表达出来，便于比较分析。

一、统计表

（一）统计表的结构和要求

统计表由标题、横标目、纵标目、线条、数值及合计构成，其基本格式如下表：

表号 标 题

总横标目（或空白）	纵标目 1	纵标目 2	…	纵标目 j	合计
横标目 1	数值	数值	…	数值	
横标目 2	数值	数值	…	数值	
⋮	⋮	⋮	⋮	⋮	
横标目 k	数值	数值	…	数值	
合计					

编制统计表的总原则：结构简单、层次分明、内容安排合理、重点突出、数据准确，便于理解和比较分析。具体要求如下：

1. 标题　标题要简明扼要、准确地说明表的内容，有时须注明时间、地点。标题位于表的上方。

2. 标目　标目分横标目和纵标目两项。横标目列在表的左侧，用以表示被说明事物的主要标志。纵标目列在表的上端，说明横标目各统计指标的内容，并注明计算单位，如百分数（%）、千克（kg）、厘米（cm）等。

3. 数值　一律用阿拉伯数字，数字小数点要对齐，小数的位数要一致，无数字的用“—”表示。数字是“0”，填写“0”。

4. 线条　表的上下两条边线略粗，纵、横标目间及合计用细线分开，表的左右边线可省去，表的左上角一般不使用斜线。

（二）统计表的种类

统计表可根据纵、横标目是否分组分为简单表和复合表两类。

1. 简单表 由一组横标目和一组纵标目组成，纵、横标目都未分组。此类表适于简单资料的统计，如表2-6。

表2-6 某猪场仔猪死亡情况

死亡原因	死亡数	频率/%
冻死	15	19.23
发育不良	20	25.46
肠炎	13	16.67
黄白痢	10	12.82
寄生虫	20	25.64
合计	78	100.00

2. 复合表 由一组横标目与两组或两组以上的纵标目结合而成，或由两组或两组以上的横、纵标目结合而成。此类表适于复杂资料的统计，如表2-7。

表2-7 4个猪场仔猪发病情况

猪场	发病数				
	黄白痢	肠炎	寄生虫病	水肿病	合计
甲	351	438	524	126	1 439
乙	130	217	262	84	693
丙	238	144	253	113	748
丁	120	236	177	212	745
合计	839	1 035	1 216	535	3 625

二、统计图

常用的统计图有**长条图**(bar chart)、**饼图**(pie chart)、**直方图**(histogram)和**折线图**(broken-line chart)等。利用统计软件可以作出各种需要的图形。图形的选择取决于研究资料的性质，一般情况下，连续性资料采用直方图和折线图，间断性资料常用长条图、线图或饼图。

(一) 统计图绘制的基本要求

在绘制统计图时，应注意以下几点：

(1) 标题简明扼要，列于图的下方；

(2) 纵、横两轴应有刻度，注明单位；

(3) 横轴由左至右，纵轴由下而上，数值由小到大；图形宽和高比例约为5∶4或6∶5；

(4) 图中需用不同颜色或线条代表不同事物时，应有图例说明。

(二) 常用统计图及其绘制方法

1. 长条图 用等宽长条的长短或高低表示按某一研究指标划分属性种类或等级的次数或频率分布。如表示奶牛几种疾病的发病率，几种家畜对某一寄生虫感染的情况。如果只涉及一项指标，则采用单式长条图；如果涉及两个或两个以上的指标，则采用复式长条图。

在绘制长条图时，应注意以下几点：

（1）纵轴尺度从“0”开始，间隔相等，标明所表示指标的尺度及单位；

（2）横轴是长条图的共同基线，应标明各长条的内容，长条的宽度要相等，间隔相同；

（3）在绘制复式长条图时，将同一属性种类、等级的两个或两个以上指标的长条绘制在一起，各长条所表示的指标用图例说明，同一属性种类、等级的各长条间不留间隔。

例如，根据表2-6绘制的长条图是单式的，如图2-1。根据表2-7绘制的长条图是复式的，如图2-2。

对间断性资料，在作长条图时，每个小矩形之间，应留出一条小间隔，以示间断。将表2-2的资料作成长条图，如图2-3，其中横坐标为每一组的组中值。

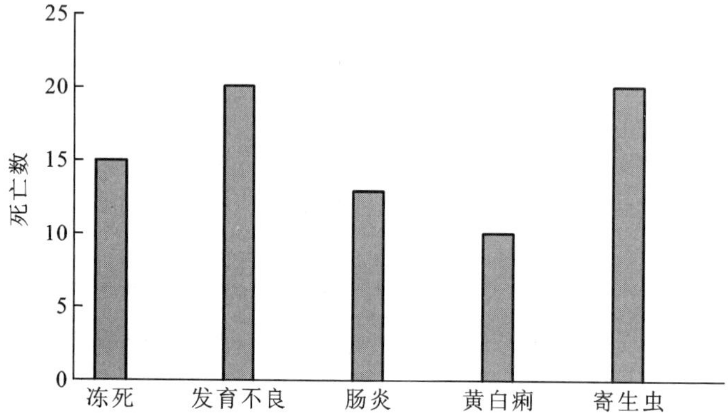

图2-1 某猪场仔猪死亡情况分布图

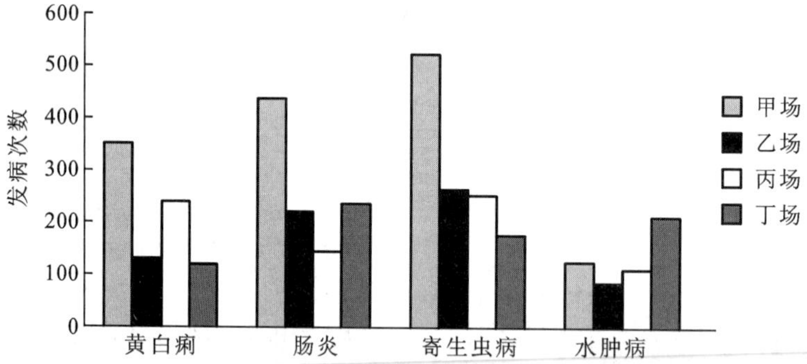

图2-2 不同猪场仔猪发病情况分布图

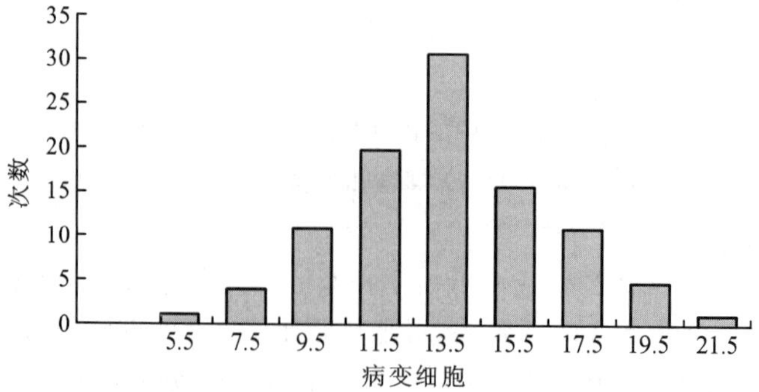

图2-3 血液涂片病变红细胞数分布图

2. 饼图　饼图用于表示整体中各部分的构成比。一般把图形全面积看成 100%，按构成比例将面积分成若干份，以面积的大小分别表示各部分的比例。如将表 2－7 中的甲猪场资料绘制成饼图，见图 2－4。

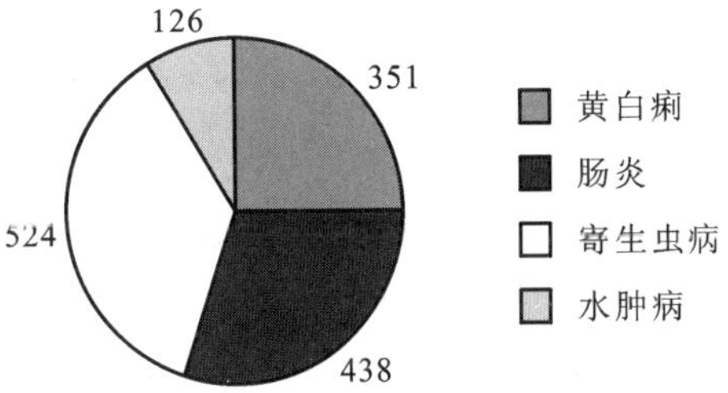

图 2－4　某猪场仔猪发病情况分布图

绘制饼图时，应注意以下 3 点：

（1）图中每 3.6°圆心角所对应的扇形面积为 1%；

（2）图中各部分按资料顺序或大小顺序，以时钟指针 9 时或 12 时为起点，顺时针方向排列；

（3）图中各部分用线条分开，注明简要文字、数字或百分比。

3. 直方图（矩形图）　对于连续性资料，可根据次数分布表作出直方图以表示资料的分布情况。具体作法是：以组限为横坐标，次数为纵坐标，在各组上作出高等于次数的矩形，即得次数分布直方图。

例如，根据表 2－5 绘制的次数分布直方图，见图 2－5。

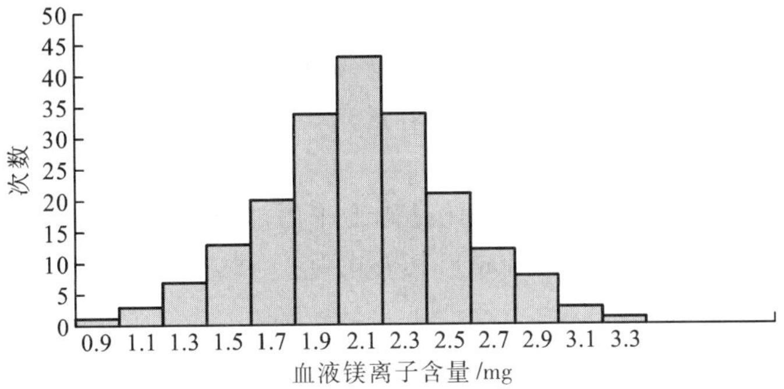

图 2－5　200 头奶牛血液镁离子含量分布直方图

4. 折线图　对于连续性资料，还可根据次数分布表作出次数分布曲线。具体作法是：以各组组中值为横坐标，各组次数为纵坐标，在坐标系中描点，用线段依次连接各点，即可得到次数分布折线图。例如，根据表 2－5 资料作出的次数分布折线图，如图 2－6。

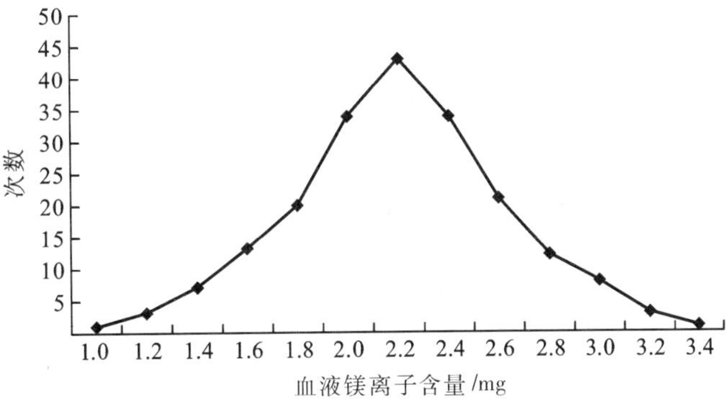

图 2－6　200 头奶牛血液镁离子含量分布折线图

第四节 平 均 数

平均数(mean)是统计学中最常用的统计量,主要用来说明观测值的平均水平或集中趋势。在兽医临床和科研工作中常用的平均数主要有算术平均数、几何平均数、中位数、众数和百分位数等。现分别介绍如下。

一、算术平均数

算术平均数(arithmetic mean)是用资料中各观测值的总和除以观测值的个数所得的商,简称平均数或均数,记为 $\bar{x}$。算术平均数可根据样本容量大小及分组情况而采取直接法或加权法计算。随着计算机技术的发展,大小样本资料均可直接计算。

(一) 直接法

直接法主要用于未经分组资料平均数的计算。设某一样本资料有 n 个观测值:$x_1, x_2, \cdots, x_n$,则样本平均数 $\bar{x}$,可通过下式计算:

$$\bar{x} = \frac{1}{n}\sum_{i=1}^{n} x_i = \frac{1}{n}\sum x \qquad (2-4)$$

式中 $\bar{x}$ 为均数,n 为观测值的个数(即样本容量),x 为观测值。

(二) 加权法

对于已分组的资料,可以在次数分布表的基础上采用加权法计算平均数。用加权法计算得到的平均数称为**加权平均数**(weighted mean),其公式为:

$$\bar{\omega} = \frac{f_1 x_1 + f_2 x_2 + \cdots + f_k x_k}{f_1 + f_2 + \cdots + f_k} = \frac{\sum_{i=1}^{k} f_i x_i}{\sum_{i=1}^{k} f_i} = \frac{\sum fx}{\sum f} \qquad (2-5)$$

式中:x_i 为第 i 组的组中值(也可以是每一组的组平均数),f_i 为第 i 组的次数,k 为组数。

因为这里的次数起到了"权重"的作用,它"权衡"了各组中值由于次数不同对总平均数的影响,f_i 越大,该组的组中值对总平均数的贡献也越大,所以这种计算平均数的方法称为加权法。

【例 2-4】 以表 2-5 资料为例,求其加权平均数。

$$\bar{\omega} = \frac{\sum fx}{\sum f} = \frac{1\times1 + 1.2\times3 + \cdots + 3.2\times3 + 3.4\times1}{1+3+7+\cdots+8+3+1} = \frac{440.6}{200} = 2.203(\text{mg})$$

即 200 头奶牛 100 mL 血液平均镁离子含量为 2.203 mg。

在很多情况下,同一批资料的算术平均数和加权平均数不一定相等。

(三) 算术平均数的基本性质

性质 1 样本各观测值与平均数之差的和为零,即离均差之和等于零:

$$\sum(x - \bar{x}) = 0$$

性质 2 样本各观测值与平均数之差的平方和为最小,即离均差的平方和最小:

$$\sum(x - \bar{x})^2 < \sum(x - a)^2 \qquad (a \text{ 为不等于 } \bar{x} \text{ 的任意值})$$

对于总体而言,通常用 μ 表示总体平均数,总体容量为 N 的有限总体的总体平均数为:

$$\mu = \sum x_i / N \tag{2-6}$$

需要指出的是，加权平均数不具有上述两条性质。

二、几何平均数

n 个观测值乘积的 n 次方根，称为**几何平均数**(geometric mean)，记为 $\overline{G}$。它主要用于畜禽疫病及药物效价的统计分析，如抗体的滴度、药物的效价、畜禽疾病的潜伏期等。其公式为：

$$\overline{G} = \sqrt[n]{x_1 \cdot x_2 \cdot \cdots \cdot x_n} = (x_1 x_2 \cdots x_n)^{\frac{1}{n}} \tag{2-7}$$

在实际工作中，当 $n>3$ 时，为了计算方便，常转换成对数形式进行计算，即：

$$\begin{aligned}\overline{G} &= \lg^{-1}\left[\frac{1}{n}(\lg x_1 + \lg x_2 + \cdots + \lg x_n)\right] \\ &= \lg^{-1}[(\sum \lg x_i)/n]\end{aligned} \tag{2-8}$$

若是分组资料，则为：

$$\overline{G} = \lg^{-1}[(\sum f_i \lg x_i)/n] \tag{2-9}$$

【例 2-5】 利用表 2-1 的资料，计算其平均滴度。

$$\begin{aligned}\overline{G} &= \lg^{-1}\left(\frac{1}{n}\sum f_i \lg x_i\right) \\ &= \lg^{-1}[(\lg 10 \times 4 + \lg 20 \times 18 + \cdots + \lg 320 \times 15 + \lg 640 \times 6)/200] \\ &= \lg^{-1} 1.876\ 0 \\ &\approx 75\end{aligned}$$

即该鸡群新城疫血球凝集抑制平均滴度为 1∶75。

需要注意的是，算术平均数和几何平均数属性不同，因此，同一批资料不能既计算算术平均数又计算几何平均数。一般来说，线性数据计算算术平均数，非线性数据计算几何平均数。

三、中位数

将资料中所有观测值按从小到大依次排列，位于中间位置的那个观测值，称为**中位数**(median)，记为 M_d。当资料观测值呈偏态分布时，或资料的一端或两端无确切数值时，中位数的代表性优于算术平均数。中位数的计算方法因资料是否分组而不同。

(一) 未分组资料中位数的计算方法

将各观测值由小到大依次排列：

(1) 当观测值的个数 n 为奇数时，中位数为：

$$M_d = x_{\frac{n+1}{2}} \tag{2-10}$$

(2) 当观测值的个数 n 为偶数时，中位数为：

$$M_d = (x_{\frac{n}{2}} + x_{\frac{n}{2}+1})/2 \tag{2-11}$$

【例 2-6】 某鸡场鸡球虫病发病日龄(单位：天)为：12，21，25，27，30，34，36，40，57，82，求其中位数。

$n=10$ 为偶数，则：

$$M_d = (x_{\frac{n}{2}} + x_{\frac{n}{2}+1})/2 = (x_5 + x_6)/2 = (30+34)/2 = 32(\text{天})$$

即鸡球虫病发病日龄的中位数为 32 天。

(二)分组资料中位数的计算方法

若资料已分组,则可利用次数分布表来计算中位数,其计算公式为:

$$M_d = L + \frac{i}{f}\left(\frac{n}{2} - C\right) \tag{2-12}$$

式中:L 为中位数所在组的组下限,i 为组距,f 为中位数所在组的次数,n 为样本容量,C 为小于中位数所在组的累加次数。

【例 2-7】 将某奶牛场 68 头健康母牛从分娩到第一次发情间隔时间整理成次数分布表,如表 2-8 所示,求中位数。

表 2-8 68 头母牛从分娩到第一次发情间隔时间的次数分布表

间隔时间/天	头数	累加头数
12—26	1	1
27—41	2	3
42—56	13	16
57—71	20	36
72—86	16	52
87—101	12	64
102—116	2	66
≥117	2	68

由表 2-8 可见:$i=15$,$n=68$,因而中位数只能在累加头数为 36 所对应的"57—71"这一组,于是可确定 $L=57$,$f=20$,$C=16$,代入公式(2-12)得:

$$M_d = L + \frac{i}{f}\left(\frac{n}{2} - C\right) = 57 + \frac{15}{20} \times \left(\frac{68}{2} - 16\right) = 70.5(\text{天})$$

即奶牛从分娩到第一次发情间隔时间的中位数为 70.5 天。

算术平均数易受极大值、极小值的影响,而中位数不易受极端值影响,医学中常用的半数效量和半数致死量都是中位数,不是算术平均数。

四、众数

在一个研究样本的资料中出现次数最多的一个观测值,称为该样本的**众数**(mode),常以 M_0 表示。间断性资料由于样本中的各观测值容易集中于某一个数值,所以众数易于确定。连续性资料由于在两个相邻的观测值之间,可有各种数值存在,样本中的观测值不易集中于某一个数值,众数不易确定。在连续性资料的次数分布表中,分布次数最多一组的组中值即为该样本的**概约众数**。但在实际统计分析过程中,由于分组不同,概约众数亦不同。可用补差法计算众数,其准确性高于众数。公式如下:

$$M_0 = L + \frac{f_1}{f_1 + f_2} \times i \tag{2-13}$$

式中:M_0 为众数,L 为次数最多组的组下限,i 为组距,f_1 和 f_2 为次数最多组上一组和下一组的累计次数。

【例 2-8】 计算表 2-8 资料的众数。

$$M_0 = 57 + \frac{16}{16 + 52} \times 15 = 60.5(\text{天})$$

五、百分位数

当研究资料的观测值不呈正态分布，或不能确定其分布类型时，**百分位数**(percentiles)也是一种常用的统计指标。百分位数就是把观测值按大小顺序排列起来，处在某个百分位上的数值。实际上中位数即为第 50 百分位数。样本容量太小时计算百分位数的意义不大。

(一) 直接法

把观测值按大小次序排列，把要求的百分位数乘以$(n+1)$，即为所求的百分位数所在的位置。计算公式为：

$$p_j = (n+1) \cdot j\% \qquad (2-14)$$

式中：n 为样本容量，p_j 为第 j 百分位数。

(二) 次数分布表法

计算百分位数亦可在次数分布表上进行，其原理与在次数分布表上计算中位数相同。计算公式为：

$$P_j = L + \frac{i}{f}\left(\frac{nj}{100} - C\right) \qquad (2-15)$$

式中：L 为百分位数所在组的组下限，i 为组距，f 为百分位数所在组的次数，n 为样本容量，C 为小于百分位数所在组的累加次数，j 为百分位数。

【例 2-9】 164 例食物中毒潜伏期资料见表 2-9，试计算第 95 百分位数。

表 2-9 164 例食物中毒潜伏期次数分布表

潜伏期/h	例数	累计例数	累计百分数
0—	25	25	15.24
12—	58	83	50.61
24—	40	123	75.00
36—	23	146	89.02
48—	12	158	96.34
60—	5	163	99.39
72—	1	164	100.00
合计	164		

若要求第 95 百分位数，须先找到第 95 百分位数所在组。从表 2-9 可见，第 95 百分位数在“48—”这一组内，则 $L=48$，$i=12$，$f=12$，$n=164$，$C=146$。

$$P_{95} = 48 + \frac{12}{12}\left(\frac{164 \times 95}{100} - 146\right) = 57.8(\text{h})$$

即有 95% 的病例中毒潜伏期在 57.8 h 内。

第五节 变 异 数

平均数可作为样本的代表值，说明资料的集中趋势。但其代表性的强弱受样本资料中各观测值变异程度的影响。如果各观测值之间变异小，则平均数对样本的代表性强；如果各观测值变异大，则平均数的代表性就差。因而仅用平均数对一个资料的特征进行统计描述是不完善的，还需要有一个表示资料中观测值变异程度大小的统计量。

衡量资料中观测值变异程度大小的统计量主要有方差、标准差和变异系数等。

一、方差

为了准确地表示样本内各个观测值的变异程度，我们首先会考虑到以平均数为标准，求出各个观测值与平均数的离差，即 $(x-\bar{x})$。观测值与平均数的离差，称为离均差。虽然离均差能表达一个观测值偏离平均数的性质和程度，但离均差有正有负，因此离均差之和必为零，即 $\sum(x-\bar{x})=0$，因而不能用离均差之和 $\sum(x-\bar{x})$ 来表示资料中所有观测值的偏离程度。

为了解决离均差之和为零这一问题，可先将各个离均差平方，再求离均差平方和，即 $\sum(x-\bar{x})^2$，简称平方和（sum of squares），记为 SS。由于平方和常随样本大小而改变，为了消除样本大小的影响，用平方和除以样本容量，即 $\frac{1}{n}\sum(x-\bar{x})^2$，求出平方和的平均数。为了使所得统计量是相应总体参数的无偏估计值，统计学证明，在求平方和的平均数时，分母不用样本容量 n，而必须用**自由度**（degree of freedom，df）$n-1$。于是，我们采用统计量 $\frac{1}{n-1}\sum(x-\bar{x})^2$ 表示资料中观测值的变异程度。$\frac{1}{n-1}\sum(x-\bar{x})^2$ 称为样本**方差**（variance），用 s^2 表示。样本方差又称为**均方**（mean square，MS），即：

$$s^2=\frac{\sum(x-\bar{x})^2}{n-1} \tag{2-16}$$

这里，一个样本中有 n 个观测值，在计算样本方差时，利用了 n 个离均差 $x-\bar{x}$，但由于受到 $\sum(x-\bar{x})=0$ 这一条件的约束，所以只有 $n-1$ 个离均差可以自由变动，因此自由度为 $n-1$。自由度是样本中可以自由变动的观测值的数目，等于资料观测值的个数减去计算统计量时使用的条件数。

样本方差相应的总体参数叫总体方差，记为 σ^2。对于有限总体而言，σ^2 的计算公式为：

$$\sigma^2=\frac{\sum(x-\mu)^2}{N} \tag{2-17}$$

在统计学中，样本方差 s^2 是总体方差 σ^2 的无偏估计量。

用离均差平方和所得方差还可增加估计时的灵敏度。

二、标准差

在仅表示样本中各观测值变异程度时，样本方差常与样本平均数配合使用。由于样本方差的单位是观测值单位的平方，因此应将平方单位还原，即应求出样本方差的平方根。样本方差的平方根叫做样本**标准差**（standard deviation），记为 s，即：

$$s=\sqrt{\frac{\sum(x-\bar{x})^2}{n-1}} \tag{2-18}$$

由于
$$\begin{aligned}\sum(x-\bar{x})^2&=\sum(x^2-2x\bar{x}+\bar{x}^2)\\&=\sum x^2-2\bar{x}\sum x+n\bar{x}^2\\&=\sum x^2-2\frac{(\sum x)^2}{n}+n\left(\frac{\sum x}{n}\right)^2\\&=\sum x^2-\frac{(\sum x)^2}{n}\end{aligned}$$

因此，为便于计算，同时也为了使计算结果更正确，（2－18）式可改写为：

$$s=\sqrt{\frac{\sum x^2-\frac{(\sum x)^2}{n}}{n-1}} \tag{2-19}$$

对应于样本标准差，总体也有标准差，记为 σ，对于有限总体而言，σ 的计算公式为：

$$\sigma=\sqrt{\frac{\sum(x-\mu)^2}{N}} \tag{2-20}$$

（一）标准差的计算

对于一般的样本资料，可直接利用公式（2－18）或（2－19）来计算标准差。

【例 2－10】 测定了 8 头成年母猪血清球蛋白含量（单位：g），得结果如下：2.3，2.4，2.5，2.7，2.9，3.0，2.9，3.2。计算血清球蛋白含量的标准差。

此例 $n=8$，经计算得 $\sum x=21.9$，$\sum x^2=60.65$，标准差为：

$$s=\sqrt{\frac{\sum x^2-\frac{(\sum x)^2}{n}}{n-1}}=\sqrt{\frac{60.65-\frac{21.9^2}{8}}{8-1}}\approx 0.32(\text{g})$$

用函数型计算器及计算机统计程序均可直接计算出样本标准差和总体标准差。

对于已分组的资料，可利用次数分布表，采用加权法计算标准差，计算公式为：

$$s=\sqrt{\frac{\sum f(x-\bar{x})^2}{\sum f-1}}=\sqrt{\frac{\sum fx^2-\frac{(\sum fx)^2}{\sum f}}{\sum f-1}} \tag{2-21}$$

【例 2－11】 用例 2－3 的资料，计算 200 头奶牛血液镁离子含量的标准差。

$\sum f=200$，$\sum fx=440.6$，$\sum fx^2=1\ 007.4$，则：

$$s=\sqrt{\frac{1\ 007.4-\frac{440.6^2}{200}}{200-1}}\approx 0.430(\text{mg})$$

即 200 头奶牛血液镁离子含量的标准差为 0.430 mg。

（二）标准差的特性

（1）标准差的大小，受资料中每个观测值的影响，如观测值间变异大，标准差就大，反之则小；

（2）各观测值同时加上或减去一个常数，标准差不变；

（3）当每个观测值乘以一个不为零的常数，则所得的标准差即扩大该常数倍；

（4）标准差可以近似地估计观测值的分布情况。在资料服从正态分布的条件下，平均数左右 1 个标准差（$\mu \pm \sigma$）范围内约有 68.26% 的观测值；平均数左右 2 个标准差（$\mu \pm 2\sigma$）范围内约有 95.45% 的观测值；平均数左右 3 个标准差（$\mu \pm 3\sigma$）范围内约有 99.73% 的观测值。据此对资料的分布进行估计，便于进一步统计分析。

三、变异系数

当对不同资料变异程度进行比较时，如果度量单位相同和平均数相近，则可以直接利用标准差来比较。如果单位不同和（或）平均数相差很大时，比较其变异程度就不能采用标准差了，而需采用标准差与平均数的比值（相对值）来比较。标准差与平均数的比值称为**变异系数**（coefficient of variation，CV）。变异系数可以消除单位和（或）平均数不同对两个或多个资料变异程度比较的影响。

变异系数的计算公式为：

$$CV = \frac{s}{\bar{x}} \times 100\% \tag{2-22}$$

变异系数的特点：

（1）变异系数也是样本变异程度的一个度量值，它与标准差不同，标准差是一个绝对值，有单位，而变异系数是一个相对数，没有单位，故可用于比较不同单位资料的变异程度；

（2）变异系数不受平均数大小的影响，故变异系数可用来比较不同平均数资料的变异程度；

（3）变异系数的大小，同时受到平均数和标准差两个统计量的影响，因而在利用变异系数表示资料的变异程度时，应将平均数和标准差一并列出。

【例 2－12】 现有体重相近（30.50 kg ± 1.42 kg）的长白仔猪 40 头，耳缘静脉采血，用血液分析仪测得：红细胞数 $\bar{x}_1 = 6.97 \times 10^{12}$ 个/L，标准差 $s_1 = 0.34 \times 10^{12}$ 个/L；白细胞数 $\bar{x}_2 = 23.28 \times 10^9$ 个/L，标准差 $s_2 = 0.83 \times 10^9$ 个/L。比较长白仔猪血液红细胞数与白细胞数的变异程度。

如果不考虑计数单位，可直接用标准差的大小来比较长白仔猪血液红细胞数与白细胞数的变异程度，结果是白细胞数的变异程度大于红细胞数。但本例红细胞数与白细胞数的计数单位不同，所以在比较两者变异程度时就应该使用变异系数。

红细胞数的变异系数为：

$$CV = \frac{0.34}{6.97} \times 100\% = 4.88\%$$

白细胞数的变异系数为：

$$CV = \frac{0.83}{23.28} \times 100\% = 3.57\%$$

由变异系数的比较可见，红细胞数的变异程度大于白细胞数。这一结果也更符合猪血液生理学特点。

第六节　正常值范围的确定

一、确定正常值范围的意义和原则

正常值范围(normal range),又称**参考值范围**(reference range),是指绝大多数正常动物的各种生理生化指标或组织、排泄物中各种成分的含量和各种组织、器官解剖指标等的范围。同是一批正常动物,由于个体差异以及体内外环境的改变,这些数值也会相应地有所差异,因而需要确定一个正常值的波动范围。例如体重在 1.5 ~ 2.5 kg 范围内的白色莱航鸡,其正常白细胞数为 $(9.76 \sim 31.0)\times10^3$ 个/mm^3(公鸡),$(9.2 \sim 28.6)\times10^3$ 个/mm^3(母鸡);猪的正常体温为 38 ~ 39.5 ℃;牛的正常红细胞数为$(5.5 \sim 7.0)\times10^6$ 个/mm^3 等等。确定了指标的正常值范围,在临床实践中可帮助区分正常与异常的界限,为病畜的正确诊断提供依据。

在制订正常值范围时,必须考虑以下原则:

1. 选定足够数量的正常动物作为调查对象

所谓正常动物是相对的,是指要测定的指标是正常无病的,或者是排除了影响研究指标的疾病和有关因素的动物。如果某些疾病并不影响所研究的指标,患这些疾病的动物一般仍可认为是“正常”的。

正常值范围是根据样本的分布来确定的,样本分布越接近总体分布,所得结果越可靠,所以被测动物的数量应足够多。数量太少,不仅样本代表性差,而且所得结论也不可靠。具体样本容量应根据实际测定指标的变异程度而定。

2. 测定的方法要统一、准确

保证原始资料可靠,是确定正常值范围的前提,所以必须对选定的正常动物进行统一而准确的测定。测定的方法、仪器灵敏度、试剂的纯度、操作规程和标准的掌握等都要统一,并应尽量与应用正常值范围的实际情况一致。

3. 分类分组要合理

对于有些生理生化指标,因性别、年龄或品种而不同时,应当分开考虑。原则上差别明显的就应分开,否则应当合并。

4. 确定正常值范围取单侧还是双侧范围

正常值范围是取单侧还是双侧,应根据指标的实际用途来确定。如体温、脉搏、白细胞数等指标,无论过低或过高均属异常,故正常值范围需要分别确定下限和上限,这称为双侧范围。再如谷丙转氨酶、血沉、尿铅等指标过高为异常,血红蛋白、红细胞数等指标过低为异常,则正常值范围只需确定下限或上限,这称为单侧范围。

5. 选定适当的百分界限

所谓正常值范围是指绝大多数正常动物的观测值都在此范围内。通常并不以这批正常动物全部测定结果的最小值至最大值范围为准,一方面是因为最边际的数值变动很大,另一方面是因为正常动物和病畜测定值往往有交叉,有许多病畜的测定值会低于正常动物测定结果的最大值或者高于正常动物测定结果的最小值。因此通常是在正常动物测定结果中取其中间部分,一般常以包括 95% 个体测定值的界限作为正常值范围。此外,还有 80%、90%、98% 和 99% 等界限。

对于正常动物在该范围以外的，若按单侧计算，相应地有5%以及20%、10%、2%和1%；若按双侧计算，每侧相应地有2.5%以及10%、5%、1%和0.5%。如何正确选定这些百分界限对于兽医临床实践是非常重要的。

二、估计正常值范围的方法

根据资料的分布特点不同，估计正常值常用的方法有以下两种。

（一）百分位数法

此法是将全部观测值由小到大依次排列，编上秩次，再把全部秩次分为100等份，这时与x%秩次所对应的数值即为第x百分位数，记为p_x。例如求第95百分位数，即p_{95}。指标值过大或过小均为异常。用双侧百分位数确定正常值范围，需求出2.5%和97.5%位数，记为$p_{2.5}$和$p_{97.5}$。当指标低限无意义，用单侧确定正常值范围，则需求出上限第95百分位数p_{95}；当指标高限无意义，则需求出下限第5百分位数p_5。

用百分位数估计正常值范围，方法简便，适用于各种分布类型的资料，但要求样本容量大，一般以$n>200$为妥。样本容量太小计算结果误差较大。

（二）正态分布法

对于服从正态分布的资料，可以应用正态分布原理估计正常值范围。其估计公式为：

$$\bar{x} \pm us \qquad (2-23)$$

式中，$\bar{x}$为样本平均数，s为样本标准差，u为标准正态分布与正常值范围相对应的临界值。u值可查附表1。

采用正态分布法估计正常值范围仅适用于服从正态分布，或数据经变换服从正态分布的资料。由于正态分布法受两端数据影响较小，因此它所估计的结果比百分位数法稳定可靠。资料分布越接近正态，估计结果越准确。

有关正态分布的内容，将在下一章中作详细介绍。

【例2-13】 估计例2-3中200头奶牛每100 mL血清中镁离子含量资料的95%正常值范围。

因为血清镁离子含量过高或过低均为异常，故按双侧估计95%正常值界限。

正态性检验：判断某一资料是否服从正态分布，最简单方法是目测法。将资料制成散点图，凡散点分布左右很不对称的资料，目测即可判定不符合正态分布。但左右基本对称的资料，有时也不一定都符合正态分布，因此应作正态性检验。检验方法见第六章。本例目测法初步判断符合正态分布。

200头奶牛血清镁离子的含量平均数和标准差分别为：

$$\bar{x}=2.203,\ s=0.430。$$

由附表1查得双侧95%正常值范围的u值为1.96，按公式$\bar{x} \pm us$，估计95%正常值范围的下限为$2.203-1.96\times0.430=1.360$，上限为$2.203+1.96\times0.430=3.046$，故奶牛血清镁离子含量的95%正常值范围为1.360～3.046 mg。

如果所研究的资料不服从正态分布，但如通过数据转换后服从正态分布，仍可应用上述方法估计正常值范围。数据转换方法见第五章。

复习思考题

1. 获取统计分析资料的途径有哪些？

2. 兽医学科中统计分析常用的平均数有哪几种？各适用什么类型的资料？

3. 什么是算术平均数？算术平均数有哪两个基本特性？试证明之。

4. 什么是标准差？标准差有哪些基本性质？

5. 什么是变异系数？在什么条件下使用？

6. 样本的观测值分别为9、8、7、10、12、10、11、14、8、9，计算该样本的算术平均数、标准差和变异系数。

7. 测得110头猪血红蛋白含量(mg)数据如下，请对该资料进行分组，作次数分布表和次数分布图，计算平均数、标准差及变异系数，并求双侧95%（$u=1.96$）猪血红蛋白含量的正常值范围。

14.8	15.4	15.5	13.7	14.4	14.1	14.4	14.4	15.1	15.3	14.2
14.8	14.9	14.3	12.8	13.4	15.6	14.6	15.9	15.5	14.7	14.4
13.8	15.4	14.5	16.4	15.2	12.5	14.4	17.0	15.2	14.4	14.8
15.4	15.5	13.7	14.4	14.1	14.4	14.4	15.1	15.3	14.2	14.8
14.9	14.3	12.8	13.4	15.6	14.6	15.9	15.5	14.7	14.4	13.8
15.4	14.5	16.4	15.2	12.5	14.4	17.0	15.2	14.4	14.8	15.4
15.5	13.7	14.4	14.1	14.4	14.4	15.1	15.3	14.2	14.8	14.9
14.3	12.8	13.4	15.6	14.6	15.9	15.5	14.7	14.4	13.8	15.4
14.5	16.4	15.2	12.5	14.4	17.0	15.2	14.4	14.2	14.4	14.3
14.8	14.9	14.5	14.4	15.6	14.4	15.1	14.7	14.2	13.8	14.9

8. 用直接法计算例2-3资料的平均数及标准差，并与加权法所得结果相比较。

9. 某鸡场对22周龄科宝肉用种鸡进行了鸡群免疫情况的抽样检测。随机抽采血样90只份，H9亚型禽流感血清学抗体检测结果见下表。计算血清抗体的平均效价。

H9 抗体效价	次数
$1:2^{8}$	4
$1:2^{9}$	2
$1:2^{10}$	19
$1:2^{11}$	24
$1:2^{12}$	19
$1:2^{13}$	16
$1:2^{14}$	6
合计	90

10. 某猪场记录了100头哺乳母猪在仔猪断奶到出现发情的时间，结果如下表所示，求中位数。

100 头哺乳母猪仔猪断奶后出现发情的时间次数分布表

间隔时间/d	头数	累计头数
3—	4	4
4—	35	39
5—	52	91
6—	5	96
7—	2	98
≥8	2	100

第三章　分布与统计推断

本章主要介绍统计学中三种常用分布（正态分布、二项分布和泊松分布）和三种常用的抽样分布（χ^2 分布、t 分布和 F 分布）的定义、特点和性质，以及假设检验和参数估计的基本概念和基本原理。

统计学的根本任务是通过对样本数据的分析来对总体作出推断。一个总体是由一个随机变量在所研究群体中的所有可能取值构成的，而样本则是这些所有可能取值中的一部分。在第二章，我们介绍了样本数据分布特征值（集中性特征值如样本平均数和离散性特征值如样本方差）的一些分析方法，从中了解到这些数据的基本特点和变化规律。相应地，任何一个总体数据也有分布特点和规律。由样本推断总体本质上就是要通过样本数据的分布来对总体的分布特点和规律（如总体的分布类型、总体的分布参数等）作出推断。为此，我们需要对总体分布的一些基本概念有一定了解。

随机变量的种类很多，每一种随机变量都有其特定的总体分布。随机变量可分为两大类，一类是**连续型随机变量**（continuous random variable），它们在某个范围内可连续取值；另一类是**离散型随机变量**（discrete random variable），它们在一定范围内只取有限种可能的值。下面我们将简要介绍几种常见且重要的随机变量的总体分布。

第一节　正 态 分 布

正态分布（normal distribution），也称**高斯分布**（Gaussian distribution），是最重要的连续型随机变量的概率分布。正态分布在统计学中占有极重要的地位，许多生物学领域的随机变量都服从或近似服从正态分布，或通过某种转换后服从正态分布，其他许多分布都与正态分布有关。因而，我们首先介绍正态分布。

一、正态分布的定义

如果随机变量的**概率密度函数**[*1]为：

---

* **概率密度函数**（probability density function）　对于连续型随机变量 X，满足以下条件的函数 $f(x)$ 称为 X 的概率密度函数：$f(x)\geqslant 0$　（x 是 X 的任一可能取值），

$$\int_{-\infty}^{+\infty} f(x)\,dx = 1,$$

$$P(a \leqslant X \leqslant b) = \int_a^b f(x)\,dx$$

（$P(a\leqslant X\leqslant b)$ 表示随机变量 X 在区间 $[a,b]$ 中取值的概率）。

$$f(x)=\frac{1}{\sigma\sqrt{2\pi}}e^{-\frac{(x-\mu)^2}{2\sigma^2}}\quad(-\infty<x<+\infty)\qquad(3-1)$$

则称该随机变量的总体分布为正态分布，或者说该随机变量服从正态分布。μ 和 σ^2 是这个函数的两个参数，e 是自然对数的底数。这个函数可用一个曲线图来表示（图 3－1），这个曲线称为正态分布曲线（正态曲线），它具有如下性质：

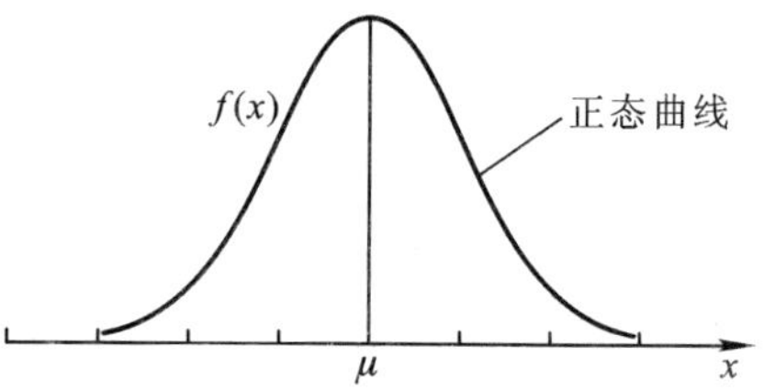

图 3－1 正态分布曲线

（1）曲线只有一个峰，峰值位于 $x=\mu$ 处；

（2）曲线关于直线 $x=\mu$ 对称，因而其平均数＝中位数＝众数；

（3）曲线以 x 轴为渐近线向左右无限延伸；

（4）曲线在 $x=\mu\pm\sigma$ 处各有一个拐点。

参数 μ 和 σ^2，分别为正态分布的总体平均数（期望）和总体方差。值得注意的是正态曲线完全由参数 μ 和 σ^2（或 σ，即标准差）决定，其中 μ 决定曲线在 x 轴上的位置（图 3－2），σ 决定曲线的形状。σ 大时，曲线图形显得矮而宽，即离散程度大；σ 小时，曲线图形显得高而窄（图 3－3）。也就是说，只要给定了 μ 和 σ^2，正态分布就被唯一地确定了下来，因而一个正态分布可用符号 $N(\mu,\sigma^2)$ 来表示。当一个随机变量 X 服从正态分布时，可表示为 $X\sim N(\mu,\sigma^2)$。例如，已知 $\mu=52,\sigma=12$，就可将该正态分布表示为 $X\sim N(52,12^2)$。

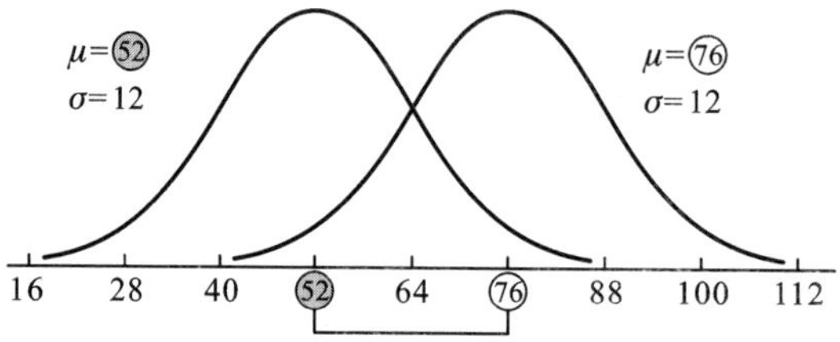

图 3－2 不同总体平均数的正态分布曲线

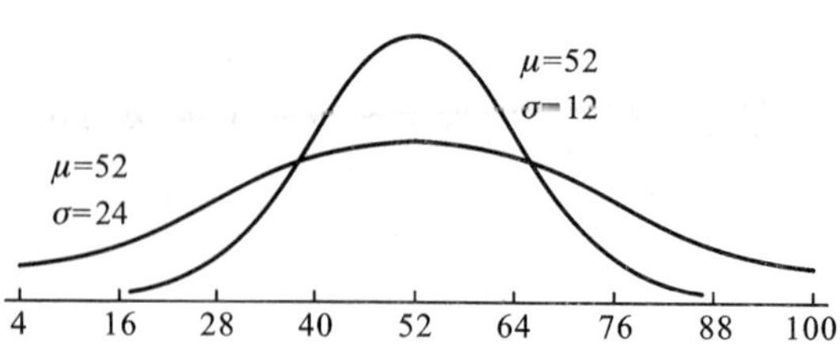

图 3－3 不同标准差的正态分布曲线

二、标准正态分布

对于一个正态分布，如果它的两个参数分别为 $\mu=0,\sigma=1$，我们称之为**标准正态分布**（standard normal distribution）。由公式（3－1），可得标准正态分布概率密度函数为：

$$f(x)=\frac{1}{\sqrt{2\pi}}e^{-\frac{x^2}{2}}\quad(-\infty<x<+\infty)\qquad(3-2)$$

标准正态分布曲线如图 3-4 所示。

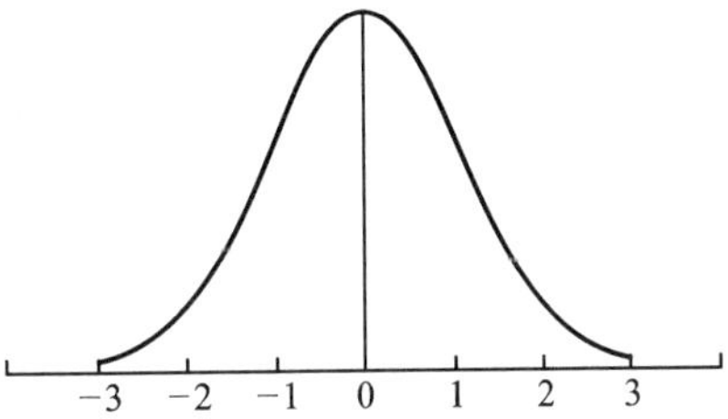

图 3-4 标准正态分布曲线

对于任意正态分布随机变量 $X \sim N(\mu,\sigma^2)$,将 X 作线性变换:

$$U=\frac{X-\mu}{\sigma}$$

这个变换称为标准化,所得到的随机变量 U 也服从正态分布,其期望为:

$$E(U)=\frac{1}{\sigma}E(X-\mu)=\frac{1}{\sigma}[E(X)-\mu]=\frac{1}{\sigma}(\mu-\mu)=0$$

方差为:

$$V(U)=\frac{1}{\sigma^2}V(X-\mu)=\frac{1}{\sigma^2}[V(X)+V(\mu)]=\frac{1}{\sigma^2}(\sigma^2+0)=1$$

也就是说,U 服从均值为 0、方差为 1 的标准正态分布,记为 $U \sim N(0,1)$。

由任意正态分布随机变量标准化得到的随机变量的标准正态分布也常称为 u 分布。

三、正态分布的概率计算

根据积分与面积的关系,可知连续型随机变量在某个区间内取值的概率就等于曲线下相应区域内的面积,例如正态分布随机变量在区间$[a,b]$内取值的概率就等于由正态曲线$f(x)$、直线 $x=a$、直线 $x=b$ 和 x 轴所围区域的面积。这个面积需要通过对该随机变量的概率密度函数求在这个区间上的积分而得到,即:

$$P(a \leqslant X \leqslant b)=\int_a^b f(x)\,\mathrm{d}x$$

由于正态分布的概率密度函数比较复杂,积分的计算较为困难,而这些计算又经常会用到,解决的办法一是利用计算机软件来计算,二是先将标准正态分布的概率计算结果制成表格,然后利用标准正态分布与一般正态分布的关系求得所需正态分布的概率计算结果。以下对如何利用这些表格作一简要介绍。

1. 标准正态分布函数表

附表 1 列出了在标准正态分布下随机变量 U 在区间$(-\infty,u]$内取值的概率,即图 3-5 中的阴影区域的面积,计算公式为:

$$\begin{aligned}P(U \leqslant u)&=\int_{-\infty}^{u} f(x)\,\mathrm{d}x\\&=\int_{-\infty}^{u}\frac{1}{\sqrt{2\pi}}\mathrm{e}^{-\frac{x^2}{2}}\,\mathrm{d}x\end{aligned}$$

因此,只要给定一个 u 值,就可由该表直接查到概率值 $P(U \leqslant u)$。

【例 3-1】 若随机变量 $U \sim N(0,1)$,求:(1) $P(U \leqslant 0.64)$;(2) $P(U \geqslant 1.53)$;(3) $P(-2.12 \leqslant U \leqslant -0.53)$。

(1) $P(U \leqslant 0.64)=0.738\,9$

(2) $P(U \geqslant 1.53)=1-P(U \leqslant 1.53)$

$=1-0.937\,0$

$$=0.0630$$

(3) $P(-2.12 \leqslant U \leqslant -0.53) = P(U \leqslant -0.53) - P(U \leqslant -2.12)$

$$= (1-0.7019) - (1-0.9830)$$

$$= 0.2981 - 0.017$$

$$= 0.2811$$

以下是几个特殊的也是常用的标准正态分布的概率值(图 3-6)：

$$P(-1 \leqslant U \leqslant 1) = 68.26\%$$

$$P(-2 \leqslant U \leqslant 2) = 95.45\%$$

$$P(-3 \leqslant U \leqslant 3) = 99.73\%$$

$$P(-1.96 \leqslant U \leqslant 1.96) = 95\%$$

$$P(-2.58 \leqslant U \leqslant 2.58) = 99\%$$

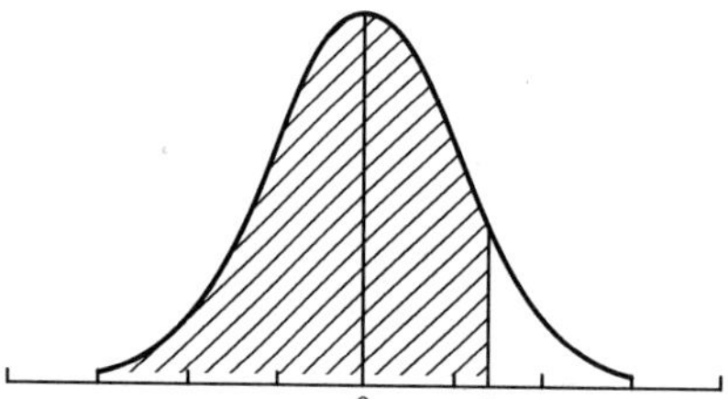

图 3-5 标准正态分布随机变量在区间($-\infty$, u]内取值的概率

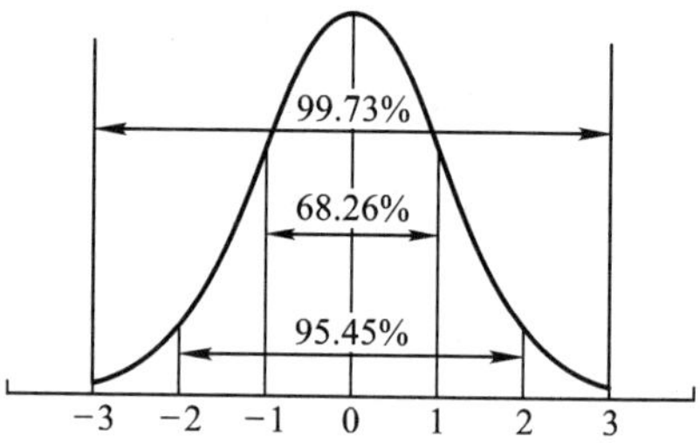

图 3-6 标准正态分布随机变量在区间[-1, 1]、[-2, 2]和[-3, 3]中取值的概率

对于服从正态分布 $N(\mu,\sigma^2)$ 的随机变量，欲求其在某个区间的取值概率，只需先将其标准化为标准正态分布 $N(0,1)$ 的随机变量，然后查表即可。

【例 3-2】 设 $X \sim N(30,10^2)$，试求 $X \geqslant 40$ 的概率。

$$P(X \geqslant 40) = P\left(\frac{X-30}{10} \geqslant \frac{40-30}{10}\right)$$

$$= P(U \geqslant 1)$$

$$= 1 - P(U \leqslant 1)$$

$$= 1 - 0.8413 = 0.1587。$$

对于任意的正态分布 $N(\mu,\sigma^2)$，有：

$$P(\mu-\sigma \leqslant U \leqslant \mu+\sigma) = 68.26\%$$

$$P(\mu-2\sigma \leqslant U \leqslant \mu+2\sigma) = 95.45\%$$

$$P(\mu-3\sigma \leqslant U \leqslant \mu+3\sigma) = 99.73\%$$

$$P(\mu-1.96\sigma \leqslant U \leqslant \mu+1.96\sigma) = 95\%$$

$$P(\mu-2.58\sigma \leqslant U \leqslant \mu+2.58\sigma) = 99\%$$

如图 3-7 所示。

2. 标准正态分布的双尾临界值表

附表 2 为标准正态分布的双尾临界值表，其中列出了当双尾相等概率之和为 α 时，标准正态分布的分位数值或临界值 u_α(图 3-8)，它满足：

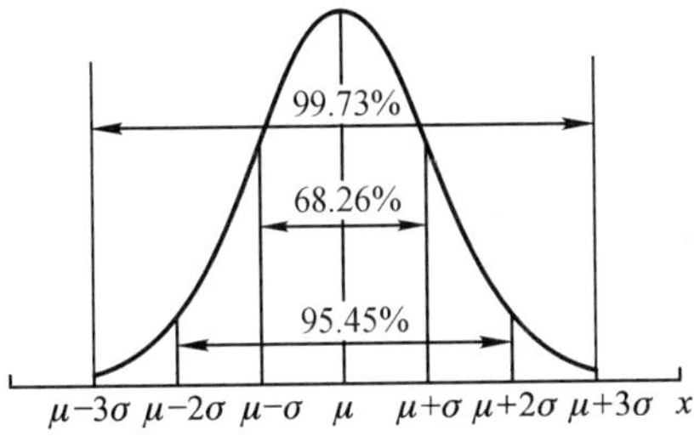

图 3－7 一般正态分布在几个特殊区间取值的概率

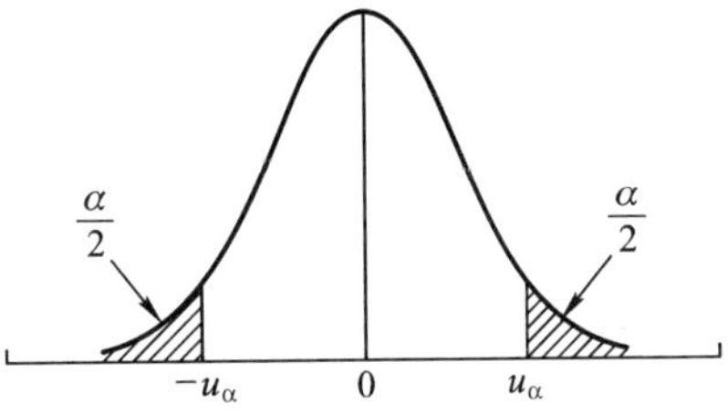

图 3－8 标准正态分布的双尾临界值

$$1-P(-u_{\alpha}\leqslant U\leqslant u_{\alpha})=\alpha$$

或

$$P(U\leqslant -u_{\alpha})=P(U\geqslant u_{\alpha})=\frac{\alpha}{2}$$

对于给定的双尾概率之和 α 的值，由该表可查到标准正态分布的临界值 u_{α}。

【例 3－3】 (1)设标准正态分布的双尾概率之和为 0.25，求 u_{α} 值。(2)设标准正态分布的右尾概率为 0.158 7，求 u_{α} 的值。

(1) 由附表 2 可直接查得 $u_{0.25}=1.150\ 3$

(2) 由于附表 2 给出的是双尾概率的 u_{α} 值，对于单尾概率，要转换为双尾概率来查，即用双尾概率 $=2\times 0.158\ 7=0.317\ 4$ 来查表。在查表时还有一个问题，即表中给出的概率值只有两位小数，而现在要查的概率有 4 位小数，这可用插值法来解决。因为 0.317 4 介于 0.31 与 0.32 之间。当 $\alpha=0.31$ 和 $\alpha=0.32$ 时，查表得 $u_{0.31}=1.015\ 222$ 和 $u_{0.32}=0.994\ 458$，然后用以下比例式求解：

$$\frac{0.31-0.32}{1.015\ 222-0.994\ 458}=\frac{0.317\ 4-0.32}{u-0.994\ 458}$$

得：

$$u_{\alpha}=0.999\ 857\approx 1$$

因而当右尾概率 $=0.158\ 7$ 时，u_{α} 值等于 1。若求左尾概率 $=0.158\ 7$ 时的临界值，则有 u_{α} 值等于 -1。

下面是标准正态分布的几个特殊的但是常用的 u_{α} 值：

当双尾概率为 0.05 时，$u_{\alpha}=1.96$

当双尾概率为 0.01 时，$u_{\alpha}=2.58$

当右尾概率或左尾概率为 0.05 时，$u_{\alpha}=1.64$ 或 -1.64

当右尾概率或左尾概率为 0.01 时，$u_{\alpha}=2.33$ 或 -2.33

类似于分布函数值的计算，对于一般正态分布 $N(\mu,\sigma^2)$，欲求其对于给定双尾概率或单尾概率的临界值，也可先将其标准化，再查附表 2 求得。例如求一般正态分布 $N(\mu,\sigma^2)$ 双尾概率为 0.05 时的临界值，

因为：

$$1-P\left(-1.96\leqslant\frac{X-\mu}{\sigma}\leqslant 1.96\right)=0.05$$

可得：

$$1-P(\mu-1.96\sigma\leqslant X\leqslant\mu+1.96\sigma)=0.05$$

所以双尾概率为0.05时的临界值为$\mu-1.96\sigma$和$\mu+1.96\sigma$。例如正态分布$N(30,10^2)$的双尾概率为0.05的临界值为$30-1.96\times10=10.4$和$30+1.96\times10=49.6$。

第二节 二项分布与泊松分布

二项分布(binomial distribution)和**泊松分布**(Poisson distribution)是最常见的离散型随机变量的概率分布,也是兽医统计学中常用的概率分布。

一、二项分布

假设:(1) 在相同条件下进行了n次试验,

(2) 每次试验只有两种可能的结果(可记为1和0),

(3) 每次试验中结果为1的概率为p,结果为0的概率为$q=1-p$,

(4) 各次试验彼此间是独立的,

则在n次试验中,结果为1的发生次数$X(=0,1,2,\cdots,n)$是随机变量,其分布就称为二项分布。可以看出,这个分布是由试验次数n和每次试验中结果为1的概率p决定的,可表示为$X\sim B(n,p)$,其**概率函数***[1]为:

$$\begin{aligned}f(k)&=P(X=k)\\&=C_n^k p^k q^{n-k}=\frac{n!}{k!\ (n-k)!}p^k q^{n-k}\quad(k=0,1,2,\cdots,n)\end{aligned}\tag{3-3}$$

二项分布的总体平均数(期望)和总体方差分别为:

$$\mu=E(X)=np$$

$$\sigma^2=V(X)=npq$$

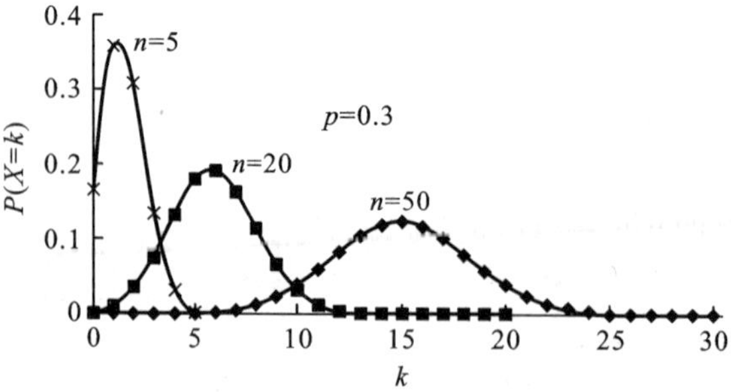

图3-9 $p=0.3$时不同n值的二项分布

显然,当$p=0.5$时,二项分布的方差达到最大,p离0.5越远,方差越小。

二项分布随着n的增大而趋近正态分布(图3-9),尤其当$p=0.5$时,只需$n=10$,二项分布

---

* **概率函数**(probability function) 描述离散型随机变量取各个可能值的概率的函数。设X是某个离散型随机变量,其概率函数可表示为:

$$f(x)=P(X=x)$$

其中x是X的某个可能取值,$P(X=x)$表示X取值为x的概率。概率函数满足以下条件:

$$f(x)\geqslant0,\ \sum f(x_i)=1$$

就与正态分布非常接近(图 3－10)。一般地,只要满足条件 $np \geq 5$,二项分布 $B(n,p)$ 就近似正态分布 $N(np, np(1-p))$。

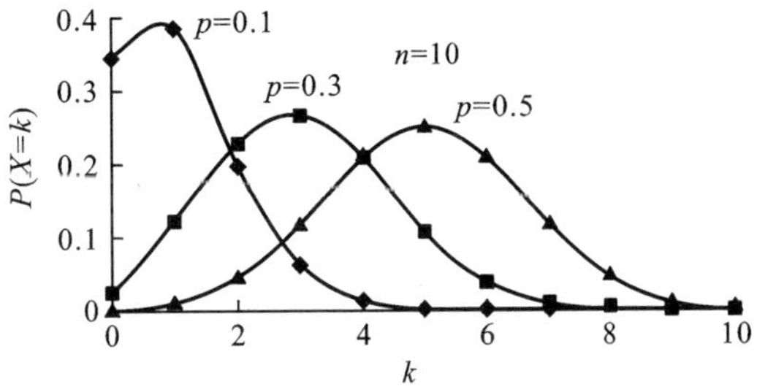

图 3－10 $n=10$ 时不同 p 值的二项分布

【例 3－4】 一头母猪一窝产了 10 头仔猪,分别求其中有 2 头公猪和 6 头公猪的概率。设任何一头仔猪为公猪的概率为 0.5。

我们将每产一头仔猪看成是一次试验,每次试验只有两种结果:公猪或母猪。每次试验彼此间是独立的(即每头仔猪的性别与其他仔猪的性别无关),于是 10 头仔猪中公猪的头数 X 服从二项分布 $B(10, 0.5)$,由公式(3－3),可得有 2 头公猪和 6 头公猪的概率分别为:

$$\begin{aligned} P(X=2) &= C_{10}^{2} \times 0.5^{2} \times (1-0.5)^{10-2} \\ &= \frac{10!}{2! \times (10-2)!} \times 0.5^{2} \times 0.5^{8} \\ &= 0.043\ 9 \end{aligned}$$

$$\begin{aligned} P(X=6) &= C_{10}^{6} \times 0.5^{6} \times (1-0.5)^{10-6} \\ &= \frac{10!}{6! \times (10-6)!}\ 0.5^{6} \times 0.5^{4} \\ &= 0.205\ 1 \end{aligned}$$

10头仔猪中公猪头数的总体平均数(期望)和总体方差分别为:

$$E(X) = np = 10 \times 0.5 = 5$$

$$V(X) = np(1-p) = 10 \times 0.5 \times 0.5 = 2.5$$

【例 3－5】 在动物的常规血液检查中,两个主要的指标是白细胞总数和不同类型白细胞(嗜中性、淋巴、单核、嗜碱性、嗜酸性)数量。假设在正常动物血液中嗜中性白细胞在白细胞总数中所占的比例是60%,问在 10 个白细胞中出现 8 个嗜中性白细胞以及出现 8 个以上嗜中性白细胞的概率分别是多少?

10 个白细胞中出现嗜中性白细胞的个数 X 服从二项分布 $B(10,0.6)$。出现 8 个嗜中性白细胞的概率是:

$$\begin{aligned} P(X=8) &= C_{10}^{8} \times 0.6^{8} \times (1-0.6)^{10-8} \\ &= \frac{10!}{8! \times (10-8)!} \times 0.6^{8} \times 0.4^{2} \\ &= 0.120\ 9 \end{aligned}$$

出现 8 个以上嗜中性白细胞的概率是:

$$\begin{aligned} P(X=9) + P(X=10) &= \frac{10!}{9! \times (10-9)!} \times 0.6^{9} \times 0.4^{1} + 0.6^{10} \\ &= 0.040\ 3 \end{aligned}$$

【例 3－6】 已知仔猪黄痢病在常规治疗下的死亡率为20%,求 5 头病猪治疗后各种可能死亡头数的相应概率。

5 头病猪治疗后死亡的头数服从二项分布 $B(5,0.2)$,由公式(3－3)可计算出各种可能死亡头数的概率,分别为:

死亡数	0	1	2	3	4	5
概率	0.327 7	0.409 6	0.204 8	0.051 2	0.006 4	0.000 3

二、泊松分布

泊松分布是二项分布的一种特殊形式。对于二项分布 $B(n, p)$，如果 n 很大，而 p 很小，可证明：

$$C_n^k p^k (1-p)^{n-k} \to \frac{e^{-\lambda}\lambda^k}{k!}$$

其中 $\lambda = np$，是一个常量，e 是自然对数的底数。

我们将具有概率函数：

$$f(k) = P(X=k) = \frac{e^{-\lambda}\lambda^k}{k!} \quad (3-4)$$

的分布称为泊松分布。λ 是泊松分布的总体平均数（期望），同时也是泊松分布的总体方差，也就是说泊松分布只有一个参数（图 3－11）。泊松分布主要用来描述稀有事件（小概率事件）在一定时间或空间范围内发生次数的概率分布，例如在一定时间内某个地区的畜群中某种稀有疾病的发病个体数，一个显微镜视野内观察到的某种细菌数等。一般服从泊松分布的基本条件是：

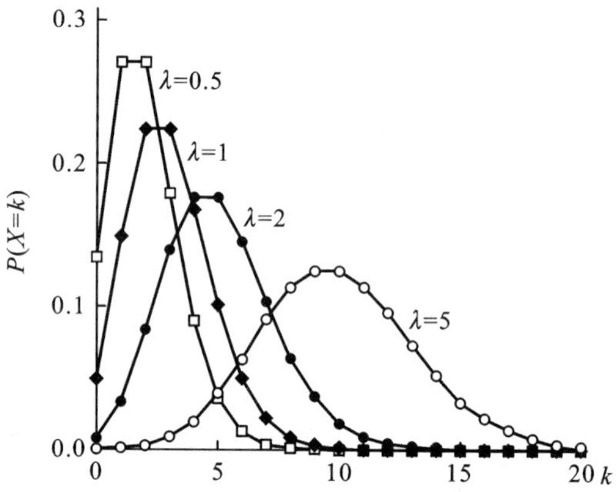

图 3－11 不同 λ 的泊松分布

（1）所考察的一定时间或空间范围划分为很多个很小的单位区间（时间或空间），在每个区间内事件发生的概率很低，且事件发生数几乎不可能超过 1；

（2）在不同的单位区间内事件的发生与否彼此无关；

（3）在不同的单位区间内事件发生的概率是相同的。

前两个条件比较容易满足，但第 3 个条件很难满足，因为事件发生的概率往往受很多因素的影响，很容易随着时间或空间的改变而改变，但如果差别不是很大，而且基本上都是小概率，则仍然可用泊松分布得到较好的近似结果。要特别注意的是对时间或空间总范围的定义，如果范围过大，往往容易造成事件发生概率的较大变化。

泊松分布在 $n \to \infty$ 时的极限分布也是正态分布。

【例 3－7】 考虑在一定时间（如 1 年）内某猪场因某种疾病而死亡的猪只数，在这段时间内，任何一天内因这种疾病而造成猪的死亡是很少发生的，而在不同的时间中这种事件的发生是独立的，因而在这段时间（如 1 年）中该猪场因这种疾病而死亡的猪只数就服从泊松分布。假设根据过去多年资料统计，该猪场平均每年因这种疾病而死亡的猪只数为 9.5，问在新的一年中该猪场因这种疾病死亡猪只数为 15 的概率是多少？

因为每年死亡的猪只数服从泊松分布，且平均数为 9.5，所以由公式（3－4），可得：

$$P(X=15) = \frac{e^{-9.5} \times 9.5^{15}}{15!} = 0.026\ 5$$

即在新的一年中该猪场因这种疾病死亡猪只数为 15 的概率是 0.026 5。

【例 3-8】 考察在琼脂培养皿上的细菌菌落数，培养皿的面积为 100 cm^2，将它划分为 100 个 1 cm^2 的小区，在每个小区内发现细菌菌落的概率很小，且不同的小区彼此之间是独立的，因而在培养皿上的细菌菌落数服从泊松分布。假设在一个小区内出现细菌菌落的概率为 0.02，求在一个培养皿上的细菌菌落数为 5 或更多的概率。

因为在一个小区内出现细菌菌落的概率为 0.02，所以在一个培养皿上细菌菌落数的期望值为 $100\times0.02=2$，由公式(3-4)，可得：

$$
\begin{aligned}
P(X\geqslant5) &= 1-P(X<5)\\
&= 1-\sum_{k=0}^{4}P(X=k)\\
&= 1-\sum_{k=0}^{4}\frac{e^{-2}\times2^k}{k!}\\
&= 1-(0.135+0.271+0.271+0.180+0.090)\\
&= 0.053
\end{aligned}
$$

即在一个培养皿上的细菌菌落数为 5 或更多的概率为 0.053。

第三节　样本平均数的抽样分布

一、抽样分布的概念

我们从一个总体中独立随机地抽取样本容量为 n 的样本，并由样本计算各种统计量，由于样本是随机抽取的，因而由样本数据计算的统计量也是随机变量，它们也有自己的概率分布，这种分布称为**抽样分布**(sampling distribution)。抽样分布也可这样来理解，假设我们可从该总体进行无数次抽样(这至少在理论上是可行的)，并且各次抽样是独立的(即每次抽样的结果都不会受到其他抽样结果的影响)，由每次抽样所得到的样本都可计算其统计量，例如样本平均数，由无数次抽样就可得到无数个样本平均数，这些样本平均数就构成了一个新的总体(图 3-12)，而这个总体又有其不同于原总体的分布，这就是抽样分布。

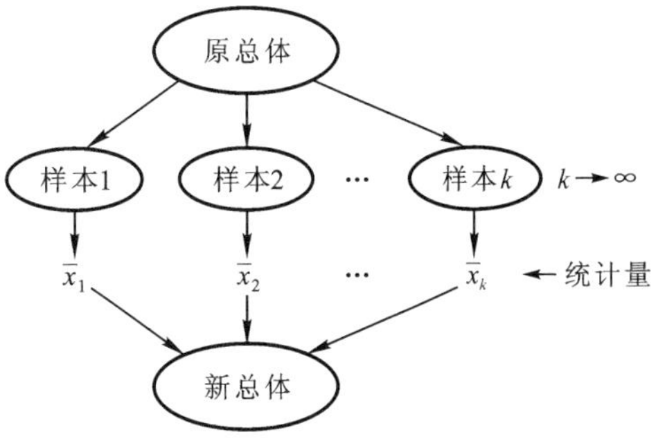

图 3-12　样本平均数的抽样分布示意图

二、正态总体样本平均数的抽样分布

设某总体服从正态分布 $N(\mu,\sigma^2)$，由该总体独立地抽取一个样本容量为 n 的随机样本，求样本平均数 $\overline{X}=\frac{1}{n}\sum X_i$ 的抽样分布。

由于每个 X_i 都服从正态分布，$\overline{X}$ 是它们的线性函数，因而 $\overline{X}$ 也服从正态分布，需要确定这个正态分布的总体平均数(期望)和总体方差。

$\overline{X}$ 的期望为：

$$
\begin{aligned}
E(\overline{X}) &= E\left(\frac{1}{n}\sum X_i\right) \\
&= \frac{1}{n}E(X_1 + X_2 + \cdots + X_n) \\
&= \frac{1}{n}[E(X_1) + E(X_2) + \cdots + E(X_n)] \\
&= \frac{1}{n}[\mu + \mu + \cdots + \mu] \\
&= \frac{1}{n} \times n\mu \\
&= \mu
\end{aligned} \tag{3-5}
$$

这说明样本平均数的期望就等于原总体的总体平均数。

$\overline{X}$ 的方差为：

$$
\begin{aligned}
V(\overline{X}) &= V\left(\frac{1}{n}\sum X_i\right) \\
&= \frac{1}{n^2}V(X_1 + X_2 + \cdots + X_n) \\
&= \frac{1}{n^2}[V(X_1) + V(X_2) + \cdots + V(X_n)] \\
&= \frac{1}{n^2}[\sigma^2 + \sigma^2 + \cdots + \sigma^2] \\
&= \frac{1}{n^2} \times n\sigma^2 \\
&= \frac{\sigma^2}{n}
\end{aligned} \tag{3-6}
$$

也就是说样本平均数的方差等于原总体的方差除以 n。这个方差也称为抽样方差。其标准差为 $\frac{\sigma}{\sqrt{n}} = \sigma_{\bar{x}}$，我们称其为样本平均数的标准误差，简称为**标准误**（standard error）。需要注意的是，其他样本统计量同样也有相应的抽样方差和标准误。

综上所述，由正态总体 $N(\mu, \sigma^2)$ 抽取的样本容量为 n 的随机样本，其样本平均数的抽样分布为 $\overline{X} \sim N\left(\mu, \frac{\sigma^2}{n}\right)$。

如果我们将 $\overline{X}$ 标准化，则标准化后的统计量服从标准正态分布，

$$
\begin{aligned}
U &= \frac{\overline{X} - \mu}{\sqrt{\sigma^2/n}} \\
&= \frac{\overline{X} - \mu}{\sigma/\sqrt{n}} \\
&= \frac{\overline{X} - \mu}{\sigma_{\bar{x}}} \sim N(0,1)
\end{aligned} \tag{3-7}
$$

我们称这个统计量为 U 统计量。

三、抽样误差

从一个总体中进行多次独立的随机抽样，由不同样本所计算的样本统计量（如样本平均数）彼此之间不尽相同，与相应的总体参数（如总体平均数）之间也存在程度不等的差异，这种差异是由于随机抽样造成的，我们将这种差异称为**抽样误差**（sampling error）。抽样误差的大小通常用样本统计量的抽样方差或标准误来度量。由样本平均数的抽样方差（公式 3－6）可知，样本容量越大，样本平均数的抽样方差或标准误越小，当 $n\to\infty$ 时，$\frac{\sigma^2}{n}\to 0$，因而样本容量大小对于控制抽样误差至关重要。

第四节 χ^2 分布、t 分布和 F 分布

除了上面介绍的样本平均数的抽样分布外，在兽医统计学中常用的抽样分布还有 χ^2 分布、t 分布和 F 分布，下面分别介绍。

一、χ^2 分布

设有来自总体 $N(0,1)$ 的独立随机样本 $(X_1,X_2,\cdots,X_n)$，则统计量

$$Y=\sum_{i=1}^{n}X_i^2 \tag{3-8}$$

服从 **χ^2 分布**（χ^2 distribution）。这个分布由一个参数决定，即 n，我们称其为 χ^2 分布的自由度（df）。因而，也可以说随机变量 Y 服从自由度为 n 的 χ^2 分布，记为 $Y\sim\chi^2(n)$。χ^2 分布具有以下性质：

性质 1　设 $Y\sim\chi^2(n)$，则 χ^2 分布的期望和方差分别为 $E(Y)=n, V(Y)=2n$；

性质 2　若 $Y_1\sim\chi^2(n), Y_2\sim\chi^2(m)$，且相互独立，则 $Y_1\pm Y_2\sim\chi^2(n\pm m)$，但 Y_1-Y_2 通常不服从 $\chi^2(n-m)$；

性质 3　χ^2 分布无负值，其取值范围为 $(0,+\infty)$；

性质 4　χ^2 分布是非对称分布，其分布曲线随自由度 df 的大小而改变，自由度越大，分布越趋于对称（如图 3－13）。当 $n\to+\infty$ 时，$\chi^2(n)\to N(n,2n)$。

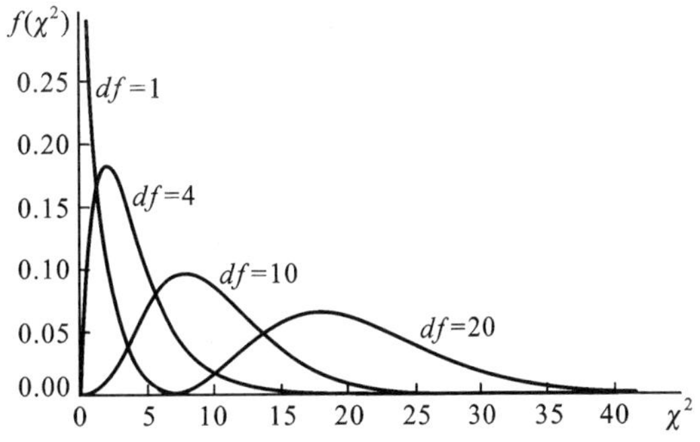

图 3－13　不同自由度下的 χ^2 分布

附表 3 给出了 χ^2 分布的右尾临界值，即对于 $Y\sim\chi^2(n)$，当给定其右侧尾部的概率为 α 时，该分布在横坐标上的临界值，记为 χ^2_α，即：

$$P(Y\geqslant\chi^2_\alpha)=\alpha$$

例如，当自由度 $df=9$，右尾概率 $\alpha=0.05$，由附表 3 可查得 $\chi^2_{0.05}=16.9$。也就是说，随机变量 $Y\sim\chi^2(9)$ 取值大于等于 16.9 的概率为 0.05。

χ^2 分布与样本方差的抽样分布有密切关

系。设从一正态总体 $N(\mu,\sigma^2)$ 中抽取独立随机样本 $(X_1,X_2,\cdots,X_n)$，则我们有如下重要结论：

（1）样本平均数 $\overline{X}$ 服从正态分布 $N\left(\mu,\dfrac{\sigma^2}{n}\right)$；

（2）样本方差 s^2 的函数 $\dfrac{(n-1)s^2}{\sigma^2}$ 服从自由度为 $n-1$ 的 χ^2 分布 $\chi^2(n-1)$；

（3）样本平均数 $\overline{X}$ 与样本方差 s^2 相互独立。

二、t 分布

设有随机变量 $U\sim N(0,1)$，$Y\sim\chi^2(n)$，且两者互相独立，则随机变量

$$t=\frac{U}{\sqrt{\dfrac{Y}{n}}} \tag{3-9}$$

服从自由度为 n 的 **t 分布**（t distribution）。t 分布也称为学生氏分布（Student's distribution），记为 $t\sim t(n)$。Student 是英国统计学家 W. S. Gossett 所用的笔名。t 分布也只有一个参数，即自由度。t 分布具有以下性质：

性质 1　t 分布与标准正态分布相似，也是对称分布，关于 $t=0$ 对称，且只有一个峰，峰值在 $t=0$ 处；

性质 2　t 分布曲线受自由度影响，自由度越小，分布的离散程度越大（如图 3－14）；

性质 3　当 $n\to\infty$ 时，t 分布趋近于正态分布，即 $t(n)\to N(0,1)$；

性质 4　给出了 t 分布的双尾临界值，即对于 $t\sim t(n)$，当左侧和右侧双尾概率之和为 α（每侧为 $\alpha/2$）时，t 分布在横坐标上的临界值的绝对值，记为 t_α，如图 3－15。即：

$$P(t\leqslant -t_\alpha)+P(t\geqslant t_\alpha)=\alpha$$

例如当自由度 $df=9$，$\alpha=0.05$，由附表 4 可查得 $t_\alpha=2.262$。

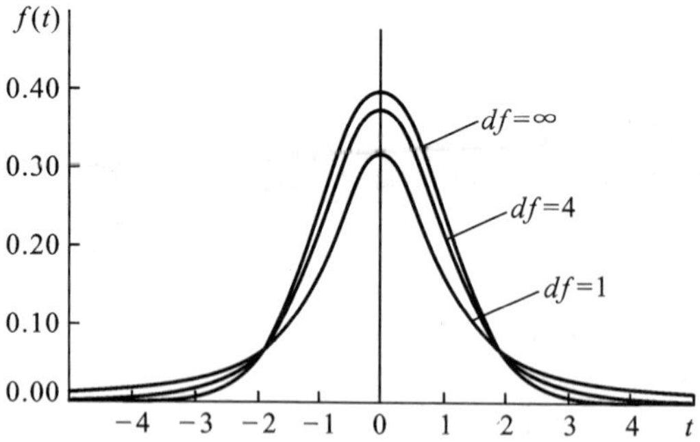

图 3－14　不同自由度下的 t 分布

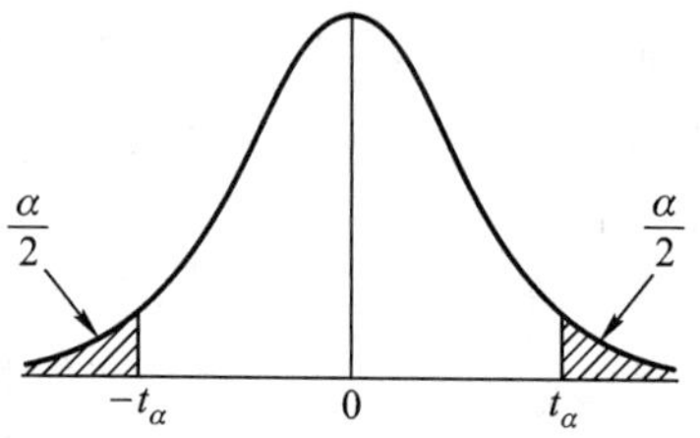

图 3－15　t 分布双尾临界值示意图

尽管 t 分布与标准正态分布很相似，但在自由度不大时，两者还是有较大差异的，例如，当自由度为 4 时，t 分布在区间 $(-1,1)$、$(-2,2)$ 和 $(-3,3)$ 内的概率分别是 0.626、0.884 和 0.960，而标准正态分布在这 3 个区间的概率则分别为 0.682 6、0.954 5 和 0.997 3。

根据 t 分布的定义，我们可有如下重要结论：

设从一正态总体 $N(\mu,\sigma^2)$ 中抽取独立随机样本 $(X_1,X_2,\cdots,X_n)$，样本平均数为 $\overline{X}$，样本方差为 s^2，因为 $U=\dfrac{\overline{X}-\mu}{\sigma/\sqrt{n}}\sim N(0,1)$，$Y=\dfrac{(n-1)s^2}{\sigma^2}\sim\chi^2(n-1)$，且相互独立，所以统计量：

$$t=\frac{U}{\sqrt{Y/n}}=\frac{\overline{X}-\mu}{s/\sqrt{n}}=\frac{\overline{X}-\mu}{s_{\overline{X}}}\sim t(n-1)$$

其中 $s_{\overline{X}}=s/\sqrt{n}$。注意在这里 U 和 t 的差别在于：t 用样本标准差 s 代替了总体标准差 σ，这就导致了两者服从不同的分布：t 服从 t 分布 $t(n-1)$，而 U 服从标准正态分布 $N(0,1)$。

三、F 分布

设随机变量 $X\sim\chi^2(m)$，$Y\sim\chi^2(n)$，且互相独立，则随机变量：

$$F=\frac{X/m}{Y/n} \tag{3-10}$$

服从自由度为 m（第一自由度或分子自由度，df_1）和 n（第二自由度或分母自由度，df_2）的 **F 分布**（F-distribution），记为 $F\sim F(m,n)$。F 分布有两个参数，即两个自由度，它具有以下性质：

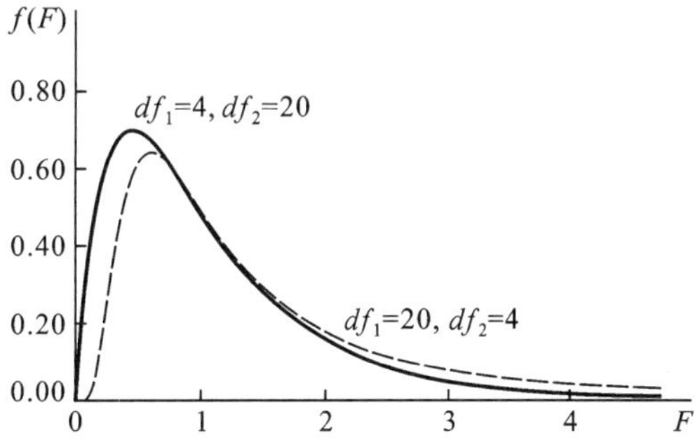

图 3-16 不同自由度下的 F 分布

性质 1 F 分布为非对称分布，其取值范围为 $(0,+\infty)$，分布曲线受两个自由度的影响，如图 3-16；

性质 2 若随机变量 $F\sim F(m,n)$，则 $1/F\sim F(n,m)$；

性质 3 若 $t\sim t(n)$，则 $t^2\sim F(1,n)$。

附表 6 给出了 F 分布的右尾临界值，即对于 $F\sim F(m,n)$，当给定其右尾的概率为 α 时，F 分布在横坐标上的临界值记为 F_α，即

$$P(F\geqslant F_\alpha)=\alpha$$

例如，当 $df_1=4$，$df_2=20$ 时，右尾概率 $\alpha=0.01$ 的右侧分位数为 $F_{0.01}=4.43$。

根据 F 分布的定义，我们可有如下重要结论：

设从一正态总体 $N(\mu,\sigma^2)$ 中随机抽取两个独立样本，设第一个样本的样本容量为 n_1，方差为 s_1^2，第二个样本的样本容量为 n_2，方差为 s_2^2，因为 $Y_1=\dfrac{(n_1-1)s_1^2}{\sigma^2}\sim\chi^2(n_1-1)$，$Y_2=\dfrac{(n_2-1)s_2^2}{\sigma^2}\sim\chi^2(n_2-1)$，所以统计量 $\dfrac{Y_1/(n_1-1)}{Y_2/(n_2-1)}=\dfrac{s_1^2}{s_2^2}\sim F(n_1-1,n_2-1)$，即两个来自同一总体的样本方差之比服从 F 分布。事实上，即使两个样本分别来自不同的正态总体，只要这两个总体的方差是相同的，两个样本方差之比仍然服从 F 分布。

第五节 统计推断的意义与原理

统计学的一个重要任务是要了解所研究总体的特征(参数),但是总体特征一般难以知道,一方面是由于总体包含观测值的数目多,有时甚至是无限的(无限总体),因此往往不可能逐一调查和分析清楚;另一方面,有时所要研究的总体目前并不实际存在,或者只能说是虚拟存在,无法调查。如研制用于治疗动物某种疾病的新药,在没有大范围推广使用前,使用这一新药的总体还不存在,即该新药的总体治疗效果无法通过调查获知。但不管是以上何种类型的总体,我们总是可以通过随机抽样的方法获得该特定总体的随机样本,通过统计推断来定性或定量地分析获得所研究总体的特征,这就是统计推断,即用样本的特征值(统计量)推断相应总体的特征值(参数)。

一、统计推断的意义和内容

所谓**统计推断**(statistical inference),就是根据统计量的抽样分布和概率理论,由样本统计量来推断总体的参数。实际工作中,一次试验或一次调查所获得的数据资料,通常是一个样本的结果,而我们真正需要知道的是样本所在总体的总体特征。换句话说,统计分析的结论是针对总体参数而言的。因此,统计推断是兽医临床实践和科研工作中一个十分重要的工具,对试验设计也有很大的指导意义。

统计推断包括**假设检验**(hypothesis test)和**参数估计**(parametric estimation)两部分内容。

假设检验又称**显著性检验**(significance test),它是根据某种实际需要,对未知的或不完全知道的总体参数提出一些假设(这些假设通常构成完全事件系),然后根据样本的实际结果和统计量的抽样分布,通过一定的计算,作出在一定概率意义下应当接受哪种假设的推断。假设检验的假设是对总体提出的,由于最后检验的结论只有两种,即接受或否定某个假设。所以这种检验的结果是定性而非定量的。

参数估计包括两个方面,一是参数的**点估计**(point estimation),二是参数的**区间估计**(interval estimation)。前者是直接用样本的统计量数值估计相应总体的参数,后者是在一定的概率保证下(一般为95%或99%),由样本统计量的分布,计算出总体参数可能出现的数值范围或区间,用该区间来估计总体参数所在范围。由于参数估计是用数值或数值范围来估计,所以可以说参数估计是对总体参数的定量分析。我们将在本章第6节中介绍参数估计方法。

二、统计量的抽样分布与统计推断的关系

从总体到样本是抽样的过程,统计上所指的抽样如没有特别说明一般都是指**随机抽样**(random sampling),即保证总体中的每个个体在每次抽样中都有同等的机会被抽取进入样本。前面已经介绍了样本统计量的抽样分布,原总体的参数与抽样总体的相应参数有着密切的关系。同时抽样的结果还告诉我们,虽然样本的特征值在一定程度上能反映总体的情况,但并不等同于总体,即样本统计量与总体相应参数之间总存在一定的抽样误差。所以,用样本来推断总体的准确性与抽样误差的大小有关,抽样误差的大小用统计量的抽样方差或标准误来衡量。标准误不仅反映了抽样误差的大小,而且反映了样本统计量与总体相应参数间的差异程度,同时也反映了用

某个样本统计量来估计总体参数的准确程度。随机抽样和抽样分布是统计推断的基础和前提，图 3－17 揭示了随机抽样和统计推断间的关系。

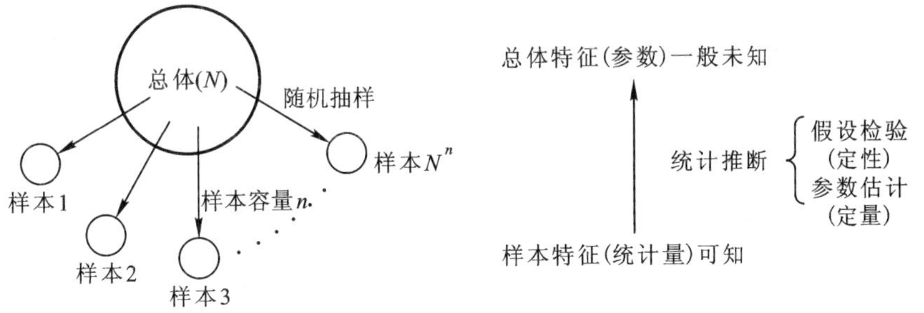

图 3－17　统计推断示意图

三、假设检验

1. 假设检验的基本思路

为了便于理解，我们结合一个实例说明假设检验的基本思路。

猪繁殖与呼吸综合征（PRRS）俗称蓝耳病，是一种由猪繁殖与呼吸综合征病毒（PRRSV）引起的、高致死性的传染病，每年都给养猪业带来巨大的经济损失。研究发现病毒主要通过单核细胞膜或巨嗜细胞膜的 CD163 受体感染猪，*CD163* 基因突变的猪具有抵抗病毒的能力。为了了解 *CD163* 基因突变对猪免疫性能的影响，利用基因编辑技术制备了 *CD163* 基因突变的基因编辑猪，21 日龄采集静脉血，采用酶联免疫法（ELISA）测定了血液中免疫球蛋白 G（IgG）含量。结果发现基因编辑组血液中 IgG 含量的平均数为$\bar{x}_1=18.15$，对照组血液中 IgG 含量的平均数为$\bar{x}_2=13.27$。两样本平均数并不相等，其差值为：$\bar{x}_1-\bar{x}_2=18.15-13.27=4.88$，这是否意味着 *CD163* 基因突变和未突变两种不同的处理，仔猪血液中 IgG 含量一定存在差异呢？这两组仔猪可分别看作是来自两个不同总体（*CD163* 基因正常和 *CD163* 基因突变仔猪总体，血液中 IgG 含量的总体平均数分别为μ_1 和μ_2）的随机样本，所以这个问题也等价于两个总体的血液中平均 IgG 含量是否不等（$\mu_1\neq\mu_2$）？事实上仅凭样本平均数之差（表面效应）不等于零就作出其所属总体平均数不等是不可靠的。这是因为表面效应不等于零（$\bar{x}_1-\bar{x}_2\neq 0$），即 *CD163* 基因突变与否，总体平均 IgG 含量不等（$\mu_1\neq\mu_2$）和相等（$\mu_1=\mu_2$）两种情况均可能成立。如果两总体平均 IgG 含量不同，即$\mu_1\neq\mu_2$，显然能造成两样本平均数的差异，即$\bar{x}_1\neq\bar{x}_2$；如果两总体平均 IgG 含量相同，即$\mu_1=\mu_2$ 时，由于有抽样误差存在，也能造成两样本平均数不等。所以，我们不能仅由$\bar{x}_1\neq\bar{x}_2$ 确定两样本所属总体平均数是否有显著差异。

由以上分析可见，由于抽样的原因，表面效应（$\bar{x}_1-\bar{x}_2$）中一定包含有抽样误差造成的差异，同时也可能包含有由于处理不同（即两总体平均数不等）造成的差异，到底后者存在与否，需要进行统计分析。统计分析的方法是将表面效应与抽样误差作比较，若表面效应并不显著大于抽样误差，则表面效应主要是由抽样误差造成，并不是处理不同造成，那么上例结论应为，*CD163* 基因突变与否不显著影响仔猪血液中 IgG 含量；相反，若表面效应显著大于抽样误差，则可以推断表面效应中除了抽样误差外，还存在着由于处理不同所造成的效应，即突变和不突变 *CD163* 基因，仔猪血液中 IgG 含量有显著差异。表面效应是由抽样误差还是由处理不同所造成，判断依据是表面效应是否属于抽样误差的概率，这个概率可利用前面所介绍的抽样分布来计算，这里需要设定一概率标准，例如，表面效应完全由抽样误差造成的概率不大于5%，便可认为表面效应不大可能由抽样误差所引起。计算表面效应由抽样误差造成的概率，首先必须假设表面效应是由抽样误差造成，也就是假设两样本所属总体的总体平均数无差异。

综上所述，假设检验的基本思路是根据试验目的对要比较的总体提出假设，在假定 $\mu_1=\mu_2$ 成立的情况下，根据统计量的抽样分布，计算表面效应由抽样误差所造成的概率，然后根据概率理论来判断 $\mu_1=\mu_2$ 的假定是否成立。

2. 假设检验基本步骤

为了便于学习，这里我们用单个样本平均数所属的总体平均数(μ)与一个指定的总体平均数(μ_0)间是否存在显著差异为例说明假设检验的步骤和基本原理。

【例 3-9】 设某一肉用仔鸡群体常规饲养条件下 50 日龄体重(单位:g)的总体平均数为 $\mu_0=2\ 250$，方差为 $\sigma^2=62\ 500$。从该群体中随机选择 25 羽初生雏鸡，在常规饲养基础上添加复方中药添加剂料磺 1 号(主要中药有山楂、鱼腥草、麦芽和白术等)饲养 50 天，测得该样本平均数为 $\bar{x}=2\ 375$ g，问添加复方中药添加剂料磺 1 号是否对仔鸡 50 日龄体重有显著影响?

假设检验的基本步骤为:

(1) 根据实际需要对未知或不完全知道的总体提出假设

假设检验首先要对所研究的总体参数提出**无效假设**(null hypothesis)，也称为原假设或零假设，记为 H_0。在设立无效假设的同时，还应设立一个**备择假设**(alternative hypothesis)，记为 H_A。备择假设的含义是一旦无效假设被否定就自然接受的假设。H_0 和 H_A 是一对对立事件，且构成完全事件系，即否定 H_0 就意味着必须接受 H_A，接受 H_0 就意味着否定 H_A。无效假设 H_0 形式和内容可以多种多样，但必须遵循两个基本原则，一是要有实际意义，二是在 H_0 成立的前提下，可以计算表面效应由抽样误差造成的概率。

本例假定由复方中药添加剂饲养的 25 羽雏鸡组成的样本所属的总体平均数(μ)与指定的正常饲养情况下的总体平均数(μ_0)之间无实质差异，即属于同一个总体(总体平均数相等)，无效假设 H_0 为:$\mu=\mu_0=2\ 250$。此时，假定表面效应 $\bar{x}-\mu_0=2\ 375-2\ 250=125$ 是由抽样误差所造成的。因此，可根据统计量 $\bar{x}$ 的抽样分布计算表面效应由抽样误差造成的概率。因为 H_A 和 H_0 是对立事件，备择假设 H_A 应为:$\mu\neq\mu_0=2\ 250$，即表面效应不是由抽样误差所造成，而是由总体平均数之间其实差异所造成，或者说用中药做添加剂和不用中药做添加剂，该肉鸡群体 50 日龄体重的确存在差异。

(2) 在假定 H_0 成立的前提下，根据统计量 $\bar{x}$ 的分布，计算表面效应由抽样误差造成的概率

计算表面效应由抽样误差造成的概率，其实质就是计算抽样误差大于 125 的概率。因为 $\bar{x}-\mu_0>125$ 和 $\bar{x}-\mu_0<-125$ 均表示抽样误差大于 125，所以 $P(|\bar{x}-\mu_0|>125)$ 就是我们所要计算的概率值。

根据前面所述样本平均数抽样分布的性质可知，样本平均数 $\bar{x}$ 经标准化后的统计量 U，在总体方差已知或未知，但样本容量很大时服从标准正态分布，即 u 分布。在总体方差未知，且样本容量较小时服从 t 分布。本例属于前一种情况。$P(|\bar{x}-\mu_0|>125)$ 计算如下:

样本平均数抽样分布的总体平均数: $\mu_{\bar{x}}=\mu=\mu_0=2\ 250$ g

样本平均数抽样分布的总体方差：$\sigma_{\bar{x}}^2=\dfrac{\sigma^2}{n}=\dfrac{62\ 500}{25}=2\ 500$

标准正态离差：$U=\dfrac{\bar{x}-\mu_{\bar{x}}}{\sigma_{\bar{x}}}=\dfrac{\bar{x}-\mu}{\sigma_{\bar{x}}}=\dfrac{2\ 375-2\ 250}{\sqrt{2\ 500}}=\dfrac{125}{50}=2.5$

$$P(|\bar{x}-\mu_0|>125)=P\left(\frac{|\bar{x}-\mu|}{\sigma_{\bar{x}}}>\frac{125}{50}=2.5\right)=P(|U|>2.5)=2\times P(U>2.5)$$

查附表 1 得：

$$P(U>2.5)=0.006\ 21$$

故：

$$P(|\bar{x}-\mu_0|>125)=2\times 0.006\ 21=0.012\ 4$$

这个结果表明，在总体平均数为 2 250，方差为 62 500 的正态总体中以样本容量为 25 进行抽样，抽得的一个样本平均数（$\bar{x}=2\ 375$）与总体平均数（$\mu_0=2\ 250$），相差 125 g 以上，这个差异由抽样误差造成的概率为 0.012 4。

（3）根据小概率事件实际不可能性原理判断是否接受 H_0

所谓“小概率事件实际不可能性原理”通常是指某事件发生的概率很小（一般在 0.05 以下），做一次试验或进行一次观测，该事件几乎不可能发生，统计学上一般把它看成是不可能事件。

本例，在假定 H_0 成立的前提下，经计算一个样本平均数与总体平均数相差 125 g 以上，这一事件由抽样误差造成的概率为 0.012 4，小于 0.05，所以是一个小概率事件。根据小概率事件实际不可能性原理，它不应该发生，而现在它实际发生了，我们有理由认为假设 H_0 不成立，因此，可以作出如下结论：

饲喂含复方中药添加剂的一个样本，其样本平均数与没有饲喂含复方中药添加剂的总体平均数相差 125 g 以上不是由抽样误差造成的，而是由饲喂复方中药添加剂料磺 1 号造成的。因此，应当否定 H_0，接受 H_A。

一般来说，在 H_0 成立的前提下，根据统计量的抽样分布，如果计算表面效应由抽样误差造成的概率大于 0.05，则表面效应由抽样误差造成的可能性较大，没有足够的理由认为表面效应是由两总体平均数不同而造成的，即没有理由否定 H_0，应当接受 H_0，通常也表示为两个总体平均数“差异不显著”；如果表面效应由抽样误差造成的概率在 0.01 ~ 0.05 之间，应否定 H_0，接受 H_A，表示两个总体平均数“差异显著”；如果其概率值小于 0.01，同样否定 H_0，接受 H_A，表示两总体平均数“差异极显著”。

这里用“差异显著”、“差异极显著”和“差异不显著”来描述假设检验的结果，包含了概率的思想，反映出假设检验的结论是在一定的概率保证下作出的。

统计上，把否定 H_0 的概率标准叫**显著性水平**（significance level）。用 α 表示，α 是个小概率，在兽医学研究中，一般取 0.05 和 0.01 两个等级。当然，α 也可以取其他小概率值，如试验条件相对较难控制，在否定无效假设后不会产生严重后果，此时，可以适当放宽显著标准，即增大 α 的值，如可以取 $\alpha=0.1$。一般地，如果表面效应由抽样误差造成的概率在 0.05 ~ 0.1 间时，不要匆忙认为差异“不显著”，可通过加大试验样本，并严格控制试验误差，重复进行一次试验和数据统计分析再下结论。

综上所述，假设检验的步骤可概括为：

（1）对样本所属总体提出无效假设 H_0，并设立备择假设 H_A；

（2）确定检验的显著性水平 α，在假定 H_0 成立的前提下，根据统计量的抽样分布，计算表面效应由抽样误差造成的概率 P；

（3）根据这个概率 P 与显著性水平 α 比较的结果，由小概率事件实际不可能性原理进行差异显著性推断。

3. 假设检验的几何学意义

前面我们介绍了假设检验的基本原理，本质上，假设检验是将统计量的抽样分布分成两个不同的区域，一个为接受 H_0 的区域。另一个是否定 H_0 的区域。根据上例计算由抽样误差造成的概率和假设检验的原理，否定 H_0 的概率 α 在统计量分布曲线的两尾，且各占一半，这两个区域称为否定域；中间是接受 H_0 的区域，也称为接受域，其概率为 $1-\alpha$。图 3－18 和图 3－19 分别是 u 分布和对应样本平均数抽样分布假设检验的几何学意义。如某个随机样本的平均数落在否定域内，即否定 H_0，该样本所属总体平均数和指定总体的平均数之间有显著差异。如落在接受域内，则接受 H_0，即要比较的两个总体平均数之间无显著差异。

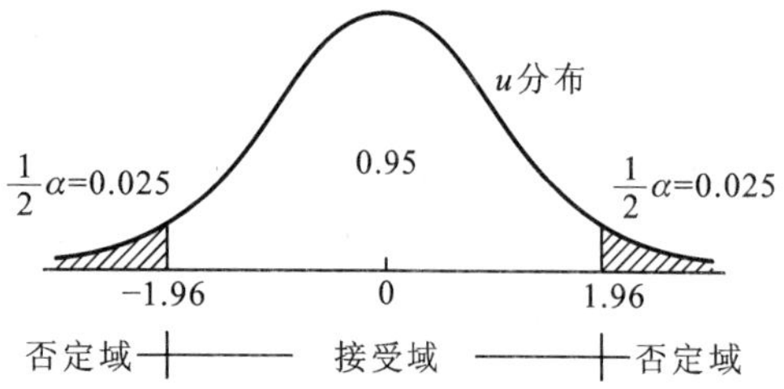

图 3－18　u 分布假设检验的几何学意义

$U=\frac{\bar{x}-\mu_{\bar{x}}}{\sigma_{\bar{x}}}$

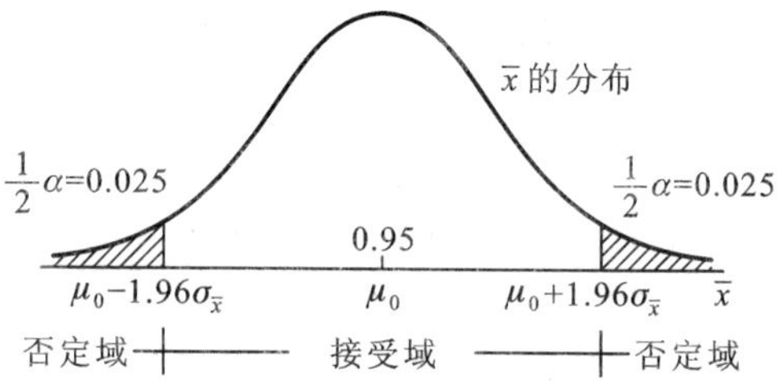

图 3－19　单个样本平均数假设检验几何学意义

由标准正态分布（u 分布）概率计算可知，$P(|U|>u_\alpha)=\alpha$，所以接受域和否定域的临界值是 $-u_\alpha$ 和 u_α，假设检验可由样本计算的 $|U|$ 与 u_α 比较，确定是接受还是否定 H_0。对于 $\alpha=0.05$，由附表 2 可知 $u_{0.05}=1.96$，所以否定域的临界值为 -1.96 和 $+1.96$。例 3－9 中 $|U|=2.5$，大于 1.96，所以 U 落在否定域内，但又小于 $u_{0.01}=2.58$，所以表面效应由抽样误差造成的概率在 0.01～0.05 间。另外，与 $-u_\alpha$ 和 u_α 相对应的样本平均数抽样分布的否定域的临界值为 $\mu_0-u_\alpha\sigma_{\bar{x}}$ 和 $\mu_0+u_\alpha\sigma_{\bar{x}}$。例 3－9 中，当 $\alpha=0.05$ 时，样本平均数抽样分布的临界值为 $\mu_0-u_{0.05}\sigma_{\bar{x}}=2\,250-1.96\times50=2\,152$，$\mu_0+u_{0.05}\sigma_{\bar{x}}=2\,250+1.96\times50=2\,348$，因为样本平均数 $\bar{x}=2\,375>2\,348$ 落在否定域内，故否定 H_0。

根据以上介绍的假设检验的几何学意义，假设检验的第二步也可以不直接计算表面效应由抽样误差造成的概率，而是用相对应的检验统计量的值（如 U 值）与假设检验的否定域临界值比较，判断差异显著性。具体方法如下：

（1）当 $|U|<u_{0.05}$ 时，$P>0.05$，接受 H_0，即要比较的总体平均数之间无显著差异；

（2）当 $u_{0.05}\leqslant|U|<u_{0.01}$ 时，$0.01<P\leqslant0.05$，否定 H_0，接受 H_A，即要比较的总体平均数之间存在显著差异；

（3）当 $|U|\geqslant u_{0.01}$ 时，$P\leqslant0.01$，否定 H_0，接受 H_A，即要比较的总体平均数之间存在极显著差异。

4. 双尾检验和单尾检验

上述假设检验有两个否定域，分别位于样本统计量抽样分布的两侧，称之为**双尾检验**（two - tailed test）。

一般而言，试验研究的任务在于探索未知，一项新技术、新措施或研制的一种新药物可能优于目前正在应用的，也可能劣于目前正在应用的。在假设检验时，如果根据专业知识无法判断其优劣，这时假设检验要用双尾检验。从检验的备择假设 $H_A:\mu \neq \mu_0$ 也可看出，其包含有两种可能的情况，即 $\mu > \mu_0$ 或 $\mu < \mu_0$，这个假设的目的在于判断 μ 与 μ_0 有无差异，而不考虑谁大谁小，也就是说，一个样本的平均数（统计量）可能落入左尾否定域内，也可能落入右尾否定域内。

同样，两种不同的技术、措施或药物间的比较，如果事先无法根据专业知识判断其优劣，即并不能确定两个要比较的样本所属总体平均数（μ_1 和 μ_2）谁大谁小时，假设检验也应用双尾检验，假设检验的 H_A 是 $\mu_1 \neq \mu_2$，同样也包含两种可能的情况，即 $\mu_1 > \mu_2$ 或 $\mu_1 < \mu_2$。

在兽医学研究中双尾检验应用最为广泛。

但在某些情况下，双尾检验不一定符合实际需要。例如，根据药理学知识判断，某两种药物同时使用，其疗效一定好于两种药物单独使用的效果，所以两种药物同时使用疗效无论高多少均不需要检验，只有当低于两种药物单独使用的效果才需要检验，此时可设立假设为 $H_0:\mu \geqslant \mu_0$（即无论高多少都是正常的），$H_A:\mu < \mu_0$，可见否定域在抽样分布的左尾，称为左尾检验。相反，根据专业知识，作为饲料资源的农副产品或肉食品中有毒、有害物质的含量只要不高于某一规定值就合格，所以，有毒物质的含量小于某一规定值时，不需要进行检验，只有当高于某一规定值时才需要进行检验，检验的 H_0 是 $\mu \leqslant \mu_0$（无论小多少均合格），H_A 为 $\mu > \mu_0$，为右尾检验。无论是左尾还是右尾检验，其否定域只有一个，相应的检验也只需考虑单尾的概率，这种检验叫**单尾检验**（one - tailed test）。

单尾检验与双尾检验的步骤相同，不同的是单尾检验将显著性水平 α 的概率值放到单尾，而不是将其均分到左、右两侧，因此实际上采用的假设检验临界值是 2α 水平上的临界值。

如 u 检验 $\alpha = 0.05$ 时，单尾检验的临界值是 $U_{2\alpha} = 1.645$，而不是双尾检验的临界值 $U_{\alpha} = 1.96$。对 $H_0:\mu \geqslant \mu_0$ 的左尾检验，其否定域为$\bar{x}_1 \leqslant \mu - 1.645\sigma_{\bar{x}}$；对 $H_0:\mu \leqslant \mu_0$ 的右尾检验，其否定域为 $\bar{x} \geqslant \mu + 1.645\sigma_{\bar{x}}$，其几何学意义见图 3 - 20 和图 3 - 21。同样，$\alpha = 0.01$ 时，单尾检验的临界值是 2.33，而不是双尾检验时的 2.58，左尾检验或右尾检验否定域分别为$\bar{x} \leqslant \mu - 2.33\sigma_{\bar{x}}$或$\bar{x} \geqslant \mu + 2.33\sigma_{\bar{x}}$。

需要指出的是，单尾检验（如左尾检验）的无效假设应为 $H_0:\mu \geqslant \mu_0$，其备择假设为 $H_A:\mu < \mu_0$，但在实际检验中，为了构造检验统计量，其无效假设仍采用 $H_0:\mu = \mu_0$。

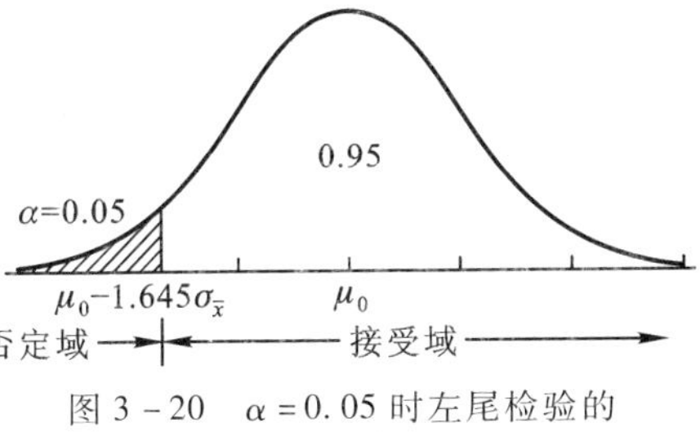

图 3 - 20　$\alpha = 0.05$ 时左尾检验的几何学意义

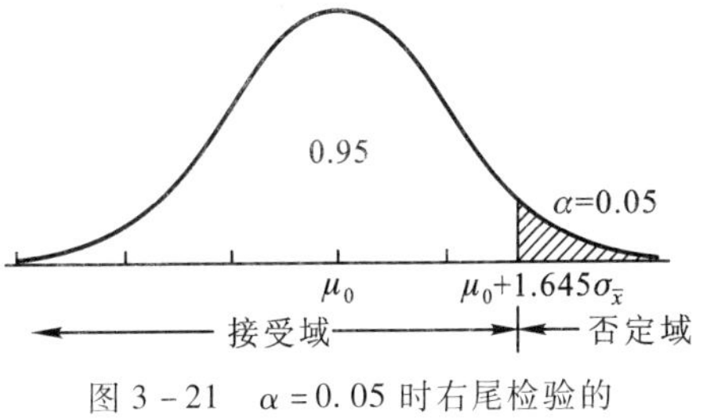

图 3 - 21　$\alpha = 0.05$ 时右尾检验的几何学意义

由以上分析可见,在相同的 α 下,单尾检验的否定域范围大于双尾检验在一侧的否定域,所以单尾检验更易否定 H_0。因此,选用单尾检验,应根据专业知识和试验目的来判断是否有充足的依据。所以应谨慎使用单尾检验。

5. 假设检验的两类错误

假设检验否定还是接受无效假设 H_0 的原则是“小概率事件实际不可能性原理”,在假定 H_0 成立的前提下,根据统计量的分布计算得到的 $|U|$ 大于 u_α,则表面效应由抽样误差造成的概率小于 α,表面效应由抽样误差所造成是“不可能事件”,否定 H_0,接受 H_A。很显然,把“小概率事件”看成是“实际不可能事件”,即把小概率事件发生的概率(α)看成等于零,是不正确的,因为,不管某事件发生的概率多小,该事件还是有可能发生的。换句话说,假如假设检验表面效应由抽样误差造成的概率小于 α,尽管 α 概率很小,表面效应还是有可能是由抽样误差引起的。如果表面效应确由抽样误差造成的,那么假设检验否定 H_0,接受 H_A 就不正确,此时就犯了一个否定正确的 H_0 的错误,这一错误在统计学上称为 **α 错误**或 **Ⅰ 型错误**(type Ⅰ error)。α 错误只有在否定 H_0 时才发生,且发生这一错误的概率小于或等于 α。

相反,如果 H_0 是不正确的,但我们通过检验却不能否定它,反而接受了它,此时就犯了另一种类型的错误,即接受了一个错误的 H_0,这一类错误称为 **β 错误**或 **Ⅱ 型错误**(type Ⅱ error)。β 错误只有在接受 H_0 的情况下才能发生。犯 β 错误的概率为 β。

β 错误是如何发生的呢?实例解释如下。

已知仔猪血液肌酐含量(单位:mmol/L)服从正态分布,据文献报道,其平均数为 70。现检验某猪群仔猪血液肌酐含量的平均数是否确实为 70,即检验 $H_0:\mu=70$,$H_A:\mu\neq70$。从该猪群进行随机抽样,样本平均数 $\bar{x}$ 在 $H_0:\mu=70$ 成立时的抽样分布如图 3-22 左侧所示,根据此分布,可知当 $\alpha=0.05$ 时 H_0 的接受域为 $[70-1.96\sigma_{\bar{x}},70+1.96\sigma_{\bar{x}}]$。如果该猪群仔猪血液肌酐含量的真实平均数为 75,则样本平均数的真实抽样分布如图 3-22 右侧所示,这两个抽样分布有一部分重叠,即图中 β 所示的阴影区域。假设所得样本平均数的值落在了这个 β 区域,也就是落在了 H_0 的接受域,此时应该接受 H_0,即认为该样本来自总体平均数为 70 的总体。但这个结论是错的,因为该样本实际上是来自于总体平均数为 75 的总体,这样就犯了接受错误的 H_0 的错误,即 β 错误。由图 3-22 可知,犯这个错误的概率等于 β,它等于 $\bar{x}$ 的真实抽样分布中 $[-\infty,70+1.96\sigma_{\bar{x}}]$ 的面积。

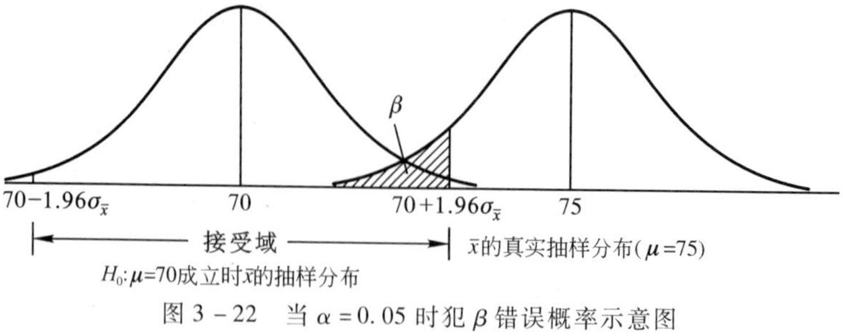

图 3-22 当 $\alpha=0.05$ 时犯 β 错误概率示意图

β 错误概率值比较难以确切估计。对于此例来说,其大小与以下因素有关:1)显著性水平 α,α 越小,则两个抽样分布的重叠区域就越大,也就是说,当降低 α 错误概率时,往往导致 β 错误概率的增大;2)两个总体(H_0 所假设的总体和真实总体)的平均数之差,两者差别越大,两个分布越不容易重叠，β 错误的概率就越小；3）两个分布的标准差，当两个总体平均数不变时，标准差越小，两个分布的重叠区域就越小（因为曲线变瘦），β 错误的概率就越小；4）样本容量 n，n 越大，$\sigma_{\bar{x}}=\sigma/\sqrt{n}$ 就越小，两个分布的重叠区域就越小，β 错误的概率就越小。由于 α 通常是固定的，总体平均数和方差也是固有的，所以只有增大 n，才能在保证一定 α 的前提下降低 β。

β 值的大小反映了经假设检验一个错误的 H_0 不能被拒绝的概率。相反，$1-\beta$ 反映了错误的 H_0 被拒绝的概率。因此，统计学上把 $1-\beta$ 称为**检验能力**或**检验效率**（power of test）。

两类错误发生的情况可归纳如表 3－1。

表 3－1 两类错误的发生情况

	否定 H_0	接受 H_0
H_0 正确	α 错误（α）	推断正确（$1-\alpha$）
H_0 不正确	推断正确（$1-\beta$）	β 错误（β）

注：括号内的数据为两类错误的概率。

第六节 参数估计

上一节中已提到了参数估计这一概念，即用样本统计量对未知的总体参数进行定量的估计。参数估计又分为点估计和区间估计。

一、点估计

点估计就是先构造一个样本统计量（即样本观测值的某个特征值或函数），然后用它来作为相应的总体参数的估计值。这样，只要计算出样本的某一统计量，就可得到总体相应参数的估计值。设 θ 为总体 X 的未知参数，用样本观测值 $x_1,x_2,\cdots,x_n$ 构造的一个统计量 $\hat{\theta}=f(x_1,x_2,\cdots,x_n)$，用 $\hat{\theta}$ 来估计 θ，称 $\hat{\theta}$ 为 θ 的估计量。通常用与总体参数对应的样本统计量作为该参数的估计量，例如用样本平均数 $\bar{x}=\dfrac{1}{n}\sum\limits_{i=1}^{n}x_i$ 作为总体平均数 μ 的估计量，用样本方差 $s^2=\dfrac{1}{n-1}\sum\limits_{i=1}^{n}(x_i-\bar{x})^2$ 作为总体方差 σ^2 的估计量。

二、区间估计

区间估计是给出一个总体参数的取值范围，并给出该范围涵盖总体参数的概率。点估计的最大缺点就是由于估计量也是统计量，它必然带有一定的误差。换句话说，估计值不可能正好等于相应总体参数的真值。但估计值与真值到底差多少，其估计的可靠程度如何，点估计中没有给出任何信息。而区间估计则弥补了这一缺点，它不仅给出了总体参数真值的范围，而且给出了总体参数真值落入这一范围的概率，即可靠程度。因此，区间估计给出的信息显然多于点估计。

（一）区间估计的原理

根据统计量的抽样分布，计算一个区间$[L_1,L_2]$，使总体参数 θ 在这个区间内出现的概率为 $1-\alpha$，用公式表示为：

$$P(L_1 \leqslant \theta \leqslant L_2) = 1 - \alpha \tag{3-11}$$

区间$[L_1, L_2]$称为参数θ的$1-\alpha$**置信区间**(confidence interval)。用$[L_1, L_2]$估计参数θ的方法叫区间估计,$1-\alpha$叫区间$[L_1, L_2]$的**置信概率**(confidence probability)或**置信度**。如果α取0.05或0.01等小概率,则几乎可以肯定要估计的参数就在$[L_1, L_2]$区间内。L_1、L_2分别被称为置信区间的置信下限和置信上限。

(二)总体平均数 μ 的区间估计

1. 当某一样本所属总体的方差σ^2为已知,或总体方差σ^2虽未知但样本容量较大,因而可以利用样本平均数$\bar{x}$的抽样分布,求总体平均数μ的$1-\alpha$置信区间。

由样本平均数抽样分布的性质可知,样本平均数$\bar{x}$服从正态分布,由正态分布可知:

$$P(|u| \leqslant u_\alpha) = 1 - \alpha$$

$$P\left(-u_\alpha \leqslant \frac{\bar{x} - \mu}{\sigma_{\bar{x}}} \leqslant u_\alpha\right) = 1 - \alpha$$

$$P(-u_\alpha \sigma_{\bar{x}} \leqslant \bar{x} - \mu \leqslant u_\alpha \sigma_{\bar{x}}) = 1 - \alpha$$

$$P(\bar{x} - u_\alpha \sigma_{\bar{x}} \leqslant \mu \leqslant \bar{x} + u_\alpha \sigma_{\bar{x}}) = 1 - \alpha \tag{3-12}$$

故总体平均数μ的$1-\alpha$区间估计为:

$$[\bar{x} - u_\alpha \sigma_{\bar{x}}, \bar{x} + u_\alpha \sigma_{\bar{x}}] \tag{3-13}$$

大样本时,μ的$1-\alpha$区间估计为$[\bar{x} - u_\alpha s_{\bar{x}}, \bar{x} + u_\alpha s_{\bar{x}}]$ (3-14)

2. 当总体方差σ^2未知,且样本容量n较小时,样本平均数$\bar{x}$经转换后服从t分布,故总体平均数μ的$1-\alpha$区间估计为:

$$[\bar{x} - t_\alpha s_{\bar{x}},\ \bar{x} + t_\alpha s_{\bar{x}}] \tag{3-15}$$

其他总体参数的区间估计都可以据此进行推导。

【例3-10】 测定54头6月龄东北民猪血清总蛋白含量,得$\bar{x}=79.8$ g/L,$s=7.4$ g/L。假设猪血清总蛋白含量服从(或近似服从)正态分布,试利用该样本对6月龄东北民猪血清总蛋白含量进行区间估计。

本例虽然总体方差未知,但因样本容量较大,故可用公式(3-14)进行区间估计。6月龄东北民猪血清总蛋白含量的总体平均数μ的95%置信区间的置信区间计算如下:

$$s_{\bar{x}} = \frac{s}{\sqrt{n}} = \frac{7.4}{\sqrt{54}} = 1.01$$

置信度为$1-\alpha=0.95$,即$\alpha=0.05$,由附表2可知$U_{0.05}=1.96$,即

置信下限:$L_1 = \bar{x} - u_{0.05} s_{\bar{x}} = 79.8 - 1.96 \times 1.01 = 79.8 - 1.98 = 77.82$

置信上限:$L_2 = \bar{x} + u_{0.05} s_{\bar{x}} = 79.8 + 1.98 \times 1.01 = 79.8 + 1.98 = 81.78$

其置信区间为[77.82,81.78]

同理,6月龄东北民猪血清总蛋白含量的总体平均数μ的99%置信区间为[77.19,82.41]。

复习思考题

1. 名词解释

随机抽样、统计推断、假设检验、区间估计、显著性水平、α错误、β错误、无效假设、备择假

设、小概率事件实际不可能性原理、检验效率。

2. 什么是抽样分布？它在统计推断中有何重要意义？

3. 什么是标准误？它与标准差有何联系与区别？标准误的大小说明了什么？影响标准误大小的主要因素是什么？

4. 什么是抽样误差？影响抽样误差的因素有哪些？如何才能减小抽样误差？

5. χ^2 分布、t 分布和 F 分布之间有何联系？

6. 根据什么来判断一个假设检验应该用双尾检验还是用单尾检验？请举例说明。

7. 如何看待假设检验的结果？如何理解“差异显著”“差异极显著”和“差异不显著”？如何提高假设检验的功效？

8. 假设检验的接受域和总体参数的置信区间是一样的吗？为什么？

9. 从本章介绍的各种分布与正态分布之间的关系，进一步理解正态分布的重要性。

10. 已知随机变量 $U \sim N(0,1)$，求 U 在下列区间取值的概率：

(1) $P(-1.61 \leqslant U \leqslant 0.42)$

(2) $P(|U| \geqslant 1.05)$

(3) $P(U \leqslant 1.17)$

(4) $P(U \geqslant 0.58)$

11. 已知成年猪血清中血红蛋白含量近似服从 $N(128.6,\ 1.33^2)$，血红蛋白含量在 110 以下的概率是多少？血红蛋白含量在 115.3 ~ 141.9 之间的概率是多少？

12. 牛某种传染病的自然痊愈率为 10%，现有 20 头牛感染了该病，问：

(1)20 头牛中可期望有多少头会自然痊愈？(2)5 头或 5 头以下自然痊愈的概率是多少？(3)至少有 5 头自然痊愈的概率是多少？

13. 猪某种疾病的死亡率是 0.005，在某地区发现了 400 头患有该病的猪，求：(1)恰有 5 头猪病死的概率；(2)有 3 头或 3 头以上猪病死的概率。

14. 血清转铁蛋白含量的测定对病毒性肝炎诊断具有临床意义。现测得 12 名健康成人血清转铁蛋白含量(单位：g/L)为 $\bar{x}_1 = 2.551$，$s_1 = 0.301$，34 名慢性病毒性肝炎患者血清转铁蛋白含量为 $\bar{x}_2 = 1.832$，$s_2 = 0.621$，请分别估计健康人群和慢性病毒性肝炎患者血清转铁蛋白含量的 95% 的置信区间。

第四章　差异显著性检验

本章主要介绍单个平均数、两个平均数间的假设检验，单个率、两个率间的假设检验；重点掌握各种情况下的 t 检验方法，正确区分成组资料和配对资料。

在第三章中，我们系统介绍了抽样分布和统计推断的基本原理和基本方法，即通过随机抽样的方法获得某一特定总体的随机样本，通过统计推断来定性或定量地分析、研究总体的特征。本章主要介绍不同资料类型统计推断——差异显著性检验（假设检验）的具体方法。

第一节　单个平均数的假设检验

单个平均数的假设检验是检验一个样本所属的总体平均数 μ 与一个特定或指定总体平均数 μ_0 间是否存在显著差异的一种统计方法，也可理解为检验一个样本是否来自某一特定或指定总体的统计分析方法。根据假设检验的基本原理可知，假设检验的关键是根据统计量的抽样分布计算表面效应由抽样误差造成的概率。样本平均数抽样分布服从 u 或 t 分布，所以单个平均数的假设检验可分为 u 检验和 t 检验两种。

一、总体方差已知时单个平均数的假设检验

当总体方差 σ^2 已知时，根据样本平均数抽样分布的性质，无论样本容量是大是小，均可用 u 分布计算表面效应由抽样误差造成的概率，所以称 u 检验。例 4－1 就属于此类型。

【例 4－1】　中国荷斯坦成年母牛 100 g 血液中总蛋白含量为 7.570 g，标准差为 1.001。测定了 37 头中国荷斯坦犊牛 100 g 血液中总蛋白的含量，平均数为 4.263 g。问中国荷斯坦犊牛和成年母牛血液中总蛋白含量是否存在显著差异？

本例总体方差 σ^2 已知，可采用 u 检验。

H_0：犊牛和成年母牛间血液中总蛋白含量无显著差异；H_A：犊牛和成年母牛间血液中总蛋白含量存在显著差异。一般可记为：$H_0:\mu=\mu_0$；$H_A:\mu\neq\mu_0$。

$$\sigma_{\bar{x}}=\frac{\sigma}{\sqrt{n}}=\frac{1.001}{\sqrt{37}}=0.165$$

$$U=\frac{\bar{x}-\mu}{\sigma_{\bar{x}}}=\frac{4.263-7.57}{0.165}=-20.04$$

$|U|>u_{0.01}=2.58$，$p<0.01$，假设检验否定 H_0，接受 H_A，可以得出结论：中国荷斯坦犊牛和成年母牛间血液中总蛋白含量存在极显著差异。

二、总体方差未知时单个平均数的假设检验

当总体方差 σ^2 未知时，应用 t 分布计算表面效应由抽样误差造成的概率。

【例 4-2】 用产蛋鸡的高钙饲料饲喂育雏期的苗鸡，饲养一段时间后小鸡出现了关节肿胀无法站立的瘫痪现象，经测定 10 只这种瘫痪鸡血清中的血钙含量（单位：mmol/L）分别为：2.892，2.763，2.985，2.165，1.986，2.689，2.102，2.398，2.991 和 2.980。试问这群瘫痪鸡的血钙含量与正常情况下鸡血钙含量 2.122mmol/L 有无显著差异？

本例总体方差 σ^2 未知，且为小样本，用 t 检验。

$$H_0:\mu=\mu_0=2.122;H_A:\mu\neq\mu_0$$

$$\bar{x}=2.5951,s=0.3972$$

$$s_{\bar{x}}=\frac{s}{\sqrt{n}}=\frac{0.3972}{\sqrt{10}}=0.1256$$

$$t=\frac{\bar{x}-\mu}{s_{\bar{x}}}=\frac{2.5951-2.122}{0.1256}=3.766$$

$$df=n-1=10-1=9,t_{0.05}(9)=2.262,t_{0.01}(9)=3.250$$

$t<t_{0.01}(9)$，$p>0.01$，否定 H_0，接受 H_A，可以认为该瘫痪鸡群血钙含量与正常鸡群的血钙含量存在极显著差异。

【例 4-3】 正常情况下成年男子的脉搏数为 72 次/min，现随机检查 25 名慢性胃炎所致脾虚男病人的脉搏数，发现平均脉搏数为 75.2 次/min，标准差为 6.54 次/min。问此类脾虚男病人脉搏数是否显著地高于正常情况下测定的成年男子脉搏数？

本例研究的目的是推断此类脾虚男病人脉搏数是否快于正常成年男子的脉搏数 $\mu_0=72$ 次/min，所以应该用单尾检验。现在 25 名慢性胃炎所致脾虚男病人的平均脉搏数超过了正常测定值，一种可能是由于抽样误差造成，即此类男病人的脉搏数仍然正常或不高于 μ_0；另一种可能是由于身体内部生理等机制的共同作用，造成其显著高于 μ_0。由于总体方差 σ^2 未知，且样本容量不大，故用 t 检验。

$$H_0:\mu\leqslant\mu_0=72;H_A:\mu>\mu_0$$

$$s_{\bar{x}}=\frac{s}{\sqrt{n}}=\frac{6.54}{\sqrt{25}}=1.308$$

$$t=\frac{\bar{x}-\mu_0}{s_{\bar{x}}}=\frac{75.2-72}{1.308}=2.446$$

$$df=25-1=24,t_{2\alpha}=t_{0.1}(24)=1.711$$

$t>t_{0.05}(24)$，$p<0.05$，否定 H_0，接受 H_A，即此类脾虚男病人的脉搏数异常。

第二节　成组资料的两个平均数的假设检验

成组资料的两个平均数的假设检验就是检验两独立样本所属总体平均数间是否存在显著差异。即检验第一个样本的平均数 $\bar{x}_1$ 的总体平均数 μ_1，与第二个样本的平均数 $\bar{x}_2$ 的总体平均数 μ_2 间的差异是否显著。这一检验方法经常用于生物学研究中比较两种不同处理效应的差异显

著性。兽医学上，通常是将一定数量的试验单位（一般为试验动物个体）随机分成两组，其中一组接受一种处理，另一组接受另一种处理（对照），比较它们的总体平均数间是否存在显著差异。

一、两总体平均数 *u* 检验

当两样本所属总体方差 σ_1^2 和 σ_2^2 为已知，或 σ_1^2 和 σ_2^2 虽未知，但两样本均为大样本时，平均数差数的抽样分布呈正态分布，因而可采用 u 检验法检验两组平均数间差异的显著性。适用条件分别如下：

当 σ_1^2 和 σ_2^2 已知时，u 检验的 U 值计算公式如下：

$$\sigma_{\bar{x}_1-\bar{x}_2}=\sqrt{\frac{\sigma_1^2}{n_1}+\frac{\sigma_2^2}{n_2}} \tag{4-1}$$

$$U=\frac{(\bar{x}_1-\bar{x}_2)-(\mu_1-\mu_2)}{\sigma_{\bar{x}_1-\bar{x}_2}} \tag{4-2}$$

因为假设检验均是在无效假设 $H_0:\mu_1=\mu_2$（即 $\mu_1-\mu_2=0$）成立的前提下进行的，故 U 值计算公式可简化成：

$$U=\frac{\bar{x}_1-\bar{x}_2}{\sigma_{\bar{x}_1-\bar{x}_2}} \tag{4-3}$$

当 σ_1^2 和 σ_2^2 未知，但 n_1、n_2 均较大时，可以用 s_1^2、s_2^2 近似代替 σ_1^2 和 σ_2^2 计算 $s_{\bar{x}_1-\bar{x}_2}$，来代替 $\sigma_{\bar{x}_1-\bar{x}_2}$。

$$s_{\bar{x}_1-\bar{x}_2}=\sqrt{\frac{s_1^2}{n_1}+\frac{s_2^2}{n_2}} \tag{4-4}$$

【例 4-4】 发酵法生产兽用青霉素的两个工厂，产品得率的方差分别为 $\sigma_1^2=0.46$，$\sigma_2^2=0.37$。测得甲工厂 25 个数据，$\bar{x}_1=3.71$（g/L），乙工厂 30 个数据，$\bar{x}_2=3.46$（g/L）。问这两个工厂兽用青霉素的得率是否有显著差异？

本例两总体方差已知，应采用 u 检验。根据题意，应进行双尾检验。

$$H_0:\mu_1=\mu_2;H_A:\mu_1\neq\mu_2$$

$$U=\frac{\bar{x}_1-\bar{x}_2}{\sigma_{\bar{x}_1-\bar{x}_2}}=\frac{\bar{x}_1-\bar{x}_2}{\sqrt{\frac{\sigma_1^2}{n_1}+\frac{\sigma_2^2}{n_2}}}=\frac{3.71-3.46}{\sqrt{\frac{0.46}{25}+\frac{0.37}{30}}}=1.426$$

$|U|=1.426<u_{0.05}=1.96$，$p>0.05$，接受 H_0，否定 H_A。表面效应是由抽样误差造成的，应认为两工厂兽用青霉素的得率无显著差异。

【例 4-5】 测定了 31 头犊牛和 48 头成年母牛血液中血糖的含量（mg/dL），得犊牛的平均血糖含量为 81.23，标准差为 15.64，成年母牛的平均血糖含量为 70.43，标准差为 12.07。试问犊牛和成年母牛间血糖含量有无显著差异？

本例属于 σ_1^2 和 σ_2^2 未知，但 n_1、n_2 均较大的情况，故可以用 μ 检验的方法进行比较。

$$H_0:\mu_1=\mu_2;H_A:\mu_1\neq\mu_2$$

$$s_{\bar{x}_1-\bar{x}_2}=\sqrt{\frac{s_1^2}{n_1}+\frac{s_2^2}{n_2}}=\sqrt{\frac{15.64^2}{31}+\frac{12.07^2}{48}}=3.305$$

$$U=\frac{\bar{x}_1-\bar{x}_2}{s_{\bar{x}_1-\bar{x}_2}}=\frac{81.23-70.43}{3.305}=3.268$$

$u_{0.01}=2.58$，$U>u_{0.01}$，$p<0.01$，即表面效应由抽样误差造成是小概率事件，否定 H_0，接受 H_A，说明犊牛和成年母牛血液中血糖含量存在极显著差异。

二、方差未知但相等($\sigma_1^2=\sigma_2^2$)时两平均数的 t 检验

在实际研究中 u 检验的情况较少见，一般情况是总体方差 σ_1^2 和 σ_2^2 均未知。当两样本所属总体方差相等，即 $\sigma_1^2=\sigma_2^2$（方差同质或齐性），且两样本为小样本时，两样本平均数差异显著性检验可用 t 检验法。

当两样本容量均较小时，若分别用 s_1^2 和 s_2^2 来估计总体方差 σ^2，由于各样本容量较小，准确性较差，由它们计算平均数差数分布的标准误 $s_{\bar{x}_1-\bar{x}_2}$ 偏差较大。为了减少偏差，可以将要比较的两样本合并，增大样本容量，增加对总体变异程度（误差）($\sigma^2_{\bar{x}_1-\bar{x}_2}$)估计的准确性，从而降低计算 $s_{\bar{x}_1-\bar{x}_2}$ 的偏差。合并的前提是 H_0 成立，即两独立随机样本来自同一个总体($\sigma_1^2=\sigma_2^2$)。两样本合并后计算得到的方差叫合并均方，用 $\bar{s}^2$ 表示。它是用两个样本的方差 s_1^2 和 s_2^2 以各自的自由度为权数计算得到的两样本方差的加权平均数。计算公式如下：

$$\begin{aligned}\bar{s}^2&=s_1^2\times\frac{df_1}{df_1+df_2}+s_2^2\times\frac{df_2}{df_1+df_2}\\&=\frac{(n_1-1)s_1^2+(n_2-1)s_2^2}{n_1+n_2-2}\\&=\frac{SS_1+SS_2}{n_1+n_2-2}\end{aligned}\qquad(4-5)$$

由以上公式可知，合并均方的分子、分母仍然是平方和与自由度，其分子是两样本平方和之和，分母是两样本自由度之和。这一原则也适用于多个样本的合并。

样本平均数差数标准误计算公式 $s_{\bar{x}_1-\bar{x}_2}=\sqrt{\frac{s_1^2}{n_1}+\frac{s_2^2}{n_2}}$ 中，用估计总体方差准确性更高的合并均方 $\bar{s}^2$ 替代 s_1^2 和 s_2^2，计算如下：

$$s_{\bar{x}_1-\bar{x}_2}=\sqrt{\frac{\bar{s}^2}{n_1}+\frac{\bar{s}^2}{n_2}}=\sqrt{\bar{s}^2\left(\frac{1}{n_1}+\frac{1}{n_2}\right)}\qquad(4-6)$$

当 $n_1=n_2=n$ 时，公式可简化为：

$$s_{\bar{x}_1-\bar{x}_2}=\sqrt{\frac{2\bar{s}^2}{n}}=\sqrt{\frac{SS_1+SS_2}{n(n-1)}}=\sqrt{\frac{s_1^2+s_2^2}{n}}\qquad(4-7)$$

t 检验法中 t 值计算公式如下：

$$t=\frac{\bar{x}_1-\bar{x}_2}{s_{\bar{x}_1-\bar{x}_2}}\qquad(4-8)$$

此时 t 分布的自由度为：$df=(n_1-1)+(n_2-1)=n_1+n_2-2$。

【例 4－6】 研究两种不同中药添加剂饲料对香猪生长的影响，随机选择了 12 头香猪并随机分成两组，一组喂甲种中药添加剂饲料，另一组喂乙种中药添加剂饲料。饲养 6 周后增重（单

位：kg）结果如下：甲种中药添加剂饲料为6.65，6.35，7.05，7.90，8.04，4.45；乙种中药添加剂饲料为5.34，7.00，7.89，7.05，6.74，7.28。设两样本所属总体均服从正态分布，且方差相等，试比较两种不同中药添加剂饲料对香猪生长的影响是否有显著差异。

本例总体方差未知，但 $\sigma_1^2=\sigma_2^2$，两样本容量相等且均较小，用合并均方计算 t 值。

$$H_0:\mu_1=\mu_2;H_A:\mu_1\neq\mu_2$$

$$\bar{x}_1=6.74,s_1=1.307,\bar{x}_2=6.88,s_2=0.850$$

$$s_{\bar{x}_1-\bar{x}_2}=\sqrt{\frac{s_1^2+s_2^2}{n}}=\sqrt{\frac{1.31^2+0.85^2}{6}}=0.637$$

$$t=\frac{\bar{x}_1-\bar{x}_2}{s_{\bar{x}_1-\bar{x}_2}}=\frac{6.74-6.88}{0.637}=-0.220$$

$df=n_1+n_2-2=12-2=10$，$t_{0.05}(10)=2.23$，$|t|<t_{0.05}(10)$，$p>0.05$，接受 H_0。两种添加不同中药添加剂的饲料对香猪生长的影响无显著差异。

【例4－7】 测定如皋黄鸡和京海黄鸡柔嫩艾美尔球虫攻毒后第4天白介素－2（IL－2）基因在盲肠组织中的相对表达量，如皋黄鸡（10羽）IL－2相对表达量平均数为3.93，标准差为0.4，京海黄鸡（4羽）IL－2相对表达量平均数为2.56，标准差为0.4。试检验两品种鸡IL－2基因的表达量是否存在显著差异。

本例总体方差未知，但 $\sigma_1^2=\sigma_2^2$，且为样本容量不等的小样本，用合并均方计算 t 值。

$$H_0:\mu_1=\mu_2;H_A:\mu_1\neq\mu_2$$

$$\bar{s}^2=\frac{(n_1-1)s_1^2+(n_2-1)s_2^2}{n_1+n_2-2}=\frac{(10-1)\times0.4^2+(4-1)\times0.4^2}{10+4-2}=0.16$$

$$s_{\bar{x}_1-\bar{x}_2}=\sqrt{\bar{s}^2\left(\frac{1}{n_1}+\frac{1}{n_2}\right)}=\sqrt{0.16\times\left(\frac{1}{10}+\frac{1}{4}\right)}=0.237$$

$$t=\frac{\bar{x}_1-\bar{x}_2}{s_{\bar{x}_1-\bar{x}_2}}=\frac{3.93-2.56}{0.237}=5.78$$

根据 $df=n_1+n_2-2=12$ 查 t 的临界值，得 $t_{0.05}(12)=2.179$，$t_{0.01}(12)=3.055$，$t>t_{0.01}(12)$，$p<0.01$，否定 H_0，接受 H_A。两品种鸡IL－2基因的表达量存在极显著差异。

三、两总体方差不齐（$\sigma_1^2\neq\sigma_2^2$）时两平均数的 t 检验

1. 总体方差齐性检验

上述两样本平均数的 t 检验主要适用于小样本，且总体方差同质或齐性（$\sigma_1^2=\sigma_2^2$）的资料。当两样本所属总体方差不相等（$\sigma_1^2\neq\sigma_2^2$）时，其平均数的显著性检验方法和上述方法有所不同。由第三章可知，抽自正态总体的两独立样本的方差 s_1^2 和 s_2^2 的比率服从 F 分布，所以两样本所属总体方差是否有显著差异可用 F 检验进行检测。检验步骤如下：

$H_0:\sigma_1^2=\sigma_2^2$；$H_A:\sigma_1^2\neq\sigma_2^2$

$F=\dfrac{s_1^2}{s_2^2}$（s_1^2 的自由度为 df_1，s_2^2 的自由度为 df_2）。

这里 s_1^2 为较大的样本均方，s_2^2 为较小的样本均方，因此，F 值是大均方为分子，小均方为分母，F 值恒大于1。

推断：查附表 6 得 $F_{\alpha/2(df_1,df_2)}$，如 $F > F_{\alpha/2}$，则否定 H_0，接受 H_A，即 $\sigma_1^2 \neq \sigma_2^2$。

方差不齐时，两样本平均数比较是一种近似检验，所以在试验设计时，尽量使 $n_1 = n_2$，这样可减少误差。

2. 两总体方差不齐时两平均数差异显著性检验

$s_{\bar{x}_1-\bar{x}_2}$和 t 值用以下公式计算：

$$s_{\bar{x}_1-\bar{x}_2} = \sqrt{\frac{s_1^2}{n_1} + \frac{s_2^2}{n_2}}, \quad t = \frac{\bar{x}_1 - \bar{x}_2}{s_{\bar{x}_1-\bar{x}_2}} \tag{4-9}$$

方法 1：由公式(4－9)计算得到的 t 值并不严格服从 $df = n_1 + n_2 - 2$ 的 t 分布，而是近似服从自由度为：

$$df = \frac{(s_1^2/n_1 + s_2^2/n_2)^2}{\frac{(s_1^2/n_1)^2}{n_1 - 1} + \frac{(s_2^2/n_2)^2}{n_2 - 1}} \tag{4-10a}$$

的 t 分布，这个自由度小于 $n_1 + n_2 - 2$。

方法 2：由公式(4－9)计算所得的 t 值是否显著，在 $n_1 = n_2 = n$ 时，用 $df = n - 1$ 的 $t_{0.01}$ 或 $t_{0.05}$ 临界值作判断标准，$|t| > t_\alpha$ 则 $p < \alpha$，否定 H_0，接受 H_A；在 $n_1 \neq n_2$ 时，用 Cochran－Cox 检验法，Cochran 曾提出在 α 水平上显著的临界值需由下式计算：

$$t'_\alpha = \frac{t_{1\alpha} n_2 s_1^2 + t_{2\alpha} n_1 s_2^2}{n_2 s_1^2 + n_1 s_2^2} \tag{4-10b}$$

式中 $t_{1\alpha}$ 是 $df = n_1 - 1$ 的 t_α 值，$t_{2\alpha}$ 是 $df = n_2 - 1$ 的 t_α 值。若 $|t| > t'_\alpha$，则否定 H_0；否则接受 H_0。由于 t'_α的取值在 $t_{1\alpha} \sim t_{2\alpha}$ 间，故只有在实得$|t|$值在 $t_{1\alpha} \sim t_{2\alpha}$ 之间时才需要计算 t'_α。

【例 4－8】　某猪场随机抽测了甲、乙两品种猪血液中白细胞数，测得甲品种 13 头猪血液白细胞数(单位：10^3 个/mm^3)的平均数为 10.73，标准差为 1.28，乙品种 15 头猪血液白细胞数的平均数为 16.40，标准差为 3.44。试检验两品种猪血液白细胞数是否有显著差异？

已知：甲品种：$n_1 = 13$，$\bar{x} = 10.73$，$s_1 = 1.28$；乙品种：$n_2 = 15$，$\bar{x}_2 = 16.40$，$s_2 = 3.44$。因怀疑两品种方差悬殊(甲品种为 $1.28^2 = 1.6384$，乙品种为 $3.44^2 = 11.8336$)，故先进行方差齐性检验，方法如下：

$$H_0: \sigma_1^2 = \sigma_2^2;\ H_A: \sigma_1^2 \neq \sigma_2^2$$

$$F = \frac{s_2^2}{s_1^2} = \frac{3.44^2}{1.28^2} = 7.2227$$

$F_{0.05/2}(14,12) = 3.05$，由于 $F > F_{0.05/2}$，故否定 H_0，接受 H_A，即两样本所属总体方差存在显著差异，即方差不同质。

$$H_0: \mu_1 = \mu_2; H_A: \mu_1 \neq \mu_2$$

$$s_{\bar{x}_1-\bar{x}_2} = \sqrt{\frac{s_1^2}{n_1} + \frac{s_2^2}{n_2}} = \sqrt{\frac{1.28^2}{13} + \frac{3.44^2}{15}} = 0.9565$$

$$t = \frac{\bar{x}_1 - \bar{x}_2}{s_{\bar{x}_1-\bar{x}_2}} = \frac{10.73 - 16.40}{0.9565} = -5.9279$$

方法 1：

计算 t 分布的近似自由度：

$$df=\frac{\left(\frac{1.6384}{13}+\frac{11.8336}{1.5}\right)^2}{\frac{\left(\frac{1.6384}{13}\right)^2}{12}+\frac{\left(\frac{11.8336}{15}\right)^2}{14}}=\frac{0.8371}{0.0013+0.0445}\approx 18$$

查附表 4 得 $t_{0.01}(18)=2.878$，由于 $|t|=5.9279>t_{0.01}(18)=2.878$，故否定 H_0，指定 H_A，两品种猪血液白细胞数差异极显著。

方法 2：

因为本例 $n_1\neq n_2$，故用 Cochran-Cox 检验法，在 $\alpha=0.05$ 时，查 t 临界值表得 $t_{0.05}(12)=2.179$，$t_{0.05}(14)=2.145$，t 检验的临界值为：

$$t'_{0.05}=\frac{t_{0.05}(12)n_2s_1^2+t_{0.05}(14)n_1s_2^2}{n_2s_1^2+n_1s_2^2}=\frac{2.179\times15\times1.28^2+2.145\times13\times3.44^2}{15\times1.28^2+13\times3.44^2}=2.149\ 7$$

当 $\alpha=0.01$ 时，$t_{0.01}(12)=3.055$，$t_{0.01}(14)=2.977$，t 的临界值为：

$$t'_{0.01}=\frac{t_{0.01}(12)n_2s_1^2+t_{0.01}(14)n_2s_2^2}{n_2s_1^2+n_1s_2^2}$$

$$=\frac{3.055\times15\times1.28^2+2.977\times13\times3.44^2}{15\times1.28^2+13\times2.977^2}$$

$$=2.9877$$

$|t|>t'_{0.01}=2.987\ 7$，$p<0.01$，故否定 H_0，接受 H_A。两品种猪血液白细胞数有极显著差异。

第三节　配对资料的两个平均数的假设检验

上面所介绍的两个样本所属总体平均数的假设检验叫成组比较，要求两个样本是相互独立的，或者说样本是完全随机分组后随机施加处理得到的，它只适用于试验单位（一般为试验动物个体）较为一致的情况。由于试验单位相对一致，误差小，误差估计准确，所以容易鉴别处理效应。但如果试验单位变异较大，如试验动物的年龄、性别、体重等相差较大，若仍采用上述设计方法，就可能增大试验误差的估计值，从而夸大或缩小试验处理的效应。为了排除试验单位的不一致对试验结果的影响，准确地估计试验处理效应，降低试验误差，提高试验的准确性和精确度，应采用配对试验设计。

一、配对试验设计的设计方法

所谓配对试验设计，是先将试验条件相同的试验单位配成一对，然后将每一个对子内的两个试验单位独立随机地接受两个处理中的一种。配对设计的要求是：配成对子的两个试验单位的初始条件应尽可能一致；不同对子间的初始条件允许存在差异（有时为了使试验结果有更广泛的适应性，还应有意识地扩大对子间的差异）。每一个对子就是试验的一次重复。这种将试验单位配成对子的设计方式就叫配对试验设计。配对的目的是为了把同一重复内两个试验单位的初始条件的差异减至最低限度，使试验处理效应不致被试验单位间的差异所掩盖。

配对的方式有以下几种：

1. 同源配对　可以将同窝或有一定亲缘关系的性别相同、体重相近的两头供试动物配成一对,若干对这样的动物组成的配对叫同源配对,又称亲缘配对。

2. 条件配对 实际工作中,如达不到亲缘配对要求,也可将具有相近条件的试验单位配成对子,若干对这样的动物组成的配对叫条件配对。如动物可按同种属、同性别、同年龄、同体重进行配对。

3. 自身配对 自身配对是指同一试验单位接受试验处理前后的两次测定值构成的配对;也可以是同一个动物个体对称的两个器官、组织或部位等构成的配对;同一份样品分成两份,一份接受一种处理,另一份接受另一种处理构成的配对。

如 n 对双胞胎,每对双胞胎血清中免疫球蛋白含量的测定值属同源配对;n 只小白鼠,同一个体 X 射线照射前后的两次体况测定值属自身配对;两种不同方法分别测定 n 羽鸡肝脏药物残留所得数据,属于条件配对。

二、配对设计资料的假设检验

配对数据假设检验方法为取每对测定值的差数为假设检验的对象,即由每一配对数据差组成的单个样本所属总体的总体平均数是否为 0 的假设检验。即:令 $d_i = x_{1i} - x_{2i}, i = 1,2,\cdots,n$。然后对 d_i 作单个总体平均数检验,检验的 H_0 为 $\mu_d = 0$。

表 4-1 配对比较数据模式

处理	配对观测值(x_{ij})				样本容量	平均数
1	x_{11}	x_{12}	…	x_{1n}	n	$\bar{x}_1 = \dfrac{\sum x_1}{n}$
2	x_{21}	x_{22}	…	x_{2n}	n	$\bar{x}_2 = \dfrac{\sum x_2}{n}$
$d_i = x_{1i} - x_{2i}$	d_1	d_2	…	d_n	n	$\bar{d} = \dfrac{\sum d}{n} = \bar{x}_1 - \bar{x}_2$

两样本的变量分别为 x_{1i} 和 x_{2i},共配成 n 对,各对的差数为 $d_i = x_{1i} - x_{2i}$,差数的平均值为:$\bar{d} = \dfrac{\sum d_i}{n} = \bar{x}_1 - \bar{x}_2$,差数的标准差为:$S_d = \sqrt{\dfrac{\sum(d-\bar{d})^2}{n-1}}$。

配对数据差数平均数的标准误为:

$$s_{\bar{d}} = \sqrt{\frac{s_d^2}{n}} = \sqrt{\frac{\sum(d-\bar{d})^2}{n(n-1)}} = \sqrt{\frac{\sum d^2 - \frac{(\sum d)^2}{n}}{n(n-1)}} \tag{4-11}$$

我们的任务是判定 $\bar{d} = \bar{x}_1 - \bar{x}_2 \neq 0$ 是由抽样误差造成的,还是由两个不同处理的效应差异造成的。如果是由抽样误差造成的,则 $H_0: \mu_d = \mu_1 - \mu_2 = 0$ 成立,说明处理间无显著差异;如果不是由抽样误差造成,则处理间存在显著差异,此时 $H_A: \mu_d = \mu_1 - \mu_2 \neq 0$ 成立。由于 $\bar{d}$ 的分布在 $\bar{d}$ 总体方差未知时服从 t 分布,故可以采用 $\mu_d = 0$ 条件下的 t 检验法考察 H_0 是否成立。因此,t 值计算公式如下:

$$t = \frac{\bar{d}}{s_{\bar{d}}} \tag{4-12}$$

随机变量 t 服从自由度为 $df = n-1$ 的 t 分布。

【例 4-9】 在研究日粮 V_E 含量与肝脏中 V_A 储量的关系时，随机选择 8 窝试验用小鼠，每窝选择性别相同、体重相近的两只小鼠进行配对，每对小鼠中的一只随机接受正常饲料饲喂，另一只接受 V_E 缺乏饲料饲喂。经过一段时间后，测定小鼠肝脏中 V_A 的储量，结果见表 4-2。试检验不同 V_E 含量的日粮对肝脏中 V_A 的储量是否有显著的影响。

表 4-2 饲喂不同 V_E 含量饲料的小鼠肝脏中 V_A 含量 单位：$IU \cdot g^{-1}$

配对动物编号	1	2	3	4	5	6	7	8	合计
正常饲料组	3 550	2 000	3 000	3 950	3 800	3 750	3 450	3 050	26 550
V_E 缺乏组	2 450	2 400	1 800	3 200	3 250	2 700	2 500	1 750	20 050
差数 d	1 100	-400	1 200	750	550	1 050	950	1 300	6 500

本例是配对试验资料。根据专业知识，我们并不知道 V_E 正常供给与否是增加还是减少肝脏中的 V_A 储量，故应采用双尾检验。

$$H_0: \mu_d = \mu_1 - \mu_2 = 0; H_A: \mu_d = \mu_1 - \mu_2 \neq 0$$

$$\bar{d} = 812.5, s_d = 546.253$$

$$s_{\bar{d}} = \sqrt{\frac{s_d^2}{n}} = \sqrt{\frac{546.253^2}{8}} = 193.13$$

$$t = \frac{\bar{d}}{s_{\bar{d}}} = \frac{812.5}{193.13} = 4.207$$

$df = 8-1 = 7$，$t_{0.01} = 3.499$，$t > t_{0.01}$，故 $p < 0.01$，否定 H_0，接受 H_A。说明两种 V_E 含量的不同日粮对小鼠肝脏中 V_A 的储量存在极显著影响。用正常日粮饲喂的小鼠肝脏中 V_A 储量极显著地高于用 V_E 缺乏日粮饲喂的小鼠肝脏中 V_A 储量。

第四节 率的假设检验

一、率的抽样误差

在实际工作中，我们所得到的率一般都是样本率，如死亡率、治愈率、阳性率等，而样本率与总体率间总存在着一定的差异。这种差异是由随机抽样造成的，故我们称之为抽样误差。率的抽样误差大小一般用率的标准误来表示，即：

$$\sigma_p = \sqrt{\frac{p(1-p)}{n}} = \sqrt{\frac{pq}{n}} \tag{4-13}$$

式中：σ_p 为率的标准误，p 为总体率，n 为样本容量。

对率进行抽样，其研究的目的是希望用样本率 $\hat{p}$ 来估计总体率 p，从而对于样本所在总体的特征作出推断，而总体率一般未知。因此，可用样本率 $\hat{p}$ 来代替总体率 p，从而计算出率的标准误的估计值 $s_{\hat{p}}$，即：

$$s_{\hat{p}} = \sqrt{\frac{\hat{p}(1-\hat{p})}{n}} = \sqrt{\frac{\hat{p}\hat{q}}{n}} \tag{4-14}$$

式中：$s_{\hat{p}}$为样本率的标准误，$\hat{p}$ 为样本率，n 为样本容量。

率的标准误说明了样本率可以在多大程度上估计总体率，率的标准误越大，用样本率来估计总体率的准确性就越差；反之，率的标准误越小，用样本率估计总体率的准确性就越好。

二、率的假设检验

率服从二项分布，当试验次数 n 较大时，二项分布接近正态分布，所以可以将服从二项分布的百分率资料近似地用正态分布来处理，即采用 u 检验，即 $df \to \infty$ 时的 t 检验。适于 u 检验所需的二项分布样本容量 n 与 np 值见表 4－3。

表 4－3 适于 u 检验的二项分布的 n 与 np 值

样本百分率 $\hat{p}$	较小组次数 $n\hat{p}$	样本容量 n
0.5	15	30
0.4	20	50
0.3	24	80
0.2	40	200
0.1	60	600
0.05	70	1 400

1. 样本率与总体率的比较

有时，我们希望知道某个样本率 $\hat{p}$ 与一个已知的总体率 p_0 间是否存在显著差异，即我们希望知道这个样本率是否来自这一总体。采用的计算公式为：

$$u = \frac{\hat{p} - p_0}{\sigma_p} = \frac{\hat{p} - p_0}{\sqrt{\frac{p_0(1-p_0)}{n}}} \tag{4－15}$$

【例 4－10】 某地中国荷斯坦奶牛的隐性乳房炎患病率为 $p_0 = 24\%$，该地某牛场对 560 头中国荷斯坦牛奶进行检测，其中 148 头奶牛检测结果为阳性，问该牛场的隐性乳房炎患病率是否与该地平均患病率相同。

此题仅需比较该牛场奶牛与本地奶牛的隐性乳房炎患病率间有无差异。因此，所作假设为 $H_0: p = p_0$；$H_A: p \neq p_0$。

$$\hat{p} = \frac{148}{560} = 0.264\ 3, \sigma_p = \sqrt{\frac{0.24 \times (1 - 0.24)}{560}} = 0.018\ 0$$

$$U = \frac{0.264\ 3 - 0.24}{0.018\ 0} = 1.35$$

$u_{0.05} = 1.96$，$U < u_{0.05}$，$p > 0.05$，接受 H_0。即该牛场奶牛隐性乳房炎患病率与该地中国荷斯奶牛隐性乳房炎患病率间无显著差异。

2. 两个样本率的比较

设有两个样本，一个样本率为 $\hat{p}_1$，样本容量为 n_1；另一个样本率为 $\hat{p}_2$，样本容量为 n_2。我们希望知道这两个样本所在总体的总体率间有否显著差异，也可以这样理解，这两个样本率是否来自同一个总体率。如来自同一个总体,则两个样本率之差是由抽样误差造成的。

假设这两个样本各自的总体率分别为 p_1 和 p_2,则这两个样本率差异标准误为:

$$\sigma_{\hat{p}_1-\hat{p}_2}=\sqrt{\frac{p_1q_1}{n_1}+\frac{p_2q_2}{n_2}} \tag{4-16}$$

式中 $q_1=1-p_1$,$q_2=1-p_2$,n_1、n_2 分别为两个样本的样本容量。

当两总体率相等,即 $p_1=p_2=p$ 时,上式可写为:

$$\sigma_{\hat{p}_1-\hat{p}_2}=\sqrt{pq\left(\frac{1}{n_1}+\frac{1}{n_2}\right)} \tag{4-17}$$

这是在两总体率已知的情况下两样本率差异标准误。在很多情况下,总体率未知,这时我们可以假设两样本率所在的两总体率相等,即 $p_1=p_2=p$,则可以用两样本率的加权平均率 $\hat{p}$ 来估计两总体率,即:

$$\hat{p}=\frac{n_1\hat{p}_1+n_2\hat{p}_2}{n_1+n_2}$$

$\hat{p}$ 称为样本合并百分率。

两样本率差异标准误为:

$$s_{\hat{p}_1-\hat{p}_2}=\sqrt{\hat{p}\hat{q}\left(\frac{1}{n_1}+\frac{1}{n_2}\right)} \tag{4-18}$$

在假设 $p_1=p_2$ 的情况下:

$$U=\frac{(\hat{p}_1-\hat{p}_2)-(p_1-p_2)}{s_{\hat{p}_1-\hat{p}_2}}=\frac{\hat{p}_1-\hat{p}_2}{\sqrt{\hat{p}\hat{q}\left(\frac{1}{n_1}+\frac{1}{n_2}\right)}}\sim N(0,1) \tag{4-19}$$

在两样本容量 n_1 与 n_2 很大时,可用 u 检验来检验两样本所在总体率的差异。

【例 4-11】 为检验鸡痢疾菌苗对鸡白痢的免疫效果,试验组接种了 345 羽鸡,结果有 51 羽发生鸡白痢,对照组(未注射鸡痢疾菌苗组)420 羽鸡有 79 羽发生了鸡白痢。问痢疾菌苗对鸡白痢是否有免疫效果?

$$H_0: p_1=p_2; H_A: p_1\neq p_2$$

痢疾菌苗是否对鸡白痢具有免疫性,我们并不知道,因此,采用双尾检验。由于本例样本容量较大,因此用 u 检验,计算 U 值。

免疫组鸡白痢发病率为 $\hat{p}_1=\frac{51}{345}=14.78\%$,未接种痢疾菌苗的对照组鸡白痢发病率为 $\hat{p}_2=\frac{79}{420}=18.81\%$。

两样本合并发病率为 $\hat{p}=\frac{51+79}{345+420}=\frac{130}{765}=16.99\%$

$$s_{\hat{p}_1-\hat{p}_2}=\sqrt{0.1699\times(1-0.1699)\times\left(\frac{1}{345}+\frac{1}{420}\right)}=0.0273$$

$$U=\frac{0.1478-0.1881}{0.0273}=-1.476$$

$|U|<u_{0.05}$,$p>0.05$,接受 H_0。即用痢疾菌苗免疫鸡白痢,其免疫效果与对照组无显著差

异。我们有 95% 的把握认为痢疾菌苗对鸡白痢无显著免疫效果。

3. 小样本率假设检验的连续性校正

当计算率的样本容量较大，或所得率的资料满足表 4-3 的要求时，我们可以用服从正态分布的 u 检验来完成假设检验，因为虽然我们的资料是服从二项分布的，但样本容量较大时，二项分布趋向于正态分布。样本容量较小，或不符合表 4-3 的要求时，两种分布间会有较大的差异。此时，如仍采用普通的 u 检验就有可能增大犯 I 型错误的概率。因此，为了进行正确的统计推断，在进行率的假设检验时应进行连续性校正，当 $n<30$ 且 $np<5$ 时，这种校正是必需的。

（1）单个小样本假设检验的连续性校正

设小样本率为 $\hat{p}$，总体率为 p，则连续性校正公式为：

$$t_c=\frac{|\hat{p}-p|-\frac{0.5}{n}}{s_{\hat{p}}}\quad df=n-1 \tag{4-20}$$

小样本应使用 t 检验，t_c 为校正后的 t 值，将计算所得 t_c 与 $t_\alpha(df)$ 相比较。

【例 4-12】 某抗生素治疗肺炎的治愈率为 $p_0=85\%$。对 25 只小白鼠接种肺炎球菌，24 小时后注射该抗生素，结果发现有 4 只小白鼠发病。问此次抗生素试验效果如何？

本例数据不符合表 4-3 要求，因此应作连续性校正。

$$H_0:p=p_0;H_A:p\neq p_0$$

$$\hat{p}=\frac{25-4}{25}=0.84$$

$$s_{\hat{p}}=\sqrt{\frac{p_0(1-p_0)}{n}}=\sqrt{\frac{0.85\times0.15}{25}}=0.071$$

$$t_c=\frac{|0.84-0.85|-\frac{0.5}{25}}{0.071}=-0.1408$$

$df=25-1=24$，$t_{0.05}(24)=2.064$，$|t_c|<t_{0.05}(24)$，$p>0.05$，接受 H_0，即此次抗生素治疗效果和往常治疗效果没有显著差异。

（2）两小样本率差异假设检验的连续性校正

当两个小样本率不符合表 4-3 的要求时，其差异的比较也应进行连续性校正。

设 $\hat{p}_1$ 为较大的样本率，其样本容量为 n_1，$\hat{p}_2$ 为较小的样本率，其样本容量为 n_2，其连续性校正公式为：

$$t_c=\frac{\frac{n_1\hat{p}_1-0.5}{n_1}-\frac{n_2\hat{p}_2+0.5}{n_2}}{s_{\hat{p}_1-\hat{p}_2}}\quad df=n_1+n_2-2 \tag{4-21}$$

【例 4-13】 A、B 两种药物作疗效对比试验。A 药治疗 18 例病例，治愈 13 例；B 药治疗 15 例，治愈 7 例。问两药的疗效是否有显著差异。

$$H_0:p_1=p_2;H_A:p_1\neq p_2$$

$$\hat{p}_1=\frac{13}{18}=72.22\%\quad \hat{p}_2=\frac{7}{15}=46.67\%\quad p=\frac{13+7}{18+15}=60.61\%$$

$$s_{\hat{p}_1-\hat{p}_2}=\sqrt{0.6061\times(1-0.6061)\times\left(\frac{1}{18}+\frac{1}{15}\right)}=0.1708$$

$$t_c=\frac{\frac{13-0.5}{18}-\frac{7+0.5}{15}}{0.1708}=\frac{0.6944-0.5}{0.1708}=1.138$$

$df=18+15-2=31$，$t_{0.05}(31)=2.040$，$t<t_{0.05}(31)$，$p>0.05$，接受 H_0，即两种药物的疗效无显著差异。

三、率的标准化

（一）率的标准化概念

设有两个总体，当我们得到这两个总体率的估计值以后，需要进行总体率的比较。而两个总体的样本均可划分为特征相同的若干个小组，各对应组的样本容量与样本率不尽相同且足以影响比较的结论。这时我们可以指定一个标准的样本容量，先对总体率的估计值进行调整，再作总体率的比较。

指定一个标准的样本容量，重新计算样本率，以新的样本率作为总体率的估计值，对两个总体率进行比较的方法，称为率的标准化。

（二）率的标准化步骤

（1）确定标准样本容量；

（2）以标准的样本容量分别乘各组的样本率得到各组的观测值数；

（3）计算调整后各总体的观测数及总体率的估计值，调整后各总体的观测数等于调整后各组的观测数之和，调整后的总体率的估计值等于调整后各总体的观测数除以调整后的样本容量之和。

（三）率的标准化方法

率的标准化关键在于确定标准的样本容量。标准样本容量常采用两总体中某一总体的样本容量，两总体样本容量之和，各类别总体容量等。下面用实例说明率的标准化方法，标准化后率的差异仅以表面效应作简单描述，其差异显著性检验方法已在本节第二部分进行了详细叙述，因此这里不再列出。

【例 4 – 14】 某场用 A、B 两种方法治疗猪瘟的治愈数如表 4 – 4 所示。比较两种方法的治愈率。

表 4 – 4 两种方法治疗猪瘟的治愈资料

组别	A 法			B 法		
	治疗数	治愈数	治愈率	治疗数	治愈数	治愈率
仔猪	10	7	0.7	220	176	0.8
肥育猪	40	32	0.8	80	64	0.8
成年母猪	200	164	0.82	100	82	0.82
合计	250	203	0.812	400	322	0.805

从表 4 – 4 的资料可见，肥育猪组、成年母猪组用 A 法与 B 法的治愈率相同，仔猪组 A 法的

治愈率低于 B 法,但总的治愈率 A 法却高于 B 法。其原因是仔猪组 A 法的样本容量小,对总的治愈率影响不大。为消除样本容量不同的影响,需要将率标准化。

方法一:以两个总体中某一个总体的样本容量为标准的样本容量

本例中,以 B 法各组的治疗数为标准的治疗数。

表 4-5　标准化治愈率计算表

组别	标准治疗数	A 法调整后			B 法调整后		
		治疗数	治愈数	治愈率	治疗数	治愈数	治愈率
仔猪	220	220	154	0.7	220	176	0.8
育肥猪	80	80	64	0.8	80	64	0.8
成年母猪	100	100	82	0.82	100	82	0.82
合计	400	400	300	0.75	400	322	0.805

方法二:以两个总体的样本容量之和为标准的样本容量

本例中,以 A 法与 B 法各组的治疗数之和为标准的治疗数。

表 4-6　标准化治愈率计算表

组别	标准治疗数	A 法调整后			B 法调整后		
		治疗数	治愈数	治愈率	治疗数	治愈数	治愈率
仔猪	230	230	161	0.7	230	184	0.8
育肥猪	120	120	96	0.8	120	96	0.8
成年母猪	300	300	246	0.82	300	246	0.82
合计	650	650	503	0.774	650	526	0.805

方法三:以总体容量为标准的样本容量

设该场仔猪总数为 800 头,肥育猪 200 头,成年母猪 400 头,以各类别总体容量为标准样本容量进行率的标准化。

表 4-7　标准化治愈率计算表

组别	标准治疗数	A 法调整后			B 法调整后		
		治疗数	治愈数	治愈率	治疗数	治愈数	治愈率
仔猪	800	800	560	0.7	800	640	0.8
育肥猪	200	200	160	0.8	200	160	0.8
成年母猪	400	400	328	0.82	400	328	0.82
合计	1 400	1 400	1 048	0.749	1 400	1 128	0.806

经标准化后,消除了 A 法与 B 法治疗数不同的影响。

A 法与 B 法治愈率的差异显著性检验可按本节“二、率的假设检验”中的方法自行完成。

复习思考题

1. 猪的正常体温为38.6℃,现测得患某种疾病的猪15头,其平均体温为39.5℃,标准差为0.75℃,问病猪的体温与正常猪的体温有无显著差异。

2. 随机抽取24头健康的年龄和体重大致相同的湖羊,用相同剂量的绦虫感染一段时间后,其中12头注射新研制的绦虫治疗药物,另一组为对照组,注射生理盐水,6个月后屠宰记录每头湖羊胃中绦虫的数量,得如下数据:

治疗组:18,43,28,50,16,32,13,35,38,33,6,7

对照组:40,54,26,63,21,37,39,23,48,58,28,39

问新研制的绦虫治疗药是否有显著疗效?

3. 血清转铁蛋白含量的测定对病毒性肝炎的诊断具有重要的临床意义。现测得32名健康成人血清转铁蛋白含量(单位:g/L)为 $\bar{x}_1=2.551$, $s_1=0.301$;34名慢性病毒性肝炎患者血清转铁蛋白含量为 $\bar{x}_2=2.832$, $s_1=0.621$。问健康人群和慢性病毒性肝炎患者血清转铁蛋白含量是否有差异。

4. 用10只家兔试验某批注射液对体温的影响,注射前2 h和1 h各测定一次体温,求平均数,注射后1 h和2 h各测定一次,求平均数,获得如下数据:

单位:℃

兔号	1	2	3	4	5	6	7	8	9	10
注射前体温	37.8	38.2	38.0	37.6	37.9	38.1	38.2	37.5	38.5	37.9
注射后体温	37.9	39.0	38.9	38.4	37.9	39.0	39.5	38.6	38.8	39.0

问该批注射液注射前后家兔体温有无显著变化?

5. 为了研究三棱莪术液的抑瘤效果,将20只小鼠配成10对,然后将每对中的小鼠随机地分到试验组和对照组,并接种肿瘤。试验组在接种肿瘤三天后注射30%的三棱莪术液0.5 mL,对照组则注射0.5 mL生理盐水。比较两组瘤体大小是否有显著差异。

单位:cm

序号	1	2	3	4	5	6	7	8	9	10
对照组	3.6	4.5	4.2	4.4	3.7	5.5	7.0	4.7	5.1	4.5
试验组	3.0	2.3	2.4	2.7	4.0	3.7	2.7	1.9	2.6	1.3

6. 为研究牛奶有否增加身高的作用,随机选择8对双胞胎,每对儿童一个给予正常饮食,另一个除正常饮食外,每天增喝500 mL牛奶,6个月后测得其身高增长情况见下表,问增喝牛奶与不喝牛奶的儿童身高增加有无差别?

单位:cm

序号	1	2	3	4	5	6	7	8
正常进食组	4.5	4.6	4.8	4.4	4.7	5.1	4.0	4.6
增喝牛奶组	6.5	6.3	6.6	5.9	7.0	6.7	6.5	4.3

7. 100 只日龄及长势相近的小鼠，在饲料中添加某种生长剂后，有 65 只长势特优，若 $\alpha = 0.05$，试检验该批小鼠的特优率与总体特优率 $p = 0.6$ 有无显著差异。

8. 某鸡场种蛋的孵化率常年记录为 $p = 0.8$，今年春天某日取该鸡场种蛋 10 000 枚，孵化出雏鸡 8 150 羽，试检验该批种蛋的孵化率与常年记录间有无显著差异。

9. 研究某种新药治疗羊痘的效果，观测到 50 头病羊用此药治疗后有 42 头痊愈，而另 50 头病羊用常规药物治疗后有 36 头痊愈，试检验新药的治愈率与常规药物的治愈率间有无显著差异。

10. 某城市养猫灭鼠，并对养猫灭鼠的效果进行了统计，发现 119 户养猫户中 15 户有鼠，而 418 户无猫户中 68 户有鼠，试检验养猫灭鼠是否有效。

11. 用同一种方法治疗两个地区奶牛的结核病，得如下数据和治愈率，试进行标准化比较。

组别	A 地区			B 地区		
	治疗数	治愈数	治愈率	治疗数	治愈数	治愈率
犊牛	25	11	0.44	150	134	0.89
后备母牛	70	58	0.83	100	75	0.75
成年母牛	300	252	0.84	180	130	0.72
合计	395	321	0.81	430	339	0.79

12. 试对例 4－14 中表 4－7 中的 A 法和 B 法治愈率进行差异显著性检验。

第五章 方 差 分 析

本章主要介绍方差分析的基本假定、数据转换，以及单因素完全随机设计、随机区组设计、两因素析因设计和系统分组设计资料的方差分析方法。

前面已经介绍了两样本平均数比较的差异显著性检验可用 t 检验。但是在兽医临床实践和科学研究中经常会遇到检验多个样本平均数差异是否显著的问题，此时 t 检验的方法不再适用。这是因为：

（1）检验程序烦琐　当有 $k(k\geqslant 3)$ 个样本平均数需作差异显著性检验时，两两比较就要作 $c=k(k-1)/2$ 次 t 检验，例如，$k=10$ 时有 45 次两两平均数的比较，对这 45 个差数逐一作出检验，工作量显然相当巨大；

（2）无统一的试验误差，且对试验误差估计的精确性低　设有 k 个样本，每个样本有 n 个观测值，进行样本间的两两比较时，每比较一次就需计算一个均数差异标准误 $s_{\bar{x}_i-\bar{x}_j}$（即试验误差的估计值），各次比较的试验误差不一致。另外，每次比较时，只能用 $2(n-1)$ 个自由度估计试验误差，而不能使用整个试验的自由度 $df=k(n-1)$，因而导致误差估计时会损失相当大的精确性；

（3）增大了犯Ⅰ型错误的概率　假定每次比较的显著性水平均为 $\alpha=0.05$，即犯Ⅰ型错误的概率为 0.05，或者说不犯Ⅰ型错误的概率为 $1-0.05=0.95$，c 次检验均不犯Ⅰ型错误的概率为 0.95^c，而 c 次检验犯Ⅰ型错误的总概率为 $1-0.95^c$。例如在 5 个平均数的两两比较中至少犯一次Ⅰ型错误的总概率为 $1-0.95^{10}=0.401\ 3$；当有 10 个平均数两两比较时犯Ⅰ型错误的总概率可达到 $1-0.95^{45}=0.900\ 6$，这么大的犯错率显然是不能容忍的。因此，对多个样本平均数进行差异显著性检验时应当采用一种更合理的统计方法，这就是方差分析法。

方差分析（analysis of variance，ANOVA）方法是由英国统计学家 R. Fisher 于 1918 年提出的。用其本人的话来说，“方差分析法是一种在若干能相互比较的资料组中，把产生变异的原因加以区分开来的方法与技术”。其基本思想是把整个试验（k 个样本，每个样本接受一种处理）资料作为一个整体来考虑，把整个试验中所产生的总变异按照变异来源分解成各个来源的变异，并构造检验统计量 F，实现对各样本所属总体平均数是否相等的推断。概括地讲，方差分析的最大功用在于：① 它能将引起变异的多种因素的各自作用一一剖析出来，作出量的估计，进而辨明哪些因素是起主要作用的，哪些因素是起次要作用的；② 它能充分利用资料所提供的信息，将试验中由于偶然因素造成的随机误差无偏地估计出来，从而大大提高对试验结果分析的精确性，为显著性检验的可靠性提供科学的理论依据。

因此，方差分析的实质是关于观测值变异原因的数量分析，可用于多种类型数据资料的显著性检验，是兽医临床实践和科学研究的重要工具。

第一节　基本假定和数据转换

一、方差分析的基本假定

对数据资料进行方差分析前，首先要考察该资料是否满足或近似满足方差分析所要求的基本假定。方差分析的基本假定有：

1. 效应的可加性

方差分析是建立在线性模型的基础上的，所有进行方差分析的数据都可以分解成几个分量之和。以单因素试验资料为例，此类资料各观测值 x_{ij}可分解为总体平均数 μ、试验因素各水平效应 α_i（即处理效应）及试验误差 ε_{ij}三部分。故其线性模型为：

$$x_{ij}=\mu+\alpha_i+\varepsilon_{ij}$$

若对其取离均差形式，则为：

$$x_{ij}-\mu=\alpha_i+\varepsilon_{ij}$$

上式两边各取平方并求其总和，得平方和为：

$$\sum\sum(x_{ij}-\mu)^2=\sum\sum\alpha_i^2+\sum\sum\varepsilon_{ij}^2+2\sum\sum\alpha_i\varepsilon_{ij}$$

因为 α_i 与 ε_{ij}相互独立，所以等式右边第三项$\sum\sum\alpha_i\varepsilon_{ij}$为零。因而得到：

总平方和 = 试验因素效应平方和 + 试验误差平方和

这一可加性是线性数据的主要特性，正是由于这一“可加性”，才使得线性数据可被分割成几部分，即观测值具有“可分解性”。如果试验资料不具备“效应可加性”这一性质，那么变量的总变异依据变异原因的剖分将失去理论根据，方差分析就不能正常进行。

2. 分布的正态性

分布的正态性是指所有试验误差都是随机的、彼此独立的，并且服从正态分布 $N(0,\sigma^2)$。因而要求每个处理内的个体彼此间是独立的，各处理所代表的总体应服从正态分布。因为方差分析中假定 k 个样本是从 k 个正态总体中随机抽取的，所以从总体上考虑只有所分析的资料满足正态性要求才能用方差分析进行显著性检验。

3. 方差的同质性

所有试验处理必须具有共同的误差方差，即方差的同质性。因为方差分析中的误差方差是将 k 个处理的误差合并而得到的，故必须假定资料中各处理有一个共同的误差方差，即假定各处理的误差 ε_{ij}都服从 $N(0,\sigma^2)$。如果各处理的误差方差具有异质性（即各 σ_i^2 值不相等），则没有理由将各处理内误差方差的合并方差作为检验各处理差异显著性的共用的误差方差。否则，在假设检验中必然会使某些处理的效应得不到正确的反映。

二、数据的转换

从兽医临床实践和科学研究中所得到的各种数据全部满足上述三个基本假定往往是不容易的。相对而言，效应的可加性容易满足，各处理内个体间的独立性可以通过合理的试验设计来保证，而正态性和方差的同质性则往往取决于观测值本身的性质。因而对于已经获得的数据资料，我们主要考察它们是否满足正态性和方差同质性的要求。如果不能满足要求，就要考虑采取适当的处理措施。常用的处理措施有：① 剔除某些比较特殊（亦即异常）的观测值或处理；② 将全部试验分解为几个误差方差同质的试验；③ 对数据进行转换，再利用转换后的数据进行方差分析。

这里需要强调的是，数据的非正态性和方差的异质性经常相伴出现，因为往往是数据的非正态性导致了方差的异质性。一般情况下，我们可以仅考虑利用某种**数据转换**（transformation of data），使得变换后的数据具有方差同质性，而非正态性的缺陷也同时得到了改善。本节介绍一些常用的方差同质性数据转换方法。必须指出的是，在用变换后的数据进行方差分析后，为解释所得到的结果须将结果转换到原来的尺度。方差同质性检验的方法，如果是两个方差的同质性检验可参考第四章相关内容，而多个方差的同质性检验应使用第六章的 χ^2 检验。

1. 平方根转换

平方根转换（square root transformation）就是将原始数据 x 的平方根作为新的分析数据 x'，转换公式为：

$$x' = \sqrt{x} \tag{5-1}$$

当有些原始数据很小，甚至有零出现时，可用公式 $x' = \sqrt{x+1}$ 转换。

平方根转换适用于各组方差与平均数之间有正比关系的资料，尤其适用于总体呈泊松分布的资料。它可使服从泊松分布的计数资料或轻度偏态的资料正态化。例如放射性物质在单位时间内的放射次数、在显微镜视野下的细菌数、大群体中某些罕见遗传性疾病的患病个体数等均可采用平方根转换使其正态化。采用平方根转换可使样本方差与平均数间有比例关系的资料达到方差同质性，同时也可减小非可加性的影响。

2. 对数转换

对数转换（logarithmic transformation）就是将原始数据 x 的对数值作为新的分析数据 x'，转换公式为：

$$x' = \lg x \tag{5-2}$$

当原始数据中有极小值或零时，可用 $x' = \lg(x+1)$ 转换。

当各组数据的标准差、全距与平均数大体呈正比时，采用对数转换可获得同质性的方差。如果数据表现的效应为倍加性或可乘性，利用对数转换对于改进非可加性的影响比平方根转换更为有效。对数转换能使服从对数正态分布的变量正态化。如养殖环境中某些污染物的分布、畜禽体内某些微量元素的分布，可用对数转换改善其正态性。

3. 反正弦转换

反正弦转换（arcsine transformation）就是将原始数据 x 的平方根反正弦值作为新的分析数据 x'，转换公式为：

$$x' = \sin^{-1}\sqrt{x} \tag{5-3}$$

平方根反正弦转换常用于服从二项分布的率或百分比的资料，如流行病学研究中的发病率和病死率、病畜血液生化指标检测中白细胞的分类计数和淋巴细胞转变率等。二项分布的特点是方差与平均数间有着函数关系。这种关系表现在：当平均数接近极端值（即接近 0 和 100%）时，方差较小；当平均数处于中间值（50%）左右时，方差较大。把数据转换成角度或弧度后，接近于 0 和 100% 的数值变异程度变大，因此可使方差变大，这样有利于满足方差同质性的要求。

一般来说，若资料中的率或百分比介于 30% ~70% 之间时，资料偏离正态性较小，数据转换前后相差不大，可不必进行转换而直接进行方差分析。但当资料中有≤30%或≥70%的率时，则应使用该法进行转换。

4. 倒数转换

倒数转换（reciprocal transformation）就是将原始数据 x 的倒数作为新的分析数据 x'，转换公式为：

$$x' = \frac{1}{x} \tag{5-4}$$

当各组数据的标准差与平均数的平方成比例时，可进行倒数转换。这种转换常用于以出现质反应时间为指标的数据资料，如某种疾病患者的生存时间等；也可用于数据两端波动较大的资料，倒数转换后可使极端值的影响减小。

另外，还有一些别的转换方法可以考虑，例如采用观测值的小样本平均数作为原始数据进行方差分析。因为平均数比单个观测值更易呈正态分布，以小样本平均数作方差分析，可减小各种不符合基本假定的因素的影响，但这一方法必须在试验设计时就加以考虑。另外，对于一些分布明显偏态的二项分布资料，进行 $x' = (\sin^{-1}\sqrt{x})^{\frac{1}{2}}$ 的转换，可使转换后的数据呈良好的正态分布。

第二节　完全随机设计资料的方差分析

完全随机设计（completely randomized design）是最简单的试验设计方法。它是将从总体中或一个很大的群体中随机抽取的具有代表性的所有个体或**试验单位**（experimental unit）完全随机地分配到各个**处理**（treatment）（组）中，使得每个试验单位都有相同的机会接受某个处理，其实质就是试验单位的随机分组。这种试验设计适用于不存在已知的对**试验指标**（experimental index）有较大影响的干扰因子的情况，或者虽然存在某些已知的干扰因子，但通过随机分组能使它的各个水平在各处理（组）中基本平衡分布，从而使它的影响在各个处理（组）中基本相同，不会对不同处理的比较造成干扰。完全随机设计的具体方法将在第十四章中介绍，本节仅介绍单因素试验条件下完全随机设计资料（亦称单向分组资料）的方差分析。

一般来说，资料的数据结构不同，方差分析的方法也不同。单因素试验条件下完全随机设计资料的数据结构如表 5-1 所示。它是以一个**试验因素**（experimental factor）来分类的（即单向分类）资料，这个试验因素可以自然地或人为地分成若干类别或称**水平**（level），例如不同畜种、不同品种、不同药物或同一药物的不同剂量等。在考察的因素较多时，各个因素的不同水平可形成多个组合，通常也将这些不同的组合称为不同的处理。研究的目的是要比较不同的处理对所考察的试验指标的影响有无差异，或者是比较各处理所属总体的总体平均数有无差异。

表 5-1　单因素完全随机设计资料的数据结构

组别	观测值				和	平均数
A_1	x_{11}	x_{12}	…	x_{1n_1}	$T_{1.}$	$\bar{x}_1$
A_2	x_{21}	x_{22}	…	x_{2n_2}	$T_{2.}$	$\bar{x}_2$
⋮	⋮	⋮			⋮	⋮
A_k	x_{k1}	x_{k2}	…	x_{kn_k}	$T_{k.}$	$\bar{x}_k$

表5-1中,设有 k 个处理(组),每个处理的观测值数据是来自该处理所属总体的一个样本。表中的 $x_{ij}(i=1,2,\cdots,k;j=1,2,\cdots,n_i)$ 表示第 i 个处理中第 j 个观测值,n_i 是第 i 个处理的观测值个数(即重复数),$T_{i.}=\sum_{j=1}^{n_i}x_{ij}$ 代表第 i 个处理中的观测值之和,$\bar{x}_i=\dfrac{T_{i.}}{n_i}$ 是第 i 个处理的平均数。全部观测值的总和与总的平均数分别为 $T=\sum_{i=1}^{k}T_{i.}$ 和 $\bar{x}=\dfrac{T}{N}$,其中 $N=\sum_{i=1}^{k}n_i$ 为全部观测值的个数。

数学模型是方差分析的基础。这里的数学模型是一种线性模型,它将观测值表示为影响观测值大小的各个因素效应的线性组合。对于单因素完全随机设计资料来说,影响观测值大小的因素可分为两种:一种是对各组个体实施的不同处理,它对同组个体的影响是相同的;另一种是随机因素,它对每个个体的影响是不同的。因此,单因素完全随机设计资料中各观测值可用以下线性模型表示:

$$x_{ij}=\mu_i+\varepsilon_{ij}=\mu+\alpha_i+\varepsilon_{ij} \tag{5-5}$$

式中 μ_i 为第 i 处理所属总体的总体平均数;$\alpha_i=\mu_i-\mu$ 是第 i 处理的处理效应,且 $\sum_{i=1}^{k}\alpha_i=0$;$\mu=\dfrac{1}{k}\sum_{i=1}^{k}\mu_i$ 是各处理所属总体合并后的总体均数;ε_{ij} 是随机误差,服从 $N(0,\sigma^2)$,且相互独立。

一、各处理重复数相等的方差分析

各处理的重复数 n_i 相等(即 $n_1=n_2=\cdots=n_k=n$)的单因素完全随机设计资料的方差分析是方差分析中最简单、最常见的一种。

方差分析就是将全部观测值的总变异(总方差)依据变异的原因加以分解,分解成不同变异原因的变异(方差),进而分析各变异原因的主次。由于方差等于平方和与自由度的比值,所以,数据变异性的分解是通过将总平方和与总自由度分解成不同变异原因的平方和与自由度来实现的。

1. 平方和与自由度的剖分

在表5-1中,全部观测值的总平方和是各观测值 x_{ij} 与总平均数 $\bar{x}$ 的离均差平方和,记为 SS_T,计算公式为:

$$SS_T=\sum_{i=1}^{k}\sum_{j=1}^{n}(x_{ij}-\bar{x})^2$$

因为

$$\begin{aligned}\sum_{i=1}^{k}\sum_{j=1}^{n}(x_{ij}-\bar{x})^2&=\sum_{i=1}^{k}\sum_{j=1}^{n}[(\bar{x}_i-\bar{x})+(x_{ij}-\bar{x}_i)]^2\\&=\sum_{i=1}^{k}\sum_{j=1}^{n}[(\bar{x}_i-\bar{x})^2+2(\bar{x}_i-\bar{x})(x_{ij}-\bar{x}_i)+(x_{ij}-\bar{x}_i)^2]\\&=n\sum_{i=1}^{k}(\bar{x}_i-\bar{x})^2+2\sum_{i=1}^{k}\left[(\bar{x}_i-\bar{x})\sum_{j=1}^{n}(x_{ij}-\bar{x}_i)\right]+\sum_{i=1}^{k}\sum_{j=1}^{n}(x_{ij}-\bar{x}_i)^2\end{aligned}$$

其中

$$\sum_{j=1}^{n}(x_{ij}-\bar{x}_i)=0$$

所以

$$SS_T=\sum_{i=1}^{k}\sum_{j=1}^{n}(x_{ij}-\bar{x})^2=n\sum_{i=1}^{k}(\bar{x}_i-\bar{x})^2+\sum_{i=1}^{k}\sum_{j=1}^{n}(x_{ij}-\bar{x}_i)^2$$

上式中，$n\sum_{i=1}^{k}(\bar{x}_i-\bar{x})^2$ 是各处理平均数 $\bar{x}_i$ 与总平均数 $\bar{x}$ 的离均差平方和与重复数 n 的乘积，反映了重复 n 次的处理间的变异，称为处理间平方和，记为 SS_t。即

$$SS_t = n\sum_{i=1}^{k}(\bar{x}_i-\bar{x})^2$$

而 $\sum_{i=1}^{k}\sum_{j=1}^{n}(x_{ij}-\bar{x}_i)^2$ 则是各处理内离均差平方和之和，反映了各处理内的变异(即误差)，称为处理内平方和或误差平方和，记为 SS_e。即

$$SS_e = \sum_{i=1}^{k}\sum_{j=1}^{n}(x_{ij}-\bar{x}_i)^2$$

SS_e 实际上是各处理内平方和之和，即 $SS_e=\sum_{i=1}^{k}SS_i$。

于是有：

$$SS_T = SS_t + SS_e \tag{5-6}$$

上式说明总平方和(SS_T)可以剖分为两部分：处理间平方和(SS_t)和处理内平方和 SS_e。

在实际应用时，三种平方和可用校正公式来进行计算，即：

$$SS_T = \sum_{i=1}^{k}\sum_{j=1}^{n}x_{ij}^2 - C \tag{5-7}$$

$$SS_t = \frac{1}{n}\sum_{i=1}^{k}T_{i.}^2 - C \tag{5-8}$$

$$SS_e = \sum_{i=1}^{k}\sum_{j=1}^{n}x_{ij}^2 - \frac{1}{n}\sum_{i=1}^{k}T_{i.}^2 = SS_T - SS_t \tag{5-9}$$

C 称为校正数：

$$C = \frac{1}{nk}\left(\sum_{i=1}^{k}\sum_{j=1}^{n}x_{ij}\right)^2 = \frac{T^2}{nk} \tag{5-10}$$

在计算总平方和时，资料中各观测值要受 $\sum_{i=1}^{k}\sum_{j=1}^{n}(x_{ij}-\bar{x})=0$ 这一条件约束，故总自由度等于资料中观测值的总个数减 1，即 $nk-1$。总自由度记为 df_T，即 $df_T=nk-1$。

在计算处理间平方和时，各处理均数 $\bar{x}_i$ 要受 $\sum_{i=1}^{k}(\bar{x}_i-\bar{x})$ 这一条件的约束，故处理间的自由度为处理数减 1，即 $k-1$。处理间的自由度记为 df_t，即 $df_t=k-1$。

在计算处理内平方和时要受 k 个条件的约束，即 $\sum_{j=1}^{n}(x_{ij}-\bar{x}_i)=0, i=1,2,\cdots,k$。故处理内自由度为资料中观测值总个数减 k，即 $nk-k$。处理内自由度记为 df_e，即 $df_e=nk-k=k(n-1)$，这实际上是各处理内的自由度之和。

因为 $nk-1=(k-1)+(nk-k)=(k-1)+k(n-1)$，所以 $df_T=df_t+df_e$。可见总自由度也可以剖分为两部分：处理间自由度(df_t)和处理内自由度(df_e)。

2. 均方及均方的期望

将上面计算的各种平方和除以各自的自由度便得到总均方、处理间均方和处理内均方，分别记为 MS_T、MS_t、MS_e。MS_t 和 MS_e 的计算公式为：

$$MS_e = \frac{SS_e}{df_e} \tag{5-11}$$

$$MS_t = \frac{SS_t}{df_t} \tag{5-12}$$

MS_e 实际上是各处理内变异的合并均方。

上述各式从均方(即样本方差)角度反映了处理间变异和处理内(误差)变异。

在方差分析中通常不必计算 MS_T。可以证明,MS_e、MS_t 的期望分别为:

$$E(MS_e) = \sigma^2$$

$$E(MS_t) = \sigma^2 + \frac{1}{df_t}\sum n_i \alpha_i^2$$

其中 σ^2 和 α_i 分别为模型(5-5)中所定义的误差方差和第 i 个处理的效应。

当处理效应方差为 σ_α^2,各处理的重复数相等且均为 n 时,

$$E(MS_t) = \sigma^2 + \frac{n}{df_t}\sum \alpha_i^2 = \sigma^2 + n\sigma_\alpha^2$$

3. F 检验

这里要检验的是各处理所属总体的总体平均数,即各个 μ_i 之间是否存在差异。检验步骤如下:

(1) 建立假设 针对要检验的问题,可作如下假设:

$H_0:\mu_1 = \mu_2 = \cdots = \mu_k$;$H_A$:各 μ_i 不等或不全相等。

(2) 计算检验统计量 这里的检验统计量为:

$$F = \frac{MS_t}{MS_e} \tag{5-13}$$

这个统计量服从第一自由度为 df_t,第二自由度为 df_e 的 F 分布。用 F 统计量进行的假设检验称为 F 检验,又称为方差分析。

在方差分析中,计算各种 F 值时总是将被检验的均方作为分子,相应的误差均方作为分母。分子、分母的确定本质上是由检验目的和各均方的期望所决定的。

当 H_0 成立时,$E(MS_t) = \sigma^2 + 0 = \sigma^2$,因而 $E(F) = \frac{\sigma^2}{\sigma^2} = 1$,即实际计算的 F 值应接近于 1。当 H_0 不成立时,必有 $E(MS_t) > \sigma^2$,因而 $E(F) > 1$,即实际计算的 F 值有偏大的倾向。也就是说,检验统计量的计算值只可能落在 F 分布的右侧,因而这里的 F 检验为单尾(右尾)检验。

(3) 统计推断 由于是单尾检验,可直接由附表 6 查到在给定的显著性水平 α 下 F 分布的临界值 $F_\alpha(df_1, df_2)$,将计算的 F 值与之比较,如果 $F \geqslant F_\alpha(df_1, df_2)$ 即可否定 H_0,否则将不能否定 H_0。

通常将以上检验过程归纳在方差分析表中,其结构如表 5-2 所示。

表 5-2 方差分析表

变异来源	平方和	自由度	均方	F
处理间(组间)	SS_t	df_t	MS_t	$\frac{MS_t}{MS_e}$
处理内(误差)	SS_e	df_e	MS_e	
总变异	SS_T	df_T		

若 $F \geqslant F_{0.01}(df_1, df_2)$，说明 F 值落在 $\alpha = 0.01$ 的否定域中，此时可在表中 F 值的右上角标以 * *，表示至少有两个平均数间存在极显著差异。若 $F_{0.05}(df_1, df_2) \leqslant F < F_{0.01}(df_1, df_2)$ 时，说明 F 值落在 $\alpha = 0.05$ 的否定域中，F 值的右上角标以 *，表示至少有两个平均数间存在显著差异。若 $F < F_{0.05}(df_1, df_2)$ 时不作标记，表示各平均数间差异不显著。

【例 5-1】　为探讨法氏囊活性肽（BS）对鸡增重的影响，将 20 羽 21 日龄健康 SPF 鸡随机分成 4 组，每组 5 羽。把剂量（mL）为 0，0.2，0.4，0.8 的法氏囊活性肽分别与 0.1 mL 的传染性法氏囊病（IBD）活疫苗混合，对鸡滴鼻点眼。10 周后，测定各组鸡的增重（kg）如下表，分析各组鸡增重是否相同（如表 5-3）。

表 5-3　不同剂量 BS 与 IBD 活疫苗混合滴鼻点眼对鸡增重的影响

组别	观测值					和	平均数
⓪ IBDV 活疫苗 +0.0 mL BS	0.40	0.42	0.39	0.36	0.43	2.00	0.400
① IBDV 活疫苗 +0.2 mL BS	0.42	0.44	0.45	0.43	0.48	2.22	0.444
② IBDV 活疫苗 +0.4 mL BS	0.43	0.45	0.47	0.48	0.49	2.32	0.464
③ IBDV 活疫苗 +0.8 mL BS	0.35	0.32	0.36	0.39	0.37	1.79	0.358
合计						8.33	0.417

$H_0: \mu_1 = \mu_2 = \mu_3 = \mu_0$；$H_A$：各 μ_i 不全相等

$T = 8.33, \bar{x} = 0.416\ 5, \sum\sum x_{ij}^2 = 3.513\ 1$

$$C = \frac{T^2}{nk} = \frac{8.33^2}{20} = 3.469\ 4$$

$$SS_T = \sum\sum x_{ij}^2 - C = 3.513\ 1 - 3.469\ 4 = 0.043\ 7$$

$$SS_t = \frac{1}{n}\sum T_i^2 - C = \frac{1}{5}(2.00^2 + 2.22^2 + 2.32^2 + 1.79^2) - 3.469\ 4 = 0.033\ 6$$

$$SS_e = SS_T - SS_t = 0.043\ 7 - 0.033\ 6 = 0.010\ 1$$

$df_T = 20 - 1 = 19$　$df_t = 4 - 1 = 3$　$df_e = 19 - 3 = 16$（或 $= 4(5-1) = 16$）

表 5-4　例 5-1 资料方差分析表

变异来源	平方和	自由度	均方	F
处理间	0.033 6	3	0.011 2	17.78
误差	0.010 1	16	0.000 63	
总变异	0.043 7	19		

按 $df_1 = 3, df_2 = 16$ 查附表 6，得 $F = 17.78 > F_{0.01(3,16)} = 5.29, p < 0.01$ 否定 H_0，接受 H_A。可以推断，法氏囊活性肽对鸡增重有极显著的影响。

二、多重比较

通过 F 检验，若否定了无效假设 H_0，我们的结论是在 k 个平均数中至少有两个平均数间存在显著或极显著差异，但我们并不知道是全部平均数间都差异显著，还是部分平均数间差异显著而另一部分差异不显著。要回答这个问题，就需要将各个平均数两两进行比较。但正如本章一开始指出的，对 $k(k\geq 3)$ 个平均数进行两两比较时，我们不能简单地采用 t 检验法，而是采用一种新的方法即**多重比较**(multiple comparison)。

在检验多个平均数差异的无效假设 H_0 时，常见的有以下两种情况：

(1) 检验某几个特定的总体平均数是否相等　其无效假设称为部分无效假设，即部分组所对应的总体平均数相等，$H_0:\mu_i=\mu_j(i\neq j)$。这种情况是，研究者对试验结果已有一个大致设想，在设计阶段就根据研究目的或专业知识决定了哪些平均数间的两两比较。常见于事先有明确假设的证实性试验研究，例如多个处理组与对照组的比较，处理后不同时间与处理前的比较，以及某几个特定的处理组间的比较等。

(2) 检验全部 k 个总体平均数是否相等　其无效假设称为完全无效假设，即所有各组所属总体平均数都相等，$H_0:\mu_1=\mu_2=\cdots=\mu_k$。例如，在研究设计阶段对试验结果知之不多的探索性研究，或经数据结果的提示后才决定的多个平均数间的两两比较。即试验完成后提出的比较，往往涉及所有平均数的两两比较。

根据所控制误差的类型和大小不同，平均数间的多重比较方法可分为多种。下面介绍几种在兽医临床实践和科学研究中较为常用的多重比较方法。

1. LSD 法

LSD 法即**最小显著差数**(least significant difference)**法**。它主要用来检验 k 组平均数中某一对或某几对平均数间差异 $\bar{x}_i-\bar{x}_j$ 是否显著。此法需计算检验统计量 t 值，计算公式为：

$$t=\frac{\bar{x}_i-\bar{x}_j}{s_{\bar{x}_i-\bar{x}_j}} \tag{5-14}$$

式中，$\bar{x}_i$ 和 $\bar{x}_j$ 为两个比较组的样本平均数；$s_{\bar{x}_i-\bar{x}_j}=\sqrt{MS_e\left(\frac{1}{n_i}+\frac{1}{n_j}\right)}$ 为比较两组平均数差值的标准误。当各组重复数相等时，$s_{\bar{x}_i-\bar{x}_j}=\sqrt{\frac{2MS_e}{n}}$，$MS_e$ 为处理内(误差)均方。n_i 和 n_j 分别为两比较组的重复数。t 服从自由度为 df_e 的 t 分布。因此，仍按算得的 t 值，以及误差自由度 df_e 和显著性水平 α 查 t 临界值表，作出推断。如果 $|t|\geq t_\alpha$，则在 α 水平上否定 H_0。通常我们是计算 α 水平上的最小显著差数 LSD_α，即

$$\mathrm{LSD}_\alpha=t_\alpha s_{\bar{x}_i-\bar{x}_j} \tag{5-15}$$

相互比较的两平均数差值与 LSD_α 比较，当 $|\bar{x}_i-\bar{x}_j|\geq \mathrm{LSD}_\alpha$ 时表示两平均数间差异显著或极显著，否则差异不显著。

【例 5-2】 在例 5-1 中，假定事先设计的是①与②比较，⓪与③比较，而其他处理间不比较，试分析①与②、⓪与③间的差异。由于 F 检验的结果是试验存在极显著差异，故可用 LSD 法进一步进行此类特定的比较。

已求得：　$\bar{x}_0=0.400\,0$　$\bar{x}_1=0.444$　$\bar{x}_2=0.464$　$\bar{x}_3=0.358$

$$n_1=n_2=n_3=n_0=5\quad MS_e=0.000\,63\quad df_e=16$$

$$s_{\bar{x}_i-\bar{x}_j}=\sqrt{\frac{2\times 0.000\,63}{5}}=0.015\,9$$

$$\mathrm{LSD}_{0.05}=t_{0.05(16)}s_{\bar{x}_i-\bar{x}_j}=2.120\times0.0159=0.034$$

$$\mathrm{LSD}_{0.01}=t_{0.01(16)}s_{\bar{x}_i-\bar{x}_j}=2.921\times0.0159=0.046$$

$|\bar{x}_1-\bar{x}_2|=|0.444-0.464|=0.020<\mathrm{LSD}_{0.05}$，故 0.2 mL BS 组和 0.4 mL BS 组的增重效果差异不显著。

$|\bar{x}_0-\bar{x}_3|=|0.400-0.358|=0.042$，即 $\mathrm{LSD}_{0.01}>|\bar{x}_0-\bar{x}_3|>\mathrm{LSD}_{0.05}$，故 0 mL BS 组和 0.8 mL BS 组的增重效果差异显著，即前者比后者增重效果好。

LSD 法实质上是 t 检验，但是这种 t 检验与第四章介绍的 t 检验不同。这是因为：一方面 LSD 法具有一个统一的试验误差估计值可资使用，并且误差的估计精确度较高；另一方面这种比较法是在 F 检验差异显著或极显著后才使用，这样就能有效控制比较过程中犯Ⅰ型错误的概率。

2. Dunnett 法

它适用于 $k-1$ 个试验组与一个对照组平均数差异的多重比较。公式为：

$$t=\frac{\bar{x}_i-\bar{x}_0}{s_{\bar{x}_i-\bar{x}_0}} \tag{5-16}$$

式中，$\bar{x}_i$ 为第 i 个（$i=1,2,\cdots,k-1$）试验组的平均数，$\bar{x}_0$ 为对照组的平均数，$s_{\bar{x}_i-\bar{x}_0}=\sqrt{MS_e\left(\frac{1}{n_i}+\frac{1}{n_0}\right)}$ 为比较两组的平均数差值的标准误。n_i 和 n_0 分别为第 i 个试验组和对照组的重复数。当各组重复数相等时，$s_{\bar{x}_i-\bar{x}_0}=\sqrt{\frac{2MS_e}{n}}$。

根据算出的 t 值，误差自由度 df_e、试验组数 $k-1$ 以及显著性水平 α 查 Dunnett－t 临界值表（附表 5），作出推断。若 $|t|\geqslant t_\alpha$，则在 α 水平上否定 H_0，否则接受 H_0。

【例 5－3】 分析例 5－1，比较试验组①、②、③和对照组⓪增重的差异。

根据计算结果，$MS_e=0.00063$　$df_e=16$　$n_i=n_0=5$　$S_{\bar{x}_i-\bar{x}_0}=0.0159$

比较 1：$H_0:\mu_1=\mu_0$；$H_A:\mu_1\neq\mu_0$

$$t=\frac{\bar{x}_1-\bar{x}_0}{s_{\bar{x}_1-\bar{x}_0}}=\frac{0.444-0.400}{0.0159}=2.767$$

查 Dunnett－t 临界值表（双尾），$t_{0.05(3,16)}=2.23$，$t_{0.01(3,16)}=3.05$，故 $t_{0.01(3,16)}>|t|>t_{0.05(3,16)}$，$p<0.05$，差异显著，否定 H_0，接受 H_A，可以认为试验组①的增重效果显著地好于对照组⓪。

比较 2：$H_0:\mu_2=\mu_0$；$H_A:\mu_2\neq\mu_0$。

$$t=\frac{\bar{x}_2-\bar{x}_0}{s_{\bar{x}_2-\bar{x}_0}}=\frac{0.464-0.400}{0.0159}=4.025。$$

$|t|>t_{0.01(3,16)}$，$p<0.01$，差异极显著，否定 H_0，接受 H_A，可以认为试验组②的增重效果极显著地好于对照组⓪。

比较 3：$H_0:\mu_3=\mu_0$；$H_A:\mu_3\neq\mu_0$

$$t=\frac{\bar{x}_3-\bar{x}_0}{s_{\bar{x}_3-\bar{x}_0}}=\frac{0.358-0.400}{0.0159}=-2.64$$

$|t|>t_{0.05(3,16)}$，$p<0.05$，差异显著，否定 H_0，接受 H_A，可以认为试验组③的增重效果显著地差于对照组⓪。

Dunnett－t 法与 LSD 法相比，由于前者在查 t_α 临界值时考虑了处理组数 $k-1$，当 $k-1\geq2$ 时 t_α 临界值大于相同条件下的 t_α 值，所以 Dunnett-t 法比 LSD 法能更有效地控制比较过程中犯Ⅰ型错误的概率。

3. q 法

此法的检验统计量为 q 值，故称为 **q 检验**，又称为 Student-Newman-Keuls 法（SNK 法）。当方差分析否定 $H_0:\mu_1=\mu_2=\cdots=\mu_k$ 时，可用 q 检验进行两两平均数间的多重比较。

在比较时，应将各组平均数从大到小依次排列。下面结合例题说明 q 法。

【例 5－4】 试比较例 5－1 中各组鸡增重的差异。

首先构建比较用的尺度值 D_α：

$$D_\alpha=q_\alpha(r,df_e)s_{\bar{x}} \tag{5-17}$$

上式中 q_α 值根据极距 r，误差自由度 df_e 及显著性水平 α 查 q 值表（附表 7）。r 为相比较的两个平均数 $\bar{x}_i$ 与 $\bar{x}_j$ 间所涵盖的平均数个数（包括相比较的 $\bar{x}_i$ 与 $\bar{x}_j$ 本身，也称为秩次距）。

将平均数按从大到小的次序排列。本例中最大的平均数为第②组，为 0.464；次大的为第①组，为 0.444；再次为对照组⓪，为 0.400；最小的为第③组，为 0.358。因此，第② 组与第①组，第①组与对照组⓪，对照组⓪与第③组的极距各为 $r=2$；而第②组与对照组⓪、第①组与第③组的极距为 3；第②组与第③组的极距为 4。

当所比较的各组重复数 n 相等时，$s_{\bar{x}}=\sqrt{\dfrac{MS_e}{n}}$

本例中 $df_e=16$，查附表 7 得相应的 q_α 值。$s_{\bar{x}}=0.011\ 2$，求得相应的 D_α，得下表：

表 5－5 D_α 尺度值

极距 r	2	3	4
$q_{0.05}$	3.00	3.65	4.05
$q_{0.01}$	4.13	4.79	5.19
$D_{0.05}$	0.034	0.041	0.045
$D_{0.01}$	0.046	0.054	0.058

将各平均数依从大到小的次序排列，并求两平均数的差值，形成一个平均数差值三角形（此法又称为上三角表示法）。将每一差值与对应的 D_α 值比较，如差值小于 D_α 值，表示这两平均数间差异不显著；平均数之差大于相应的 $D_{0.05}$，表示这两平均数间差异显著，在这一差值右上角打上＊；平均数之差大于相应的 $D_{0.01}$，表示这两平均数间差异极显著，在这一差值右上角打上＊＊（如表 5－6）。

表 5－6 4 种不同剂量 BS 对鸡增重影响的多重比较表

组别	$\bar{x}_i$	－0.358	－0.400	－0.444
②	0.464	0.106＊＊	0.064＊＊	0.020
①	0.444	0.086＊＊	0.044＊	
⓪	0.400	0.042＊		
③	0.358			

第②组与第③组距离 $r=4$，其差数为 0.106，与 $r=4$ 的 $D_{0.05}$、$D_{0.01}$ 相比，$0.106>D_{0.01}=0.058$，因此，这两个平均数间差异极显著，在其差数 0.106 右上方打上 * *。第②组与对照组⓪、第①组与第③组的距离均为 $r=3$，其差分别为 0.064 和 0.086，均与 $r=3$ 的 $D_{0.05}$、$D_{0.01}$ 相比，得 $0.064>0.054$，$0.086>0.054$，即这两组比较均差异极显著，因此，在这两个差数右上方打上 * *。第②组与第①组、第①组与对照组⓪、对照组⓪与第③组的距离均为 $r=2$，这三个差数 0.020、0.044、0.042 均与 $r=2$ 的 $D_{0.05}$、$D_{0.01}$ 相比，得：$0.020<0.034$，差异不显著，不打符号；$0.044>0.034$，差异显著，打上 *；$0.042>0.034$，差异显著，打上 *。

上三角表示法比较直观，比较起来也较方便，但其结果不易在论文中展示，主要是因为有许多平均数相比时，该表比较庞大。因此，可以用字母表示法。字母表示法的原则是：两平均数差异不显著，写上相同的字母；差异显著，写上不同的字母。$\alpha=0.05$ 水平用小写字母表示，$\alpha=0.01$ 水平用大写字母表示。比较结果见表5-7。

表 5-7　4 种不同剂量 BS 对鸡增重影响多重比较结果的字母表示法

组别	$\bar{x}_i$	0.05	0.01
②	0.464	a	A
①	0.444	a	AB
⓪	0.400	b	BC
③	0.358	c	C

以 $\alpha=0.05$ 的比较来说明字母表示法的比较方法。首先依从大到小的顺序排好平均数，在最大平均数即第②组 0.464 处标上 a，第②组与第①组相比，差异不显著，因此，第①组 0.444 处也标上 a；第② 组与对照组⓪相比，差异显著，因此，对照组⓪0.400 处标上 b；第①组与对照组⓪相比，两组差异显著。由于① 已有 a、对照组⓪已有 b 两不同字母，因此，这两个平均数不必再标其他字母。对照组⓪与第③组相比，差异显著，因此，在第③组 0.358 处标上 c。

再来看 $\alpha=0.01$ 的比较。在第②组对应的 0.01 下方标上 A，第②组与第①组相比，在 $\alpha=0.01$ 水平上差异不显著，因此，第①组对应处也标上 A；第②组与对照组⓪相比，差异极显著，在对照组⓪处标上 B；对照组⓪与第①组相比，差异不显著，因此在第①组再标上 B；第①组与第③组相比，差异极显著，由于第①组已有 AB 两个字母，因此第③组对应处可标上 C；最后将对照组⓪与第③组相比，差异不极显著，因此，对照组⓪也标上 C（为什么不能再标 B，请读者自己思考）。

在论文中我们常列出平均数表，将这些字母标在平均数的右上方，见表 5-8。

表 5-8　平均数差异表

组别	⓪	①	②	③
$\bar{x}_i$	0.400^{bBC}	0.444^{aAB}	0.464^{aA}	0.358^{cC}

注：小写字母相同者，为差异不显著（$p>0.05$）；小写字母不同者，为差异显著（$p<0.05$）；大写字母不同者，为差异极显著（$p<0.01$）。

4. Duncan's 法

Duncan's 法（亦称 SSR 法，新复极差法）也常用于所有平均数间两两比较的情况，其检验方法和步骤与 q 检验法相同，唯一不同的是检验统计量不是 q 值而是 SSR 值。判断比较的两个平均数差异是否显著时须查 SSR 值表(附表 8),其查法与查 q 临界值表一样。R 度值 D_α 计算公式为:

$$D_\alpha = \mathrm{SSR}_\alpha(r, df_e)s_{\bar{x}} \tag{5-18}$$

从检验的严格程度上看,此法弱于 q 法。只有当比较的两个平均数的极距 $r=2$ 时,两者的严格程度才一致。由于此法的检验步骤与 q 法相同,故不再举例说明。

我们所介绍的多重比较中,q 法与 SSR 法实际上都是一种极差法。因此,当极距为 r 的两个平均数的差数不显著时,这两个平均数范围内所包含的其他平均数间的差异通常是不显著的,即使偶尔显著也一般作不显著处理。但在兽医科学研究中,应当特别重视这种"不显著"中的显著,因为它往往是某种苗头性的信息。

经 F 检验后是否要进行多重比较应由研究的对象和目的而定。在单因素方差分析中,如把 k 个处理看作代表 k 个明确的总体,即研究的对象只限于这 k 个总体而不推广到其他总体,研究的目的在于推断这 k 个总体的平均数是否相同,即检验这 k 个总体平均数相等的假设 $H_0:\mu_1=\mu_2=\cdots=\mu_k$,当 H_0 被否定时,下步工作应当作多重比较。这种情况下,如需作重复试验,其处理仍为原 k 个处理。这样,k 个处理的效应($\alpha_i=\mu_i-\mu$)固定于所试验的处理上,即处理效应是固定的。这种模型称为**固定模型**(fixed model)。所以,对于固定效应的试验因素,F 检验显著后应对各水平进行多重比较。如果 k 个处理并非特别指定,而是从所有可能的处理总体中随机抽取的 k 个处理,研究的对象不局限于这 k 个处理对应的总体,而是着眼于这 k 个处理对应的总体所在的更大的"处理总体";研究的目的不在于推断当前这 k 个处理所对应的总体平均数是否相同,而是从这 k 个处理所得的结论推断"处理总体"的变异情况,即在于检验所有处理之效应方差等于零的假设 $H_0:\sigma_\alpha^2=0$,当 H_0 被否定时,下一步的工作是根据各均方与其期望的关系估计效应方差 σ_α^2,而不是进行处理平均数间的多重比较。这种情况下,做重复试验时,应在大处理总体中随机抽取(确定)新的处理,处理数 k 可以与上次试验相等也可以不等。这样,处理效应并不是固定的,而是随机的。这种模型称为**随机模型**(random model)。对于随机效应的试验因素,F 检验显著后,并不需对各水平进行多重比较,而是进行效应方差 σ_α^2 的估计。在兽医科研和兽医临床中,大部分资料均为固定模型,因此在方差分析 H_0 被否定后都应作多重比较。

三、各处理重复数不等的方差分析

在兽医学科试验或调查研究中,由于符合要求的试验材料(如试验动物)或调查对象的数量不同,以及试验条件的限制、试验过程中试验动物的死亡等,都会使各处理观测值重复数不等。如果是完全随机设计的单因素试验,这样的试验资料称为处理内重复数不等的单因素完全随机设计资料。资料的数据结构如表 5-1 所示。对这样的资料进行方差分析时,有关计算公式应作相应调整。

1. 平方和与自由度的剖分

$$SS_T=\sum\sum(x_{ij}-\bar{x})^2=\sum\sum x_{ij}^2-C$$

$$SS_t=\sum n_i(\bar{x}_i-\bar{x})^2=\sum\frac{T_i^2}{n_i}-C$$

$$SS_e=\sum\sum(x_{ij}-\bar{x}_i)^2=SS_T-SS_t$$

式中，校正数 $C=\frac{(\sum\sum x_{ij})^2}{N}=\frac{T^2}{N}$，$N=\sum n_i$

$$df_T=\sum n_i-1=N-1,df_t=k-1,df_e=df_T-df_t=N-k$$

2. F 检验　F 检验的方法与各处理重复数相等的情况相同。

3. 多重比较

针对各种不同多重比较的方法处理平均数的标准误分别应用上述相应公式计算。公式中的 n 用 n_0 代替。即

$$s_{\bar{x}}=\sqrt{\frac{MS_e}{n_0}}$$

$$n_0=\frac{1}{k-1}\left(\sum n_i-\frac{\sum n_i^2}{\sum n_i}\right) \tag{5-19}$$

【例 5－5】 选取四个品系的雌性小鼠，静脉注射巴比妥钠 60 mg/kg（注：表示按每千克体重注射巴比妥钠 60 mg，后文类似处同此）后，观测麻醉维持时间（min），结果见表 5－9。问这四个品系的雌性小鼠麻醉维持时间是否有显著差异。

表 5－9　不同品系雌性小鼠麻醉维持时间

品系	麻醉维持时间/min								n_i	$T_{i.}$	$\bar{x}_i$
1	19	26	26	23	21	30	23	27	8	195	24.38
2	36	33	29	28	40	26			6	192	32.00
3	26	18	23	15	28				5	110	22.00
4	19	15	26	30	34	14	16	19	8	173	21.63
和									27	670	

$H_0:\mu_1=\mu_2=\mu_3=\mu_4$；$H_A$：各品系 μ_i 不全相等。

$$C=\frac{T^2}{N}=\frac{670^2}{27}=16\ 625.925\ 9$$

$$\begin{aligned}SS_T&=\sum\sum x_{ij}^2-C\\&=(19^2+26^2+\cdots+19^2)-16\ 625.925\ 9\\&=17\ 796-16\ 625.925\ 9\\&=1\ 170.074\ 1\end{aligned}$$

$$\begin{aligned}SS_t&=\sum\frac{T_i^2}{n_i}-C\\&=\left(\frac{195^2}{8}+\frac{192^2}{6}+\frac{110^2}{5}+\frac{173^2}{8}\right)-16\ 625.925\ 9\\&=17\ 058.250\ 0-16\ 625.925\ 9\\&=432.324\ 1\end{aligned}$$

$$\begin{aligned}SS_e&=SS_T-SS_t\\&=1\ 170.074\ 1-432.324\ 1\\&=737.750\ 0\end{aligned}$$

$df_T = \sum n_i - 1 = 27 - 1 = 26, df_t = k - 1 = 4 - 1 = 3, df_e = \sum n_i - k = 27 - 4 = 23$

计算均方值、F 值，并建立方差分析表，见表 5－10。

表 5－10 例 5－5 资料的方差分析表

变异来源	平方和	自由度	均方	F
品系间	432.324 1	3	144.108 0	4.492 7*
品系内	737.750 0	23	32.076 1	
总变异	1 170.074 1	26		

按 $df_1 = 3, df_2 = 23$ 查 F 值表得 $F_{0.05}(3,23) = 3.03$，$F_{0.01}(3,23) = 4.77$。$F > 3.03, p < 0.05$，否定 H_0，接受 H_A，这四个品系的雌性小鼠麻醉维持时间有显著差异。

采用 SSR 法对不同品系间的差异进行多重比较。

$$n_0 = \frac{1}{4-1} \times \left(8 + 6 + 5 + 8 - \frac{8^2 + 6^2 + 5^2 + 8^2}{27}\right) = 6.666\ 7$$

$$s_{\bar{x}} = \sqrt{\frac{32.076\ 1}{6.666\ 7}} = 2.193\ 5$$

各种极距 r 的 SSR_α 值和 D_α 值如表 5－11。

表 5－11 SSR 值与尺度值 D_α

自由度 df_e	极距 r	$q_{0.05}$	$q_{0.01}$	$D_{0.05}$	$D_{0.01}$
	2	2.925	3.975	6.42	8.72
23	3	3.075	4.155	6.75	9.11
	4	3.160	4.260	6.93	9.34

多重比较结果如表 5－12。

表 5－12 四品系小鼠麻醉维持时间平均数多重比较表

品系	$\bar{x}_i$	$\bar{x}_i - 21.63$	$\bar{x}_i - 22.00$	$\bar{x}_i - 24.38$
2	32.00	10.37**	10.00**	7.62*
1	24.38	2.75	2.38	
3	22.00	0.37		
4	21.63			

若用字母标记法表示比较结果，则如表 5－13 所示。

表 5－13 四品系小鼠麻醉维持时间平均数多重比较表

品系	$\bar{x}_i$	0.05	0.01
2	32.00	a	A
1	24.38	b	AB
3	22.00	b	B
4	21.63	b	B

文献中比较结果可表示为：

表 5-14　平均数差异表

品系	1	2	3	4
$\bar{x}_i$	24.38^{bAB}	32.00^{aA}	22.00^{bB}	21.63^{bB}

注：表中小写字母相同者，为差异不显著（$p>0.05$）；小写字母不同者为差异显著（$p<0.05$）；大写字母不同者为差异极显著（$p<0.01$）。

分析结果表明，2 号品系雌性小鼠麻醉维持时间极显著长于 3、4 两个品系，显著长于 1 号品系；而其余各品系间差异不显著。

第三节　随机区组设计资料的方差分析

在试验研究中，除了我们感兴趣的试验因素外，往往还会遇到由于试验背景条件的不一致而对试验结果产生系统干扰的情况。背景条件的不一致通常表现在试验材料、试验动物、测试人员、试验的时间或空间等方面。这就要求从试验设计和统计分析的角度进行有效的处理，将这部分干扰引起的变异从误差效应中剖分出来，以期达到降低试验误差，有效检测处理效应的目的。**随机区组设计**（randomized block design）是实现此目的的有效方法之一。

一、随机区组设计的概念

随机区组设计亦称配伍设计或随机单位组设计，是配对设计的扩展，在兽医学研究中较为常见。这种设计是将多方面条件相同或近似的受试对象组成区组（即单位组），如将试验动物的种属、窝别、性别、月龄、体重相同和相近的划入一个区组。此外，也可以地域为区组，以消除不同地域差异的影响，这个地域可以是不同圈舍、牧场或地区；还可以时间为区组，不同时间在温度、湿度等气候条件方面可能存在差异，以时间为区组可以消除这些差异的影响。每个区组的试验单位的数目取决于处理组的数目。如果一个试验安排了 k 种不同处理，那么每个区组就应有 k 个试验单位，每个试验单位随机接受一种处理。由于随机区组设计的主要目的在于排除非试验因素的系统影响，所以区组因素不应当与试验因素存在互作，并且划分区组的因素应是对试验指标有影响的非试验因素。

二、随机区组设计资料的方差分析

1. 数据结构

随机区组设计资料是两向分类资料，一个方向是处理项，另一个方面是区组项。随机区组设计资料的数据结构如表 5-15 所示。

表中试验因素 A 有 a 个水平（处理），区组 B 有 b 个水平（即 b 个区组）。因素 A 的每个水平与水平 B 的每个水平都产生一个组合（即彼此交叉），在每个组合中只有一个观测值，即无重复观测值，共有 $N=ab$ 个观测值。x_{ij} 表示在因素 A 的第 i 个水平和区组 B 的第 j 个水平组合中的观测值，$T_{i.}$ 表示因素 A 的第 i 个水平的观测值之和，$\bar{x}_i$ 表示因素 A 第 i 个水平的观测值的平均数，$T_{.j}$ 表示区组 B 的第 j 个水平的观测值之和，$\bar{x}_j$ 表示区组 B 的第 j 个水平的观测值的平均数，T

表示所有观测值的总和，$\bar{x}$表示总平均数。

表 5-15 随机区组设计资料的数据结构

区组 B	试验因素 A				$T_{.j}$	$\bar{x}_j$
	A_1	A_2	…	A_a		
B_1	x_{11}	x_{21}	…	x_{a1}	$T_{.1}$	$\bar{x}_1$
B_2	x_{12}	x_{22}	…	x_{a2}	$T_{.2}$	$\bar{x}_2$
⋮	⋮	⋮		⋮	⋮	⋮
B_b	x_{1b}	x_{2b}	…	x_{ab}	$T_{.b}$	$\bar{x}_b$
$T_{i.}$	$T_{1.}$	$T_{2.}$	…	$T_{a.}$	T	$\bar{x}$
$\bar{x}_i$	$\bar{x}_1$	$\bar{x}_2$	…	$\bar{x}_a$		

2. 数学模型

随机区组设计资料的数学模型为：

$$x_{ij}=\mu+\alpha_i+\beta_j+\varepsilon_{ij}\quad(i=1,2,\cdots,k;j=1,2,\cdots,n)$$

式中，x_{ij}为因素 A 第 i 个水平和区组 B 第 j 个水平组合中的观测值；μ 为总平均数；α_i 为因素 A 第 i 个水平的效应，处理效应通常是固定的，$\sum\alpha_i=0$；β_j 为区组 B 第 j 个水平的效应，区组效应通常是随机的，$\beta_j\sim N(0,\sigma_\beta^2)$；$\varepsilon_{ij}$为随机误差，假设所有的 ε_{ij}都服从相同的正态分布 $N(0,\sigma^2)$，且彼此独立。

3. 平方和与自由度的剖分

所有观测值的总平方和可作如下剖分：

$$\begin{aligned}SS_T&=\sum\sum(x_{ij}-\bar{x})^2\\&=b\sum(\bar{x}_i-\bar{x})^2+a\sum(\bar{x}_j-\bar{x})^2+\sum\sum(x_{ij}-\bar{x}_i-\bar{x}_j+\bar{x})^2\end{aligned}$$

即总平方和可剖分成 3 个平方和之和。第一个平方和是试验因素 A 各水平的平均数与总平均数的离差平方和，称为处理间平方和，记为 SS_A，它的大小反映了试验因素各水平（处理）的效应差异；第二个平方和是区组间平方和，记为 SS_B，实质上它是从误差平方和中剖分出来的系统误差，它的大小反映了区组因素对试验的影响；第三部分则是在总平方和中剔除了处理和区组的影响后的剩余部分，它是由随机误差引起的，称为误差平方和，记为 SS_e。于是上式可写成：

$$SS_T=SS_A+SS_B+SS_e$$

在实际计算以上平方和时，一般采用以下公式：

校正项： $C=T^2/ab$

总平方和： $SS_T=\sum\sum(x_{ij}-\bar{x})^2=\sum\sum x_{ij}^2-C$

处理间平方和： $SS_A=b\sum(\bar{x}_i-\bar{x})^2=\dfrac{1}{b}\sum T_{i.}^2-C$

区组间平方和： $SS_e=a\sum(\bar{x}_j-\bar{x})^2=\dfrac{1}{a}\sum T_{.J}^2-C$

误差平方和： $SS_e=SS_T-SS_A-SS_B$

与以上平方和相应的自由度为：

$df_T = ab - 1 = N - 1, df_A = a - 1, df_B = b - 1$

$df_e = (a-1)(b-1) = df_T - df_A - df_B$

4. 假设检验

检验的方法类似上节完全随机设计资料的 F 检验，只是这里需要两次 F 检验，一是检验试验因素 A 不同水平（处理）的效应有无差异，二是检验区组 B 不同水平间有无差异。检验方法如下：

（1）建立假设

检验 1：$H_0: \alpha_1 = \alpha_2 = \cdots = \alpha_k$；$H_A: \alpha_i$ 不全相等。

检验 2：$H_0: \sigma_\beta^2 = 0$；$H_A: \sigma_\beta^2 \neq 0$。

（2）检验统计量

$$F_A = \frac{MS_A}{MS_e} \sim F(df_A, df_e), F_B = \frac{MS_B}{MS_e} \sim F(df_B, df_e)$$

其中 $MS_A = SS_A/df_A$ 为处理间均方，$MS_B = SS_B/df_B$ 为区组间均方，$MS_e = SS_e/df_e$ 为误差均方。这两个检验统计量均服从 F 分布。

（3）统计推断

对于给定的显著性水平 α，由附表 6 查得 $F_\alpha(df_A, df_e)$ 和 $F_\alpha(df_B, df_e)$，将计算的检验统计量 F_A 和 F_B 分别与之比较，即可作出统计推断。

以上计算和分析结果可归纳于方差分析表 5-16 中。

表 5-16 方差分析表

变异来源	平方和	自由度	均方	F
处理间	SS_A	df_A	MS_A	MS_A/MS_e
区组间	SS_B	df_B	MS_B	MS_B/MS_e
误差	SS_e	df_e	MS_e	
总变异	SS_T	df_T		

当区组间差异不显著时，有人主张将 SS_B、df_B 与 SS_e、df_e 分别合并后计算新的均方作为误差均方，而后进行 F 检验（即成为了完全随机设计资料的方差分析）；也有人主张不合并。究竟是否应当合并，涉及检验相对效益的测度问题（这里不再介绍）。判断是否合并的依据是，若 $F_B < 1$，则肯定应当合并；$F_B > 1$ 时则应考虑 F_A 是否更易达到显著水平。

5. 多重比较

当试验因素 A 处理间差异显著时，可进一步作多重比较，其方法可根据研究的目的采用上节介绍的方法中的一种（此时各处理重复数为 b）。一般情况下，即使区组间 B 各水平差异显著也不作区组间的多重比较，除非有特殊需要。

【例 5-6】 为比较不同产地石棉的毒性大小，取 12 窝、每窝 3 只体重 200～220 g 的雌性 Wistar 大鼠，每窝的 3 只大鼠随机分别接受不同产地石棉处理后，以肺泡巨噬细胞（PAM）存活率（%）评价石棉毒性大小，结果见表 5-17。比较不同产地石棉毒性是否有差异。

表 5-17　不同产地石棉处理后大鼠肺泡巨噬细胞存活率/%

窝别(B)	石棉产地(因素 A)			$T_{.j}$	$\bar{x}_j$
	甲地	乙地	丙地		
1	40.88	34.01	56.97	131.86	43.95
2	38.02	56.27	61.92	156.21	52.07
3	35.26	49.99	59.89	145.14	48.38
4	38.38	52.49	67.05	157.92	52.64
5	62.70	68.69	66.35	197.74	65.91
6	60.22	66.12	70.08	196.42	65.47
7	34.49	45.36	70.60	150.45	50.15
8	49.31	53.39	68.20	170.90	56.97
9	46.23	52.34	63.36	161.93	53.98
10	61.16	65.16	66.12	192.44	64.15
11	42.48	58.64	70.02	171.14	57.05
12	63.47	61.08	67.24	191.79	63.93
$T_{i.}$	572.60	663.54	787.80	2 023.94	
$\bar{x}_i$	47.72	55.30	65.65		56.22

$$C = T^2/N = 2\ 023.94^2/36 = 113\ 787.031\ 2$$

$$\begin{aligned} SS_T &= \sum\sum x_{ij}^2 - C = 40.88^2 + 34.01^2 + \cdots + 67.24^2 - 113\ 787.031\ 2 \\ &= 118\ 374.286\ 6 - 113\ 787.031\ 2 \\ &= 4\ 587.255\ 4 \end{aligned}$$

$$\begin{aligned} SS_A &= \frac{1}{b}\sum T_{i.}^2 - C = 1/12(572.60^2 + 663.54^2 + 787.80^2) - 113\ 787.031\ 2 \\ &= 115\ 732.077\ 6 - 113\ 787.031\ 2 \\ &= 1\ 945.046\ 4 \end{aligned}$$

$$\begin{aligned} SS_B &= \frac{1}{a}\sum T_{.j}^2 - C = 1/3(131.86^2 + 156.21^2 + \cdots + 191.79^2) - 113\ 787.031\ 2 \\ &= 115\ 547.896\ 1 - 113\ 787.031\ 2 \\ &= 1\ 760.864\ 9 \end{aligned}$$

$$SS_e = SS_T - SS_A - SS_B = 4\ 587.255\ 4 - 1\ 945.046\ 4 - 1\ 760.864\ 9 = 881.344\ 1$$

$$df_T = ab - 1 = N - 1 = 36 - 1 = 35, df_A = a - 1 = 3 - 1 = 2$$

$$df_B = b - 1 = 12 - 1 = 11, df_e = (a-1)(b-1) = 2 \times 11 = 22$$

表 5-18　例 5-6 资料方差分析表

变异来源	平方和	自由度	均方	F
产地间	1 945.046 4	2	972.523 2	24.276**
区组间	1 760.864 9	11	160.078 6	3.996**
误差	881.344 1	22	40.061 1	
总变异	4 587.255 4	35		

$F_A = 24.276 > F_{0.01}(2,22) = 5.72$，$p < 0.01$，不同产地的石棉毒性差异极显著。$F_B = 3.996 > F_{0.01}(11,22) = 3.18$，$p < 0.01$，不同窝别间差异极显著。

采用 q 检验法进行产地间石棉毒性对大鼠肺泡巨噬细胞存活率平均数的多重比较。

$$s_{\bar{x}} = \sqrt{\frac{MS_e}{b}} = \sqrt{\frac{40.0611}{12}} = 1.8271$$

各极距 r 的 q_α 值和 D_α 值如表 5－19：

表 5－19　q_α 值和 D_α 值表

自由度 df_e	极距 r	$q_{0.05}$	$q_{0.01}$	$D_{0.05}$	$D_{0.01}$
22	2	2.935	3.990	5.36	7.29
	3	3.555	4.595	6.50	8.40

多重比较结果如表 5－20：

表 5－20　多重比较表

产地	$\bar{x}_i$	$\bar{x}_i - 47.72$	$\bar{x}_i - 55.30$
丙	65.65	17.93**	10.35**
乙	55.30	7.58**	
甲	47.72		

结果表明，不同产地的石棉毒性不同，其中甲地产的石棉毒性最大，其次是乙地的，而丙地石棉毒性最小。

在随机区组设计中，如果由于意外事件使某一区组缺失了一个数据，这时就无法进行正常的方差分析。补救的办法是，当区组较多时，可将缺失数据的这一区组全部删去后再分析，对分析结果影响不大。若区组较少，删去一个区组对分析结果影响较大，此时可对缺失数据进行估计（区组较多时亦可进行估计）。用估计值替补缺值，然后进行分析。估计了一个缺失值的方差分析与无缺值时的方差分析有两点区别，一是总自由度和误差自由度都比无缺值时要少一个；二是对处理平方和要进行校正。估计缺值的具体方法可参阅有关文献。

需要指出的是，用估计值代替缺值的目的只是使方差分析能够得以进行，并没有增加信息量，且由于误差自由度的减少使得检验的功效降低。因此，在试验中应尽量避免出现数据缺失的现象。缺失值太多时应视做试验失败。

第四节　析因设计资料的方差分析

前面介绍了单因素多水平试验资料的方差分析。只研究一个试验因素的试验叫单因素试验，这个因素的每个水平就是一个处理。然而在兽医学科试验或调查研究中往往需要研究多个因素对试验指标的影响，在这种情况下，不仅要研究各因素水平间的差异，还要研究因素间的相互关系，这类试验比单因素试验效率高。

一、析因设计的基本概念

我们把同时研究多个试验因素的试验称为**析因设计**(factorial design)试验。通过对析因设计试验资料的方差分析不仅可以分析每个因素的主效应,还可以考察因素间交互作用的效应即**互作效应**(interaction effect),进而可以筛选出最佳治疗方案、最佳药物配方及最佳试验条件等等。

析因设计通常只考虑两个或三个试验因素,原因是如果试验因素太多,每一因素有多个水平时试验将无法很好地完成。如当需考虑 A、B、C、D 四个因素,每一因素分别有 3 个、4 个、5 个和 6 个水平时,即使不考虑重复,也需完成多达 360 个组合的试验。因素较多时,可考虑用正交设计法。本节仅介绍两因素试验资料的方差分析方法。

在进行两因素或多因素试验时,除了研究每一个因素对试验指标的影响外,还希望研究因素之间的交互作用。这在兽医学研究中是十分重要的。特别是在药理学中,常常要研究各种药物之间有无互作,从而找到药物间的最优配伍,这对于正确使用药物和提高疗效是非常有意义的。

二、三种效应

1. **简单效应**(simple effect) 是指在某一因素同一个水平上,比较另一因素不同水平对试验指标的影响。

如在表 5-21 中 A 因素有两个简单效应 A_1,A_2,在 B_1 水平上,$A_2-A_1=42-40=2$;在 B_2 水平上,$A_2-A_1=55-47=8$。同理,B 因素也有两个简单效应,在 A_1 水平上,$B_2-B_1=47-40=7$;在 A_2 水平上,$B_2-B_1=55-42=13$。

表 5-21 说明三种效应的举例数据

	B_1	B_2	B_2-B_1	平均
A_1	40	47	7	43.5
A_2	42	55	13	48.5
A_2-A_1	2	8	—	5.0
平均	41.0	51.0	10.0	

2. **主效应**(main effect) 是指某一因素各水平间的平均差别。它与简单效应的区别是,主效应指的是某一因素各水平间的平均差别,是综合了另一因素各水平与该因素每一水平所有组合的情况。

如在表 5-21 中,当 A 因素由 A_1 水平变到 A_2 水平时,A 因素的主效应为 A_2 水平的平均数减去 A_1 水平的平均数。即:

$$\text{A 因素的主效应}=48.5-43.5=5.0$$

同理

$$\text{B 因素的主效应}=51.0-41.0=10.0$$

主效应亦可表述为,某因素简单效应的平均即为该因素的主效应。如上例:

$$\text{A 因素的主效应}=\frac{1}{2}[(A_2B_1-A_1B_1)+(A_2B_2-A_1B_2)]=\frac{1}{2}(8+2)=5.0$$

$$\text{B 因素的主效应}=\frac{1}{2}[(A_2B_2-A_2B_1)+(A_1B_2-A_1B_1)]=\frac{1}{2}(13+7)=10.0$$

3. **互作效应**(interaction effect)　如果某一因素的各简单效应随另一因素的水平变化而变化,而且变化的幅度超出随机波动的程度,则称两个因素间存在互作效应。

如在表 5-21 中,A 在 B_1、B_2 上的简单效应分别是 2 和 8;B 在 A_1、A_2 水平上的简单效应分别是 7 和 13。显然,A 的效应随着 B 因素水平的不同而不同,反之亦然。我们说 A、B 两因素间存在交互作用,记为 A×B。

A 和 B 的互作效应是 A 因素(或 B 因素)两个简单效应差的平均。即:

从 A 的简单效应计算:$A\times B=\frac{1}{2}[(A_2B_2-A_1B_2)-(A_2B_1-A_1B_1)]=\frac{1}{2}(8-2)=3$

从 B 的简单效应计算:$A\times B=\frac{1}{2}[(A_2B_2-A_2B_1)-(A_1B_2-A_1B_1)]=\frac{1}{2}(13-7)=3$

两因素是否存在交互作用,可以用图形帮助判断,这里从略。

在兽医临床实践中,不同药物的协同作用或拮抗作用都可以看成是交互作用的实例。前者为正的交互作用,后者为负的交互作用。

三、等重复资料的方差分析

1. 数据结构

析因设计两因素等重复资料的数据结构如表 5-22 所示。

表中试验因素 A 有 p 个水平,试验因素 B 有 q 个水平,共形成 pq 个组合,每个组合内有 n 个观测值,共有 pqn 个观测值。$T_{i.}$ 和 $\bar{x}_{i.}$ 为因素 A 的第 i 个水平的观测值的和与平均数;$T_{.j}$ 和 $\bar{x}_{.j}$ 为因素 B 的第 j 个水平的观测值的和与平均数;表中未显示出的各水平组合观测值的和记为 T_{ij},其平均数记为 $\bar{x}_{ij}$。

表 5-22　析因设计两因素等重复资料的数据结构

因素 A	因素 B													T_i	$\bar{x}_i$
	B_1				B_2				···	B_q					
A_1	x_{111}	x_{112}	···	x_{11n}	x_{121}	x_{122}	···	x_{12n}	···	x_{1q1}	x_{1q2}	···	x_{1qn}	$T_{1.}$	$\bar{x}_{1.}$
A_2	x_{211}	x_{212}	···	x_{21n}	x_{221}	x_{222}	···	x_{22n}	···	x_{2q1}	x_{2q2}	···	x_{2qn}	$T_{2.}$	$\bar{x}_{2.}$
⋮	⋮	⋮	⋮	⋮	⋮	⋮	⋮	⋮	⋮	⋮	⋮	⋮	⋮	⋮	⋮
A_p	x_{p11}	x_{p12}	···	x_{p1n}	x_{p21}	x_{p22}	···	x_{p2n}	···	x_{pq1}	x_{pq2}	···	x_{pqn}	$T_{p.}$	$\bar{x}_{p.}$
$T_{.j}$			$T_{.1}$				$T_{.2}$		···		$T_{.q}$			T	
$\bar{x}_{.j}$			$\bar{x}_{.1}$				$\bar{x}_{.2}$		···		$\bar{x}_{.q}$				$\bar{x}$

2. 数学模型

析因设计两因素等重复资料的数学模型为:

$$x_{ijk}=\mu+\alpha_i+\beta_j+\gamma_{ij}+\varepsilon_{ijk}(i=1,\cdots,p;j=1,\cdots,q;k=1,\cdots,n)$$

式中 x_{ijk} 为 A 因素的第 i 个水平与 B 因素的第 j 个水平组合中的第 k 个观测值;μ 为总体平均数;α_i 为 A 因素第 i 个水平的效应;β_j 为 B 因素第 j 个水平的效应;γ_{ij} 为 A 因素第 i 个水平和 B 因素第 j 个水平的互作效应;ε_{ijk} 是随机误差,假设所有的 ε_{ijk} 都服从相同的正态分布 $N(0,\sigma^2)$,

且彼此独立。

3. 平方和与自由度的剖分

总平方和可剖分为：

$$\sum_i \sum_j \sum_k (x_{ijk} - \bar{x})^2 = n\sum_i \sum_j (\bar{x}_{ij} - \bar{x})^2 + \sum_i \sum_j \sum_k (x_{ijk} - \bar{x}_{ij})^2$$

上式等式左边为总平方和，记为 SS_T，等式右边的第一项为水平组合平方和，也称为处理平方和，记为 SS_t，它反映了 A 因素、B 因素和它们之间的互作对观测值的总的影响；第二项为误差平方和，记为 SS_e，即 $SS_T = SS_t + SS_e$。

对处理平方和还可作进一步剖分：

$$\begin{aligned}(\bar{x}_{ij} - \bar{x})^2 &= [(\bar{x}_{i.} - \bar{x}) + (\bar{x}_{.j} - \bar{x}) + (\bar{x}_{ij} - \bar{x}_{i.} - \bar{x}_{.j} + \bar{x})]^2 \\ &= (\bar{x}_{i.} - \bar{x})^2 + (\bar{x}_{.j} - \bar{x})^2 + (\bar{x}_{ij} - \bar{x}_{i.} - \bar{x}_{.j} + \bar{x})^2 + \text{乘积项}\end{aligned}$$

两边求和，得

$$n\sum_i \sum_j (\bar{x}_{ij} - \bar{x})^2 = qn\sum_i (\bar{x}_{i.} - \bar{x})^2 + pn\sum_j (\bar{x}_{.j} - \bar{x})^2 + n\sum_i \sum_j (\bar{x}_{ij} - \bar{x}_{i.} - \bar{x}_{.j} + \bar{x})^2$$

所有的乘积项求和后均为 0。

上式等式右边的第一项为 A 因素平方和，记为 SS_A；第二项为 B 因素平方和，记为 SS_B；第三项为互作平方和，记为 $SS_{\mathrm{A\times B}}$。于是有：

$$SS_T = SS_t + SS_e = SS_{\mathrm{A}} + SS_{\mathrm{B}} + SS_{\mathrm{A\times B}} + SS_e$$

各个平方和的具体算法如下：

校正项： $C = T^2/pqn$

总平方和： $SS_T = \sum_i \sum_j \sum_k (x_{ijk} - \bar{x})^2 = \sum_i \sum_j \sum_k x_{ijk}^2 - C$

处理平方和： $SS_t = n\sum_i \sum_j (\bar{x}_{ij} - \bar{x})^2 = \dfrac{1}{n}\sum_i \sum_j T_{ij}^2 - C$

误差平方和： $SS_e = \sum_i \sum_j \sum_k (x_{ijk} - \bar{x}_{ij})^2 = SS_T - SS_t$

A 因素平方和：$SS_{\mathrm{A}} = qn\sum_{i=1}^{p} (\bar{x}_{i.} - \bar{x})^2 = \dfrac{1}{qn}\sum_{i=1}^{p} T_{i.}^2 - C$

B 因素平方和：$SS_{\mathrm{B}} = pn\sum_{j=1}^{q} (\bar{x}_{.j} - \bar{x})^2 = \dfrac{1}{pn}\sum_{j=1}^{q} T_{.j}^2 - C$

互作平方和：$SS_{\mathrm{A\times B}} = n\sum_i \sum_j (\bar{x}_{ij} - \bar{x}_{i.} - \bar{x}_{.j} + \bar{x})^2 = SS_t - SS_{\mathrm{A}} - SS_{\mathrm{B}}$

与以上平方和的剖分相对应，对自由度可作如下剖分：

$df_T = pqn - 1$　　　　$df_t = pq - 1$

$df_e = pq(n-1) = df_T - df_t$　　　　$df_A = p - 1$

$df_B = q - 1$　　　　$df_{A\times B} = (p-1)(q-1) = df_t - df_A - df_B$

4. 假设检验

(1) 假设

$H_0: \alpha_1 = \alpha_2 = \cdots = \alpha_p$；$H_{\mathrm{A}}: \alpha_i$ 不全相等

$H_0: \beta_1 = \beta_2 = \cdots = \beta_q$；$H_{\mathrm{A}}: \beta_j$ 不全相等

$H_0: \gamma_{11} = \gamma_{12} = \cdots = \gamma_{pq}$；$H_A: \gamma_{ij}$不全相等

（2）检验统计量

$$F_A = \frac{MS_A}{MS_e} \sim F(df_A, df_e)$$

$$F_B = \frac{MS_B}{MS_e} \sim F(df_B, df_e)$$

$$F_{A\times B} = \frac{MS_{A\times B}}{MS_e} \sim F(df_{A\times B}, df_e)$$

其中 $MS_A = SS_A/df_A$ 为 A 因素均方，$MS_B = SS_B/df_B$ 为 B 因素均方，$MS_{A\times B} = SS_{A\times B}/df_{A\times B}$ 为互作效应均方，$MS_e = SS_e/df_e$ 为误差均方。这 3 个检验统计量均服从 F 分布。

5. 多重比较

需要指出的是，当互作效应经 F 检验达到显著或极显著时，对 A 和 B 因素各水平间差异的多重比较没有实际意义，此时应对各处理（组合）间进行多重比较，找出最优的处理（水平组合）。

若采用 q 检验进行多重比较，

对于 A 因素：$D_\alpha = q_\alpha(r, df_e)\sqrt{\dfrac{MS_e}{qn}}$

对于 B 因素：$D_\alpha = q_\alpha(r, df_e)\sqrt{\dfrac{MS_e}{pn}}$

对于各处理（组合）：$D_\alpha = q_\alpha(r, df_e)\sqrt{\dfrac{MS_e}{n}}$

【例 5-7】 为了探讨大肠杆菌（B_1），乳酸菌（B_2）和双歧杆菌（B_3）细胞表面凝集素的化学性质，将三种菌种分别经高碘酸钠（A_1），胰蛋白酶（A_2）和蛋白酶（A_3）修饰后，进行对固化猪小肠黏液蛋白的附着试验。以设置的对照细菌附着数量为标准，测定各菌种经不同修饰后的相对附着数量，结果如表 5-23。对此资料进行方差分析。

表 5-23 三种细菌经修饰后对固化黏液蛋白的相对附着量

细菌修饰（A）	细菌（B）						$T_{i\cdot}$
	B_1		B_2		B_3		
A_1	62.70	60.50	5.02	7.81	102.31	110.20	692.80
	65.30	59.78	3.24	3.65	108.45	103.84	
	T_{11} = 248.28		T_{12} = 19.72		T_{13} = 424.80		
A_2	20.30	23.51	34.50	37.21	120.73	114.92	693.36
	17.92	19.35	31.92	31.05	117.22	124.73	
	T_{21} = 81.08		T_{22} = 134.68		T_{23} = 477.60		
A_3	62.61	59.43	17.82	21.20	103.25	110.23	749.32
	65.70	62.38	16.02	14.56	105.73	110.39	
	T_{31} = 250.12		T_{32} = 69.60		T_{33} = 429.60		
$T_{\cdot j}$	579.48		224.00		1 332.00		2 135.48

$$C=\frac{T^2}{pqn}=\frac{2\ 135.48^2}{3\times3\times4}=126\ 674.300\ 8$$

$$SS_T=\sum\sum\sum x_{ijk}^2-C=62.70^2+60.50^2+\cdots+110.39^2-C=60\ 390.459\ 2$$

$$SS_t=\frac{1}{n}\sum\sum T_{ij}^2-C=\frac{1}{4}\times(248.28^2+19.72^2+\cdots+429.60^2)-C=60\ 141.109\ 2$$

$$SS_A=\frac{1}{qn}\sum T_{i\cdot}^2-C=\frac{1}{3\times4}\times(692.80^2+693.36^2+749.32^2)-C=175.731\ 9$$

$$SS_B=\frac{1}{pn}\sum T_{\cdot j}^2-C=\frac{1}{3\times4}\times(579.48^2+224.00^2+1\ 332.00^2)-C=53\ 342.121\ 7$$

$$SS_{A\times B}=SS_t-SS_A-SS_B=6\ 623.255\ 6$$

$$SS_e=SS_T-SS_t=249.350\ 0$$

$$df_T=pqn-1=3\times3\times4-1=35$$

$$df_t=pq-1=3\times3-1=8$$

$$df_A=p-1=3-1=2$$

$$df_B=q-1=3-1=2$$

$$df_{A\times B}=(p-1)(q-1)=(3-1)\times(3-1)=4$$

$$df_e=pq(n-1)=3\times3\times(4-1)=27$$

表 5－24 例 5－7 资料方差分析表

变异来源	平方和	自由度	均方	F
处理	60 141.109 2	8		
修饰间	175.731 9	2	87.866 0	9.514**
细菌间	53 342.121 7	2	26 671.060 9	2 887.979**
互作	6 623.255 6	4	1 655.813 9	179.294**
误差	249.350 0	27	9.235 2	
总变异	60 390.459 2	35		

查附表 6，可得 $F_{0.01}(2,27)=5.49$，$F_{0.01}(4,27)=4.11$。与上表计算的 F 值比较，可以推断不同修饰方法、不同细菌以及修饰方法与细菌间的互作对细菌相对附着量有极显著影响，表明三种细菌细胞表面凝集素的化学性质不一致。

由于修饰方法与细菌间的互作存在极显著差异，因此要对各处理（组合）进一步作多重比较，以找出最佳的水平组合。过程从略。

关于析因设计资料的方差分析还应作如下说明。在第二节完全随机设计单因素试验资料的方差分析中，我们已经介绍了试验因素各水平的效应是固定效应、随机效应以及相应数学模型是固定模型、随机模型的概念。在析因设计试验资料的方差分析中也有同样的概念。根据数学模型中 α_i、β_j 的不同类型可将模型分成三种类型。

（1）固定模型　A、B 二者都是固定效应时，我们称此模型是固定效应模型，简称固定模型。这时，我们要检验的是各试验因素的不同水平间有无差别。此时 $\sum\alpha_i=0$，$\sum\beta_j=0$，各处理有重复时 $\sum\limits_i\gamma_{ij}=\sum\limits_j\gamma_{ij}=0$，并检验各处理互作效应有无差异。

上例的方差分析方法是以固定模型为例的。

（2）随机模型　两因素的效应都是随机效应时，我们称此模型为随机效应模型，简称随机模型。这时我们要检验的是每个因素不同水平效应的方差是否为零。此时假设$\alpha_i \sim N(0,\sigma_\alpha^2)$，不同的$\alpha_i$间彼此独立，$\beta_j \sim N(0,\sigma_\beta^2)$，不同的$\beta_j$彼此独立。$\alpha_i$与$\beta_j$之间也彼此独立。各处理有重复时，还假设$r_{ij} \sim N(0,\sigma_r^2)$，各$r_{ij}$间彼此独立，$r_{ij}$与$\alpha_i$、$\beta_j$间彼此独立，且检验互作效应方差是否为零。

（3）混合模型　两个因素的效应，一个是固定效应，另一个是随机效应时，我们称此模型为混合效应模型，简称**混合模型**（mixed model）。例如，A 因素固定，B 因素随机，这时我们要检验的是 A 因素不同水平间有无差异，B 因素不同水平效应的方差是否为零。此时假设$\sum\alpha_i = 0$，$\beta_j \sim N(0,\sigma^2)$。各处理有重复时，$\gamma_{ij} \sim N(0,\sigma_\gamma^2)$，并检验互作效应方差是否为零。

由于模型不同，由资料计算的各均方的期望有所不同，所以在进行方差分析时 F 检验的统计量也有区别，见表 5－25。

在与兽医科研和临床实践有关的析因试验设计中，一般常见的是固定模型。

表 5－25　两因素析因设计（有重复）不同模型的 F 检验统计量

变异来源	模型		
	固定模型	随机模型	混合模型（A 固 B 随）
A	$F_A = MS_A/MS_e$	$F_A = MS_A/MS_{A\times B}$	$F_A = MS_A/MS_{A\times B}$
B	$F_B = MS_B/MS_e$	$F_B = MS_B/MS_{A\times B}$	$F_B = MS_B/MS_e$
A × B	$F_{A\times B} = MS_{A\times B}/MS_e$	$F_{A\times B} = MS_{A\times B}/MS_e$	$F_{A\times B} = MS_{A\times B}/MS_e$

第五节　系统分组设计资料的方差分析

一、系统分组设计的概念

在制定多因素试验方案时，将 A 因素分为 p 个水平，在每个水平 $A_i(i=1,2,\cdots,p)$ 下又将 B 因素分成 q_i 个水平，再在每个 $B_{ij}(j=1,2,\cdots,q_i)$ 下将 C 因素分成不同水平，直到最后一个因素的每个水平下得到不同的观测值，这样得到的各因素水平组合的方式就称为**系统分组**（hierarchical classification）或称多层分组、套设计、窝分组。

在系统分组中，首先划分水平的因素 A 叫一级因素（或一级样本），其次划分水平的因素 B 叫二级因素（或二级样本、次级样本），类似的还有三级因素等。次级因素的不同水平分别套在上一级因素的每个水平下，它们之间是从属关系而不是平等关系，上级因素的水平与次级因素的水平不交叉，这里两个因素是包含与被包含的关系，因此因素的重要性是不同的。这类资料的分析侧重于上一级因素。

由系统分组方式安排的多因素试验而得到的资料称为系统分组资料。最简单的系统分组资料是只有 A、B 两级因素的系统分组资料。本节将介绍其方差分析的方法。

二、数据结构

两因素系统分组设计资料的数据结构如表 5－26 所示。表中一级因素 A 有 p 个水平；每个 $A_i(i=1,2,\cdots,p)$ 水平下套有二级因素 B 的 q_i 个水平(即 $B_{i1},B_{i2},\cdots,B_{iq}$)，各 q_i 可以相等也可以不相等；二级因素的每个水平 $B_{ij}(j=1,2,\cdots,q_i)$ 下有 n_{ij} 个观测值 $x_{ijk}(k=1,2,\cdots,n_{ij})$。

表 5－26 两因素系统分组资料数据模式

A 因素	B 因素	观测值			B 因素合计	B 因素平均	A 因素合计	A 因素平均
A_1	B_{11}	x_{111}	x_{112}	$\cdots$	$T_{11.}$	$\bar{x}_{11}$		
	B_{12}	x_{121}	x_{122}	$\cdots$	$T_{12.}$	$\bar{x}_{12}$	$T_{1..}$	$\bar{x}_1$
A_2	B_{21}	x_{211}	x_{212}	$\cdots$	$T_{21.}$	$\bar{x}_{21}$		
	B_{22}	x_{221}	x_{222}	$\cdots$	$T_{22.}$	$\bar{x}_{22}$	$T_{2..}$	$\bar{x}_2$
$\vdots$	$\vdots$	$\vdots$	$\vdots$		$\vdots$	$\vdots$	$\vdots$	$\vdots$
A_p	B_{p1}	x_{p11}	x_{p12}	$\cdots$	$T_{p1.}$	$\bar{x}_{p1}$		
	B_{p2}	x_{p21}	x_{p22}	$\cdots$	$T_{p2.}$	$\bar{x}_{p2}$	$T_{p..}$	$\bar{x}_p$

注：总观测值个数：N；总和：T；总平均数：$\bar{x}$。

根据次级样本容量(q_i，n_{ij})相等与否，两因素系统分组设计资料分为次级样本容量相等与不相等两种情况，样本容量相等只是不相等的一种特例。

三、数学模型

两因素系统分组资料的数学模型如下：

$$x_{ijk}=\mu+\alpha_i+\beta_{ij}+e_{ijk}\quad(i=1,2,\cdots,p;j=1,2,\cdots,q_i;k=1,2,\cdots,n_{ij})$$

式中 μ 为总体平均数；α_i 为 A 因素的第 i 个水平的效应；β_{ij}为 A 因素第 i 个水平下 B 因素的第 j 个水平的效应；e_{ijk}为随机误差；p 为 A 因素的水平数；q_i 为 A 因素的第 i 个水平下 B 因素的水平数；n_{ij}为在 A 因素的第 i 个水平下 B 因素的第 j 水平中的观测值个数。假设所有的 e_{ijk}都服从相同的正态分布 $N(0,\sigma^2)$，且彼此独立。

根据 α_i、β_{ij}是固定还是随机，此数学模型也有固定、混合、随机模型之分。

四、平方和与自由度的剖分

所有观测值总平方和可作如下剖分：

$$\sum_i\sum_j\sum_k(x_{ijk}-\bar{x})^2=\sum_i\sum_j\sum_k(x_{ijk}-\bar{x}_{ij})^2+\sum_i\sum_j n_{ij}(\bar{x}_{ij}-\bar{x}_i)^2+\sum_i n_{i.}(\bar{x}_i-\bar{x})^2$$

式中等式左边为总平方和 SS_T，等式右边第一项为误差项平方和 SS_e，第二项为 A 因素内 B 因素水平间平方和 $SS_{B(A)}$，第三项为 A 因素水平间平方和 SS_A，$n_{i.}=\sum\limits_j n_{ij}$ 为 A 因素第 i 个水平中的观测值个数。

各个平方和的具体算法如下：

校正项：　$C=\frac{T^2}{N}$　（其中，N 为观测值总个数）

总平方和：$SS_T=\sum_i\sum_j\sum_k(x_{ijk}-\bar{x})^2=\sum_i\sum_j\sum_k x_{ijk}^2-C$

A 因素水平间平方和：$SS_A=\sum_i n_{i.}(\bar{x}_i-\bar{x})^2=\sum_i\frac{1}{n_{i.}}T_{i..}^2-C$

A 因素内 B 因素水平间平方和：$SS_{B(A)}=\sum_i\sum_j n_{ij}(\bar{x}_{ij}-\bar{x}_i)^2=\sum_i\sum_j\frac{1}{n_{ij}}T_{ij.}^2-\sum_i\frac{1}{n_{i.}}T_{i..}^2$

误差平方和：$SS_e=\sum_i\sum_j\sum_k(x_{ijk}-\bar{x}_{ij})^2=SS_T-SS_A-SS_{B(A)}$

与它们相应的自由度和均方为：

$df_A=p-1$　$df_{B(A)}=\sum_i q_i-p$　$df_e=N-\sum_i q_i$

$MS_A=SS_A/df_A$　$MS_{B(A)}=SS_{B(A)}/df_{B(A)}$　$MS_e=SS_e/df_e$

五、假设检验

在不同的模型下，要检验的假设是不同的，见表 5－27。

表 5－27　不同模型下要检验的假设

模型	假设	
	A 因素	B 因素
固定模型	H_0：$\alpha_1=\alpha_2=\cdots=\alpha_p$ H_A：α_i 不全相等	H_0：$\beta_{11}=\beta_{12}=\cdots=\beta_{pq}$ H_A：β_{ij}不全相等
随机模型	H_0：$\sigma_\alpha^2=0$ H_A：$\sigma_\alpha^2\neq0$	H_0：$\sigma_\beta^2=0$ H_A：$\sigma_\beta^2\neq0$
混合模型	H_0：$\alpha_1=\alpha_2=\cdots=\alpha_p$ H_A：α_i 不全相等	H_0：$\sigma_\beta^2=0$ H_A：$\sigma_\beta^2\neq0$

对不同的模型，F 检验统计量的构成也有区别，见表 5－28。

应当注意，对于随机模型和混合模型用于 A 因素检验的 F 统计量的分母是 $MS_{B(A)}$，而不是 MS_e。

表 5－28　二因素系统分组资料的方差分析表

变异来源	平方和	自由度	均方	F 值
A 因素间	SS_A	df_A	SS_A/df_A	固定模型：$F_A=MS_A/MS_e$ 随机模型和混合模型：$F_A=MS_A/MS_{B(A)}$
A 因素内 B 因素间	$SS_{B(A)}$	$df_{B(A)}$	$SS_{B(A)}/df_{B(A)}$	$F_{B(A)}=MS_{B(A)}/MS_e$
B 因素内（误差）	SS_e	df_e	SS_e/df_e	
总变异	SS_T	df_T		

六、多重比较

对于固定模型，若 A、B 两级因素经 F 检验显著，则需对两者各水平进行多重比较。对于混合模型（一般是 A 因素固定，A 因素内 B 是随机的），F_A 显著时需对 A 因素各水平进行多重比较。下面就不同情况下标准误的计算作一说明。以 Duncan's 法为例。

1. 固定模型条件下多重比较时的标准误

（1）对 A 因素各水平平均数进行比较时

$$s_{\bar{x}_A}=\sqrt{\frac{MS_e}{n_A}} \tag{5-20}$$

当次级样本容量相等时，$n_A=qn$

当次级样本容量不等时，$n_A=\frac{1}{df_A}\left(N-\frac{\sum n_{i.}^2}{N}\right)$ (5-21)

（2）对 B 因素各水平平均数进行比较时

$$s_{\bar{x}_B}=\sqrt{\frac{MS_e}{n_B}} \tag{5-22}$$

当次级样本容量相等时，$n_B=n$

当次级样本容量不等时，$n_B=\frac{1}{df_{B(A)}}\left[N-\sum_i\left(\frac{\sum_j n_{ij}^2}{n_i}\right)\right]$ (5-23)

2. 混合模型条件多重比较时的标准误

混合模型一般是因素 A 固定，因素 B 随机。当对 A 因素进行 F 检验 F_A 显著时，需对 A 因素各水平的平均数进行多重比较。多重比较的方法同前所述。

【例 5-8】 在某县随机抽取三个乡（镇），每个乡（镇）内又随机抽取数目不等的行政村，共对 28 个养殖户进行了猪链球菌病流行情况的随机调查，所得数据见表 5-29。问在该县不同乡（镇）和行政村猪链球菌病流行状况是否有显著差异？

表 5-29 猪链球菌病的发病情况

乡（镇）A	行政村 B	发病率/%					n_{ij}	$n_{i.}$
A_1	B_{11}	15.1	20.3	18.9			3	
	B_{12}	21.0	25.4	30.2	32.3		4	11
	B_{13}	20.4	30.6	31.6	25.7		4	
A_2	B_{21}	10.2	12.3				2	
	B_{22}	10.4	9.8	15.3			3	10
	B_{23}	7.5	10.0	8.9	14.7	11.5	5	
A_3	B_{31}	30.1	20.6	33.1			3	7
	B_{32}	16.8	23.7	13.4	20.1		4	
合计	8						28	28

本资料是随机模型，且观测值属二项分布的百分率资料，大部分数值在30%以下，须对数据进行反正弦变换后再作方差分析。数据变换后的资料见表5－30。

表5－30　对资料进行反正弦变换后的结果

乡(镇) A	行政村 B	发病率反正弦变换值(x_{ijk})					n_{ij}	$T_{ij.}$	$n_{i.}$	$T_{i..}$
A_1	B_{11}	22.87	26.78	25.77			3	75.42	11	326.01
	B_{12}	27.27	30.26	33.34	34.63		4	125.50		
	B_{13}	26.85	33.58	34.20	30.46		4	125.09		
A_2	B_{21}	18.63	20.53				2	39.16	10	193.28
	B_{22}	18.81	18.24	23.03			3	60.08		
	B_{23}	15.89	18.43	17.36	22.54	19.82	5	94.04		
A_3	B_{31}	33.27	26.99	35.12			3	95.38	7	196.82
	B_{32}	24.20	29.13	21.47	26.64		4	101.44		
合计	8						28	716.11	28	716.11

$$C = T^2/N = 716.11^2/28 = 18\,314.769\,0$$
$$SS_T = \sum\sum\sum x_{ijk}^2 - C = 22.87^2 + 26.78^2 + \cdots + 26.64^2 - C = 959.110\,5$$
$$SS_A = \sum \frac{1}{n_i} T_{i..}^2 - C = \frac{326.01^2}{11} + \frac{193.28^2}{10} + \frac{196.82^2}{7} - C = 617.010\,2$$
$$SS_B = \sum\sum \frac{1}{n_{ij}} T_{ij.}^2 - C = \frac{75.42^2}{3} + \frac{125.50^2}{4} + \cdots + \frac{101.44^2}{4} - C = 774.355\,1$$
$$SS_{B(A)} = SS_B - SS_A = 774.355\,1 - 617.010\,2 = 157.344\,9$$
$$SS_e = SS_T - SS_B = 959.110\,5 - 774.355\,1 = 184.755\,4$$
$$df_T = \sum n_{ij} - 1 = N - 1 = 28 - 1 = 27 \qquad df_A = p - 1 = 3 - 1 = 2$$
$$df_B = \sum q_i - 1 = 8 - 1 = 7 \qquad df_{B(A)} = \sum q_i - p = 8 - 3 = 5$$
$$df_e = N - \sum q_i = 28 - 8 = 20$$

表5－31　方差分析表

变异来源	平方和	自由度	均方	F
乡(镇)间	617.010 2	2	308.505 1	9.803*
乡(镇)内行政村	157.344 9	5	31.469 0	3.406 5*
误差	184.755 4	20	9.237 8	
总变异	959.110 5	27		

$F_{0.05}(2,5) = 5.79$，$F_{0.01}(2,5) = 13.27$，$F_{0.01} > F_A > F_{0.05}$；$F_{0.05}(5,20) = 2.71$，$F_{0.01}(5,20) = 4.10$，$F_{0.01} > F_{B(A)} > F_{0.05}$，所以乡(镇)间、乡(镇)内行政村间猪链球菌病的发病情况均有显著差异(见表5－31)。

复习思考题

1. 多个处理平均数间的比较为什么不宜用 t 检验？

2. 什么是方差分析？方差分析在兽医科学研究中有何意义？

3. 方差分析的基本假定是什么？为什么要有这些假定？

4. 常用的数据转换方法有哪些？各在什么条件下应用？

5. 什么是简单效应？什么是主效应？什么是互作效应？

6. 随机区组设计中，划分区组的依据和目的是什么？

7. 什么是固定效应、随机效应、固定模型、随机模型、混合模型？资料的模型不同，在 F 检验中有何异同？

8. 等重复两因素析因设计和系统分组设计资料数据结构在方差分析上有何区别？

9. 为评价新研制的猪链球菌病（SS）灭活疫苗对猪链球菌病的免疫效果，随机选择 3 周龄仔猪 32 头，分为试验组（接种新研制疫苗）、阳性对照组（接种商品化疫苗）、阴性对照组（注射生理盐水）和空白组（不作任何处理）。二免后第 14 天 ELISA 检测 SS 血清抗体水平，结果见下表。试进行方差分析。

组别	SS 血清抗体水平							
试验组	0.82	0.76	0.97	0.85	0.89	0.90	0.86	0.84
阳性对照组	0.69	0.75	0.78	0.73	0.67	0.83	0.77	0.75
阴性对照组	0.21	0.26	0.20	0.25	0.25	0.22	0.18	0.21
空白组	0.24	0.25	0.19	0H28	0.23	0.17	0.21	0.23

10. 现有呼吸道支原体感染患者感染程度和一种急性时相反应蛋白即血清淀粉样蛋白 A（SAA）含量数据如下表。试进行方差分析。

单位：mg/L

感染程度	SAA 含量							
轻度	7.29	7.53	6.91	7.32	8.10	7.48	7.66	6.75	7.78
中度	12.32	14.18	11.67	13.51	12.35	13.11	12.20	11.84	12.57
重度	14.03	16.31	17.25	16.87	15.29	16.68	18.16	16.39	

11. 为研究糖酵解作用对血糖浓度的影响，从 8 个受试者体中抽取血糖并制备成血滤液，将每个受试者的血滤液分成 4 份，随机地分别放置 0、45、90 和 135 min 后测定其中的血糖浓度，结果如下表。检验不同受试者和不同放置时间血糖浓度有无差异。

受试者	血糖浓度			
	0 min	45 min	90 min	135 min
1	95	95	89	83
2	95	94	88	84
3	106	105	97	90
4	98	97	95	90
5	102	98	97	88
6	112	112	101	94
7	105	103	97	88
8	95	92	90	80

12. 为了诊断牛某种消化系统疾病，需测定一个指标。为了增加诊断的可靠性，用 4 头秦川公牛在 4 种不同的条件下测定这一指标。测定结果如下：

公牛号	指标值			
	A_1	A_2	A_3	A_4
9001	4 000 000	22 000	6 000	780
9002	1 500 000	13 000	3 400	720
9003	10 000 000	30 000	10 000	1 900
9004	100 000	8 500	5 200	550

(1) 此资料需将数据变换后再作方差分析，请判断应采用哪种方法进行数据变换？

(2) 对变换后的数据资料进行方差分析。

13. 在 7 种不同培养液（其中钙离子浓度不同）及 3 种不同培养时间的条件下，对鸡原代肾小管上皮（原代培养）细胞进行培养，并测定细胞活力，结果如下表。分析培养液及培养时间对细胞活力影响的差异。

培养液	细胞活力								
	B_1(24 h)			B_2(48 h)			B_3(72 h)		
A_1	1.16	1.24	1.32	0.97	1.04	1.12	0.88	0.95	1.03
A_2	0.90	1.00	1.07	0.74	0.84	0.92	0.61	0.68	0.78
A_3	0.74	0.84	0.93	0.71	0.78	0.87	0.53	0.61	0.70
A_4	0.76	0.85	0.95	0.64	0.73	0.81	0.50	0.58	0.64
A_5	0.68	0.74	0.82	0.51	0.59	0.70	0.31	0.38	0.48
A_6	0.69	0.75	0.84	0.54	0.57	0.63	0.32	0.38	0.46
A_7	0.53	0.62	0.68	0.53	0.56	0.62	0.31	0.40	0.48

第六章 χ^2 检验

本章主要介绍χ^2检验的基本原理、适合性检验和独立性检验方法。

在兽医临床实践和科学研究中获得的数据资料,除连续性资料外,还有计数资料和等级资料等间断性资料,例如临床检查结果的阳性与阴性,病畜的治愈、好转、无效、死亡等。这类资料无法直接度量,只能分别统计各类别的次数,因此间断性资料一般也称为次数资料。次数资料的假设检验常用χ^2检验。

第一节 χ^2检验的原理

一、χ^2检验的原理

χ^2检验(χ^2 test)是检验次数资料显著性的常用方法之一。根据研究的目的不同,χ^2检验可分为**适合性检验**(test for goodness-of-fit)和**独立性检验**(test for independence)两种。适合性检验是检验实际观测次数的属性类别分配是否符合某一理论比例的假设检验。如:遗传学中一对性状杂种后代的分离是否符合孟德尔遗传比率3∶1,家畜性别比例是否符合1∶1,数据资料是否符合某种概率分布。独立性检验是研究某一试验因子与一结果是相互独立还是相关的假设检验。如比较不同杀菌药物与治疗鸡大肠杆菌病效果的好坏,分别统计治愈、好转、无效、死亡个体数,分析杀菌药物种类与疗效是否相关。

为了度量**观测次数**(observed frequency,简写为O)与**理论次数**(expected frequency,简写为E)偏离的程度,最简单的办法是求出O与E的差数。在计算中,由于各类因子的O与E的差数有正有负,因此总有$\sum(O-E)=0$,不能反映出观测次数与理论次数的偏差,因此可将各差数$O-E$平方后再相加,即计算$\sum(O-E)^2$,其值越大,观测次数与理论次数相差亦越大,反之则越小。但用$\sum(O-E)^2$表示这种偏离程度尚有不足。例如某一组资料$O=804$,$E=800$,$O-E=4$;另一组资料$O=46$,$E=42$,$O-E=4$。两组$\sum(O-E)^2$均为16,但这两组观测次数与理论次数的偏离程度是不同的。因为前者是相对于$E=800$相差4,后者是相对于$E=42$相差4,两者所占比重显然是不同的。为了弥补这一不足,应将各差数平方除以相应的理论次数E后再相加,总和定义为χ^2,即:

$$\chi^2=\sum\frac{(O-E)^2}{E} \tag{6-1}$$

由公式(6-1)计算出的χ^2越小,表明观测次数与理论次数越接近;$\chi^2=0$,表示两者完全吻合;χ^2越大,表示两者相差越大。

现结合一实例说明 χ^2 的意义。

【例 6-1】 用于治疗仔猪白痢的新药止痢特号称治愈率为 70%，有效率为 90%。在某猪场进行的 150 例用止痢特治疗试验中，治愈 100 例，20 例好转，30 例无效。该猪场的临床试验结果是否验证了该药的药效？

由于有效率包含治愈率，因此可看作该药的理论治愈率 70%，好转率 20%，无效率 10%。将该比率与试验总次数相乘，得到治愈、好转和无效的理论次数。将上述情况列成表 6-1。

表 6-1　止痢特治疗仔猪白痢试验结果 χ^2 计算表

治疗效果	实际观测次数 O	理论次数 E	$O-E$	$(O-E)^2/E$
治愈	100(O_1)	105(E_1)	-5	0.238
好转	20(O_2)	30(E_2)	-10	3.333
无效	30(O_3)	15(E_3)	15	15.000
合计	150	150	0	18.571

从表 6-1 看到，观测次数与理论次数存在一定的差异，这些差异（表面效应）是由抽样误差引起，还是由于该药物的药效与厂家宣传的药效有实质性的差异？这就需要对观测次数与理论次数间偏离程度的统计量 χ^2 进行显著性检验。

通过计算，得 $\chi^2=\sum\frac{(O-E)^2}{E}=\frac{(-5)^2}{105}+\frac{(-10)^2}{30}+\frac{15^2}{15}=18.571$，初步表明观测次数与理论次数有较大差异，但必须通过 χ^2 检验方可作出准确推断。

公式(6-1)是 χ^2 的应用公式，近似地服从 χ^2 分布。χ^2 分布是连续性随机变量的概率分布，而次数资料是间断性的，所以运用公式(6-1)会产生一定的偏差，特别是当自由度 $df=1$ 时，这种偏差尤为严重。因此，Yates 于 1934 年提出了**连续性校正**（continuity correction）公式，在 $df=1$ 时，校正后的 χ^2 值记为：

$$\chi_c^2=\sum\frac{(|O-E|-0.5)^2}{E} \tag{6-2}$$

当 $df>1$ 时，公式(6-1)的 χ^2 分布概率与真正概率相近似，这时可不作连续性校正，但要求各组内的 $E\geqslant5$。若某组的 $E<5$，则应把它与其相邻的一组或几组合并，直到 $E\geqslant5$ 为止。

二、χ^2 检验的一般步骤

1. 提出假设

无效假设 H_0：样本所属总体属性分配符合已知理论属性分配（适合性检验）；因子之间相互独立（独立性检验）。

备择假设 H_A：样本所属总体属性分配不符合已知理论属性分配（适合性检验）；因子之间是相互关联的（独立性检验）。

2. 计算理论次数 E

在无效假设成立的条件下，按已知理论属性分配计算各属性的理论次数（适合性检验），或利用列联表推算出理论次数（独立性检验）。

3. 计算统计量 χ^2 值

先确定自由度 df，其中适合性检验 $df=k-1$，k 为属性类别数；在 $R\times C$ 列联表的独立性检验

中，$df=(R-1)\times(C-1)$，R 为行数，C 为列数。然后根据公式(6－1)或公式(6－2)计算 χ^2（或 χ_c^2）。

4. 统计推断

根据 df 查 χ^2 值表（附表 3）找出临界值 $\chi^2_{0.05}(df)$ 和 $\chi^2_{0.01}(df)$，将计算得到的 χ^2（或 χ_c^2）与之比较：

（1）χ^2（或 χ_c^2）$<\chi^2_{0.05}(df)$，$p>0.05$，接受 H_0，表明观测次数与理论次数差异不显著，可以认为观测次数所属总体属性分配符合已知属性分配的理论值（适合性检验），或表明两因子相互独立（独立性检验）。

（2）$\chi^2_{0.05}(df)\leqslant\chi^2$（或 χ_c^2）$<\chi^2_{0.01}(df)$，$0.01<p\leqslant0.05$，否定 H_0，接受 H_A，表明观测次数与理论次数差异显著，在 $\alpha=0.05$ 上，样本所属总体的属性分配不符合已知属性分配的理论（适合性检验），或两因子显著相关（独立性检验）。

（3）χ^2（或 χ_c^2）$\geqslant\chi^2_{0.01}(df)$，$p\leqslant0.01$，否定 H_0，接受 H_A，表明观测次数与理论次数差异极显著，样本所属总体的属性分配不符合已知属性类别分配的理论（适合性检验），或两因子极显著相关（独立性检验）。

第二节　适合性检验

一、实际资料与理论分布相符合程度的适合性检验

【例 6－2】　检验 200 头大白猪血液中白细胞数（单位：10^9 个/L）的资料是否服从正态分布。先将资料整理成次数分布表，见表 6－2。

表 6－2　200 头大白猪血液中白细胞数服从正态分布的适合性检验表

组别	实际次数 O		组中值 x	$U=\frac{L-\bar{x}}{s}$	累积概率 (α)	各组概率 $P_n(L)$	理论次数 E		$(O-E)^2/E$
<6	0		3	−2.560 0	0.005 2	0.005 2	1.047		
6～7	4	10	6.50	−2.204 5	0.013 9	0.008 7	1.733	6.432	1.979 3
7～8	6		7.50	−1.848 9	0.032 2	0.018 3	3.652		
8～9	9		8.50	−1.493 3	0.068 1	0.035 9	7.190		0.455 6
9～10	10		9.50	−1.137 8	0.127 1	0.059 0	11.798		0.274 0
10～11	13		10.50	−0.782 2	0.217 7	0.090 6	18.120		1.446 7
11～12	17		11.50	−0.426 7	0.333 6	0.115 9	23.180		1.647 6
12～13	26		12.50	−0.071 1	0.472 1	0.138 5	27.700		0.104 3
13～14	35		13.50	0.284 4	0.610 3	0.138 2	27.640		1.959 8
14～15	28		14.50	0.640 0	0.738 9	0.128 6	25.720		0.202 1
15～16	21		15.50	0.995 6	0.841 3	0.102 4	20.480		0.013 2
16～17	16		16.50	1.351 1	0.911 5	0.070 2	14.040		0.273 6
17～18	8		17.50	1.706 7	0.956 4	0.044 9	8.980		0.106 9
18～19	4		18.50	2.062 2	0.980 3	0.023 9	4.780		
19～20	3	7	19.50	2.417 8	0.992 2	0.011 9	2.388	8.720	0.339 3
>20	0					0.007 8	1.552		
合计						1.000	200.00		8.802 4

求出各组组中值、组下限、组上限和各组的实际次数。用样本分组资料估计总体平均数和标准差，将各组上限 L 标准化，根据 u 值查正态分布表得各组的累加概率（α），再由本组的累加概率减去上组段的累加概率得到本组的概率 $P_n(L)$，各组的概率与总次数相乘得到各组的理论次数。再根据实际次数与理论次数计算 χ^2 统计量，进行 χ^2 适合性检验。

H_0：大白猪血液中白细胞数服从正态分布；H_A：大白猪血液中白细胞数不服从正态分布

$$\hat{\mu}=\bar{x}=\frac{\sum fx}{n}=\frac{6.5\times4+7.5\times6+\cdots+19.5\times3}{200}=\frac{2\ 640}{200}=13.200$$

$$\hat{\sigma}=s=\sqrt{\frac{\sum fx^2-\frac{(\sum fx)^2}{n}}{n}}=\sqrt{\frac{36\ 430-\frac{(2\ 640)^2}{200}}{200}}=2.812\ 5$$

根据 $U=\dfrac{L-\bar{x}}{s}$，计算各组的 U 值，如第一组 $U=\dfrac{6-13.200}{2.812\ 5}=-2.560\ 0$

各组 $E<5$ 者应加以合并。本例前 3 组与后 3 组分别合并，16 组合并成 12 组。计算 χ^2 值：

$$\chi^2=\sum\frac{(O-E)^2}{E}=\frac{(10-6.432)^2}{6.432}+\frac{(9-7.190)^2}{7.190}+\cdots+\frac{(7-8.720)^2}{8.720}=8.802\ 4$$

$df=12-3=9$（因为求理论次数时用了平均数、标准差与总次数等 3 个统计量）。

$\chi^2_{0.05}(9)=16.92$，$\chi^2<\chi^2_{0.05}(9)$，$p>0.05$，接受 H_0，表明各组实际次数与由正态分布计算的理论次数差异不显著，可以认为大白猪血液中白细胞数服从正态分布。

【例 6-3】 43 窝昆明小鼠，每窝 4 只。经某剂量 γ 射线照射后 14 天内各窝死亡情况如下：全部成活（$x=0$）的有 13 窝；死亡 1 只（$x=1$）的有 20 窝；死亡 2 只（$x=2$）的有 7 窝；死亡 3 只（$x=3$）的有 3 窝；全部死亡（$x=4$）的有 0 窝（见表 6-3）。试检验 γ 射线照射后昆明小鼠死亡数是否服从二项分布。

表 6-3　昆明小鼠死亡数服从二项分布的 χ^2 检验计算表

死亡数 x	实际次数 O	理论概率 $\hat{p}(x)$	理论次数 E	$(\lvert O-E\rvert-0.5)^2/E$
0	13	0.316 4	13.605 2	0.000 8
1	20	0.421 9	18.141 7	0.101 7
2	7 } 10	0.210 9	9.068 7 } 11.253 1	0.050 4
3	3	0.046 9	2.016 7	
4	0	0.003 9	0.167 7	
合计	43	1.000 0	43	0.152 9

H_0：昆明小鼠死亡数服从二项分布；H_A：昆明小鼠死亡数不服从二项分布

设每只昆明小鼠死亡的概率相同，即平均死亡率为 p。死亡数 x 服从 $n=4$、概率为 p 的二项分布，即 $x\sim B(4,p)$，其中 p 由实际观测数据计算的平均死亡率 $\hat{p}$ 估计。用加权法计算平均每窝死亡数 $\bar{x}$ 为：

$$\bar{x}=\frac{\sum fx}{n}=\frac{4\times0+3\times3+2\times7+1\times20+0\times13}{43}=\frac{43}{43}=1$$

平均死亡率 $\hat{p}$ 为：$\hat{p}=\frac{\bar{x}}{n}=\frac{1}{4}=0.25$，平均成活率 $\hat{q}=1-\hat{p}=0.75$

根据二项分布的概率计算公式，可计算出各理论概率 $\hat{p}(x)$：

$$\hat{p}(0)=C_4^0\hat{p}^0\hat{q}^4=1\times0.25^0\times0.75^4=0.3164$$

$$\hat{p}(1)=C_4^1\hat{p}^1\hat{q}^3=4\times0.25^1\times0.75^3=0.4219$$

$$\hat{p}(2)=C_4^2\hat{p}^2\hat{q}^2=6\times0.25^2\times0.75^2=0.2109$$

$$\hat{p}(3)=C_4^3\hat{p}^3\hat{q}^1=4\times0.25^3\times0.75^1=0.0469$$

$$\hat{p}(4)=C_4^4\hat{p}^4\hat{q}^0=1\times0.25^4\times0.75^0=0.0039$$

$df=3-2=1$（5 组合并成 3 组，求理论次数时要用平均数和总次数两个统计量），需进行连续性校正。用公式（6－2）计算：

$$\chi_c^2=\sum\frac{(|O-E|-0.5)^2}{E}=0.0008+0.1017+0.0504=0.1529$$

$\chi^2_{0.05}(1)=3.84$，因 $\chi_c^2<\chi^2_{0.05}(1)$，$p>0.05$，接受 H_0，表明实际观测次数与二项分布理论次数差异不显著，可以认为在照射某剂量 γ 射线后昆明小鼠的死亡数服从二项分布。

二、实际资料与先验理论的适合性检验

许多与先验理论（已知理论）进行比较的次数资料，也可用 χ^2 的适合性检验。例如遗传学中子二代分离现象是否符合孟德尔遗传定律等。

【例 6－4】 某品种牛的水肿病是一种常染色体隐性遗传病，即健康（无水肿）对水肿是显性。角型性状（无角和有角）是一种常见的由常染色体上一对等位基因控制的质量性状，其中无角对有角是显性。现用健康无角的杂合子公母牛进行交配，来研究水肿和角型等两对相对性状的遗传规律，结果发现 250 头后代（子二代）中健康无角牛有 152 头，健康有角牛有 39 头，水肿无角牛有 53 头，水肿有角牛有 6 头。试问这两对相对性状的遗传是否符合孟德尔遗传定律中自由组合定律的 9∶3∶3∶1 的遗传比例。

H_0：子二代表型比例符合 9∶3∶3∶1 的理论比例；H_A：子二代表型比例不符合 9∶3∶3∶1 的理论比例

根据理论比例 9∶3∶3∶1 计算理论次数：

健康无角牛：$250\times\frac{9}{16}=140.6250$　健康有角牛：$250\times\frac{3}{16}=46.8750$

水肿无角牛：$250\times\frac{3}{16}=46.8750$　水肿有角牛：$250\times\frac{1}{16}=15.6250$

表 6－4　两对相对性状遗传规律的 χ^2 计算表（理论比例 9∶3∶3∶1）

表型	实际次数 O	理论次数 E	$O-E$	$(O-E)^2/E$
健康无角牛	152	140.625 0	11.375 0	0.920 1
健康有角牛	39	46.875 0	－7.875 0	1.323 0
水肿无角牛	53	46.875 0	6.125 0	0.800 3
水肿有角牛	6	15.625 0	－9.625 0	5.929 0
合计	250	250	0	8.972 4

$df=k-1=4-1=3$,用公式(6-1)计算:

$$\chi^2=\frac{(152-140.6250)^2}{140.6250}+\frac{(39-46.875)^2}{46.875}+\frac{(53-46.875)^2}{46.875}+\frac{(6-15.6250)^2}{15.6250}$$

$$=0.9201+1.3230+0.8003+5.9290=8.9724$$

$\chi^2_{0.05}(3)=7.81$,$\chi^2_{0.01}(3)=11.34$,得:$\chi^2>\chi^2_{0.05}(3)$,$p<0.05$,否定 H_0,接受 H_A,表明观测次数与理论次数差异显著,即水肿与角型两对性状杂交二代的遗传不符合孟德尔遗传定律中9:3:3:1 的遗传比例。

经χ^2 检验观测次数与理论次数差异显著或极显著时,只是说明整个资料的总体比例不符合先验理论比例。为了确定各个比例的符合程度,必须对χ^2 值作再分割。具体做法是:第一步,剔除总χ^2 值中χ^2 分量最大的观测次数,保留余下的 $k-1$ 类的观测次数和对应比例,重新进行χ^2 检验,这时 $k-1$ 类的χ^2 分量之和产生新的χ^2 值;第二步,将差异不显著的 $k-1$ 类属性分配的观测次数及对应比例合并,与原来被剔除的观测次数和对应比例再进行χ^2 检验。如 $k-1$ 类的χ^2 分量显著,则再剔除其中χ^2 分量最大的观测次数,重复第一步。分割后新的χ^2 值之和等于分割前的χ^2 值。这是χ^2 的可加性,各分量的χ^2 值不作校正。

(1)表6-4中,总χ^2 值 8.9724 中,水肿有角牛的χ^2 分量最大(5.9290),可将它先分割出去,即剔除掉,余下的 $k-1=3$ 个类型所对应的数据来检验健康无角牛、健康有角牛、水肿无角牛 3 种表型是否符合 9:3:3 的遗传比例(表6-5)。

根据理论比例 9:3:3 计算理论次数:

健康无角牛 $=244\times\frac{9}{15}=146.4$;健康有角牛 $=244\times\frac{3}{15}=48.8$;水肿无角牛 $=244\times\frac{3}{15}=48.8$。

得到:

$$\chi_1^2=\sum\frac{(O-E)^2}{E}=\frac{(152-146.4)^2}{146.4}+\frac{(39-48.8)^2}{48.8}+\frac{(53-48.8)^2}{48.8}=2.544$$

$k'=3$, $df_1=k'-1=2$, $\chi^2_{0.05}(2)=5.99$, $\chi_1^2<\chi^2_{0.05}(2)$,$p>0.05$,表明实际观测次数与理论次数差异不显著,即 3 种表型符合 9:3:3 的遗传比例(本例若 3 种表型不符合 9:3:3 的遗传比例,可再进行分割)。

表6-5 χ_1^2 计算表(理论比例 9:3:3)

表型	实际次数 O	理论次数 E	$O-E$	$(O-E)^2/E$
健康无角牛	152	146.4000	5.6000	0.2142
健康有角牛	39	48.8000	-9.8000	1.9680
水肿无角牛	53	48.8000	4.2000	0.3615
合计	244	244	0	2.5437

(2)由于 3 种表型符合 9:3:3 的遗传比例,可将其观测次数合并,再与水肿有角牛的观测次数一起检验,分析其是否符合 15:1 的理论比例(表6-6)。根据 15:1 计算理论次数:

合并组 $=250\times\frac{15}{16}=234.3750$,水肿有角牛 $=250\times\frac{1}{16}=15.6250$

$$\chi_2^2=\sum\frac{(O-E)^2}{E}=\frac{(244-234.375\ 0)^2}{234.375\ 0}+\frac{(6-15.625\ 0)^2}{15.625\ 0}=6.324$$

$k''=2, df_2=k''-1=1$。$\chi^2_{0.05}(1)=3.84$，$\chi^2_{0.01}(1)=6.63$，$\chi^2>\chi^2_{0.05}(1)$，$p<0.05$，表明实际观测次数与理论次数差异显著，3 种表型组合与水肿有角牛比例不符合 15:1 的理论比例。

表 6－6 χ_2^2 计算表（理论比例 15:1）

表型	实际观测次数 O	理论次数 E	$O-E$	$(O-E)^2/E$
合并组	244	234.375 0	9.625 0	0.395 3
水肿有角牛	6	15.625 0	－9.625 0	5.929 0
合计	250	250	0	6.324 3

上述 2 次分割后，各个分量χ^2 值之和与自由度之和分别等于分割前χ^2 值与自由度。本例中$\chi_1^2+\chi_2^2=2.543\ 7+6.324\ 3=8.868$ 与总$\chi^2=8.972\ 4$ 基本相等，略有差异，这是由于计算中舍入误差造成的，分割前自由度 $df=3$ 与分割后 $df_1+df_2=2+1=3$ 相同。如果两者不等，说明χ^2 再分割存在错误或所分割的χ^2 分量间相互不独立。应当注意，χ^2 分割后即使 $df=1$ 也不需要进行连续性校正。

对于资料组数多于两组的χ^2 值（$df\geqslant2$），还可通过下面的简式进行计算：

$$\chi^2=\sum\frac{O_i^2}{nP_i}-n \quad 即\chi^2=\sum\frac{O_i^2}{E_i}-n \tag{6-3}$$

其中：p_i 为各类性状的理论比率，E_i 为各类性状的理论次数，n 为总次数。

$$本例中：\chi^2=\left(\frac{152^2}{250\times\frac{9}{16}}+\frac{39^2}{250\times\frac{3}{16}}+\frac{53^2}{250\times\frac{3}{16}}+\frac{6^2}{250\times\frac{1}{16}}\right)-250=8.972$$

三、基因平衡定律的检验

在兽医临床和科研工作中，常常对群体进行基因分型，计算基因频率和基因型频率，并检验群体是否达到平衡，以确保群体遗传结构相对的稳定。基因频率和基因型频率的关系是否符合基因平衡定律即哈代－温伯格定律（Hardy-Weinberg Law）也可用适合性检验来进行检验。在平衡条件下，基因型频率和基因频率的关系是：$D=p^2$，$H=2pq$，$R=q^2$，其中 D、H、R 为基因型频率，p 和 q 为等位基因频率。根据观察次数和这 3 个关系式，计算出各基因型的理论次数。然后根据公式（6－1）计算出 χ^2 值。

【例 6－5】 研究表明猪应激综合征（PSS）个体是由一个常染色体隐性基因 Hal^n 纯合导致的，表现为对氟烷刺激敏感。现对纯种猪群 500 个个体 Hal 位点的基因型进行 PCR 检测，发现 Hal^{NN}型个体 400 头、Hal^{Nn}型个体 80 头和 Hal^{nn}型个体 20 头。检验该群体在 Hal 位点是否达到基因平衡。

H_0：该群体 Hal 位点基因型频率符合基因平衡定律；H_A：该群体 Hal 位点基因型频率不符合基因平衡定律

该群体 Hal 位点 3 种基因型的实际基因型频率（表 6－7）分别为：

$$D'=\frac{400}{500}=0.800\ 0, H'=\frac{80}{500}=0.160\ 0, R'=\frac{20}{500}=0.040\ 0$$

等位基因 Hal^N 和 Hal^n 的频率 p 和 q 分别为：

$$p = D' + \frac{1}{2}H' = 0.8000 + \frac{1}{2} \times 0.1600 = 0.8800$$

$$q = R' + \frac{1}{2}H' = 0.0400 + \frac{1}{2} \times 0.1600 = 0.1200$$

再根据基因平衡定律计算理论基因型频率：

$$D = p^2 = 0.7744, H = 2pq = 0.2112, R = q^2 = 0.0144$$

该群 3 种基因型个体理论次数为：

Hal^{NN}型 $= 500 \times 0.7744 = 387.2000$

Hal^{Nn}型 $= 500 \times 0.2112 = 105.6000$

Hal^{nn}型 $= 500 \times 0.0144 = 7.2000$

用公式(6-1)计算：

$$\chi^2 = \frac{(400 - 387.200)^2}{387.200} + \frac{(80 - 105.600)^2}{105.600} + \frac{(20 - 7.20)^2}{7.20} = 29.3848$$

$k = 3$，$df = k - 1 = 2$，$\chi^2_{0.01}(2) = 9.21$，$\chi^2 > \chi^2_{0.01}(2)$，$p < 0.01$，差异极显著，否定 H_0，接受 H_A，即该群体 Hal 位点基因型频率不符合基因平衡定律，说明该群体 Hal 基因的遗传结构不稳定。

表 6-7　基因平衡定律检验的 χ^2 计算表

氟烷基因型	观察次数 O	实际基因型频率	理论基因型频率	理论次数 E	$(O-E)^2/E$
Hal^{NN}	400	$D' = 0.8000$	$D = p^2 = 0.7744$	387.2000	0.4231
Hal^{Nn}	80	$H' = 0.1600$	$H = 2pq = 0.2112$	105.6000	6.2061
Hal^{nn}	20	$R' = 0.0400$	$R = q^2 = 0.0144$	7.2000	22.7556
合计	500	1	1	500	29.3848

第三节　独立性检验

在研究药物对畜禽某种疾病的治疗效果时，常需要分析药物种类（因子）与疗效（因子）是否相关。若无关系，两者相互独立，表明药物间疗效差异不显著；若两者相关，表明疗效因药物不同而异，即药物间疗效差异显著或差异极显著。这种推断两类因子彼此独立或相关的假设检验就是独立性检验。

独立性检验是按两类因子属性类别构成 $R \times C$ **列联表**（contingency table），其中 R 为行因子的属性类别数，C 为列因子的属性类别数。在 $R \times C$ 列联表中，每一行理论次数总和等于该行实际次数的总和，每一列理论次数总和等于该列实际次数的总和，因此，每行和每列都含有这个约束条件，故独立性检验的自由度为 $df = (R-1) \times (C-1)$。列联表一般可分为 2×2、$2 \times C$、$R \times C$ 三种形式，现分述如下。

一、2×2 列联表的检验

1. 检验的步骤与方法

2×2 列联表是列联表中最简单的一种，其一般形式如表 6-8。因为自由度 $df = (2-1) \times$

(2 - 1) = 1，所以 2 × 2 列联表在进行 χ^2 检验时，需作连续性校正。

表 6 - 8 2 × 2 列联表一般形式

	C_1	C_2	合计 $T_{i\cdot}$
R_1	$O_{11}(E_{11})$	$O_{12}(E_{12})$	$T_{1\cdot}=O_{11}+O_{12}$
R_2	$O_{21}(E_{21})$	$O_{22}(E_{22})$	$T_{2\cdot}=O_{21}+O_{22}$
合计 $T_{\cdot j}$	$T_{\cdot 1}=O_{11}+O_{21}$	$T_{\cdot 2}=O_{12}+O_{22}$	$T=n=O_{11}+O_{12}+O_{21}+O_{22}$

下面结合例题说明 2 × 2 列联表的 χ^2 检验步骤和方法。

【例 6 - 6】 某猪场为比较土霉素 + 葡萄糖（每次 0.5 g + 1 g，每日 2 次）与呋喃西林（每次 50 mg，每日 2 次）对仔猪下痢的疗效，抽取 140 头下痢仔猪进行治疗，结果如表 6 - 9。检验两种药物的疗效是否有显著差异。

表 6 - 9 2 × 2 列联表

药物	治愈	死亡	合计 $T_{i\cdot}$	治愈率%
土霉素 + 葡萄糖	64(57.142 9)	36(42.857 1)	$T_{1\cdot}=100$	64.00
呋喃西林	16(22.857 1)	24(17.142 9)	$T_{2\cdot}=40$	40.00
合计 $T_{\cdot j}$	$T_{\cdot 1}=80$	$T_{\cdot 2}=60$	$T=n=140$	57.14

H_0：药物与治疗效果相互独立，即两种药物的治愈率相同；H_A：药物与治疗效果彼此相关，即两种药物的治愈率不相同

根据 H_0：药物与治疗效果相互独立，即两种药物的疗效应相同的假设，可知两种药物的理论治愈率应等于总治愈率。根据这一前提条件，可计算出各理论次数。

总治愈率 $=\dfrac{T_{\cdot 1}}{T}=\dfrac{80}{140}=57.14\%$。依此计算出各理论次数如下：

因为 $\dfrac{E_{11}}{T_{\cdot 1}}=\dfrac{T_{1\cdot}}{T}$

故 $E_{11}=\dfrac{T_{1\cdot}\times T_{\cdot 1}}{T}=\dfrac{100\times 80}{140}=57.142\ 9$

同理 $E_{12}=\dfrac{T_{1\cdot}\times T_{\cdot 2}}{T}=\dfrac{100\times 60}{140}=42.857\ 1$

$$E_{21}=\frac{T_{2\cdot}\times T_{\cdot 1}}{T}=\frac{40\times 80}{140}=22.857\ 1$$

$$E_{22}=\frac{T_{2\cdot}\times T_{\cdot 2}}{T}=\frac{40\times 60}{140}=17.142\ 9$$

由于 $df=(2-1)\times(2-1)=1$，需计算 χ_c^2 值：

$$\chi_c^2=\sum\frac{(|O-E|-0.5)^2}{E}=\frac{(|64-57.142\ 9|-0.5)^2}{57.142\ 9}+\frac{(|36-42.857\ 1|-0.5)^2}{42.857\ 1}+\frac{(|16-22.857\ 1|-0.5)^2}{22.857\ 1}+\frac{(|24-17.142\ 9|-0.5)^2}{17.142\ 9}=5.776$$

统计推断。查表可知，$\chi^2_{0.05}(1)=3.84$，$\chi^2_{0.01}(1)=6.63$，$\chi^2>\chi^2_{0.05}(1)$，$p<0.05$，否定 H_0，接受 H_A，表明药物与疗效彼此相关，即两种药物的治愈率差异显著。由表 6－9 可知，土霉素＋葡萄糖治疗仔猪下痢的治愈率（64%）显著高于呋喃西林（40%）。

在进行 2×2 列联表独立性检验时，χ^2_c 值还可利用简化公式进行计算：

$$\chi^2_c=\frac{\left(|O_{11}O_{22}-O_{12}O_{21}|-\frac{T}{2}\right)^2T}{T_{1.}T_{2.}T_{.1}T_{.2}} \tag{6-4}$$

本例用公式（6－4）可得：$\chi^2_c=\frac{\left(|64\times24-36\times16|-\frac{140}{2}\right)^2\times140}{80\times60\times40\times100}=5.776$ 与前面计算结果相同。简化公式不需要计算理论次数，且舍入误差小。

2. 精确概率计算法

在进行 2×2 列联表独立性检验时，当样本容量 $n<40$（即 $T<40$）、理论次数 $E<5$ 时，即使进行连续性校正，估计的 χ^2 值也不准确。Fisher 提出精确概率计算法可用于 $E<5$ 的情况。在无效假设成立的前提下，精确概率计算公式为：

$$P=\frac{T_{1.}!\ T_{2.}!\ T_{.1}!\ T_{.2}!}{T!\ O_{11}!\ O_{12}!\ O_{21}!\ O_{22}!} \tag{6-5}$$

【例 6－7】 用甲药治疗 6 头病畜，痊愈 3 头，未愈 3 头，乙药治疗 8 头病畜，痊愈 7 头，未愈 1 头。结果见表 6－10，问两药疗效有无差异？

表 6－10 不同药物的治疗结果

药物	痊愈	未愈	合计 $T_{i.}$
甲药	3（4.285 7）	3（1.714 3）	6
乙药	7（5.714 3）	1（2.285 7）	8
合计 $T_{.j}$	10	4	14

在合计 6、8 与合计 10、4 不变时，有 5 种四格表，见表 6－11。

表 6－11 不同组合结果

组合	1			2			3			4			5		
	2	4	6	3	3	6	4	2	6	5	1	6	6	0	6
	8	0	8	7	1	8	6	2	8	5	3	8	4	4	8
	10	4	14	10	4	14	10	4	14	10	4	14	10	4	14
$\|O-E\|$	2.285 7			1.285 7			0.285 7			0.714 3			1.714 3		
p	0.015 0			0.159 8			0.419 6			0.335 7			0.069 9		

注：5 种排列 $|O-E|$ 的算法是：以 1 为例，4 个 O 值（2、4、8、0）分别减去表 6－10 中对应的 4 个 E 值（4.285 7、1.714 3、5.714 3、2.285 7），其绝对值均是 2.285 7，即 $|O-E|=2.285\ 7$。

H_0：甲、乙两药疗效无差异；H_A：甲、乙两药疗效有差异

$$p_1=\frac{6!\ 8!\ 10!\ 4!}{14!\ 2!\ 4!\ 8!\ 0!}=0.015\ 0 \quad p_2=\frac{6!\ 8!\ 10!\ 4!}{14!\ 3!\ 3!\ 7!\ 1!}=0.159\ 8$$

$$p_3=\frac{6!\ 8!\ 10!\ 4!}{14!\ 4!\ 2!\ 6!\ 2!}=0.419\ 6 \quad p_4=\frac{6!\ 8!\ 10!\ 4!}{14!\ 5!\ 1!\ 5!\ 3!}=0.335\ 7$$

$$p_5=\frac{6!\ 8!\ 10!\ 4!}{14!\ 6!\ 0!\ 4!\ 4!}=0.069\ 9$$

本例$|O-E|$平均为1.257 1。将表6-11中$|O-E|\geqslant 1.257\ 1$所有组合(1、2、5)的概率相加即$P=P_1+P_2+P_5=0.015\ 0+0.159\ 8+0.069\ 9=0.245$。

$P=0.245>0.05$,接受H_0,故甲、乙两药的治疗效果无显著差异。这是双尾检验,它包括甲药疗效优于乙药,也包括乙药疗效优于甲药。如果要检验乙药疗效是否显著优于甲药疗效(H_0:乙药疗效低于或等于甲药疗效,H_A:乙药疗效优于甲药疗效),就要应用单尾检验,在$|O-E|\geqslant 1.257\ 1$所有组合中只要计算乙药优于甲药(治愈率高)的1和2两组合的概率即可,$P=P_1+P_2=0.015\ 0+0.159\ 8=0.174\ 8>0.05$,接受$H_0$,说明甲药疗效不比乙药疗效差。

二、$R\times C$ 列联表的独立性检验

$R\times C$列联表是指$R\geqslant 2$且$C\geqslant 2$的列联表,其一般形式见表6-12。

表6-12 $R\times C$列联表的一般形式

	1	2	…	C	合计 $T_{i.}$
1	O_{11}	O_{12}	…	O_{1C}	$T_{1.}$
2	O_{21}	O_{22}	…	O_{2C}	$T_{2.}$
⋮	⋮	⋮	⋮	⋮	⋮
R	O_{R1}	O_{R2}	…	O_{RC}	$T_{R.}$
合计 $T_{.j}$	$T_{.1}$	$T_{.2}$	…	$T_{.C}$	T

其中$O_{ij}(i=1,2,\cdots,R;j=1,2,\cdots,C)$为实际观测次数。

$R\times C$列联表理论次数E_{ij}可按前述方法计算,但χ^2值用公式(6-6)计算更为简便。

$$\chi^2=T\left(\sum\frac{O_{ij}^2}{T_{i.}T_{.j}}-1\right) \tag{6-6}$$

当$R=2$时为$2\times C$列联表,简化公式为:

$$\chi^2=\frac{T^2}{T_{1.}T_{2.}}\left(\sum\frac{O_{1j}^2}{T_{.j}}-\frac{T_{1.}^2}{T}\right) \tag{6-7}$$

$$\text{或}\quad \chi^2=\frac{T^2}{T_{1.}T_{2.}}\left(\sum\frac{O_{2j}^2}{T_{.j}}-\frac{T_{2.}^2}{T}\right) \tag{6-8}$$

【例6-8】 某动物医院用兽用激光治疗仪治疗工作犬的肌腱炎等五种运动损伤型疾病,治疗效果见表6-13。检验治疗效果的构成比是否因疾病种类不同而异。

表 6－13　兽用激光治疗仪治疗五种运动损伤型疾病结果

疾病	治愈	显效	好转	无效	合计 $T_{i.}$
肌腱炎	530	143	35	40	748
水肿充血	189	123	35	7	354
韧带扭伤	341	248	84	29	702
肌肉拉伤	29	54	13	1	97
骨性关节炎	64	38	11	2	115
合计 $T_{.j}$	1 153	606	178	79	2 016

H_0:疗效的构成比与疾病种类无关,即不同疾病的疗效构成比相同;H_A:疗效构成比与疾病种类相关,即不同疾病的疗效构成比不相同

$$\chi^2 = 2\ 016 \times \left(\frac{530^2}{748 \times 1\ 153} + \frac{143^2}{748 \times 606} + \cdots + \frac{11^2}{115 \times 178} + \frac{2^2}{115 \times 79} - 1\right) = 143.545$$

$df = (5-1) \times (4-1) = 12$, $\chi^2_{0.01}(12) = 26.22$, $\chi^2 > \chi^2_{0.01}(12)$, $p < 0.01$,否定 H_0,接受 H_A。表明用激光疗法治疗五种疾病的疗效构成比与疾病种类极显著相关,即不同疾病种类的疗效构成比差异极显著。

$R \times C$ 列联表经检验显著或极显著后,可划分为若干个 $2 \times C$ 表进行独立性检验。本例按行可划分成 $C_5^2 = 10$ 个 $2 \times C$ 表,计算过程略。

$2 \times C$ 列联表为 $R \times C$ 列联表的一个特例,这里不再作详细介绍。

复习思考题

1. 什么是适合性检验？什么是独立性检验？它们有什么区别？

2. 在什么情况下 χ^2 检验需作校正？为何要进行校正？如何校正？

3. 为什么要进行 χ^2 再分割？

4. 正常鸡与翻毛鸡杂交,F_1 代全部为翻毛鸡,F_1 自群交配,F_2 得 172 羽雏鸡,其中翻毛鸡 121 羽,正常鸡 51 羽,问此性状是否为常染色体显隐性遗传？

5. 白化系小鼠与棕色品系小鼠进行杂交,F_1 代全部为黑色毛,F_1 代自群交配,F_2 代中有黑色小鼠 34 只,棕色小鼠 10 只,白化小鼠 20 只。试问此数据是否符合 9∶3∶4 的理论比例？

6. 调查某猪场 32 窝仔猪腹泻情况。每窝 8 头仔猪。断奶后 14 天内各窝仔猪腹泻情况如下表所示,问仔猪腹泻头数是否服从二项分布？

腹泻头数	0	1	2	3	4	5	6	7	8
窝数	0	1	2	4	12	6	5	2	0

7. 用显微镜检查某样本内结核菌的数目,对视野内 118 个小方格的结核菌数加以计数,按结核菌数目把格子分类,记录每类的格子数,结果见下表。检验结核菌数的总体分布是否符合泊松分布。

检出结核菌数	0	1	2	3	4	5	6	7	8	9
观察格子数	5	19	26	26	21	13	5	1	1	1

8. 某动物医院用烟草浸剂治疗山羊疥癣病，治疗结果见下表。检验用烟草浸剂治疗山羊的疥癣效果构成比是否与性别有关。

性别	治疗效果			
	一次治愈	二次治愈	三次治愈	无效
母羊	5	11	7	2
公羊	9	18	12	4

9. 现统计了甲、乙两个猪场各 67 头仔猪的死亡情况。甲猪场由痢疾造成的死亡数为 44 头，水肿造成的死亡数为 17 头，其他原因造成的死亡数为 6 头；乙猪场由这三种原因造成的死亡数分别为 33 头、5 头和 29 头。问甲、乙两猪场仔猪死亡构成比是否相同？

10. 为研究气肿疽抗血清的疗效，用 18 头患病牛，其中 9 头牛注射抗血清，康复 7 头，死亡 2 头，另 9 头牛不注射抗血清（对照），其中康复 2 头，死亡 7 头，试检验抗血清对牛气肿疽病是否有疗效（比较四格表的一般检验与直接计算概率法）？

11. 用某药物甲、乙、丙三种浓度治疗鳙鱼气泡病，试验结果如下表。试检验三种浓度下的药物治疗效果。

药物浓度	治愈	显效	好转	无效
甲	67	9	10	5
乙	32	23	20	4
丙	10	11	23	5

12. 用 54 只小尾寒羊进行免疫试验，分成 4 组，1 组对照，另 3 组分别用 3 种布氏杆菌活菌苗进行免疫处理，然后均用强毒攻击，发病情况见下表。试问免疫是否有效果？

处　理	5 号苗	3 号苗	19 号苗	对　照
发病头数	1	2	4	14
未发病头数	13	11	9	0

第七章　非参数检验

本章主要介绍符号检验、符号秩和检验、二组和多组资料的秩和检验及等级相关等几种常用的非参数检验方法。

前面所述的 t 检验、F 检验、χ^2 检验等方法是建立在随机变量服从某种已知分布的基础上的。但是在兽医临床实践和科研过程中，有许多资料并不知道其分布，且样本容量又较小，这时应采用**非参数检验法**(nonparametric test)。非参数检验法在检验中不用任何方差、平均数及其他参数的估计值，也不考虑有关参数的假定。非参数检验法又称为**无分布检验法**(distribution- free test)，这是因为在检验中不对样本所属总体的分布作任何假定。非参数检验法具有适用范围广、易学、应用方便等特点。但是当资料符合参数检验条件时，非参数检验法的效率始终低于参数检验法，这是因为非参数检验法犯Ⅱ型错误的可能性较大。非参数检验法包括中位数检验、游程检验、符号检验、符号秩和检验、二组和多组资料的秩和检验、等级相关、Ridit 分析等，本章主要介绍其中几种常用的方法。

第一节　成对数据的显著性检验

一、符号检验法

符号检验法(sign test)是用于配对资料差异显著性检验的一种方法，它只根据样本各对数据大小之差的正负符号来进行检验，而不考虑其差值的大小，每对数据之差为正值用“+”表示，负值用“-”表示。其检验的基本思想与原理为假定两个样本所属总体服从相同的分布，则正号或负号出现的概率应该相等，若不能完全相等，至少不应相差过大，当其相差超过一定的临界值时，就认为两个样本所属总体有显著差异，它们不服从相同的分布，简称为两样本差异显著。

检验的步骤如下：首先标上正负号，其次计点“正”及“负”号的个数，最后进行统计推断。

【例 7-1】　中药新型促孕灌注液主治奶牛子宫内膜炎，有效成分包括淫羊藿苷、小檗碱、总生物碱和干浸膏等。现采用两种不同的方法提取其有效成分，并测定提取液中小檗碱的含量(mg/g)，数据如下表。问两种提取方法提取的小檗碱含量有无差异？

设立假设 H_0：两种提取方法所得结果相同；H_A：两种提取方法所得结果不同。

由表 7-1 测定值可见，方法 A 大于方法 B 的，记为“+”；方法 A 小于方法 B 的，记为“-”；方法 A 等于方法 B 的，记为“0”。正号个数用 n_+ 表示，负号个数用 n_- 表示，“0”的个数用 n_0 表示，由此可得如下数值：

表 7-1　两种提取方法的测定结果

	1	2	3	4	5	6	7	8	9	10
方法 A	0.048 0	0.033 0	0.047 5	0.048 0	0.042 5	0.040 0	0.042 0	0.036 0	0.041 3	0.042 0
方法 B	0.037 0	0.041 0	0.033 4	0.031 0	0.031 5	0.040 0	0.031 0	0.036 0	0.043 0	0.031 5
符号	+	−	+	+	+	0	+	0	−	+
	11	12	13	14	15	16	17	18	19	20
方法 A	0.046 0	0.047 3	0.034 2	0.042 1	0.052 0	0.048 0	0.037 3	0.040 0	0.041 0	0.046 1
方法 B	0.031 0	0.040 0	0.046 5	0.031 3	0.044 5	0.038 0	0.042 6	0.042 0	0.040 0	0.032 5
符号	+	+	−	+	+	+	−	−	+	+

$$n_{+}=13,\ n_{-}=5,\ n_{0}=2$$

$$r=\min(n_{+},\ n_{-})=\min(13,5)=5$$

$$N=n_{+}+n_{-}=13+5=18$$

由 N 值查附表 9，得临界值 $r_{0.05}(N)$，$r_{0.01}(N)$，将 r 值与这两个临界值比较，作出统计推断。若 $r>r_{0.05}(N)$，$p>0.05$，两个试验处理差异不显著；若 $r_{0.01}(N)<r\leqslant r_{0.05}(N)$，$0.01<p\leqslant 0.05$，两个试验处理差异显著；若 $r\leqslant r_{0.01}(N)$，$p\leqslant 0.01$，两个试验处理差异极显著。

本例，查附表 9 得临界值表 $r_{0.05}(18)=4$，$r=5>r_{0.05}(18)$，$p>0.05$，差异不显著，接受 H_0 表明两种提取方法所得结果差异不显著。

符号检验也可以采用 χ^2 求解，其公式如下：

$$\chi^2_{(1)}=\frac{(|n_{+}-n_{-}|-1)^2}{n_{+}+n_{-}} \tag{7-1}$$

将本例数据代入公式(7-1)得：

$$\chi^2_{(1)}=\frac{(|n_{+}-n_{-}|-1)^2}{n_{+}+n_{-}}=\frac{(|13-5|-1)^2}{13+5}=2.722$$

查附表 3 得临界值 $\chi^2_{0.005}(1)=3.841$，$\chi^2_{0.01}(1)=6.635$，$\chi^2(1)=2.722<\chi^2_{0.05}(1)$，$p>0.05$，差异不显著，接受 H_0 两种提取方法所得结果差异不显著。结论与查表法相同。

符号检验法最大优点是简单、直观，不需要知道检验对象的分布规律。由于符号检验利用的信息量少，因此效率低，同时精确性也差。符号检验法当样本的配对数少于 6 对时，不能检出差别，对子数 7 至 12 时，也不敏感，只有当对子数在 20 对以上时效果较好，但其效率仅为 t 检验的 65%。

二、符号秩和检验

由于符号检验法效率低，精确性差，没有充分利用数据提供的信息，因此应用者越来越少，为充分利用数据提供的信息，美国统计学家威尔柯克逊（F. Wilcoxon）于 1945 年提出了**符号秩和检验法**（sign rank sum test），为此也有人将符号秩和检验法称为 Wilcoxon 检验法（威尔柯克逊检验法）的。由于该方法用于配对资料，所以也将其称为配对比较的秩和检验法。符号秩和检验与符号检验法相比，其改进之处在于考虑了差值的大小。

符号秩和检验的步骤如下：(1) 求出每对数据的差值；(2) 确定秩次：将差值按绝对值的大

小顺序从小到大排列,每一差值对应的顺序号就为该差值的秩次,遇到相同绝对值求平均秩次,然后再标上原有的正负号;(3) 求秩和:将正负秩次分别相加,用 T_+ 表示正秩次之和,用 T_- 表示负秩次之和,取秩和绝对值小者作为 $T(n)$;(4) 根据样本容量对子数 n 查附表 10 进行统计推断。现仍以例 7－1 为例说明该方法。

表 7－2　符号秩和检验法列表

	1	2	3	4	5	6	7	8	9	10
方法 A	0.048 0	0.033 0	0.047 5	0.048 0	0.042 5	0.040 0	0.042 0	0.036 0	0.041 3	0.042 0
方法 B	0.037 0	0.041 0	0.033 4	0.031 0	0.031 5	0.040 0	0.031 0	0.036 0	0.043 0	0.031 5
差值	0.011 0	－0.008 0	0.014 1	0.017 0	0.011 0	0	0.011 0	0	－0.001 7	0.010 5
秩次	+14	－9	+18	+20	+14	+1.5	+14	－1.5	－4	+11
	11	12	13	14	15	16	17	18	19	20
方法 A	0.046 0	0.047 3	0.034 2	0.042 1	0.052 0	0.048 0	0.037 3	0.040 0	0.041 0	0.046 1
方法 B	0.031 0	0.040 0	0.046 5	0.031 3	0.044 5	0.038 0	0.042 6	0.042 0	0.040 0	0.032 5
差值	0.015 0	0.007 3	－0.012 3	0.010 8	0.007 5	0.010 0	－0.005 3	－0.002 0	0.001 0	0.013 6
秩次	+19	+7	－16	+12	+8	+10	－6	－5	+3	+17

设立假设 H_0: 两种测定方法所得结果相同;H_A: 两种测定方法所得结果不同。

(1) 求差值。将由方法 A 减方法 B 的差值列于表 7－2 的差值行,并标上符号。

(2) 确定秩次。本例的差值 0 为最小,共有两个 0,其秩次为 1 及 2,平均秩次为 1.5,由于该差值没有符号,因而将它们分别给以"+"及"－"号,本表有 3 个 0.011 0,这些差值对应的秩次为 13 至 15,求其平均数为 14,表示每个 0.011 0 的秩次为 14,以此类推。本资料中的最大差值为 0.017 0,排在第 20 位,因而其秩次为 20。将所有计算所得的秩次列于表 7－2 中的秩次行,并标上原差值的符号。

(3) 求秩和。将正负秩次分别相加,用 T_+ 表示正秩次之和,用 T_- 表示负秩次之和,取秩和绝对值小者作为 $T(n)$,本例,T_+ 为 168.5,T_- 为 41.5,则 $T(n)$ 为 41.5。

(4) 统计推断。查附表 10,根据样本容量对子数 n 查表,得 5% 与 1% 的临界值分别为 $T_{0.05}(n)=52$ 及 $T_{0.01}(n)=38$,用 $T(n)=41.5$ 与临界值比较,当小于某一水平的临界值时,就表明在这一显著水平下显著。本例 41.5 大于 38,小于 52,表明两种分析方法的分析结果差异显著 ($p<0.05$)。

当没有 T 值表时,5% 与 1% 显著水平的临界 T 值可以由以下公式计算:

$$T_{0.05}(n)=\frac{n^2-7n+10}{5},\ T_{0.01}(n)=\frac{11n^2}{60}-2n+5 \qquad (7-2)$$

符号秩和检验的正态近似法:研究表明,当 n 无穷大时,T 值的抽样分布趋向于正态分布 $N(\mu,\sigma^2)$。因此,只要 n 达到适当大(一般情况为 n 大于等于 19)时,就可以用 u 检验进行近似正态检验,其计算公式如下:

$$u=\frac{T-\mu}{\sigma}=\frac{T-\frac{n(n+1)}{4}}{\sqrt{\frac{n(n+1)(2n+1)}{24}}} \tag{7-3}$$

由于 T 值表中最大的 n 值为 25，所以当对子数大于 25 时，只能用 u 检验。符号秩和检验的效率虽然高于符号检验，但仍然低于 t 检验，其效率大约为 t 检验的 96%。

第二节 两组资料的秩和检验

两组资料的秩和检验是抽自两个独立总体的两个独立样本之间的比较，即非配对资料的秩和检验，该检验又称为 Mann - Whitney（曼 - 惠特尼）秩和检验。其检验步骤如下：(1) 设立假设；(2) 确定秩次：将两组数据合并，按数值大小由小至大顺序排列，每一数值对应的顺序号就为该数值的秩次，数值最小的秩次为 1，数值最大的秩次为两组样本容量之和，即"n_1+n_2"，相同数值计算平均秩次；(3) 求秩和：将两组的秩次分别相加求和，以样本容量较小组秩和作为 T 值；(4) 统计推断：根据 n_1 及 n_2 查附表 11，得某一显著水平下的下限及上限两个值，分别用 T_1 及 T_2 表示。如果 $T_1<T<T_2$，则认为两组差异在该显著水平下不显著；如果 $T\leq T_1$ 或 $T\geq T_2$，则认为两组差异在该显著水平下显著。

【例 7-2】 用三氯苯咪唑和硝氯酚二种药物治疗绵羊肝片吸虫，三氯苯咪唑组有 8 只绵羊，硝氯酚组有 7 只绵羊，试验结果见表 7-3。试检验两种药物治疗效果有无显著差异。

表 7-3 治疗肝片吸虫试验结果及其秩次

三氯苯咪唑	肝片吸虫数	71	86	45	74	72	53	60	80	T
	秩次	10	15	3.5	12	11	5	8.5	14	79
硝氯酚	肝片吸虫数	32	60	55	45	54	75	35		T
	秩次	1	8.5	7	3.5	6	13	2		41

(1) 设立假设 H_0：三氯苯咪唑与硝氯酚的治疗效果相同；H_A：三氯苯咪唑与硝氯酚的治疗效果不同。

(2) 编秩次。本例中确定的秩次结果见表 7-3。

(3) 求秩和。将表 7-3 中的秩次分别相加求和，得三氯苯咪唑组的秩和为 79，硝氯酚组的秩和为 41，以样本含量较小组秩和作为 T 值，本例为 41。

(4) 统计推断。根据 n_1 及 n_2 查附表 11，显著性水平 $\alpha=0.05$ 的临界值为 $T_1=41$，$T_2=71$，$T=41\leq T_1$，差异显著，否定 H_0，接受 H_A。表明硝氯酚的治疗效果显著好于三氯苯咪唑。

非配对资料的秩和检验表只列出了 n_1 及 n_2 小于 10 的情形，当 n_1 及 n_2 大于 10 时，可以证明秩和 T 近似服从正态分布，因而，同样也可以用 u 检验法近似地进行检验。计算公式如下：

$$u=\frac{T-\mu}{\sigma}=\frac{T-\frac{n_1(n_1+n_2+1)}{2}}{\sqrt{\frac{n_1n_2(n_1+n_2+1)}{12}}} \tag{7-4}$$

第三节 多个样本资料的秩和检验

一、多个样本资料的秩和检验法

多组资料的秩和检验法，又称为 Kruskal - Wallis 检验法，由于其统计量用 H 表示，所以也称为 H 检验法。应用该方法的前提条件是假定资料中的各组均来自相同的连续型总体，然后检验其分布状况是否符合所假定的总体分布。各组之间的差异是否显著则根据样本统计量 H 值作出判断。当资料中的分组数 $k \geq 3$，且每组容量大于 5 时，统计量 H 值的抽样分布近似于 $df = k - 1$ 时的 χ^2 分布，于是可以用 $df = k - 1$ 时的 χ^2 值作为临界值来判断差异的显著性，对于 $k = 3$，且每组容量小于 5 时，用 Kruskal - Wallis 的正确概率表（多组比较的秩和检验用表）进行比较，样本统计量 H 的计算公式为：

$$H = \frac{12}{N(N+1)} \sum \frac{T_i^2}{n_i} - 3(N+1) \tag{7-5}$$

式中 N 为资料的总样本容量，n_i 为第 i 组的样本容量，T_i 为第 i 组的秩和。如果在计算 H 时出现的平均秩次较多时，应对 H 值进行校正，校正公式如下：

$$H_C = \frac{H}{C} \tag{7-6}$$

其中 C 为校正系数，计算公式如下：

$$C = 1 - \frac{\sum (t-1)t(t+1)}{(N-1)N(N+1)} = 1 - \frac{\sum (t^3 - t)}{N^3 - N} \tag{7-7}$$

其中 t 为具有相同数值的个数。

多组资料秩和检验的步骤如下：(1) 设立假设；(2) 编秩次，将各组数据合并，按数值大小由小至大顺序排列，每一数值对应的顺序号就为该数值的秩次，数值最小的秩次为 1，数值最大的秩次为多组样本容量之和，相同数值计算平均秩次；(3) 求秩和，分别将各组的秩次相加求和，计算 H 值；(4) 统计推断，查多组比较的秩和检验用表或 χ^2 值表进行比较。

【例 7 -3】 对相同检验样品采用四种脱水方法，每种方法重复 5 次。测得结果列于表 7 -4，比较四种方法脱水百分数的差别有无显著性。

设立假设。H_0：四种方法脱水百分率相等；H_A：四种方法脱水百分率不相等。

编秩次。将各组数据混合，从小到大排队，统一编秩次，结果见表 7 -4 秩次列。

求秩和。分别将表 7 -4 中的秩次列各自相加求和，得 T_1、T_2、T_3 及 T_4 分别为 77、58.5、55 及 19.5，代入公式(7 -5)计算 H 值：

$$\begin{aligned} H &= \frac{12}{N(N+1)} \sum \frac{T_i^2}{n_i} - 3(N+1) \\ &= \frac{12}{20 \times 21} \times \frac{77^2 + 58.5^2 + 55^2 + 19.5^2}{5} - 3 \times 21 = 9.98 \end{aligned}$$

统计推断。由于本例资料多于三组，查自由度等于 3 时的 χ^2 临界值，得 $\alpha = 0.05$ 的 χ^2 临界值为 7.81，$\alpha = 0.01$ 的 χ^2 临界值为 11.34。$H = 9.98$ 大于 7.81，$p < 0.05$，差异显著，否定 H_0，接

受 H_A，表明四种方法脱水百分率不相等。

当 H 检验显著后，如需进一步判断究竟哪两组之间有显著差异，须进行多重比较，方法与方差分析的多重比较相类似，只要将各组的均数换为秩和，秩和差数的标准误用以下公式计算：

$$S_{(T_A-T_B)}=\sqrt{\frac{n(nk)(nk+1)}{12}} \tag{7-8}$$

式中的 n 为各组的样本容量。k 值等于方差分析多重比较中的极距 r 值。现用 q 法进行多重比较，标准误及 D 值列于表 7－5，如用 LSD 法或 SSR 法只要将相应的 q 值换成 t 值或 SSR 值即可。表 7－5 中 $LSR_\alpha=S_{(T_A-T_B)}\cdot q_\alpha$。

表 7－4　四种方法脱水百分数及其秩次

方法一		方法二		方法三		方法四	
测定值	秩次	测定值	秩次	测定值	秩次	测定值	秩次
1.6	9.5	1.5	6	1.4	5	1.1	1
1.7	14	1.6	9.5	1.6	9.5	1.1	2
1.9	17	1.6	9.5	1.6	9.5	1.2	3
1.9	17	1.7	14	1.7	14	1.3	4
2.0	19.5	2.0	19.5	1.9	17	1.6	9.5
T_i	77		58.5		55		19.5
n_i 5		5		5		5	

表 7－5　标准误及最小显著极差值

k	标准误	$q_{0.05}$	$q_{0.01}$	$D_{0.05}$	$D_{0.01}$
2	6.77	2.77	3.64	18.75	24.64
3	10.00	3.31	4.21	33.10	42.10
4	13.23	3.63	4.40	48.02	58.21

秩和检验的多重比较表列于表 7－6。

表 7－6　秩和检验的多重比较表

组别	秩和	$T_i-19.5$	$T_i-55.0$	$T_i-58.5$
1	77.0	57.5*	22.0	18.5
2	58.5	39.0*	3.5	
3	55.0	35.5**		
4	19.5			

判断结果，方法一与方法四、方法二与方法四的差异显著，方法三与方法四的差异极显著。

【例 7－4】 茶多酚是茶叶提取物的主要有效成分，是一种天然抗氧化剂和中成药原料。现研究茶多酚对苏姜猪肉质的影响，其中对照组饲喂基础日粮，试验组 1 和试验组 2 分别在基础日粮中添加 300 mg/kg 和 400 mg/kg 的茶多酚，试验结束后获得猪肉大理石花纹评级数据如表 7－7。问茶多酚对猪肉大理石纹有无显著影响。

本例为等级分组资料，与上例的主要差别在于秩和及校正 H 值的计算，检验步骤如下：H_0：茶多酚对猪肉大理石纹无影响；H_A：茶多酚对猪肉大理石纹有影响。

确定各等级的平均秩次范围，见表 7－7 中的第 6 列，等级 1 有 2 个个体，其秩次范围为 1 至 2，等级 2 有 5 个个体，其秩次范围为 3 至 7，等级 3 的秩次范围为 8 至 15，等级 4 的秩次范围为 16 至 16。

表 7－7　猪肉大理石纹资料及其秩和计算

等级	对照组	试验 1 组	试验 2 组	合计	秩次范围	平均秩次	各组秩和		
							对照组	试验 1 组	试验 2 组
1		2		2	1 至 2	1.5		3	
2	1	1	3	5	3 至 7	5	5	5	15
3	3	1	4	8	8 至 15	11.5	34.5	11.5	46
4			1	1	16	16			16
合计	4	4	8	16			39.5	19.5	77

计算各等级的平均秩次，将表中第 6 列中秩次范围的上下两值相加除以 2，列于表中第 7 列，然后计算各组中各等级的秩和，例如试验 1 组有 2 头为等级 1，1 头为等级 2，1 头为等级 3，将试验 1 组各等级的头数与平均秩次相乘，列于试验 1 组秩和的相应等级中。最后计算秩和，将同组中各等级的秩和相加。根据公式（7－5）至公式（7－7）计算 H 值及校正 H_C 值。

$$H = \frac{12}{N(N+1)}\sum\frac{T_i^2}{n_i} - 3(N+1)$$

$$= \frac{12}{16\times17}\times\left(\frac{39.5^2}{4}+\frac{19.5^2}{4}+\frac{77^2}{8}\right) - 3\times17 = 3.099$$

计算 C 值：

$$C = 1 - \frac{\sum(t^3-t)}{N^3-N}$$

$$= 1 - \frac{(2^3-2)+(5^3-5)+(8^3-8)}{16^3-16}$$

$$= 1 - \frac{6+120+504}{4\ 080} = 0.845\ 6$$

计算校正 H_C 值：

$$H_C = \frac{H}{C} = \frac{3.099}{0.845\ 6} = 3.665$$

查自由度等于 2，显著性水平 $\alpha = 0.05$ 的 χ^2 临界值为 5.991，$H_c = 3.665 < 5.991$，$p > 0.05$，差异不显著，表明各组猪肉大理石纹差异不显著。当然，对于本例的结论，可能是各组样本容量较小所引起，因此还应增加样本容量继续试验。

二、中位数检验

中位数检验是一种常用的非参数检验方法,它主要用于 2 个及 2 个以上不服从正态分布的独立样本之间的显著性检验。中位数检验也可用于服从正态分布的资料,但是其检验效率低于参数检验,所以当资料服从正态分布时,一般都采用参数检验。

中位数检验有以下形式的假设:

H_0:各样本间具有相同的中位数;H_A:各样本间具有不同的中位数。

【例 7-5】 两种饲养方式萧山鸡的球虫检测资料见表 7-8。试用中位数检验分析两种饲养方式萧山鸡球虫感染程度有无显著差异。

表 7-8 萧山鸡球虫检测结果表

组别	粪便中的球虫卵数					
笼养组(A)	5	13	8	6	10	20
平养组(B)	14	17	12	7	9	15

H_0:笼养组与平养组的球虫感染程度相同;H_A:笼养组与平养组的球虫感染程度不同。

将数据由小至大重排(表 7-9),并保持原有的组别:

表 7-9 鸡球虫检测结果重排表

A	A	B	A	B	A	B	A	B	B	B	A
5	6	7	8	9	10	12	13	14	15	17	20

计算中位数。本例的中位数为 11(中间两个数 10 和 12 的算术平均数)。

列出列联表(表 7-10)。

表 7-10 萧山鸡球虫检测结果列联表

	笼养组	平养组	合计
大于中位数	2	4	6
小于中位数	4	2	6
合计	6	6	12

采用χ^2 独立性检验,计算如下:

$$\chi_c^2=\frac{(|2\times2-4\times4|-12/2)^2\times12}{6\times6\times6\times6}=0.333$$

查自由度等于 1,显著性水平 $\alpha=0.05$ 的χ^2 临界值为 3.841,$\chi_c^2=0.333<3.841$,$p>0.05$,差异不显著。表明笼养组与平养组球虫感染程度没有显著差异。

【例 7-6】 用四种药物对杜洛克猪进行驱虫处理,试验结束后得到增重数据如表 7-11。试用中位数进行显著性检验。

表 7－11 杜洛克猪增重数据表

处理	增重/kg				
药物一	50	45	55	37	54
药物二	23	33	19	36	42
药物三	15	29	20	15	18
药物四	18	22	15	24	33

首先将数据进行重排，然后计算中位数，对各组进行计数统计，得到表 7－12。

表 7－12 杜洛克猪增重数据列联表

	药物一	药物二	药物三	药物四	合计
大于中位数	5	3	1	1	10
小于中位数	0	2	4	4	10
合计	5	5	5	5	20

计算 χ^2 值：

$$\chi^2 = \frac{T^2}{T_{R1}T_{R2}}\left(\sum \frac{a_{1i}^2}{T_{Ci}} - \frac{T_{Ri}^2}{T}\right) = \frac{20^2}{10 \times 10} \times \left(\frac{5^2}{5} + \frac{3^2}{5} + \frac{1^2}{5} + \frac{1^2}{5} - \frac{10^2}{20}\right) = 8.8$$

$$df = (R-1)(C-1) = (2-1)(4-1) = 3$$

查 $df = 3$，显著性水平 $\alpha = 0.05$ 的 χ_1^2 临界值为 7.815，$\chi^2 = 8.8 > 7.815$，$p < 0.05$，差异显著，表明不同药物的驱虫效果有显著差异。

第四节 等 级 相 关

等级相关也称为秩相关，是分析成对随机双变量之间是否相关的常用非参数统计方法。当样本的成对随机双变量既不符合连续型分布，又不满足双变量正态分布时，就只能用等级相关来表示其相关性。Spearman 相关是最常用的秩相关，计算公式如下：

$$r_S = 1 - \frac{6\sum d^2}{n(n^2-1)} \qquad (7-9)$$

公式(7－9)中的 d 为二样本成对数据的秩次之差。

Spearman 相关系数的显著性检验：当 $n \leq 15$ 时，可查附表 12 进行统计推断；当 $n > 15$ 时，由于 r_S 与 r 的抽样分布开始接近，故可根据 $df = n-2$，查附表 15，判断显著与否的方法与简单相关系数相同。

Spearman 相关系数的计算步骤如下：(1) 确定秩次，x 变量与 y 变量分别确定秩次，但不能打破两个变量之间原有的配对关系；(2) 计算每对观测值的秩次差；(3) 代入公式(7－9)计算 Spearman 相关系数；(4) 进行显著性检验。

【例 7－7】 血清 C－反应蛋白(CRP)含量是反映机体感染的重要指标。现有呼吸道支原体感染患者感染程度和血清 C－反应蛋白(CRP)含量(mg/L)数据如表 7－13。请计算呼吸道支原体感染程度与血清 C－反应蛋白(CRP)含量间的相关系数,并进行显著性检验。

表 7－13 呼吸道支原体感染程度与血清 CRP 含量的数据及等级相关计算

患者	1	2	3	4	5	6	7	8	合计
感染程度	轻度	轻度	轻度	中度	中度	中度	中度	重度	
秩次	2	2	2	5.5	5.5	5.5	5.5	8	
CRP 含量	6.98	7.16	7.25	14.36	12.34	10.32	11.16	14.22	
秩次	1	2	3	8	6	4	5	7	
d	1	0	－1	－2.5	－0.5	1.5	0.5	1	
d^2	1	0	1	6.25	0.25	2.25	0.25	1	12.00

由表 7－13 可见,第 1、第 3 行为变量测定值,第 2、第 4 行为两个变量各自的秩次,第 5 行为秩次差,第 6 行为秩次差的平方。将秩次差平方之和 12 代入公式(7－9),即可计算出 Spearman 相关系数。

$$r_S = 1 - \frac{6\sum d^2}{n(n^2-1)} = 1 - \frac{6\times 12}{8\times(8^2-1)} = 0.857$$

显著性检验,查表得 $r_{S0.05}(8) = 0.738$, $r_{S0.01}(8) = 0.881$, $r_S = 0.857 < 0.738$, $p < 0.05$,相关系数显著,说明呼吸道支原体感染程度与血清 C－反应蛋白(CRP)含量之间存在相关性。

如果样本中有较多的平均秩次,则应计算校正的 r_S 以减少偏畸,校正 r_S 公式如下:

$$r_S = \frac{2S - 12\sum d^2 - T_x - T_y}{2\sqrt{(S-T_x)(S-T_y)}} \tag{7－10}$$

式中 $S = n(n^2-1)$, $T_x = \sum(t_x^3 - t_x)$, $T_y = \sum(t_y^3 - t_y)$, T_x 及 T_y 分别为 x 及 y 变量中具有相同平均秩次的校正数, t_x 及 t_y 则分别为具有相同秩次的 x_i 及 y_i 的数目。当 T_x 及 T_y 都为 0 时,公式(7－10)就简化为公式(7－9)。

对于例 7－7,x 变量(呼吸道支原体感染程度)具有相同秩次的有 3 个 2,4 个 3,而 y 变量(C－反应蛋白(CRP)含量)没有相同秩次,所以需对 x 变量计算校正数,同时计算出 S 得:

$$T_x = \sum(t_x^3 - t_x) = (3^3-3)+(4^3-4) = 84$$

$$S = n(n^2-1) = 8\times(8^2-1) = 504$$

将 T_x 代入公式(7－10)得:

$$r_S = \frac{2S - 12\sum d^2 - T_x - T_y}{2\sqrt{(S-T_x)(S-T_y)}} = \frac{2\times 504 - 12\times 12 - 84}{2\times\sqrt{(504-84)\times 504}} = 0.8477$$

校正的 Spearman 相关系数比未校正时略小,但仍达 $\alpha = 0.05$ 显著性水平。

第五节 Ridit 分析

Ridit 分析是英文 Relative to an identified distribution 中主要词汇首字母的缩写加上 unit 的字尾－it 构成的。由于 Relative to an identified distribution 的含义是“相对于某一特定分布的单

位”,而有时将 identified distribution 称为 reference distribution,故译为参照单位。所以 Ridit 分析也称为**参照单位分析**。

Ridit 分析适用于等级资料,如按疗效分为治愈、好转、无效、恶化,按反应分为 -、+、++、+++,按麻醉效果分为Ⅰ、Ⅱ、Ⅲ、Ⅳ等级的资料。首先是将等级资料中例数较多的一组的分布作为一个特定的分布来计算各等级的参照单位值(R 值),再参照这些 R 值计算各组的加权平均 R 值并进行假设检验。

Ridit 分析一般计算步骤如下:

1. 选标准组　标准组的选择可根据各组例数多少以及所研究的问题而定。一般选例数最多的组为标准组。如果各组例数相近或都较少时,可用合计数为标准组(但若各组例数过少,则不宜用此法,可用秩和检验);若研究的问题是新、旧药物的疗效,则可以旧药为标准组;若研究的是患病畜禽与正常畜禽相比较,则可选正常畜禽为标准组。另外,标准组中的数字要求分布于各个等级,如果有的等级为 0 或过少,则会对计算结果产生影响。

2. 计算标准组的参照单位值(R 值)　计算前最好将各等级按由弱到强的次序排列。计算的步骤与方法是:① 计算标准组各等级的 1/2 值;② 求标准组累计例数并下移一行;③ 将①、②求得的值按各等级相加;④ 以标准组总例数除之,即得标准组各等级的 R 值。

3. 参照标准组的 R 值计算各组的平均 R 值　将每组中各等级例数与标准组对应的 R 值相乘,将乘积求和,再除以该组总例数,即为平均 R 值。其公式为:

$$\overline{R}=\frac{\sum f_iR_i}{N} \tag{7-11}$$

4. 计算各组的 95% 置信区间进行显著性检验　R 值的标准差为$\frac{1}{\sqrt{12}}$,故 $\overline{R}$ 值的标准误为:

$$s_{\overline{R}}=\frac{1}{\sqrt{12N}}=\frac{1}{2\sqrt{3N}} \tag{7-12}$$

$\overline{R}$ 的 95% 置信区间为:

$$\overline{R}\pm1.96S_{\overline{R}}=\overline{R}\pm1.96\times\frac{1}{2\sqrt{3N}}=\overline{R}\pm\frac{1}{\sqrt{3N}} \tag{7-13}$$

按此公式算得各组的 95% 置信区间后,作两两间的比较,凡无重叠者即有显著差别,有重叠者则无显著差别。

一、两组样本的比较

【例 7-8】　用某药治疗急、慢性两型马支气管炎,临床观察结果见表 7-14。试分析药物对两型马支气管炎的疗效有否显著差异。

表 7-14　某药治疗马支气管炎临床观察结果

治疗类型	治疗例数	治愈	显效	好转	无效
慢性型	25	5	8	10	2
急性型	18	1	4	7	6
合计	43	6	12	17	8

Ridit 分析的步骤如下：

（1）将两组频数合并，作为参照组的标准频数分布，并计算各等级的 Ridit 值，如表 7－15 所示。

表 7－15 表 7－14 资料各等级 Ridit 值计算

治疗结果 ①	慢性型 (f_1) ②	急性型 (f_2) ③	合计 (f) ④	④$\times\frac{1}{2}$ ⑤	④累计并移下一行 ⑥	⑤＋⑥ ⑦	⑦$/n=R$ 值 ⑧	④×⑧ ⑨
治愈	5	1	6	3	0	3	0.07	0.42
显效	8	4	12	6	6	12	0.28	3.35
好转	10	7	17	8.5	18	26.5	0.62	10.47
无效	2	6	8	4	35	39	0.91	7.28
合计	25(n_1)	18(n_2)	43(n)	21.5$\left(\frac{n}{2}\right)$				21.5 ($\sum f_iR_i$)

（2）以各等级的 Ridit 值作为标准，分别计算参照组、慢性组和急性组的平均 Ridit 值。

$$\bar{R}=\frac{\sum f_iR_i}{n}=\frac{21.5}{43}=0.5$$

$$\bar{R}_{慢}=\frac{\sum f_iR_i}{n}=\frac{5\times0.07+8\times0.28+10\times0.62+2\times0.91}{25}=0.42$$

$$\bar{R}_{急}=\frac{\sum f_iR_i}{n}=\frac{1\times0.07+4\times0.28+7\times0.62+6\times0.91}{25}=0.61$$

在 Ridit 分析中参照组的平均 Ridit 值恒等于 0.5，同时表 7－15 中第⑨列合计必定等于第⑤合计，该性质可用于核对计算是否有误。

（3）进行差异显著性检验。

计算参照组抽样方差：

$$S_R^2=\frac{\sum fR^2-\frac{(\sum fR)^2}{n}}{n-1} \tag{7-14}$$

将表 7－15 中有关数值代入公式(7－14)，得：

$$S_R^2=\frac{(6\times0.07^2+12\times0.28^2+17\times0.62^2+8\times0.91^2)-\frac{21.5^2}{43}}{43-1}=0.080$$

计算两组平均 Ridit 值差异的抽样误差，公式如下：

$$s_{\bar{R}_1-\bar{R}_2}=\sqrt{S_{\bar{R}_1}^2+S_{\bar{R}_2}^2}=\sqrt{\frac{s_{R_1}^2}{n_1}+\frac{s_{R_2}^2}{n_2}}=\sqrt{s_R^2\left(\frac{n_1+n_2}{n_1n_2}\right)} \tag{7-15}$$

本例中两组平均 Ridit 值差异的抽样误差为：

$$s_{\bar{R}_1-\bar{R}_2}=\sqrt{0.080\left(\frac{25+18}{25\times18}\right)}=0.087$$

计算两组平均 Ridit 值差异的 t 值：

$$t=\frac{|\bar{R}_1-\bar{R}_2|}{s_{\bar{R}_1-\bar{R}_2}}=\frac{|0.42-0.61|}{0.087}=2.18$$

$df=(25-1)+(18-1)=41$，显著性水平 $\alpha=0.05$ 的 t 临界值为 2.021，$t=2.18>t_{0.05}(41)=2.021$，$p<0.05$，差异显著。表明两组平均 Ridit 值差异显著。本例疗效越好 Ridit 值越小，疗效越差 Ridit 值越大，现 $\overline{R}_{慢}<\overline{R}_{急}$，所以该药对马支气管炎的疗效以慢性较好，急性较差。

二、多组样本的比较

【例 7-9】 用四种疗法治疗猪气喘病，临床观察结果见表 7-16。试比较不同疗法治疗猪气喘病的疗效有无显著差异。

选西药组为标准组，并计算其 R 值如表 7-17。

R 值的计算，也可用百分比进行，结果相同，见表 7-18。

再计算各组的 R 值（加权平均参照单位值），用公式（7-11），式中各符号含义是，f 为各不同疗效者例数，R 为与 f 同一疗效之标准组的 R 值。标准组的 R 值应为 0.5。

表 7-16　4 种疗法治疗猪气喘病的疗效

疗效	例数				百分比(%)			
	中药 1 组	中药 2 组	中西药组	西药组	中药 1 组	中药 2 组	中西药组	西药组
治愈	15	12	18	200	0.39	0.24	0.40	0.57
显效	10	10	15	101	0.26	0.20	0.33	0.29
好转	8	18	9	45	0.21	0.35	0.20	0.13
无效	5	11	3	4	0.13	0.22	0.07	0.01
合计	38	51	45	350	100	100	100	100

表 7-17　标准组 R 值计算表（$N=350$）

疗效	例数	①/2	累计例数并下移一行	②+③	R 值④/n
	①	②	③	④	⑤
无效	4	2	0	2	0.006
好转	45	22.5	4	26.5	0.076
显效	101	50.5	49	99.5	0.284
治愈	200	100	150	250	0.714
	350				

表 7-18　用百分比求 R 值的计算表（$N=100$）

疗效	例数	①/2	累计例数并下移一行	②+③	R 值④/n
	①	②	③	④	⑤
无效	1.14	0.57	0	0.57	0.006
好转	12.86	6.43	1.14	7.57	0.076
显效	28.86	14.43	14.00	28.43	0.284
治愈	57.14	28.57	42.86	71.43	0.714
	100				

本题各组 R 计算如下：

$$R(\text{西药组})=\frac{(4\times0.006+45\times0.076+101\times0.284+200\times0.714)}{350}=0.500$$

$$R(\text{中药 1 组})=\frac{(5\times0.006+8\times0.076+10\times0.284+15\times0.714)}{38}=0.373$$

$$R(\text{中药 2 组})=\frac{(11\times0.006+18\times0.076+10\times0.284+12\times0.714)}{51}=0.252$$

$$R(\text{中西药组})=\frac{(3\times0.006+9\times0.076+15\times0.284+18\times0.714)}{45}=0.396$$

将各组 R 值与例数代入公式(7－13)，得各组 95% 置信限如下：

西药组 $0.500\pm\frac{1}{\sqrt{3\times350}}=0.500\pm0.031=0.469\sim0.531$

中药 1 组 $0.373\pm\frac{1}{\sqrt{3\times38}}=0.373\pm0.094=0.280\sim0.467$

中药 2 组 $0.252\pm\frac{1}{\sqrt{3\times51}}=0.252\pm0.081=0.171\sim0.333$

中西药组 $0.396\pm\frac{1}{\sqrt{3\times45}}=0.396\pm0.086=0.310\sim0.482$

将各组的 95% 置信区间图示如下：

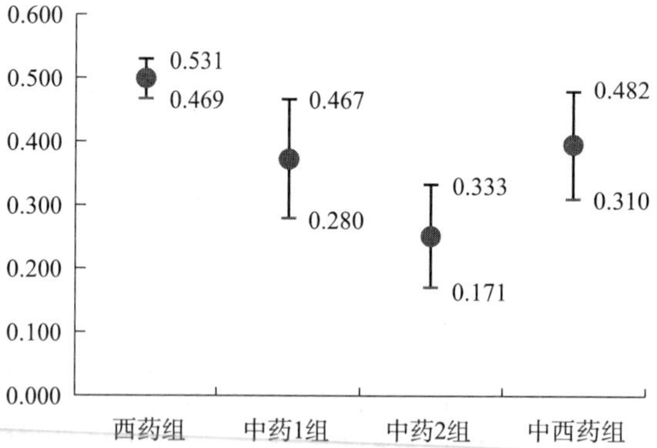

图 7－1 四种疗法治疗猪气喘病疗效的比较(Ridit 分析)

根据以上四个区间及其示意图可以看出，西药组的区间只与中西药组有 0.013 的重叠，与中药 1 组和中药 2 组没有重叠，而其他三组都有重叠，在这种情况下可作较精确的分析，因为上述 R 值的标准差为$\frac{1}{\sqrt{12}}$，或方差为$\frac{1}{12}$，只是一个近似值，据数理统计研究，R 值的方差逐渐接近$\frac{1}{12}$并以$\frac{1}{12}$为最大值。它与等级数有关，随着等级的增多，最大方差愈来愈接近$\frac{1}{12}$。

表 7－19 资料的等级数与最大方差

等级数	2	3	4	5	6	7	8	9
最大方差	1/16	2/27	5/64	2/25	30/432	4/49	21/256	20/243

实际资料的方差都小于$\frac{1}{12}$,故用以推算得的置信区间偏大,假设检验结论比较保守。本例中西药组与中西药组有部分区间重叠,故用表 7－19 中数值代替$\frac{1}{12}$,则可得到更为恰当的结果。该资料等级数为 4,查表 7－19 得最大方差为$\frac{5}{64}$,故标准误为$\sqrt{\frac{5}{64N}}$,以此计算西药组、中药 1 组和中药 2 组、中西药组的 95% 置信区间如下：

西药组　$0.500 \pm 1.96 \times \sqrt{\frac{5}{64 \times 350}} \approx 0.500 \pm 2 \times \sqrt{\frac{5}{64 \times 350}} = 0.500 \pm 0.030[0.470, 0.530]$

中药 1 组　$0.373 \pm 2 \times \sqrt{\frac{5}{64 \times 38}} = 0.373 \pm 0.091[0.283, 0.464]$

中药 2 组　$0.252 \pm 2 \times \sqrt{\frac{5}{64 \times 51}} = 0.252 \pm 0.078[0.173, 0.330]$

中西药组　$0.396 \pm 2 \times \sqrt{\frac{5}{64 \times 45}} = 0.396 \pm 0.396[0.313, 0.479]$

这样就可以认为西药组疗效最好,比其他组都好,中药 2 组疗效最差,中药 1 组与中西药组疗效没有显著差异。虽然这里用的仍是最大方差,但是等级为 4 时的最大方差,假设检验结论还是比较保守的,但比用$\frac{1}{12}$要精确些,当等级小于 4 时,更以查表 7－19 中的数值为宜。

复习思考题

1. 什么是非参数检验？其适用范围如何？

2. 用两种不同的方法检测了 20 个密闭笼养鸡舍空气中细菌数量(单位:10^4 cfu/m^3),结果如下。请分别用符号检验法和符号秩和检验法分析这两种方法检测结果是否相同。

	1	2	3	4	5	6	7	8	9	10
新方法	8.7	6.0	7.5	7.0	8.0	6.5	7.8	7.2	6.8	7.0
常规方法	8.6	6.2	7.8	7.3	7.8	7.0	8.0	7.0	7.0	7.6
	11	12	13	14	15	16	17	18	19	20
新方法	8.5	6.3	7.3	7.8	7.8	5.7	8.5	6.5	7.0	5.5
常规方法	8.6	6.5	7.2	8.0	7.9	6.3	8.3	6.6	7.3	5.7

3. 为了分析两种药物治疗绵羊绦虫病的效果,随机选择月龄和体重相近的巴音布鲁克羊,用相同剂量的绦虫感染,一段时间后用两种药物进行治疗,6 个月后屠宰观察胃中绦虫的数量,数据如下。请用非配对秩和检验法分析两种药物的驱虫效果有无显著差异。

药物	绦虫数量									
A1	10	6	11	8	15	9	13	8	12	15
A2	11	13	9	12	10	11	7	14	8	

4. 现有 4 个猪场的口蹄疫、猪瘟和蓝耳病抗体检测结果如下表。请用秩和检验法分析猪场间这三种传染病抗体合格情况是否有差别。

猪场	样品数	口蹄疫抗体合格数	猪瘟抗体合格数	蓝耳病抗体合格数
A	20	8	17	16
B	20	2	19	20
C	20	15	20	14
D	20	20	20	16

5. 三种针刺麻醉方法的麻醉效果的数据如下表。试分析三种不同针刺麻醉方法的麻醉效果有否差异。

处理	麻醉效果				
	Ⅰ级	Ⅱ级	Ⅲ级	Ⅳ级	合计
手针组	34	48	17	7	106
电针组	99	105	29	22	255
电极板组	10	6	7	3	26
合计	143	159	53	32	387

6. 血清铜蓝蛋白含量在病毒性肝炎等疾病诊断中具有重要的临床价值。现收集到病毒性肝炎类型和血清铜蓝蛋白含量(单位:g/L)数据如下表。请计算病毒性肝炎类型和血清铜蓝蛋白含量间的相关系数,并进行显著性检验。

	1	2	3	4	5	6	7	8	9	10
肝炎类型	急性	急性	急性	急性	慢性	慢性	慢性	慢性	重症	重症
铜蓝蛋白含量	0.281	0.238	0.256	0.243	0.225	0.232	0.241	0.216	0.167	0.183

7. 请用 Ridit 分析对习题 5 中三种针刺麻醉方法的麻醉效果进行差异显著性检验。

第八章　序 贯 检 验

本章主要介绍序贯检验的基本概念和基本思路，以及单向序贯检验、双向序贯检验和封闭型序贯检验的基本原理和方法。

在前面各章的平均数或百分率的差异显著性检验中，总是先决定试验动物的样本容量 n，再将 n 个试验动物按试验设计方法的不同进行分组处理，收集资料，然后再进行统计分析。但是，在兽医临床和科研工作中，有些试验的药物有毒副作用，若能尽快通过最少的病例得出结论，不仅可以节约时间、人力和物力，而且还可以避免用不够好的方法治疗过多的病例。因此，统计学家提出了一种边试验边统计的方法，即按照观察对象进入试验的次序，每得到一个观测值，就进行一次统计分析，一旦得出结论，立即停止试验，这样就可以用较少的病例尽早得出结论。这种一边加入病例一边进行检验的方法就称为**序贯检验**（sequential test）。

序贯检验的分类方式有多种，根据试验方式的不同，序贯检验可分为单向或双向序贯检验，根据变量的类型可分为质序贯检验和量序贯检验，根据序贯分析图形可分为开放型序贯检验和封闭型序贯检验。

不管何种序贯检验，其一般方法均是首先根据试验要求提出检验标准，并据此绘制序贯检验图，然后随着试验的进行陆续收集试验资料，并按一定规则将试验结果逐次绘于序贯检验图中，此时所绘的线称为试验线。当试验线触及序贯检验图中某一条边界线时，即可得出结论。

序贯检验所需的例数较少，在兽医临床中研究稀有病例时尤为适用。

第一节　单向序贯检验

一、计数资料

质量性状的资料往往以计数的方式来统计试验结果，这类资料一般采用 χ^2 检验或百分率的 u 检验等方法来进行统计推断。为了节省试验动物数可采用序贯试验的方式进行统计分析。下面以实例对此方法加以说明。

【例 8－1】 研究某新药治疗猪瘟的效果，规定治愈率≥70% 为药物有效，治愈率 <30% 为无效，试进行序贯检验。序贯试验的陆续结果见表 8－1。

检验步骤如下：

1. 根据试验要求规定检验标准

根据以往的经验和文献资料，此类药物治疗猪瘟的有效率 p 大于等于 70% 为药物有效，小于30%为无效。因此,令 $p_1 = 70\%$,$p_2 = 30\%$ 。

表 8-1 某药物治疗猪瘟疗效的序贯试验观察结果

病例	1	2	3	4	5	6	7	8	9	10
效果	+	−	+	+	−	+	+	−	+	+

注:"+"表示有效,"−"表示无效。

设检验的假阳性率和假阴性率 α 和 β 均为0.05,即 $\alpha = 0.05$,$\beta = 0.05$。

2. 求有效无效边界

由下列公式求得有效边界线 U 及无效边界线 L:

$$U: y = a_1 + bn \tag{8-1}$$

$$L: y = a_2 + bn \tag{8-2}$$

其中:

$$a_1 = \frac{\lg \dfrac{1-\beta}{\alpha}}{\lg \dfrac{p_1}{p_2} + \lg \dfrac{1-p_2}{1-p_1}} \tag{8-3}$$

$$a_2 = \frac{\lg \dfrac{\beta}{1-\alpha}}{\lg \dfrac{p_1}{p_2} + \lg \dfrac{1-p_2}{1-p_1}} \tag{8-4}$$

$$b = \frac{\lg \dfrac{1-p_2}{1-p_1}}{\lg \dfrac{p_1}{p_2} + \lg \dfrac{1-p_2}{1-p_1}} \tag{8-5}$$

根据公式(8-3)、(8-4)和(8-5)计算出 a_1、a_2 和 b 值:

$$a_1 = \frac{\lg \dfrac{1-0.05}{0.05}}{\lg \dfrac{0.7}{0.3} + \lg \dfrac{1-0.3}{1-0.7}} = 1.74$$

$$a_2 = \frac{\lg \dfrac{0.05}{1-0.05}}{\lg \dfrac{0.7}{0.3} + \lg \dfrac{1-0.3}{1-0.7}} = -1.74$$

$$b = \frac{\lg \dfrac{1-0.3}{1-0.7}}{\lg \dfrac{0.7}{0.3} + \lg \dfrac{1-0.3}{1-0.7}} = 0.5$$

因此,有效边界线 U 和无效边界线 L 或上下两边界分别为:

$$U: y = 1.74 + 0.5n \quad L: y = -1.74 + 0.5n$$

其中:y 为有效例数,n 为试验例数。

3. 作序贯检验图

在坐标纸上绘出直线 U 和 L,见图 8－1。

4. 画试验线陆续进行试验,凡获得一个有效结果向右上方画斜线一格;凡获得一个无效结果向右方画水平线一格;如此连成一条试验线。当试验线穿过有效边界线 U 时为药物有效,穿过无效边界线 L 时为药物无效,不触及上下界时试验继续进行。

由图 8－1 可见试验至第 10 例时触及有效边界线,试验终止。此时可认为此药物治疗猪瘟有效。

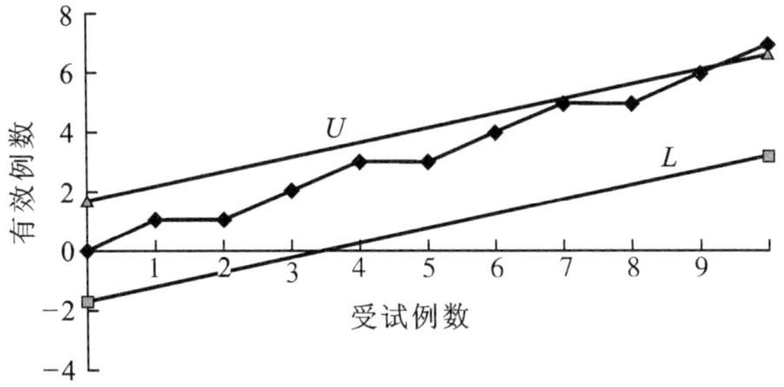

图 8－1　某药物治疗猪瘟的疗效序贯检验图

二、计量资料

对于数量性状资料,除了确定有效标准 α 和 β 值外,还要根据以往经验确定处理前后差数的方差。下面以实例说明。

【例 8－2】　研究某中药治疗奶牛隐性乳房炎的效果。以某中药治疗中国荷斯坦奶牛隐性乳房炎,观测牛奶中体细胞数(SCC)的变化情况表 8－2。建立上下边界线的回归方程并进行序贯分析(试验线的绘制是根据测定值的累积变化值,试验线触及上边界线为有效)。

表 8－2　某中药治疗患有隐性乳房炎奶牛体细胞数的变化情况　单位:10^5 个/mL

病例号	1	2	3	4	5	6	7	8	9	10
体细胞数减少值	1.8	2.0	2.3	1.9	2.6	3.2	2.9	3.3	2.8	2.5
累积减少值	1.8	3.8	6.1	8.0	10.6	13.8	16.7	20.0	22.8	25.3

检验步骤如下:

1. 规定检验标准

(1) 规定治疗后牛奶中体细胞减少程度 $\theta_1 \geqslant 2.5$ 为治疗有效,$\theta_2 \leqslant 2.0$ 为治疗无效。

(2) 规定检验的假阳性概率 α 和假阴性概率 β。

作为药物筛选,α 值可以定得大些,本例规定:$\alpha = 0.1$,$\beta = 0.05$。

(3) 估计用药前后疗效差数的方差。

根据以往经验,估计治疗前后牛奶中体细胞数相差的方差 $\sigma^2 = 0.30$。

2. 求两条边界线

根据公式(8－1)和公式(8－2)求两条边界线,其中 a_1、a_2 和 b 的计算公式为:

$$a_1 = \frac{2.3\sigma^2}{\theta_1 - \theta_2} \lg \frac{1-\beta}{\alpha} \quad (8-6)$$

$$a_2 = \frac{2.3\sigma^2}{\theta_1 - \theta_2}\lg\frac{\beta}{1-\alpha} \tag{8-7}$$

$$b = \frac{\theta_1 + \theta_2}{2} \tag{8-8}$$

本例中 a_1、a_2 和 b 值分别为：

$$a_1 = \frac{2.3 \times 0.30}{2.5 - 2.0}\lg\frac{1-0.05}{0.10} = 1.349\,2$$

$$a_2 = \frac{2.3 \times 0.30}{2.5 - 2.0}\lg\frac{0.05}{1-0.10} = -1.732\,3$$

$$b = \frac{2.5 + 2.0}{2} = 2.25$$

于是有效与无效边界线为：

$$U: y = 1.349\,2 + 2.25n, L: y = -1.732\,3 + 2.25n$$

3. 作序贯检验图并画有效边界线 U 与无效边界线 L，见图 8－2。

4. 画试验线

将某中药治疗中国荷斯坦奶牛隐性乳房炎体细胞数变化情况的累积减少值在序贯检验图上绘制试验线。

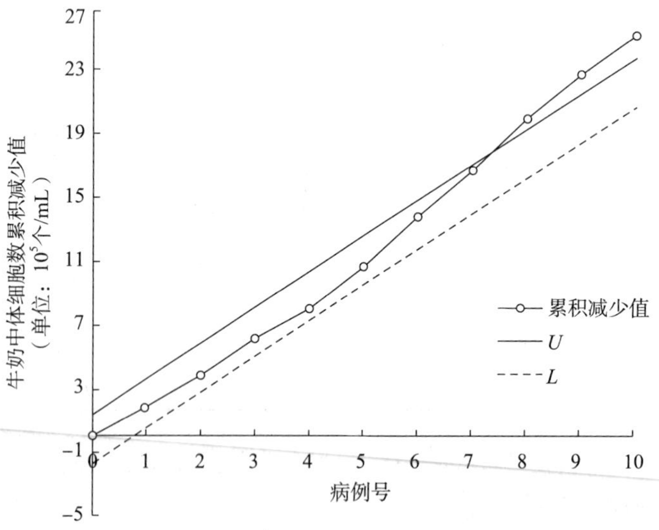

图 8－2　某中药治疗奶牛隐性乳房炎体细胞数变化情况序贯检验图

从图 8－2 中可以看出，试验线至第 8 例时穿过有效边界线，结论为该中药治疗中国荷斯坦奶牛隐性乳房炎有效。

第二节　双向序贯检验

配对比较是兽医临床和科研中经常使用的方法。配对序贯检验应用配对试验设计，并将逐对结果在序贯检验图上画出试验线，下面以实例进行说明。

一、计数资料

【例 8-3】 比较两种药物治疗兔疥癣的疗效，采用 A 药与 B 药两种处理进行自身前后对照，用药先后次序随机安排，中间间隔 1 个月作为观察期，根据患兔的症状表现判断哪个月情况比较好。

分析方法如下：

1. 规定检验标准

(1) 规定 θ 值。试验结果可能出现四种情况：A 药(P)优于 B 药(C)记作 SF，A 药(P)劣于 B 药(C)记作 FS，二者均优或均劣则略去不记，只比较不同对子数。θ 为 SF 数与总的对子数(SF + FS)的比值。即：

$$\theta = \frac{\mathrm{SF}}{\mathrm{SF} + \mathrm{FS}} \tag{8-9}$$

这里规定 SF 是 FS 的 4 倍(即 SF∶FS = 4∶1)时可以认为其中一种优于另一种，则：

$$\theta = \frac{4}{4+1} = 0.8$$

当 SF∶FS = 1∶1 时，认为 C 与 P 相同。

(2) 规定检验的假阳性概率和假阴性概率分别为 α 和 β。本例设 $\alpha = \beta = 0.05$。$\alpha = 0.05$ 即 A 药(P)与 B 药(C)效果相同时，错误判断检验出 A 药(P)优于或劣于对照 B 药(C)的可能性为 0.05。

2. 确定四条边界线

由下列公式求得四条边界线 U、M、M'和 L：

$$U:\ y = a_1 + bn \tag{8-10}$$

$$M:\ y = a_2 + bn \tag{8-11}$$

$$M':\ y = a_2 + (-bn) \tag{8-12}$$

$$L:\ y = -a_1 + (-bn) \tag{8-13}$$

直线 U 称为上界，为 P 优于 C 界限；L 称为下界，为 C 优于 P 界线；M 与 M'称为中界，为 P 与 C 无区别界线。其中：

$$a_1 = \frac{2\lg \dfrac{1-\beta}{\frac{\alpha}{2}}}{\lg \dfrac{\theta}{1-\theta}} \tag{8-14}$$

$$a_2 = \frac{2\lg \dfrac{1-\frac{\alpha}{2}}{\beta}}{\lg \dfrac{\theta}{1-\theta}} \tag{8-15}$$

$$b = -\frac{\lg[4\theta(1-\theta)]}{\lg \dfrac{\theta}{1-\theta}} \tag{8-16}$$

本例中，将 $\alpha=\beta=0.05$，$\theta=0.8$ 代入上述诸式得：

$$a_1=\frac{2\lg\dfrac{1-0.05}{\dfrac{0.05}{2}}}{\lg\dfrac{0.8}{1-0.8}}=\frac{2\lg38}{\lg4}=5.248$$

$$a_2=\frac{2\lg\dfrac{1-\dfrac{0.05}{2}}{0.05}}{\lg\dfrac{0.8}{1-0.8}}=\frac{2\lg19.5}{\lg4}=4.285$$

$$b=-\frac{\lg[4\times0.8(1-0.8)]}{\lg\dfrac{0.8}{1-0.8}}=-\frac{\lg0.64}{\lg4}=0.322$$

于是四条边界线方程分别为：

$$U: y=5.248+0.322n$$

$$M: y=4.285+0.322n$$

$$M': y=4.285-0.322n$$

$$L: y=-5.248-0.322n$$

3. 作序贯检验图

由上述四条直线方程作序贯检验图。

4. 画试验线

在试验中，若得一个 SF，向右上方画斜线一格；凡获得一个 FS，向右下方画斜线一格；试验结果一致的病例弃去不用，如此连成一条试验线。当试验线穿过上界 U 时为 P 优，穿过下界 L 时为 C 优，触及 M 或 M' 则为 C 与 P 差别无显著性意义。根据表 8－3 结果画的试验线见图 8－3。

表 8－3　A 药与 B 药对照治疗兔疥癣效果比较

试验例数	1	2	3	4	5	6	7	8	9	10	11	12	13	14
结果优者	P	P	P	P	C	P	P	P	C	P	P	P	P	P

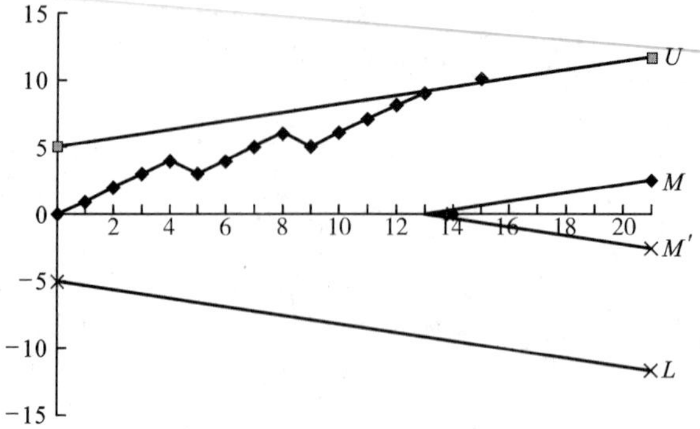

图 8－3　A 药与 B 药治疗兔疥癣比较的序贯检验图

由图 8－3 可见试验至第 14 例时触及有效线，试验终止。说明 A 药治疗兔疥癣效果较好。

二、计量资料

【例 8－4】　为检验新研制的小鹅瘟抗血清治疗小鹅瘟的疗效，选择已患小鹅瘟的病鹅 28 群(每群 10 羽)，按病情、日龄进行配对，而后随机分为对照和试验。对照组用市售小鹅瘟抗血清，试验组用新研制的抗血清。按序贯分析要求边试验边分析，进行疗效比较。结果见表 8－4。

表 8－4　两种抗血清治疗小鹅瘟的疗效比较

病鹅对	1	2	3	4	5	6	7	8	9	10	11	12	13	14
对照组死亡数	5	5	6	8	2	7	6	5	6	6	4	8	5	5
试验组死亡数	2	3	2	3	4	3	1	2	1	3	5	2	1	2
差值	3	2	4	5	－2	4	5	3	5	3	－1	6	4	3
差值累积	3	5	9	14	12	16	21	24	29	32	31	37	41	44

检验步骤如下：

1. 确定两组处理的标准差

已知治疗前小鹅瘟死亡的标准差为 2.2。一般认为治疗前后差值的标准差为治疗前标准差的两倍，因此，认为治疗前后差值的标准差 σ_d 为 4.4。

2. 规定检验标准

(1) 规定 θ 值。以标准差为单位计算合格水平，本例中以两组死亡数差值大于或小于 3 作为指标界限，以标准差为单位计算合格水平：

$\theta=\dfrac{d}{\sigma_d}=\dfrac{3}{4.4}=0.6818$，结论为处理优于对照；

$\theta=\dfrac{d}{\sigma_d}=\dfrac{-3}{4.4}=-0.6818$，结论为对照优于处理；

$\theta=0$，结论为处理与对照无差异。

(2) 规定 α 与 β 值。本例检验的假阳性概率 α 和假阴性概率 β 均为 0.05。

3. 确定四条边界线

由下列公式求得四条边界线 U, M, M' 和 L：

$$U:\ y=a_1\sigma+b\sigma n \tag{8-17}$$

$$M:\ y=-a_2\sigma+b\sigma n \tag{8-18}$$

$$M':\ y=a_2\sigma-b\sigma n \tag{8-19}$$

$$L:\ y=-a_1\sigma-b\sigma n \tag{8-20}$$

直线 U 为上界，为处理优于对照的界限；L 为下界，为对照优于处理的界线；M 与 M' 为中界，为处理与对照无区别界线。其中：

$$a_1=\frac{2.3}{\theta}\lg\frac{1-\beta}{\frac{\alpha}{2}} \tag{8-21}$$

$$a_2=-\frac{2.3}{\theta}\lg\frac{\beta}{1-\frac{\alpha}{2}} \tag{8-22}$$

$$b = \frac{\theta}{2} \tag{8-23}$$

本例中 $\theta = 0.6818$，$\alpha = \beta = 0.05$ 代入上述诸式得：

$$a_1 = \frac{2.3}{0.6818}\lg\frac{1-0.05}{\frac{0.05}{2}} = 5.3293$$

$$a_2 = \frac{2.3}{0.6818}\lg\frac{0.05}{1-\frac{0.05}{2}} = -4.3518$$

$$b = \frac{\theta}{2} = \frac{0.6818}{2} = 0.3409$$

将 a_1，a_2 和 b 代入四条边界方程，得：

$$U: y = 23.4489 + 1.5000n$$

$$M: y = -19.1479 + 1.5000n$$

$$M': y = 19.1479 - 1.5000n$$

$$L: y = -23.4489 - 1.5000n$$

4. 作序贯检验图

由上述四条边界方程画四条边界线作出序贯检验图，见图 8－4。

5. 画试验线

将试验结果差值的累计线画成试验线，见图 8－4。

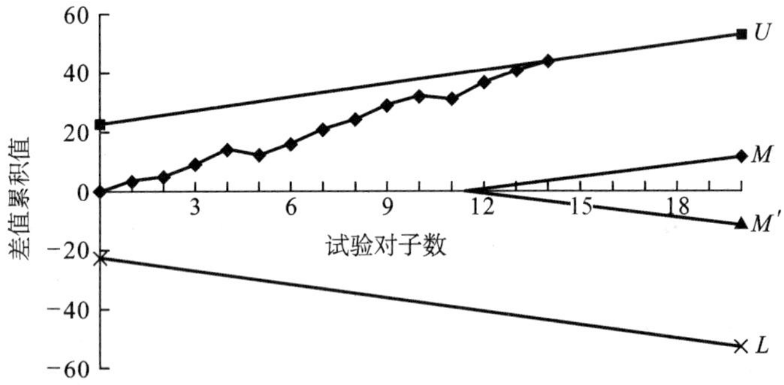

图 8－4 新研制小鹅瘟抗血清与对照抗血清比较的双向序贯检验图

从图 8－4 中的试验线可以看出，试验至 14 例时，差值累计值触及 U 界线。结论为处理优于对照，即新研制的小鹅瘟抗血清其疗效好于市售的小鹅瘟抗血清。

第三节 封闭型序贯检验

上两节所作的序贯检验图的右端是开放的，故称为开放型序贯检验。在兽医临床实践和科学研究过程中可能会遇到试验线在边界线之间波动，使试验得不到结论，无法确定何时应停止试验，因此，统计学家又提出了封闭型序贯检验法。

在封闭型序贯检验中，计算出的四条边界线在右端呈封闭状态。试验线触及其中任何一条边界线即可停止试验。下面以实例加以说明。

一、计数资料

为比较A、B两种药物的疗效何者为优,以条件相似的试验动物为一对,设置成对比试验。同一对中的任一试验动物接受A处理,另一试验动物接受B处理,将试验结果分为三种情况,A优于B记为SF,B优于A记为FS,A、B效果分不清何者为优者不计。边试验边分析,直至试验线触及边界线为止,具体分析方法见下例。

【例8-5】 为比较试验药A与对照药B治疗猪丹毒疗效何者为优,以条件相似的患病猪为一对,设置成对比试验。其中一头猪用试验药A处理,另一头猪接受对照药B处理,将试验结果分为三种情况,A优于B记为SF,B优于A记为FS,A、B效果分不清何者为优者不计。试验药A与对照药B效果比较结果见表8-5,试作序贯分析。

表8-5 试验药与对照药疗效比较

例数	1	2	3	4	5	6	7	8	9	10	11	12	13	14	15	16	17
结果	SF	FS	SF	FS	FS	SF	SF	SF	FS	SF	SF	FS	FS	SF	SF	SF	FS
例数	18	19	20	21	22	23	24	25	26	27	28	29	30	31	32	33	
结果	FS	SF	SF	FS	SF	FS	FS	SF	SF	SF	FS	SF	SF	SF	FS	FS	

具体检验步骤如下:

1. 规定θ值

θ值为SF与所有总的对子数SF+FS的比值,见公式(8-5),这里规定SF为FS之四倍时作出A优于B的结论,则:

$$\theta=\frac{SF}{SF+FS}=\frac{4}{4+1}=0.8$$

同样FS为SF之四倍时作出B优于A的结论。

2. 规定假阳性率α和假阴性率β

本例规定$\alpha=\beta=0.05$。

3. 求边界线,作序贯检验图

封闭型序贯检验的边界线计算复杂,但可根据θ值、假阳性率α值和假阴性率β值查附表13,得出四条边界线的值见表8-6,并将边界线作于坐标图中。

表8-6 $\theta=0.80$,$\alpha=\beta=0.05$,U、L、M、M'的取值

U	N	8	11	14	17	20	23	26	29	32	37	38	39	40
L	Y	±8	±9	±10	±11	±12	±13	±14	±15	±16	±17	±18	±17	±16
M	N	26	40											
M'	Y	±0	±14											

注:绘制上边界线U用N、Y,下边界线L用$-N$、$-Y$;绘制无效线M用$-N$、Y,无效线M'用N、$-Y$。

4. 画试验线

画试验线方法与开放型序贯检验相同,即每得一对SF结果向右上方画斜线一格,每得一对

FS结果向右下方画斜线一格,据此作本例的试验线见图8-5,可见试验至第31对时,试验线触及中界边界线 M,则结论为A、B两药治疗猪丹毒的效果无差异。

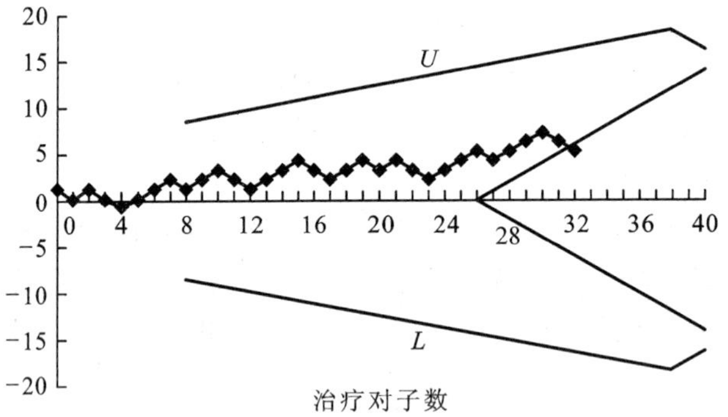

图8-5 试验药与对照药比较的封闭序贯检验图

二、计量资料

计量资料的封闭型序贯检验图的上下边界 U 和 L 的计算与开放型序贯检验的计算公式一样,中界线的坐标计算比较复杂,在 $\alpha=\beta=0.05$ 及 $\alpha=0.05,\beta=0.01$ 时可由附表14查出 $\sigma^2=1,\mu=1$ 的 n'和 y'值,其他任何 σ^2 和 μ 时的坐标 n 及 y 可由下列公式求出:

$$n=n'\times\frac{\sigma^2}{\mu^2} \quad (8-24)$$

$$y=y'\times\frac{\sigma^2}{\mu} \quad (8-25)$$

其中:σ 为对子差数的标准差,μ 为差数平均数。

【例8-6】 用A药治疗猪的某疾病,并以B药为对照。以早晨空腹血糖作为观测指标(单位:mmol/L),根据以往资料两药治疗后血糖差值的标准差为 $\sigma=1.1$。试作封闭型序贯检验。

检验步骤如下:

1. 确定差值的标准差

本例中血糖差值的标准差 $\sigma=1.1$。

2. 规定检验标准

(1) 规定 θ 值,本例规定 $\theta=1$ 为A药优于B药,$\theta=0$ 为A药与B药效果相等;

(2) 规定假阳性率 α 和假阴性率 β,本例规定 $\alpha=0.05,\beta=0.05$。

3. 求上下界线方程

本例中经计算得:

$$U:\ y=3.9963+0.55n$$
$$L:\ y=-3.9963-0.55n$$

4. 求封闭线坐标

在 $\alpha=\beta=0.05$ 时由附表14查出 $\sigma^2=1,\mu=1$ 的 n'和 y'值,见表8-7。

表 8－7　$\alpha=\beta=0.05, \sigma^2=1, \mu=1$ 时的 n'和 y'值

n'	7.47	8.0	9.0	10.0	11.0	12.0	13.0	14.0	15.0	16.0	17.0	18.0	18.91
y'	0.0	0.8	1.5	2.1	2.8	3.5	4.3	5.1	6.0	7.0	8.2	9.7	13.09

根据表 8－7 计算出的封闭线坐标 n 值及 y 值，见表 8－8。

表 8－8　$\alpha=\beta=0.05, \sigma=1.1, \mu=1.1$ 时的 n 和 y 值

n	7.47	8.0	9.0	10.0	11.0	12.0	13.0	14.0	15.0	16.0	17.0	18.0	18.91
y	0.0	0.88	1.65	2.31	3.08	3.85	4.73	5.61	9.6	7.7	9.02	10.67	14.40

5. 作序贯检验图

根据上面求得的上下界方程及封闭线各点坐标作出序贯检验图，见图 8－6。

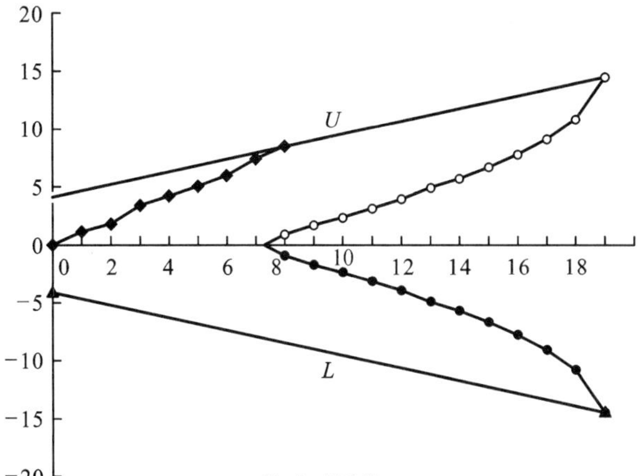

图 8－6　两种药物降糖作用效果的封闭型序贯检验图

6. 画试验线

同开放型序贯检验一样，根据试验结果（表 8－9）做试验线时以试验结果中每对差数的累积值 $y=\sum d$ 画入序贯检验图，画出试验线，见图 8－6。

表 8－9　两种药物降糖作用效果比较　单位：mmol/L

对子号	1	2	3	4	5	6	7	8
A 药	3.2	2.1	2.8	1.9	2.5	2.0	2.8	2.2
B 药	2.0	1.5	1.2	1.1	1.8	0.9	1.4	1.1
差值 d	1.2	0.6	1.6	0.8	0.7	1.1	1.4	1.1
累积差值	1.2	1.8	3.4	4.2	4.9	6.0	7.4	8.5

由图 8-6 可以看出当试验进行至第 8 对时触及上边界 U,试验终止,表明 A 药优于 B 药。

复习思考题

1. 什么是序贯检验,其意义何在?

2. 简述序贯检验的基本思路。

3. 以家兔为试验动物研究高血脂的治疗方法。现以马齿苋鲜汁作为主要治疗试验用药。采用兔自身前后对照分析,选择单向质反应开放型序贯试验,试验的陆续结果见下表,若规定降血脂数≥70% 为有效,≤30% 为无效,试作序贯检验。

病例	1	2	3	4	5	6	7	8
效果	+	+	-	+	+	-	+	+

4. 为考察某综合疗法对某疑难疾病的治疗效果,对治疗前后健康状况进行综合打分,若规定综合打分相差 $\theta_1 \geqslant 25$ 为治疗有效,$\theta_2 \leqslant 10$ 为治疗无效,根据以往经验治疗前后综合评分相差的方差为 $\sigma^2 = 36$,根据下表的结果进行分析。

病例号	1	2	3	4	5	6	7	8
治疗前后差值	11	12	11	-3	18	12	-2	17
差值累积值	11	23	34	31	49	61	59	76

5. 用 A、B 两种方法治疗动物术后伤口愈合情况,将同父同母同性别的全同胞家犬配成对子,规定:A 优于 B 记为 SF,B 优于 A 记为 FS,分不清优劣时用“-”表示。当$\frac{FS}{SF} = \frac{2}{1}$或$\frac{FS}{SF} = \frac{1}{2}$时认为其中一种方法优于另一种方法,当$\frac{FS}{SF} = \frac{1}{1}$时认为两种方法疗效相同,试绘制开放型与封闭型序贯检验边界图,并根据下表进行序贯分析。

试验例数	1	2	3	4	5	6	7	8	9	10	11	12	13	14	15
比较结果	SF	SF	SF	FS	SF	-	SF	SF	SF	-	SF	SF	SF	SF	SF

6. 用某中药治疗鸡腿病的试验。以某中药治疗鸡腿病。观测胫骨生长板宽度缩小的情况。若治疗前后胫骨生长板宽度缩小 $\theta_1 \geqslant 1.5$ mm 为治疗有效,$\theta_2 \leqslant 1.0$ mm 为治疗无效。根据以往经验治疗前后胫骨生长板宽度缩小值的方差 $\sigma^2 = 0.5$,根据下表的结果进行序贯分析。

病例号	1	2	3	4	5	6	7	8	9	10
胫骨生长板宽度减少值	1.5	1.3	1.7	1.7	1.2	1.8	1.7	1.5	1.9	1.7
累积减少值	1.5	2.8	4.5	6.2	7.4	9.2	10.9	12.4	14.3	16.0

7. 为观察某一治疗方法对奶牛体况的改善。选择10头体况差(评分为1.5)的奶牛进行自身前后对照。依据高产奶牛体况评分细则进行评分。规定 $\theta=1$ 为该治疗方法能有效地改善奶牛体况,$\theta=-0.5$ 为该治疗方法对奶牛体况有副作用。$\theta=0$ 为无差异。以往资料显示,治疗后奶牛体况评分差值的标准差为0.5。根据下表的评分差值结果绘制开放型或封闭型序贯分析图。

病例号	1	2	3	4	5	6	7	8	9	10
评分差值	1.5	0.9	2.1	2.0	1.9	1.7	1.3	1.8	0.7	1.8
累积差值	1.5	2.4	4.5	6.5	8.4	10.1	11.4	13.2	13.9	15.7

第九章 相关与回归分析

本章主要介绍两变量间的简单相关、直线回归和曲线回归分析方法，阐述它们之间的区别与联系以及应用时的注意事项，回归方程拟合度分析的几种方法；多元线性回归分析原理，多元线性回归方程的建立及其检验方法；复相关系数和相关指数及其检验方法。

在兽医临床实践和科学研究中，经常可以看到许多性状或指标间，如鸡舍中的细菌数与发病率，温湿条件与微生物的繁殖，药物种类、剂量和服用次数与疗效相互间等都存在着特定的关系。这些关系涉及两种或两种以上的变量，其中一种变量的变化影响着另一种变量的变化，或者几种变量的变化同时影响着另一种变量的变化。若只研究变量间相互影响的强度，即它们关系的密切程度和性质，我们可以采用**相关分析**(correlation analysis)；如果希望通过一个或几个条件变量预测某一结果变量，应该采用**回归分析**(regression analysis)。

第一节 简单相关

一、两变量的线性相关

作两个变量(X,Y)间的线性相关分析时，X 与 Y 均为随机变量。由于随机变量都具有随机误差，所以当一个变量的改变导致另一个变量发生变化时，这种变化会受到误差的影响，因此这种变化是随机的。例如研究奶牛年龄(X)和红骨髓含量(Y)的相互关系，年龄相同的奶牛红骨髓含量并不完全相同，而红骨髓含量相同的奶牛年龄也不完全相同，但是这两个变量间确实存在着某种特定的关系，研究这种变化的特点和规律是十分必要的。两变量(X,Y)间的相互关系通常可用描点法在平面直角坐标系中制成**散点图**(scatter diagram)，这样可以直观地了解其关系类型，避免盲目性，以便更好地进行统计分析。

如图 9-1 中，(A)散点杂乱无章，没有规律，表示 X 与 Y 无相关；(B)散点基本上在一条直线附近，且 Y 随 X 增加而增加，表示 X 与 Y 正相关；(C)散点基本在一条直线附近，且 Y 随 X 增加而减少，表示 X 与 Y 负相关；(D)散点基本在一条曲线附近，表示 X 与 Y 呈曲线关系。

研究两变量相互关系的密切程度和性质的方法称作简单相关分析。**简单相关**(simple correlation)又称为**线性相关**，或**直线相关**(linear correlation)。

二、样本相关系数的计算

1. 相关系数

用来衡两变量简单相关程度和性质的统计量称作**相关系数**(coefficient of correlation)。样本

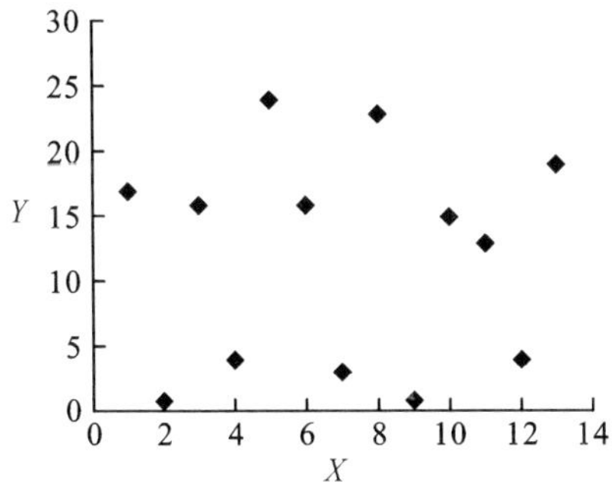

(A) 无相关 (r=0)

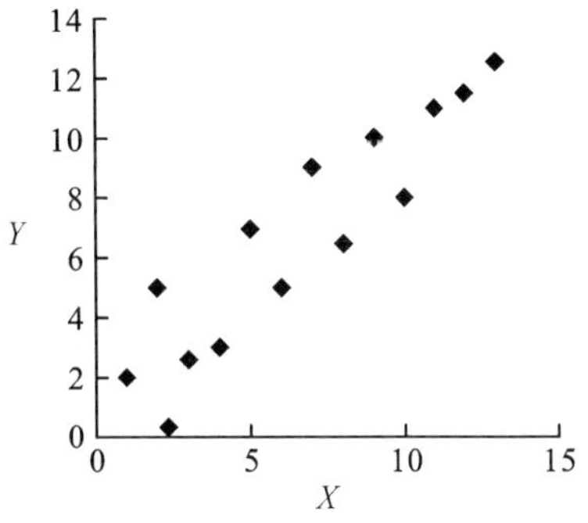

(B) 正相关 (r>0)

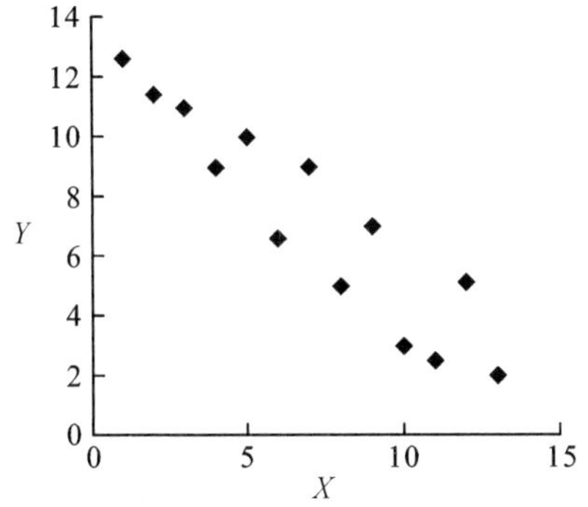

(C) 负相关 (r<0)

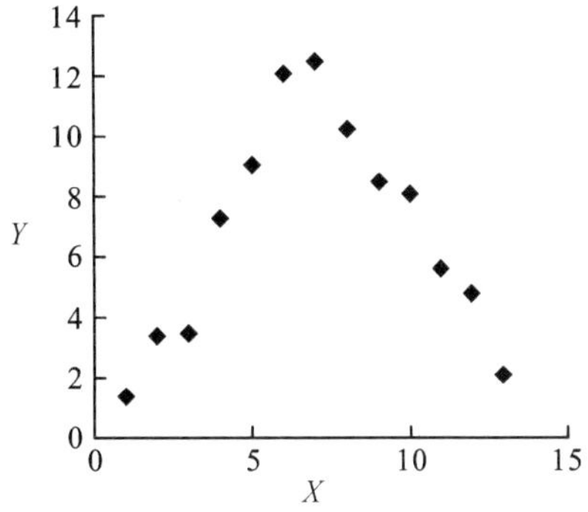

(D) 曲线相关

图 9－1 各类相关散点示意图

相关系数用 r 表示,总体相关系数用 ρ 表示。样本相关系数 r 的计算公式为:

$$r=\frac{SP_{xy}}{\sqrt{SS_x SS_y}}=\frac{\sum xy-\frac{(\sum x)(\sum y)}{n}}{\sqrt{\left(\sum x^2-\frac{(\sum x)^2}{n}\right)\left(\sum y^2-\frac{(\sum y)^2}{n}\right)}} \tag{9－1}$$

其中:SP_{xy} 为变量 X 和变量 Y 的离均差**乘积和**(sum of products)(简称乘积和),SS_x 为变量 X 的离均差**平方和** (sum of square),SS_y 为变量 Y 的离均差**平方和**。样本相关系数 r 是总体相关系数 ρ 的估计量。

2. 相关系数 r 的特点

(1) r 为无单位的相对数值,可直接用于不同变量间相关程度的比较。

(2) $-1\leqslant r\leqslant 1$,所以 $0\leqslant|r|\leqslant 1$。$|r|$ 越接近于 1,说明两变量的相关程度越强;$|r|$ 越接近于 0,说明两变量的相关程度越弱。

(3) $r=0$ 表示 X 与 Y 无相关,$r<0$ 表示负相关,$r>0$ 表示正相关,$|r|=1$ 为完全相关。

【例 9－1】 氦氖激光是一种低功率的激光,通过照射创伤部位,可起到消炎、镇痛、扩张血管和促进组织新陈代谢的作用。现对皮肤创伤的家兔进行氦氖激光治疗,并测定血液白细胞数(10^9 个/L)以观察疗效,结果见表 9－1。试计算氦氖激光照射天数与白细胞数的相关系数。

表 9－1 氦氖激光照射家兔的天数与白细胞数

照射天数	1	2	3	4	5	6	7	8	9
白细胞数	8.4	8.2	7.5	6.9	7.1	6.7	6.1	5.4	5.5

首先作出照射天数和白细胞数间的散点图(图 9－2)，由图可明显看出白细胞数和照射天数的关系呈直线状。然后根据公式(9－1)即可求出直线相关系数。

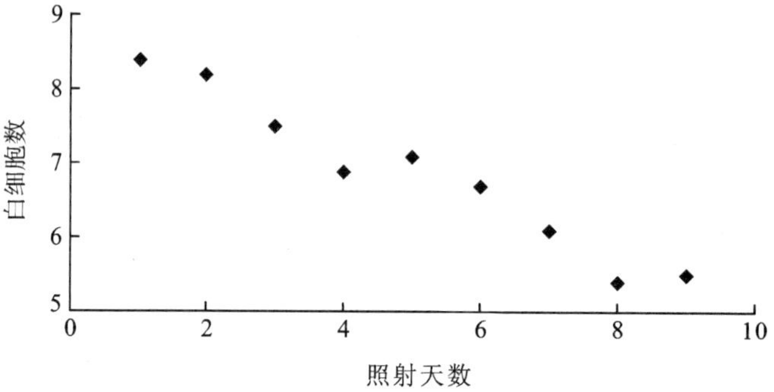

图 9－2 氦氖激光照射天数与白细胞数散点图

依据原始数据计算如下：

$$\sum x=45,\ \sum y=61.8,\ \sum xy=286,\ \sum x^2=285,\ \sum y^2=433.58$$

$$r=\frac{\sum xy-\frac{(\sum x)(\sum y)}{n}}{\sqrt{\left(\sum x^2-\frac{(\sum x)^2}{n}\right)\left(\sum y^2-\frac{(\sum y)^2}{n}\right)}}=\frac{286-\frac{45\times 61.8}{9}}{\sqrt{\left(285-\frac{45^2}{9}\right)\times\left(433.58-\frac{61.8^2}{9}\right)}}=-0.978$$

三、相关系数的显著性检验

上述根据实际观测值计算得到的相关系数 r 是样本相关系数，它是双变量正态总体中的总体相关系数 ρ 的估计值。样本相关系数 r 是否来自 $\rho\neq 0$ 的总体，还需对样本相关系数 r 进行显著性检验。此时无效假设和备择假设分别为 $H_0:\rho=0$，$H_A:\rho\neq 0$。统计上采用 t 检验法对相关系数 r 的显著性进行检验。t 检验公式为：

$$t=\frac{r}{S_r},\ S_r=\sqrt{\frac{1-r^2}{n-2}},\ df_e=n-2 \tag{9-2}$$

其中：S_r 为相关系数的标准误；df_e 为误差自由度，$df_e=n-2$。

对于例 9－1，由公式(9－2)可得：$S_r=\sqrt{\frac{1-(-0.978)^2}{9-2}}=0.0788$，则$|t|=\frac{|-0.978|}{0.0788}=$

12.41 > $t_{0.01(7)}$ = 3.499，故 $p < 0.01$，否定 H_0，接受 H_A。说明家兔血液白细胞数和照射天数间负相关关系极显著。

统计学家已根据相关系数 r 的 t 检验法，计算出 r 的显著临界值，见附表 15。所以可以直接查附表 15 对 r 进行显著性检验。本例由 $df_e = 9 - 2 = 7$，$M = 2$（变量个数），查 r 临界值表得：$r_{0.05(7)} = 0.666$，$r_{0.01(7)} = 0.798$，而 $|r| = |-0.978| > r_{0.01(7)} = 0.798$，$p < 0.01$，表明家兔血液白细胞数和照射天数的负相关关系极显著。与 t 检验法结果相同。

第二节 直线回归

一、两变量的直线回归关系

两变量（X，Y）间的**直线回归分析**（linear regression analysis），目的在于建立一个直线回归方程，并检验该直线回归方程的显著性，进而由变量 X 预测或控制变量 Y。这种预测通常为单方向的，变量 X 与 Y 属于因果关系。表示原因的变量 X 称为**自变量**（independent variable）；表示结果的变量 Y 称为**依变量**（dependent variable）或**应变量**（response variable）。例如进行药物疗效试验时，应用不同的剂量（x），分析疗效（y）如何受到药物剂量的影响及其变化规律。这里规定的几种剂量（x）可以事先给定，而疗效（y）在同一种剂量条件下结果不会完全相同，而在某一数值附近有所变化。

试验或调查获得了两个变量的成对观测值，可表示为（x_1，y_1），（x_2，y_2），…，（x_n，y_n），则可将每一对观测值在平面直角坐标系内描点，作出散点图，从中可以看出两变量间的关系是直线型还是曲线型。当两个变量间是直线关系时，如图 9－1（B）和（C），则直线回归的数学模型为：

$$y_i = \alpha + \beta x_i + \varepsilon_i \tag{9-3}$$

其中：$i = 1, 2, \cdots, n$；ε_i 服从 $N(0, \sigma^2)$，且相互独立。

我们可以根据实际观测值对 α，β 以及方差 σ^2 作出估计。

在直角坐标平面上可以针对那些散点作出无数条直线，而回归直线是所有这些直线中最接近全部散点的直线，其直线回归方程为：

$$\hat{y} = a + bx \tag{9-4}$$

其中：a、b 分别是 α 和 β 的估计值，而 $\hat{y}$ 是变量 y 的估计值。

回归直线在平面直角坐标系中的位置取决于 a、b 的值，为了使 $\hat{y} = a + bx$ 能最好地反映 y 和 x 两变量间的数学关系，根据**最小二乘**（least square）原理，a、b 应使实际观测值 y 与回归估计值 $\hat{y}$ 的偏差平方和最小，即：

$$Q = \sum (y - \hat{y})^2 = \sum (y - a - bx)^2 = \text{最小}$$

令 Q 对 a、b 的一阶偏导数等于 0，即：

$$\frac{\partial Q}{\partial a} = -2\sum (y - a - bx) = 0$$

$$\frac{\partial Q}{\partial b} = -2\sum (y - a - bx)x = 0$$

整理得关于 a、b 的**正规方程组**：

$$\begin{cases} an + b\sum x = \sum y \\ a\sum x + b\sum x^2 = \sum xy \end{cases}$$

解正规方程组，得：

$$b = \frac{\sum xy - \frac{(\sum x)(\sum y)}{n}}{\sum x^2 - \frac{(\sum x)^2}{n}} = \frac{\sum(x-\bar{x})(y-\bar{y})}{\sum(x-\bar{x})^2} = \frac{SP_{xy}}{SS_x} \tag{9-5}$$

$$a = \bar{y} - b\bar{x} \tag{9-6}$$

a 称作**截距**（intercept），是 $x=0$ 时的纵坐标值；b 称作**回归系数**（coefficient of regression），表示 x 每改变一个单位时，y 平均改变的量。b 为有单位的量，取值为任意实数。

对于兽医科研和临床实践中的具体资料，a 和 b 应有专业上的实际意义。

$\hat{y}$ 叫做回归估计值或预测值，是在一定范围内 x 取某一个值时，由 $\hat{y}=a+bx$ 预测的对应 y 值。

根据最小二乘法所得到的直线回归方程具有三个基本性质：

性质 1　$\sum(y-\hat{y})=0$；

性质 2　$Q=\sum(y-\hat{y})^2=$ 最小；

性质 3　回归直线一定通过中心点 $(\bar{x},\bar{y})$。

二、建立直线回归方程和回归方程偏离度的估计

【例 9－2】　仍以氦氖激光照射家兔血液白细胞数（y）和照射天数（x）资料为例，目的由照射天数预测家兔血液白细胞数。

其直线回归分析步骤如下：

1. 描散点图　以照射天数（x）为横坐标，家兔血液白细胞数（y）为纵坐标，作图 9－2，从图中散点可见，照射天数与家兔血液白细胞数间存在直线关系。

2. 根据表 9－1 数据，计算回归截距 a 和回归系数 b，建立直线回归方程：

$$\bar{x} = \frac{\sum x}{n} = \frac{45}{9} = 5,\ \bar{y} = \frac{\sum y}{n} = \frac{61.8}{9} = 6.867$$

$$SS_x = \sum x^2 - \frac{(\sum x)^2}{n} = 285 - \frac{45^2}{9} = 60$$

$$SP_{xy} = \sum xy - \frac{(\sum x)(\sum y)}{n} = 286 - \frac{45 \times 61.8}{9} = -23$$

$$SS_y = \sum y^2 - \frac{(\sum y)^2}{n} = 433.58 - \frac{61.8^2}{9} = 9.22$$

$$b = \frac{SP_{xy}}{SS_x} = \frac{-23}{60} = -0.383$$

$$a = \bar{y} - b\bar{x} = 6.867 - (-0.383) \times 5 = 8.783$$

因此，得：

$$\hat{y} = 8.783 - 0.383x$$

从回归方程可知，照射天数每增加 1 天，家兔血液白细胞数平均减少 0.383×10^9 个/L。根据所得方程可作出回归直线图，见图 9－3。

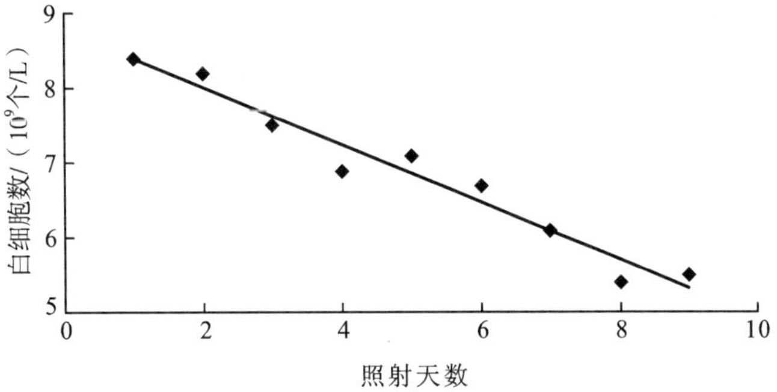

图 9－3 照射天数与血液白细胞数的回归直线图

3. 直线回归方程的偏离度估计 从图 9－3 可看出，尽管 $\hat{y}=8.783-0.383x$ 表示的直线恰好位于所有散点附近，但并不是所有的散点都落在回归直线上，这说明用 $\hat{y}$ 去估计 y 是有偏差的。直线回归方程是根据偏差平方和 $Q=\sum(y-\hat{y})^2=$最小而建立的，因而偏差平方和 $Q=\sum(y-\hat{y})^2$ 的大小表示了实测点与回归直线偏离的程度，统计上偏差平方和称作离回归平方和，其离回归自由度为 $df_e=n-2$。离回归均方为 $MS_e=\sum(y-\hat{y})^2/(n-2)$，$MS_e$ 是总体回归模型中 σ_ε^2 的估计值。MS_e 的算术平方根称作**离回归标准误**，也称作回归方程（或回归关系）估计标准误，记为 $s_{\frac{y}{x}}$，即：

$$s_{\frac{y}{x}}=\sqrt{\frac{\sum(y-\hat{y})^2}{n-2}} \tag{9-7}$$

$$Q=SS_e=\sum(y-\hat{y})^2=SS_y-\frac{SP_{xy}^2}{SS_x} \tag{9-8}$$

离回归标准误 $s_{\frac{y}{x}}$ 表示了预测值 $\hat{y}$ 与观测值 y 偏离的程度，所以可用 $s_{\frac{y}{x}}$ 表示回归方程的偏离度。计算 $s_{\frac{y}{x}}$ 时，通常先利用公式（9－8）计算出 $\sum(y-\hat{y})^2$ 后，再代入公式（9－7）求 $s_{\frac{y}{x}}$。对于例 9－2，有：

$$\sum(y-\hat{y})^2=SS_y-\frac{SP_{xy}^2}{SS_x}=9.22-\frac{(-23)^2}{60}=0.403$$

因此，

$$s_{\frac{y}{x}}=\sqrt{\frac{\sum(y-\hat{y})^2}{n-2}}=\sqrt{\frac{0.403}{9-2}}=0.240$$

所以用 $\hat{y}=8.783-0.383x$ 由照射天数预测家兔血液白细胞数时，直线回归的偏离度为 0.240。

三、直线回归的显著性检验

由 n 对观测值 (x_i, y_i) 求得的回归方程 $\hat{y}=a+bx$ 是否能真实地反映两个变量间的直线关系，需要进行直线回归的显著性检验。统计学上，一般可用 F 检验和 t 检验两种方法来检验直线回归的显著性，且两种方法具有等价性。

1. 回归方程的 F 检验

（1）依变量 y 总变异的剖分 依变量 y 的总变异可剖分为回归变异（y 受 x 影响产生的）和

离回归变异（y 由随机误差产生的）两部分，这两部分分别由回归均方和离回归均方表示。图 9－4 有助于理解这一性质。从图中可以看到，依变量 y 的离均差 $(y-\bar{y})=(\hat{y}-\bar{y})+(y-\hat{y})$，$n$ 个散点中每个散点都有此关系，因此将此式两端平方，然后求和，则有：

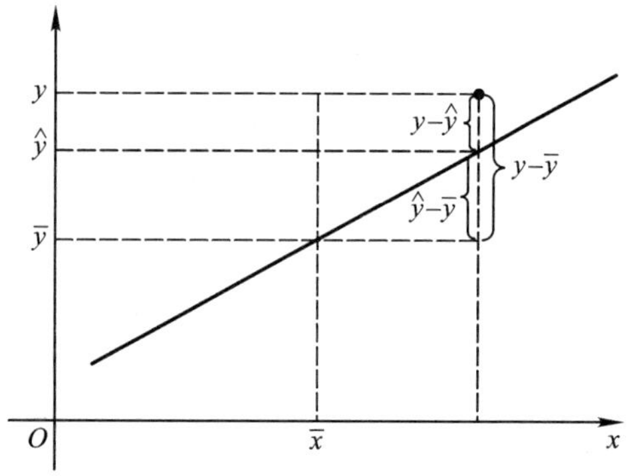

图 9－4 y 总变异分解示意图

$$\begin{aligned}\sum(y-\bar{y})^2&=\sum[(\hat{y}-\bar{y})+(y-\hat{y})]^2\\&=\sum(\hat{y}-\bar{y})^2+\sum(y-\hat{y})^2+2\sum(\hat{y}-\bar{y})(y-\hat{y})\\&=\sum(\hat{y}-\bar{y})^2+\sum(y-\hat{y})^2\end{aligned}$$

或 $$SS_y=SS_R+SS_e \qquad (9-9)$$

$SS_y=\sum(y-\bar{y})^2$ 为 y 的总平方和，反映了 y 的总变异程度；$\sum(\hat{y}-\bar{y})^2$ 反映了由于 y 与 x 间存在直线关系所引起的 y 的变异程度，称为回归平方和，记为 SS_R；$\sum(y-\hat{y})^2$ 反映了除 y 与 x 直线关系以外包括随机误差在内的原因所引起的 y 的变异程度，称为离回归平方和或剩余平方和，记为 SS_e，即 Q。公式(9－9)表明 y 的总平方和可剖分为回归平方和与离回归平方和两部分。与此相对应，y 的总自由度 df_y 也可剖分为回归自由度 df_R 与离回归自由度 df_e 两部分，即

$$df_y=df_R+df_e \qquad (9-10)$$

在直线回归分析中，y 的总自由度 $df_y=n-1$；回归自由度等于自变量的个数，即 $df_R=1$；离回归自由度 $df_e=n-2$。于是，回归均方 MS_R 和离回归均方 MS_e 分别为：

$$MS_R=SS_R/df_R$$
$$MS_e=SS_e/df_e \qquad (9-11)$$

（2）F 检验　若 x 与 y 间不存在直线关系，则总体回归系数 $\beta=0$，若 x 与 y 间存在直线关系，则总体回归系数 $\beta\neq0$。所以 F 检验的假设为 $H_0:\beta=0$ vs $H_A:\beta\neq0$。在无效假设成立的条件下，回归均方与离回归均方的比值服从 $df_R=1$ 和 $df_e=n-2$ 的 F 分布：

$$F=\frac{MS_R}{MS_e}=\frac{SS_R/df_R}{SS_e/df_e}=\frac{SS_R/1}{SS_e/(n-2)} \qquad (9-12)$$

$$\begin{aligned}SS_R&=\sum(\hat{y}-\bar{y})^2=\sum[\bar{y}+b(x-\bar{x})-\bar{y}]^2\\&=\sum[b(x-\bar{x})]^2=b^2\sum(x-\bar{x})^2=b^2SS_x=bSP_{xy}=SP_{xy}^2/SS_x\end{aligned}$$

$$SS_e=SS_y-SS_R=SS_y-\frac{SP_{xy}^2}{SS_x}$$

例 9－2 的 F 检验步骤如下：

因为 $$SS_y=9.22,SP_{xy}=-23,SS_x=60$$

$$df_y=n-1=9-1=8,df_R=1,df_e=9-2=7$$

所以 $$SS_R=\frac{SP_{xy}^2}{SS_x}=\frac{(-23)^2}{60}=8.817,MS_R=8.817/1=8.817$$

$$SS_e=SS_y-SS_R=9.22-8.817=0.403,MS_e=0.403/7=0.058$$

$$F=\frac{8.817}{0.058}=152.017$$

$F=152.017>F_{0.01}(1,7)=12.25$，$p<0.01$，表明家兔血液白细胞数和照射天数间存在极显著的直线回归关系。

2. 回归系数的显著性检验——t 检验

t 检验也可检验 x 与 y 间的直线回归关系，通常称为回归系数显著性检验。回归系数显著性检的假设为：

$$H_0:\beta=0;H_A:\beta\neq0$$

t 检验的计算公式为：

$$t=\frac{b}{s_b},\ df_e=n-2 \qquad (9-13)$$

其中：$s_b=\frac{s_{\frac{y}{x}}}{\sqrt{SS_x}}$为回归系数标准误。

对于例 9－2 资料，已求得 $SS_x=60$，$s_{\frac{y}{x}}=0.240$，故有

$$s_b=s_{\frac{y}{x}}/\sqrt{SS_x}=0.240/\sqrt{60}=0.031,\ t=\frac{b}{s_b}=\frac{-0.383}{0.031}=-12.355$$

查 t 值表，当 $df_e=7$ 时，$t_{0.01}(7)=3.499$。因为 $|t|=12.355>t_{0.01}(7)=3.499$，$p<0.01$，故否定 H_0，接受 H_A，说明家兔血液白细胞数和照射天数的直线回归系数 $b=-0.383$ 是极显著的，因此可以用所建立的直线回归方程来进行相应的预测。

F 检验的结果与 t 检验的结果一致。统计学已证明，在直线回归分析中，这两种检验方法是等价的，可任选一种进行检验。

另外，统计学还证明，对 r 的 t 检验与对 b 的 t 检验也是等价的。因此，在这些显著性检验中，只需对 r 进行 t 检验即可，因为 r 的 t 检验比较简单，直接查表就可以了。总之，在直线回归分析中，当 r 为显著时，即可求 x 与 y 的直线回归方程。

四、直线回归的应用和注意事项

1. 变量间的关系应有专业意义　在将线性相关和直线回归分析应用于兽医临床实践和科学研究时，要考虑到变量本身的客观实际情况，变量间是否存在直线相关以及在什么条件下存在直线相关，必须由相应的专业知识来决定，并且还要用到临床实践中去检验。如果不以一定的科学依据为前提，将本无相互关系的两个变量进行相关分析，那将是根本性的错误。

2. 所研究的两变量之外的其余变量应保持不变　由于自然界各种事物间的相互联系和相互制约，一个变量的变化通常会受到许多其他变量的影响。因此，在研究两个变量的关系时，要求其余变量应尽量保持在同一水平，否则，回归分析和相关分析可能会导致完全虚假的结果。

3. 观测值要尽可能多　在进行直线回归与相关分析时，两个变量成对观测值应尽可能多一些，这样可提高分析的精确性，两变量的对子数 n 与自变量个数 m 的关系为：$n=(5-10)m$。简单相关时 n 至少取 5 对以上。同时变量 X 的取值范围要尽可能大一些，这样才容易发现两个变量间真实的变化关系。

4. 回归方程不要任意外延　用直线回归方程预测，一般只适用于研究的范围内，不能随意把范围扩大。

5. 正确理解回归或相关显著与否的含义　一个不显著的回归系数并不意味着变量 x 和 y 之间没有关系，而只能说明两变量间没有显著的直线关系；一个显著的回归系数亦并不意味着 x

和 y 的关系必定为直线，因为并不排除存在更好地描述它们关系的非线性方程的存在。

6. 一个显著的回归方程并不一定具有实践上的预测意义 例如经检验后，x，y 两变量间的相关系数 $r=0.5$ 为极显著，而 $r^2=0.25$，即 y 变量的总变异能够通过 x 变量以直线回归的关系来估计的比重只占25%，其余75%的变异无法借助直线回归来估计，这种估计是无实际意义的。r^2 称为**决定系数**（coefficient of determination）。实践上通常除相关系数显著外，还以 $r^2>0.5$ 为宜（即 $r>0.71$），以确保回归变异至少占 y 总变异的一半以上。

第三节 曲线回归

一、双变量曲线回归分析

直线关系是两变量（X，Y）间最简单的一种关系，但是并不是所有双变量资料都是直线关系，如图9-1D，散点明显形成的是抛物线关系。另外，有些虽为直线关系资料，但随着试验取值范围的扩大，散点图就明显偏离直线，而呈曲线状。例如，细菌的繁殖速率与温度的关系，畜禽在生长发育过程中各种生理指标与年龄的关系，钩虫治疗次数与复查阳性率的关系等都属于这种类型。可用来表示双变量间关系的曲线种类很多，但许多曲线类型都可以通过变量转换化成直线形式，即通过变量的变换先拟合成直线回归方程，然后再还原成曲线回归方程。对于找不到已知的函数曲线描述实测点的分布趋势，可利用多项式回归来拟合，试取一次、二次、三次多项式回归，直到满意为止。

曲线回归（curve regression）分析就是通过两个相关变量 X 与 Y 的观测值建立曲线回归方程，以揭示 X 与 Y 的内在联系和变化规律。

二、常用曲线的图形及直线化方法

一元曲线函数 $y=f(x,\alpha,\beta)$ 含有两个参数 α 和 β，其对应的曲线回归方程为 $\hat{y}=f(x,a,b)$。因此若能将曲线函数通过适当转换，变成直线函数 $y'=a'+b'x'$，然后按直线回归分析方法求出方程 $\hat{y}'=a'+b'x'$，再通过还原即可得到所需的曲线回归方程。曲线回归分析中常用曲线函数式及其转换方法，见图9-5至图9-11。

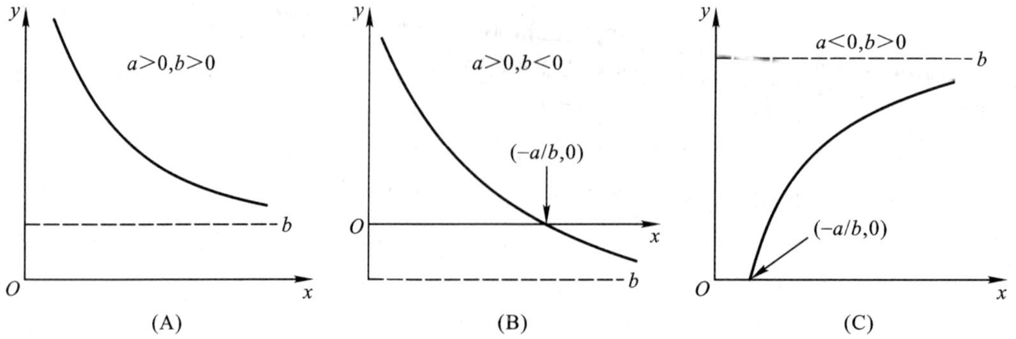

图9-5 倒数函数 $y=\dfrac{a+bx}{x}$ 的三种图形

$y=\dfrac{a}{x}+b$，令 $x'=\dfrac{1}{x}$，转换为 $y=ax'+b$

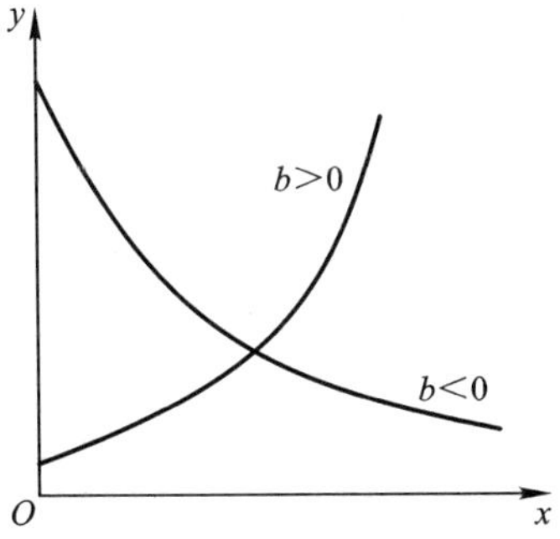

图 9－6　$y = ae^{bx}$的两种图形

取对数 $\ln y = \ln a + bx$

令 $y' = \ln y, a' = \ln a$

转换为 $y' = a' + bx$

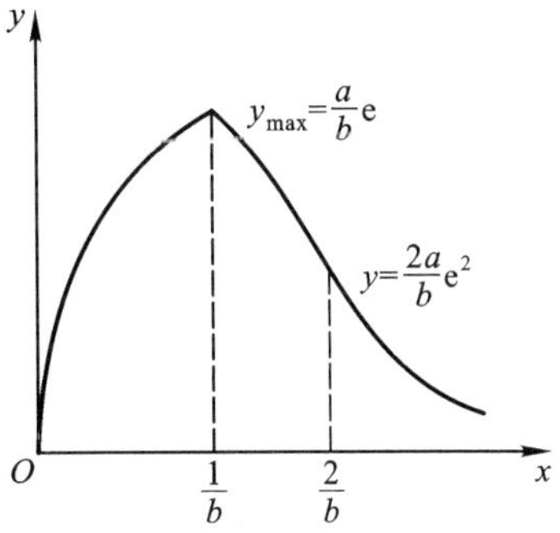

图 9－7　$y = axe^{bx}$图形

$y/x = ae^{bx}$

取对数 $\ln(y/x) = \ln a + bx$

令 $y' = \ln(y/x), a' = \ln a$

转换为 $y' = a' + bx$

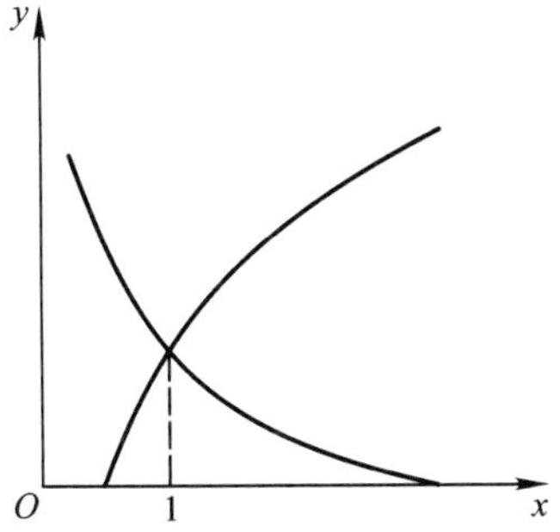

图 9－8　$y = a + b\ln x$ 图形

令 $x' = \ln x$

转换为 $y' = a + bx'$

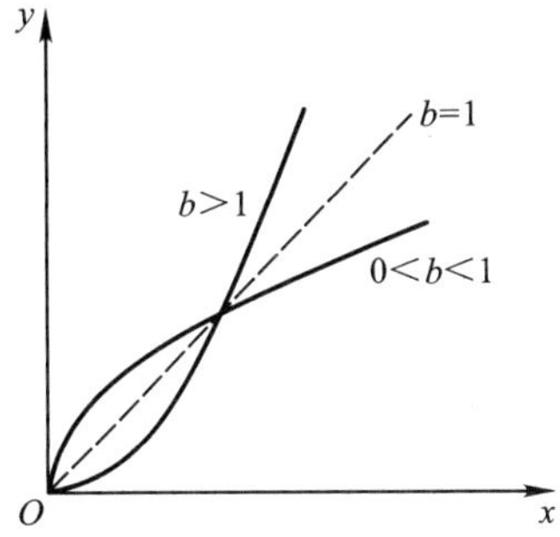

图 9－9　$y = ax^b (a > 0)$图形

取对数 $\ln y = \ln a + b\ln x$，令 $y' = \ln y$，

$a' = \ln a, x' = \ln x$

转换为 $y' = a' + bx'$

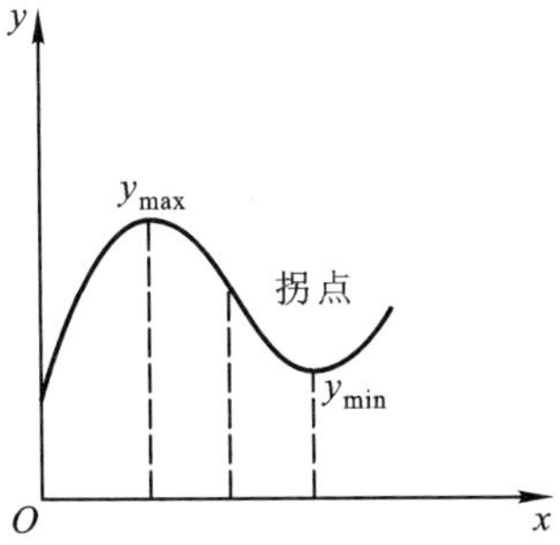

图 9－10　三次多项式的一种图形

$y = a + b_1x + b_2x^2 + b_3x^3$ 中，令

$x_1 = x, x_2 = x^2, x_3 = x^3$

则 $y = a + b_1x_1 + b_2x_2 + b_3x_3$

即可按照多元线性回归方法进行分析

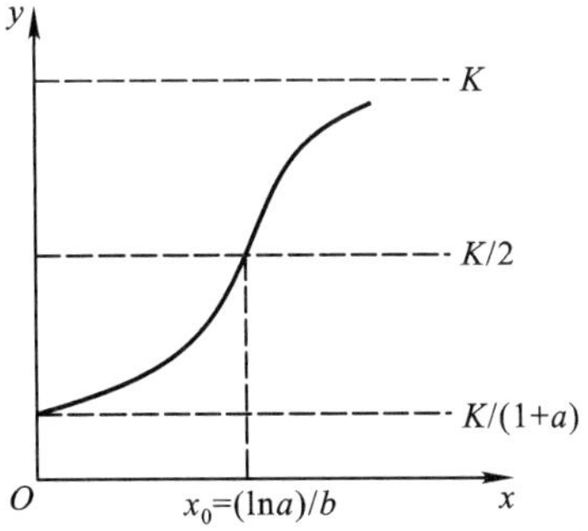

图 9－11　Logistic 方程图形

$y = \frac{K}{1 + ae^{-bx}}$的转换详见后文

三、Logistic 曲线

1. Logistic 曲线方程

Logistic 曲线主要应用于种群数量生态的研究领域，许多生态学家用此曲线对不同的生物进行了深入的研究，并取得了很好的效果。近年来，Logistic 曲线的应用范围越来越广泛，多用于描述动物饲养、植物栽培、微生物和细胞的增殖、生物种群的消长、资源利用和生态环保等方面的模拟研究。此曲线一般以时间为自变量 x，生物的累积生长量为依变量 y。例如，研究正常培养条件下某种病原微生物的生长情况，发现其随时间变化的特点是前期生长阶段，增殖速度缓慢，然后逐渐加快，达到最大速度后，又逐渐缓慢下来。凡具有这一特点的双变量(x,y)均可用 Logistic 曲线描述，Logistic 曲线也称作 S 型曲线，如图 9－11，其曲线方程为：

$$\hat{y}=\frac{K}{1+ae^{-bx}} \tag{9-14a}$$

$$\hat{y}=\frac{K}{1+\frac{K-N}{N}e^{-bx}} \tag{9-14b}$$

$$\hat{y}=\frac{K}{1+e^{-b(x-x_0)}} \tag{9-14c}$$

上面三式中，N 为起始量或初始值，K 为终极量或饱和值，一般情况下 $K>N$，$a=(K-N)/N$ 表示生物生长周期内的相对增长量，b 为生物固有的相对增长率（即生物在资源无限充足，个体间无竞争的理想环境中的增长率），$x_0=(\ln a)/b$ 表示生长速度最大时的时间。

2. Logistic 曲线特征

(1) 当 $x=0$ 时，$\hat{y}=\dfrac{K}{1+a}$；当 $x\to\infty$，$e^{-bx}\to 0$，$\hat{y}=K$。所以时间为 0 的起始量是$\dfrac{K}{1+a}$，时间无限延长的终极量是 K。

(2) Logistic 曲线的一阶、二阶导数分别为 $\hat{y}'=\dfrac{d\hat{y}}{dx}=\dfrac{Kabe^{-bx}}{(1+ae^{-bx})^2}$，$\hat{y}''=\dfrac{d^2\hat{y}}{dx^2}=\dfrac{Kab^2e^{-bx}(ae^{-bx}-1)}{(1+ae^{-bx})^3}$，因为 $a>0$（即 $K>N$），$b>0$，$K>0$，所以 $\hat{y}'>0$，曲线为单调增。

(3) 在 $x=x_0=(\ln a)/b$ 处，即曲线的二阶导数 $\hat{y}''=0$ 处存在拐点，且 $\hat{y}=K/2$（公式 9－14c 说明了这一特征），此时达到最大生长速率为曲线的一阶导数 $y'(x_0)=\dfrac{bK}{4}$。

(4) 当 $x<x_0$ 时，$y''>0$，曲线凹向上（生长为加速递增）。当 $x>x_0$ 时，$y''<0$，曲线凸向上（生长为减速递增）。

从公式(9－14a)可以看出，只要确定了 K 值，就可利用直线化方法，求出方程的两个统计量 a 和 b，将公式(9－14a)转换，并两边取对数，得：

$$\frac{K-\hat{y}}{\hat{y}}=ae^{-bx}$$

$$\ln\frac{K-\hat{y}}{\hat{y}}=\ln a-bx$$

令 $\hat{y}'=\ln\frac{K-\hat{y}}{\hat{y}}$，$a'=\ln a$，$b'=-b$，则公式(9-14a)变为：

$$\hat{y}'=a'+b'x$$

因此，可将每个 y 观测值转换为 y'，用 y' 与 x 进行直线回归分析，即可求出 a' 和 b'。在转换时，必须先确定 K 值，K 值的确定方法有两种：

（1）如果 y 是累积频率，y 无限增大的终极量为 100(%)，显然 $K=100$；

（2）当 y 是生长量或繁殖量时，可取 x 等间距即 $x_2-x_1=x_3-x_2$ 时（尽可能在资料中 x_1 取最小值，x_3 取最大值），对应的 3 对观测值 (x_1,y_1)，(x_2,y_2)，(x_3,y_3)，由公式 9-15 求出 K 值。

$$K=\frac{y_2^2(y_1+y_3)-2y_1y_2y_3}{y_2^2-y_1y_3} \quad (9-15)$$

【例 9-3】 某类微生物在实验室条件下随时间变化的平均增长倍数结果见表 9-2。根据散点图，可知该组数据为一生长型曲线，试配合 Logistic 方程。

表 9-2　微生物增长资料

时间 t	1	2	3	4	5	6	7	8	9
增长倍数 N	1.3	1.5	2.6	3.6	6.8	8.4	8.5	9.1	9.5
$y=\ln\frac{k-N}{N}$	1.88	1.71	1.02	0.54	-0.82	-1.81	-1.89	-2.59	-3.52

一般的生长型曲线可写为：$N=\frac{k}{1+e^{a+bt}}\left(\text{或 } y=\frac{k}{1+e^{a+bx}}\right)$

取 $t_1=1$，$t_2=5$，$t_3=9$ 三等间距的 $N_1=1.3$，$N_2=6.8$，$N_3=9.5$，代入公式(9-15)，得：

$$k=\frac{6.8^2\times(1.3+9.5)-2\times1.3\times6.8\times9.5}{6.8^2-1.3\times9.5}=9.78$$

将 $k=9.78$ 代入 $y=\ln\frac{k-N}{N}$，求得与 t 相对应的各值，并写入表 9-2 最后一行，得数据：

$$\sum t=45,\ \sum t^2=285,\ \sum y=-5.48,\ \sum y^2=34.409\,6,\ \sum ty=-70.07$$

$$\bar{t}=5,\ \bar{y}=-0.608\,9,\ n=9$$

则：

$$b=\frac{-70.07-\frac{45\times(-5.48)}{9}}{285-\frac{45^2}{9}}=-0.711\,2$$

$$a=\bar{y}-\bar{t}b=-0.608\,9-5\times(-0.711\,2)=2.946\,9$$

将 k，a，b 代入方程，得 $N=\frac{9.78}{1+e^{2.946\,9-0.711\,2t}}=\frac{9.78}{1+19.046\,8e^{-0.711\,2t}}$

$\hat{N}=\frac{k}{2}=4.89$，$t=4.14$ 是曲线的拐点，即微生物增长量由越来越快变为越来越慢。

在本例中，时间 t 为相对单位时间，可以是 1 天，也可以是 1 小时，如需化成具体时间，仅需

将其代入 t 值即可。

四、回归方程的拟合度分析

同一批数据，有时可以配合多个曲线方程，这些曲线是否理想，哪一条曲线更好，可以用曲线方程的**拟合度**（goodness of fit）来衡量。

曲线方程的拟合度又称为曲线方程的**复相关指数**（multiple regression index），记为 R^2。

在曲线方程配合过程中，剩余平方和（即离回归平方和 Q）$\sum(y-\hat{y})^2$ 在总平方和 $\sum(y-\bar{y})^2$ 中所占比重越少，说明曲线的配合效果越好；反之，离回归平方和在总平方和中的比重越大，说明曲线的配合效果越差。因而可以用总平方和 SS_y 中所含的剩余平方和的多少来表示曲线方程配合的好坏。

$$R^2 = 1 - \frac{\sum(y-\hat{y})^2}{\sum(y-\bar{y})^2} \tag{9-16}$$

曲线方程中的 $\sum(y-\hat{y})^2$ 不能采用简单回归方程中的相关公式求得，而必须由曲线方程本身来求得每一个 $\hat{y}$，以计算剩余平方和。例如，求例 9－3 中的曲线方程的拟合度，可先计算 $\hat{N}$ 值，结果见表 9－3。

表 9－3 微生物预测增长倍数

时间	1	2	3	4	5	6	7	8	9
增长倍数 N	1.3	1.5	2.6	3.6	6.8	8.4	8.5	9.1	9.5
预测 $\hat{N}$	0.94	1.75	3.00	4.64	6.33	7.72	8.64	9.19	9.48

得：
$$\sum(N-\hat{N})^2 = 2.144$$

因为：
$$\sum(N-\bar{N}) = \sum N^2 - \frac{(\sum N)^2}{n} = 93.36$$

得：
$$R^2 = 1 - \frac{2.144}{93.36} = 0.977\ 0$$

拟合度 R^2 得到后，应对其作显著性检验。

查附表 15，$M=2$，$df=7$ 的 $r_{0.01}=0.798$。

$R=\sqrt{R^2}=0.988>r_{0.01}=0.798$，故 $p<0.01$ 说明该曲线方程达到极显著水平。

实际计算时，表 9－3 可以合并到表 9－2 中。

同一批数据可以用不同的曲线方程试拟合，并求得每一条曲线的复相关指数 R^2；然后进行显著性检验，并进行比较。习惯上，检验显著后最大的复相关指数所对应的曲线方程就是最理想的，当然在很多情况下还需结合专业知识来判断。

第四节 多元线性回归分析

直线回归和直线相关是研究 X 和 Y 两个变量间的关系的分析方法，分析两个或两个以上的自变量与一个依变量的关系的方法称为**多元线性回归和相关**（multiple linear regression and correlation）分析。

依变量对两个或两个以上自变量的回归,称为多元回归。多元回归分析内容主要包括:① 建立由各个自变量预测依变量的多元回归方程,即确定各个自变量对依变量的单独效应和综合效应;② 对上述单独和综合效应的显著性进行检验;③ 选择仅对依变量有显著线性影响的自变量,建立最优多元回归方程。多元回归分为线性和非线性,本节只介绍多元线性回归分析。

一、多元线性回归方程式

多元线性回归资料的数据结构见表 9-4。

表 9-4 多元线性回归资料数据结构表

	Y	X_1	X_2	…	X_m
1	y_1	x_{11}	x_{12}	…	x_{1m}
2	y_2	x_{21}	x_{22}	…	x_{2m}
⋮	⋮	⋮	⋮	⋮	⋮
n	y_n	x_{n1}	x_{n2}	…	x_{nm}

依变量(Y)与自变量(用 X_i 表示,$i=1,2,\cdots,m$)的线性关系可用多元线性回归方程式表示。例如,动物疾病的治疗效果(y)与药物剂量(x_1)、用药次数(x_2)的关系可以用下式表示:

$$\hat{y}=b_0+b_1x_1+b_2x_2$$

上面是依变量和两个自变量的线性回归方程,称作二元线性回归方程。一般的,m 元线性回归方程可表示为:

$$\hat{y}=b_0+b_1x_1+b_2x_2+\cdots+b_mx_m \qquad (9-17)$$

其中:$b_0=\bar{y}-b_1\bar{x}_1-b_2\bar{x}_2-\cdots-b_m\bar{x}_m$ 为回归截距,它是 $x_1,x_2,\cdots,x_m$ 都为 0 时 y 变量的点估计值。b_1 为 y 对 x_1 的**偏回归系数**(partial regression coefficient),同理 $b_2,b_3,\cdots,b_m$ 分别为 y 对 $x_2,x_3,\cdots,x_m$ 的偏回归系数。b_1 是 $b_{yx_1/x_2,x_3,\cdots,x_m}$ 的简写,它是在 $x_2,x_3,\cdots,x_m$ 皆保持一定(取平均数)时,x_1 每改变一个单位时 y 的平均变化量。$b_2,b_3,\cdots,b_m$ 的意义与 b_1 相同。

二、建立正规方程组求出回归方程式

如果 $b_0,b_1,b_2,\cdots,b_m$ 共($m+1$)个统计量可以求出,就能写出回归方程式。与直线回归 a 与 b 的求法一样,根据最小二乘法,b_0、b_i 应使实际观测值 y 与回归估计值 $\hat{y}$ 的剩余平方和最小,即 $Q=\sum(y-\hat{y})^2=\sum(y-b_0-b_1x_1-b_2x_2-\cdots-b_mx_m)^2$ 为最小。这里 Q 为关于 $b_0,b_1,b_2,\cdots,b_m$ 的 $m+1$ 元复合函数。

求 Q 对 b_0、b_i 的一阶偏导数,并令其等于零:

$$\frac{\partial Q}{\partial b_0}=-2\sum(y-b_0-b_1x_1-b_2x_2-\cdots-b_mx_m)=0$$

$$\frac{\partial Q}{\partial b_i}=-2\sum x_i(y-b_0-b_1x_1-b_2x_2-\cdots-b_mx_m)=0 \quad (i=1,2,3,\cdots,m)$$

将上式整理，并写成公式(9－18)，即得到关于 b_i 的正规方程组：

$$\begin{cases} SS_1 b_1 + SP_{12} b_2 + SP_{13} b_3 + \cdots + SP_{1m} b_m = SP_{1y} \\ SP_{21} b_1 + SS_2 b_2 + SP_{23} b_3 + \cdots + SP_{2m} b_m = SP_{2y} \\ SP_{31} b_1 + SP_{32} b_2 + SS_3 b_3 + \cdots + SP_{3m} b_m = SP_{3y} \\ \cdots\cdots\cdots\cdots \\ SP_{m1} b_1 + SP_{m2} b_2 + SP_{m3} b_3 + \cdots + SS_m b_m = SP_{my} \end{cases} \tag{9-18}$$

其中，① $SS_i = \sum(x_i - \bar{x}_i)^2 \quad (i=1,2,3,\cdots,m)$

② $SP_{ij} = SP_{ji} = \sum(x_i - \bar{x}_i)(x_j - \bar{x}_j) \quad (i,j=1,2,3,\cdots,m,i\neq j)$

③ $SP_{iy} = \sum(x_i - \bar{x}_i)(y - \bar{y}) \quad (i=1,2,3,\cdots,m)$

即 SS_i 表示第 i 个自变量的平方和，SP_{ij}表示第 i 个自变量与第 j 个自变量的乘积和，SP_{iy}表示第 i 个自变量 x_i 与依变量 y 的乘积和。

正规方程组(9－18)是以偏回归系数 b_i 为未知数的方程组，其系数为各自变量的平方和 SS_i 与乘积和 SP_{ij}，等号右边是各自变量与依变量的乘积和 SP_{iy}。

通过解正规方程组，即可求出各偏回归系数，并写出多元回归方程。解正规方程组有许多方法，如：逆矩阵法，行列式法，表格法，高斯消元法等等，这里仅介绍逆矩阵法。

正规方程组(9－18)若用矩阵表示，形式为 $\boldsymbol{Ab}=\boldsymbol{k}$。

其中 $\boldsymbol{A}$ 为系数矩阵，$\boldsymbol{b}$ 为偏回归系数向量，$\boldsymbol{k}$ 为常数向量，分别表示为：

$$\boldsymbol{A}=\begin{bmatrix} SS_1 & SP_{12} & \cdots & SP_{1m} \\ SP_{21} & SS_2 & \cdots & SP_{2m} \\ \vdots & \vdots & & \vdots \\ SP_{m1} & SP_{m2} & \cdots & SS_m \end{bmatrix} \quad \boldsymbol{b}=\begin{bmatrix} b_1 \\ b_2 \\ \vdots \\ b_m \end{bmatrix} \quad \boldsymbol{k}=\begin{bmatrix} SP_{1y} \\ SP_{2y} \\ \vdots \\ SP_{my} \end{bmatrix} \tag{9-19}$$

根据矩阵求逆规则，可得：

$$\boldsymbol{b}=\boldsymbol{A}^{-1}\boldsymbol{k} \tag{9-20}$$

其中：

$$\boldsymbol{A}^{-1}=\begin{bmatrix} c_{11} & c_{12} & \cdots & c_{1m} \\ c_{21} & c_{22} & \cdots & c_{2m} \\ \vdots & \vdots & & \vdots \\ c_{m1} & c_{m2} & \cdots & c_{mm} \end{bmatrix}$$

逆矩阵 $\boldsymbol{A}^{-1}$中的主对角线元素 c_{ii}称作**高斯乘数**(Gauss multiplier)。

$\boldsymbol{A}^{-1}$也是 m 阶对称方阵，即 $c_{ij}=c_{ji}$。

【例 9－4】 盲肠结扎穿孔猪是研究脓毒症的最佳动物模型，动脉血氧分压的改变是其重要症状之一。研究发现动脉血氧分压与 TNF 三聚体、IL－6 和 IL－8 等细胞因子具有线性相关关系。设依变量 y 为盲肠结扎穿孔猪的动脉血氧分压(mmHg)，自变量 x_1、x_2、x_3 分别为血液中 TNF 三聚体(pg/mL)、IL－6(pg/mL)和 IL－8(pg/mL)的含量。根据 10 头盲肠结扎穿孔模型猪的检测资料，计算后得到如下数据：$SS_1=3.6014$，$SS_2=2.2227$，$SS_3=3.7832$，$SS_y=14587.43$，$\bar{x}_1=19.35$，$\bar{x}_2=14.59$，$\bar{x}_3=17.26$，$\bar{y}=151.67$，$SP_{12}=2.7793$，$SP_{13}=3.2738$，$SP_{23}=2.6557$，$SP_{1y}=-207.498$，$SP_{2y}=-174.376$，$SP_{3y}=-214.912$。试建立 y 对 x_1、x_2、x_3的三元线性回归方程。

将上述数据代入公式(9-18)，得到偏回归系数 b_1、b_2、b_3 的正规方程组：

$$\begin{cases}3.6014b_1+2.7793b_2+3.2738b_3=-207.498\\2.7793b_1+2.2227b_2+2.6557b_3=-174.376\\3.2738b_1+2.6557b_2+3.7832b_3=-214.912\end{cases}$$

求得系数矩阵的逆矩阵如下：

$$\boldsymbol{A}^{-1}=\begin{bmatrix}8.1627&-10.9569&0.6278\\-10.9569&17.4972&-2.8010\\0.6278&-2.8010&1.6872\end{bmatrix}$$

根据公式(9－18)，关于 b_1、b_2、b_3 的解可表示为：

$$\begin{bmatrix}b_1\\b_2\\b_3\end{bmatrix}=\begin{bmatrix}8.1627&-10.9569&0.6278\\-10.9569&17.4972&-2.8010\\0.6278&-2.8010&1.6872\end{bmatrix}\begin{bmatrix}-207.498\\-174.376\\-214.912\end{bmatrix}=\begin{bmatrix}81.953\\-175.6\\-4.459\end{bmatrix}$$

$$\begin{aligned}b_0&=\hat{y}-b_1\bar{x}_1-b_2\bar{x}_2-b_3\bar{x}_3\\&=151.67-81.953\times19.35-(-175.6)\times14.59-(-4.459)\times17.26\\&=1\ 204.847\end{aligned}$$

因此，盲肠结扎穿孔猪动脉血氧分压 y 与血液 TNF 三聚体含量 x_1、IL－6 含量 x_2、IL－8 含量 x_3 的三元线性回归方程为：

$$\hat{y}=1\ 204.847+81.953x_1-175.6x_2-4.459x_3$$

三、多元回归的显著性检验

1. 多元回归关系的显著性检验

多元回归关系的显著性检验是检验 m 个自变量(X_i)对依变量(Y)的综合效应是否显著。若设回归方程 $b_1,b_2,\cdots,b_m$ 的总体回归系数为 $\beta_1,\beta_2,\cdots,\beta_m$，则这一检验所对应的假设为 $H_0:\beta_1=\beta_2=\cdots=\beta_m=0$，$H_A:\beta_i$ 不全为零。和直线回归方程显著性检验类似，SS_y 也可分解为回归平方和 SS_R 和离回归平方和 SS_e。m 元回归方程有 $m+1$ 个变量，所以回归自由度 $df_R=m$，离回归自由度 $df_e=df_y-df_R=n-m-1$。

$$SS_R=b_1SP_{1y}+b_2SP_{2y}+\cdots+b_mSP_{my}=\sum^m b_iSP_{iy}\tag{9-21}$$

$$SS_e=SS_y-SS_R=SS_y-\sum^m b_iSP_{iy}\tag{9-22}$$

多元回归关系的显著性检验采用 F 检验，F 值计算公式为：

$$F=\frac{SS_R/m}{SS_e/(n-m-1)}\tag{9-23}$$

通常 F 检验结果可列成方差分析表。

对于例 9－4，已求得三元线性回归方程为：

$$\hat{y}=1\ 204.847+81.953x_1-175.6x_2-4.459x_3$$

$$\begin{aligned}SS_R&=b_1SP_{1y}+b_2SP_{2y}+b_3SP_{3y}\\&=81.953\times(-207.498)+(-175.6)\times(-174.376)+(-4.459)\times(-214.912)\\&=14\ 573.68\end{aligned}$$

$$SS_e = SS_y - SS_R = 14\ 587.43 - 14\ 573.68 = 13.75$$

$$df_y = n - 1 = 9, df_R = m = 3, df_e = n - m - 1 = 6$$

列出方差分析表(表 9 – 5),进行 F 检验。

表 9 – 5 回归关系方差分析表

变异来源	SS	df	MS	F
回归	14 573.68	3	4 857.89	2119.81**
离回归	13.75	6	2.29	
总变异	14 587.43	9		

由 $df_R = 3$、$df_e = 6$ 查 F 值表得 $F_{0.01}(3,6) = 9.78$,$F > F_{0.01}(3,6)$,$p < 0.01$,否定 H_0,接受 H_A。表明盲肠结扎穿孔猪动脉血氧分压 y 与血液 TNF 三聚体含量 x_1、IL-6 含量 x_2、IL-8 含量 x_3 之间线性关系极显著,或者说血液 TNF 三聚体含量 x_1、IL-6 含量 x_2、IL-8 含量 x_3 对动脉血氧分压 y 的综合效应极显著,也可以说求得的三元回归方程极显著。

2. 偏回归系数的显著性检验

偏回归系数的显著性检验,一般用 t 检验法,即检验 m 个自变量(X_i)各自对 Y 的单独效应是否显著,检验 b_i 的假设为 $H_0:\beta_i = 0$;$H_A:\beta_i \neq 0$。

计算方程的估计标准误:

$$s_{y/12\cdots m} = \sqrt{\frac{SS_e}{df_e}} = \sqrt{\frac{SS_y - SS_R}{n - m - 1}} \tag{9-24}$$

偏回归系数的标准误为:

$$s_{b_i} = s_{y/12\cdots m}\sqrt{c_{ii}} \quad (c_{ii}\text{为 } \boldsymbol{A}^{-1}\text{中主对角线上第 } i \text{ 行元素}) \tag{9-25}$$

$$t = \frac{b_i}{s_{b_i}} \tag{9-26}$$

t 检验 $H_0:\beta_i = 0$ 时,用离回归自由度 $df_e = n - m - 1$ 查 t 值表。

本例中:

$$S_{y/123} = \sqrt{MS_e} = \sqrt{2.29} = 1.514$$

$$S_{b1} = S_{y/123}\sqrt{c_{11}} = 1.514 \times \sqrt{8.162\ 687} = 4.325$$

$$S_{b2} = S_{y/123}\sqrt{c_{22}} = 1.514 \times \sqrt{17.49724} = 6.332$$

$$S_{b3} = S_{y/123}\sqrt{c_{33}} = 1.514 \times \sqrt{1.687\ 238} = 1.966$$

得:

$$t_{b1} = b_1/S_{b1} = 81.953/4.325 = 18.948$$

$$t_{b2} = b_2/S_{b2} = -175.6/6.332 = -27.731$$

$$t_{b3} = b_3/S_{b3} = -4.459/1.966 = -2.268$$

由 $df_e = n - m - 1 = 6$ 查 t 值表得 $t_{0.05}(6) = 2.447$,$t_{0.01}(6) = 3.707$。因为 $|t_{b1}| > t_{0.01}(6)$,$|t_{b2}| > t_{0.01}(6)$,$|t_{b3}| < t_{0.05}(6)$,所以偏回归系数 b_1 是显著的,b_2 是极显著的,而偏回归系数 b_3 是不显著的。

四、自变量剔除并建立新的回归方程

当显著的多元线性回归方程中有一个或几个偏回归系数经显著性检验为不显著时，应该从回归方程中剔除一个与最不显著的偏回归系数相对应的自变量，重新建立多元线性回归方程，再对新的回归方程以及各个新的偏回归系数进行显著性检验，如此逐步一次一个地剔除，直至各个偏回归系数都显著为止。此时的多元线性回归方程即为**最优多元回归方程**（the best multiple regression equation）。实际上，所谓的“最优”都是相对而言的。

对于例 9－4，建立的三元线性回归方程为：

$$\hat{y}=1\ 204.847+81.953x_1-175.6x_2-4.459x_3$$

经显著性检验，回归方程极显著，偏回归系数 b_1 是显著的，b_2 是极显著的，只有 b_3 不显著。因此，剔除 b_3 对应的自变量 x_3（IL-8 含量）后，重新建立动脉血氧分压 y 与 TNF 三聚体含量 x_1、IL-6 含量 x_2 的二元线性回归方程为：

$$\hat{y}=a'+b'_1x_1+b'_2x_2$$

剔除 $x_i(x_3)$ 后，统计上已证明：新回归方程中 x_j 的偏回归系数为 b'_j，

$$b'_j=b_j-\frac{c_{ij}}{c_{ii}}\cdot b_i\quad(i\neq j)\tag{9－27}$$

其中，b_j 和 b_i 为原方程 x_j 和 x_i 的偏回归系数，c_{ij} 和 c_{ii} 为原方程 $\boldsymbol{A}^{-1}$ 中元素。剔除 x_2 后，计算新方程 b'_1 和 b'_2（这里 $i=3, j=1,2$）：

$$b'_1=b_1-\frac{c_{31}}{c_{33}}\cdot b_3=81.953-\frac{0.627\ 8}{1.687\ 2}\times(-4.459)=83.612$$

$$b'_2=b_2-\frac{c_{32}}{c_{33}}\cdot b_3=(-175.6)-\frac{-2.800\ 1}{1.687\ 2}\times(-4.459)=-183.002$$

$$b'_0=\bar{y}-b'_1\bar{x}_1-b'_2\bar{x}_2$$

$$=151.67-83.612\times19.35-(-183.002)\times14.59=1\ 203.778$$

于是重新建立的二元线性回归方程为：$\hat{y}=1\ 203.778+83.612x_1-183.002x_2$。

对二元线性回归方程进行显著性检验。检验方法同上，这里不再列出详细计算步骤，仅列出方差分析表，见表 9－6。

表 9－6　二元线性回归关系方差分析表

变异来源	SS	df	MS	F
回归	14 561.89	2	4 853.96	1 330.53**
离回归	25.54	73.65		
总变异	14 587.43	9		

由 $df_R=2, df_e=7$ 查临界 F 值，得 $F_{0.01}(2,7)=9.55$，因为 $F>F_{0.01}(2,7)$，$p<0.01$，表明二元线性回归关系或二元线性回归方程是极显著的。

对两个偏回归系数进行显著性检验。

求离回归平方和 $s_{y/13}=\sqrt{MS_e{}'}=\sqrt{3.65}=1.91$

$$c'_{11} = c_{11} - \frac{c_{13}c_{31}}{c_{33}} = 8.1627 - \frac{0.627842^2}{1.687238} = 7.9291$$

$$c'_{22} = c_{22} - \frac{c_{23}c_{32}}{c_{33}} = 17.4972 - \frac{(-2.80099)^2}{1.687238} = 12.8473$$

$$S'_{b1} = S_{y/13} \cdot \sqrt{c'_{11}} = 1.91 \times \sqrt{7.9291} = 5.3783$$

$$S'_{b2} = S_{y/13} \cdot \sqrt{c'_{22}} = 1.91 \times \sqrt{12.8473} = 6.8460$$

$$t'_1 = \frac{b'_1}{S'_{b1}} = \frac{83.6123}{5.3783} = 15.5463$$

$$t'_2 = \frac{b'_2}{S'_{b2}} = \frac{-183.002}{6.8460} = -26.7311$$

$t_{0.01}(7) = 3.499$，$|t'_1| > t_{0.01}(7)$，$|t'_2| > t_{0.01}(7)$，两个偏回归系数均达极显著水平。

因此，最优二元线性回归方程为：

$$\hat{y} = 1\,203.778 + 83.612x_1 - 183.002x_2$$

该回归方程表明，盲肠结扎穿孔猪动脉血氧分压与血液 TNF 三聚体含量、IL-6 含量存在极显著的线性回归关系。

五、复相关指数

1. 复相关的意义

研究一个变量与多个变量的线性相关称为**复相关分析**（analysis of multiple correlation）。m 个自变量对依变量的回归平方和 SS_R 占依变量 y 的总平方和 SS_y 的比率越大，表明依变量 y 和 m 个自变量的线性关系越密切，因此定义：

$$R^2 = SS_R / SS_y \tag{9-28}$$

为依变量 y 与自变量 x_1、x_2、…、x_m 的复相关指数。复相关指数代表了多元回归方程的拟合度，即用自变量预测依变量的可靠程度。

复相关指数的取值范围为：$0 \leqslant R^2 \leqslant 1$。

2. 复相关系数的显著性检验

（1）F 检验法　可由下式检验 R^2 的显著性：

$$F_R = \frac{R^2/m}{(1-R^2)/(n-m-1)} \quad (df_1 = m, df_2 = n-m-1) \tag{9-29}$$

（2）查表法　复相关系数显著性检验可用简便的查表法进行。

由 $df_e = n-m-1$ 和变量的总个数 $M = m+1$ 查 r 值表得显著性临界值。

对于例 9-4，这里我们仅计算依变量 y（动脉血氧分压）与自变量 x_1（TNF 三聚体含量）、x_2（IL-6 含量）的复相关指数：

$$R^2 = SS_R/SS_y = 14\,561.89/14\,587.43 = 0.9982$$

$$F_R = \frac{R^2/m}{(1-R^2)/(n-m-1)} = \frac{0.9982^2/2}{(1-0.9982^2)/(10-2-1)} = 39.611$$

因为 $F_R = 39.611 > F_{0.01}(2,7) = 9.55$，表明复相关指数 R^2 极显著。

注意,前述三元线性回归关系显著性检验也是 $F=9.493$,说明两种检验是等价的。

若用查表法,则由 $df_e=n-m-1=7$,$M=m+1=2+1=3$ 查 r 值表得 $R_{0.01}(7,3)=0.855$,因为 $R=\sqrt{R^2}=0.9991$,大于 R 临界值,$p<0.01$,故 R 为极显著。检验结果表明,猪的动脉血氧分压与血液 TNF 三聚体含量、IL-6 含量间存在极显著的复相关关系。

复习思考题

1. 相关系数、回归系数和回归截距的统计学意义是什么?
2. 应用直线回归分析时应注意什么问题?
3. 简述复相关系数和复相关指数的意义,如何计算?
4. 偏相关系数的统计学意义是什么?如何检验其显著性?
5. 研究猪血液在低温保存过程中钾离子浓度的变化情况,连续 21 天定时检测血液中钾离子浓度,结果如下表。试通过直线回归方程描述钾离子的变化趋势,并作检验。

检测时间/d	1	2	3	4	5	6	7
钾离子浓度/(mmol/L)	3.084	3.517	3.903	4.386	4.863	5.249	5.928
检测时间/d	8	9	10	11	12	13	14
钾离子浓度/(mmol/L)	6.117	6.903	7.991	8.759	9.260	9.521	9.788
检测时间/d	15	16	17	18	19	20	21
钾离子浓度/(mmol/L)	10.525	11.113	11.610	12.121	12.772	13.524	14.399

6. 大肠杆菌按一定浓度接种培养基,采用分光光度计分时间段测定其 OD_{600} 值,数据见下表。试建立大肠杆菌生长曲线并进行显著性检验(用 Logistic 曲线拟合)。

检测时间/h	0	2	4	6	8	14	16	18	20	24
OD_{600}	0.032	0.046	0.197	0.308	0.450	0.579	0.598	0.626	0.636	0.650

7. 测得 20 只绵成年羊的红细胞压积与血红蛋白含量、红细胞数的资料于下表。试建立二元线性回归方程,并进行显著性检验。

编号	血红蛋白含量/% (x_1)	红细胞数/(10^6 个/mm^3) (x_2)	细胞压积/% (y)
1	8.5	896	30.0
2	9.0	900	37.0
3	8.0	897	39.5
4	7.5	903	29.5
5	8.5	907	34.0

续表

编号	血红蛋白含量/% (x_1)	红细胞数/(10^6 个/mm^3) (x_2)	细胞压积/% (y)
6	8.8	926	37.5
7	8.0	923	36.5
8	7.5	924	32.5
9	7.8	920	30.0
10	7.5	917	33.0
11	7.2	936	29.0
12	7.3	936	27.0
13	8.5	1 019	34.5
14	7.5	997	33.0
15	7.5	841	32.0
16	9.5	851	33.5
17	9.5	999	38.0
18	11.3	860	28.0
19	8.5	776	32.7
20	9.0	713	22.0

第十章 判 别 分 析

本章主要介绍判别分析的基本概念,以及两类判别和多类判别分析的原理和方法。

在兽医临床实践中经常会遇到一些判别的问题,如需要根据病畜的一系列症状、体征及检查结果来诊断该病畜所患的是什么疾病。对于一名临床兽医来说,经验越丰富,诊断即判别越准确。但如何使经验不是很丰富的人也能进行有效的判别,或者使有经验的人不致因某种失误而发生错判,近代统计学发展了一系列**判别分析**(discriminant analysis)方法来指导实际工作者对事物进行正确的判别归类,即根据已掌握的一批分类明确的样本,制订出一个分类标准来指导新样本的归类。

第一节 判别分析的基本概念

判别分析是用于判断样本所属类型的一种统计分析方法,主要解决根据观测到的数据资料对所研究的对象进行判别归类的问题。例如,在兽医学诊断中,一头病牛出现咳嗽和呼吸困难等症状,兽医工作者要判断它患的是肺结核、肺炎还是肺疫,这里肺结核病牛、肺炎病牛、肺疫病牛组成三个总体,病牛来源于这三个总体之一,判别分析的目的是通过测得病牛的指标(发热与否、细菌学检查,变态反应检查,……)来判断它应该属于哪个总体(即判断它生的什么病)。

判别分析是应用性很强的一种多元统计方法,已渗透到各个领域,但不管是哪个领域,判别分析的问题都可以这样描述:

需要判别的类型有 G 类,起判别作用的因子有 p 个:$x_1,x_2,\cdots,x_p$,从第 g 类中取得 n_g 个样本,其第 i 个样本的 p 个判别因子的取值为:

$$x_i^{(g)}=(x_{i1}^{(g)},x_{i2}^{(g)},\cdots,x_{ip}^{(g)})^{\mathrm{T}},i=1,2,\cdots,n_g,g=1,2,\cdots,G$$

$$n=\sum_{g=1}^{G}n_g$$

我们根据这 n 个已经知道分类的样本所提供的信息,对 p 维空间 R^p 作出一个划分 D_1, $D_2,\cdots,D_G$. 这些 D_g 互不相交,且它们的和恰好为 R^p,或者构造一个判别函数 $Y(x_1,x_2,\cdots,x_p)$,以此对新的样本所属类型作出判断。

在判别分析中,根据所研究对象可划分类别的多少,可分为**两类判别**(discrimination between two groups) 和**多类判别**(discrimination with more than two groups)分析。一般地,对于两类判别常采用 Fisher 提出的判别分析方法,对于多类判别则多采用**贝叶斯判别**(Bayes discrimination)分析方法。

第二节 两类判别

英国统计学家和遗传学家 R. A. Fisher 于 1936 年对两类判别提出了一种线性判别函数即 **Fisher 线性判别函数**(Fisher's linear discriminant function)。函数式为:

$$Y = b_1X_1 + \cdots + b_pX_p \tag{10-1}$$

其中:Y 为用来对新个体进行判别的综合指标,X_i 为观测指标的取值($i=1,2,\cdots,p$),b_i 为判别系数。

1. 建立判别函数

步骤如下:

(1) 计算每一类各观测指标的平均数及两类间的平均数之差 $d_j = \overline{X}_{1j} - \overline{X}_{2j}$,下标 1、2 表示分类号,$j$ 为观测值标号。

(2) 计算每一类的各观测指标的离均差平方和及离均差乘积和,用 sp_{jk} 表示自变量 X_j 与 X_k 的乘积和($j,k=1,2,\cdots,p$),有:

$$sp_{jk} = \sum_{i=1}^{n}(X_{ij}-\overline{X}_j)(X_{ik}-\overline{X}_k) = \sum_{i=1}^{n}X_{ij}\cdot X_{ik} - (\sum_{i=1}^{n}X_{ij})(\sum_{i=1}^{n}X_{ik})/n \tag{10-2}$$

$$sp_{jk} = sp_{kj}$$

其中,当 $j=k$ 时,sp 即为 ss。

(3) 将两类相应的平方和 ss(或乘积和 sp)相加而成为总平方和(或总乘积和)。如令 $j=1$,$k=1$时的总平方和 ss_{11} 为:

$$ss_{11}(\text{total}) = ss_{11}(1) + ss_{11}(2)$$

以此类推,sp_{jj}表示总平方和($j=k$ 时),sp_{jk}表示乘积和($j\neq k$ 时)。

(4) 列出正规方程组 根据 Fisher 判别准则:使两类 Y 值有最大的差别,而同类之间的差异则尽可能小,即两者的比值应达到最大。经推导,可求得如下的正规方程组:

$$\begin{cases} ss_{11}b_1 + sp_{12}b_2 + \cdots + sp_{1p}b_p = d_1 \\ sp_{21}b_1 + ss_{22}b_2 + \cdots + sp_{2p}b_p = d_2 \\ \cdots\cdots\cdots\cdots \\ sp_{p1}b_1 + sp_{p2}b_2 + \cdots + ss_{pp}b_p = d_p \end{cases} \tag{10-3}$$

当收集的观测值指标为 p 个时,正规方程组就有 p 个方程。等式的左边由总平方和(或交叉乘积和)与判别系数所组成,等式右边为各观测值指标的类间差:$d_j = \overline{X}_{1j}^{(1)} - \overline{X}_{2j}^{(2)}$

(5) 用逆矩阵法解方程组,求出各判别系数 b_j($j=1,\cdots,p$)。

(6) 按公式(10-1)建立判别函数为:

$$Y = b_1x_1 + b_2x_2 + \cdots + b_px_p$$

2. 检验判别效能

判别分析是以假设存在着不同类的总体为前提的,如果各类的观测值指标平均数之间的差异无统计学的意义,则表示不同类的样本混杂在一起,判别效果就不好。这里介绍检验两类判别效能的 F 检验法。

在无效假设 H_0:总体各判别系数 $\beta_j = 0$($j=1,\cdots,p$)成立的条件下:

$$F=\frac{n^{(1)}+n^{(2)}-p-1}{p}T^2 \tag{10-4}$$

服从自由度为 p 与 (n_1+n_2-p-1) 的 F 分布。式中的 T^2 的计算公式为：

$$T^2=\frac{n^{(1)}\cdot n^{(2)}}{n^{(1)}+n^{(2)}}\sum_{j=1}^{p}d_jb_j \tag{10-5}$$

根据自由度 p 和 n_1+n_2-p-1，查附表 6 中的 F 临界值。将计算的 F 值和 F 临界值进行比较，作出推断。

3. 确定判别的临界值

(1) 计算每一类的平均判别函数值 $\overline{Y}_1$ 和 $\overline{Y}_2$，计算公式为：

$$\overline{Y}_i=b_1\overline{x}_{i1}+b_2\overline{x}_{i2}+\cdots+b_p\overline{x}_{ip}\quad (i=1,2,\cdots,p\ \text{为分类号}) \tag{10-6}$$

(2) 计算判别临界值 Y_e。用两类平均函数值的平均数：

$$Y_e=\frac{\overline{Y}_1+\overline{Y}_2}{2} \tag{10-7}$$

(3) 对新样本的判别规则　当对一个新样本取得了 p 个观测指标值之后，就将这些值代入所建立的判别函数中去，从而得到该新个体的判别函数值。用 X_{01}、X_{02}、$\cdots$、X_{0p}，表示新个体的 p 个观测值，代入判别方程中计算出相应的判别函数值 Y_0，假定 $\overline{Y}_2<\overline{Y}_1$，这时的判别规则为：

当 $Y_0>Y_e$ 时，将新个体归入第 1 类，

当 $Y_0<Y_e$ 时，将新个体归入第 2 类。

4. 回代效果分析

为了进一步了解实际分类与判别分类之间的符合情况，可将每一类样本的观测值指标代入判别方程式中求得每一样本的判别函数值 Y，然后按所建立的判别原则进行判别归类。

根据表 10-1 计算判别符合率：

$$\text{判别符合率}(\%)=\frac{n_{11}+n_{22}}{n^{(1)}+n^{(2)}} \tag{10-8}$$

表 10-1　实际分类与回代判别分类的比较

回代判别分类	实际分类	
	1	2
1	n_{11}	n_{12}
2	n_{21}	n_{22}
	$n^{(1)}$	$n^{(2)}$

5. Fisher 二类判别与二值回归等价

所谓二值回归，就是对两类中的样本分别赋予两个不同值作为类的代号，例如可按下列规则赋值：

$$Y=\begin{cases}1, & \text{当样本属于第 1 类}\\ -1, & \text{当样本属于第 2 类}\end{cases} \tag{10-9}$$

这时的临界值 $Y_e=0$。

当两类样本不等时也可以按下列规则赋值：

$$Y=\begin{cases}\dfrac{n^{(2)}}{n^{(1)}+n^{(2)}}, & \text{当样本属于第 1 类}\\ \dfrac{-n^{(1)}}{n^{(1)}+n^{(2)}}, & \text{当样本属于第 2 类}\end{cases} \tag{10-10}$$

这时的临界值 $Y_e=\dfrac{n^{(2)}-n^{(1)}}{2(n^{(1)}+n^{(2)})}$

式中的 $n^{(1)}$ 及 $n^{(2)}$ 分别为第 1 类与第 2 类的样本例数，即样本容量。

我们把 Y 作为依变量，把观测指标作为自变量，就可以用多元线性回归分析方法，用两类共 n_1+n_2 个样本建立多元线性回归方程式，并用逐步回归法筛选因子，可以筛选出对判别有显著作用的因子。

【例 10－1】 奶牛酮病主要发生于经产而营养良好的高产奶牛，其产犊牛的发病率和死亡率高，给奶牛养殖业带来严重的经济损失。已知奶牛患酮病时乳中 β－羟基丁酸含量、尿酮含量会发生改变，对 20 头疑似病例奶牛进行乳中 β－羟基丁酸含量和尿酮含量检测，同时采用血清学检查（血糖和血酮含量检测）确定实际患病情况，获得数据见表 10－2。试制定出奶牛酮病的判别标准。

表 10－2　20 头奶牛乳中 β－羟基丁酸含量、尿酮含量资料

第 1 类（患酮病奶牛）：$g=1$			第 2 类（健康奶牛）：$g=2$		
观测号 i	观测指标		测号 i	观测指标	
	X_1	X_2		X_1	X_2
1	426	127	1	78	25
2	387	86	2	70	36
3	453	97	3	107	45
4	276	119	4	66	20
5	222	85	5	89	87
6	350	245	6	77	28
7	239	111	7	30	22
8	624	168	8	75	26
9	385	215	9	63	35
10	398	267	10	65	36

注：X_1 为 β－羟基丁酸含量；X_2 为尿酮。

具体步骤如下：

（1）计算每一类各观测指标的平均数及两类间的平均数之差 $d_j=\overline{X}_{1j}-\overline{X}_{2j}$，列于表 10－3中。

表 10-3　两类平均数及平均数之差

观测指标	(X_j)	各类平均数的计算				平均值之差
		$\sum_{i=1}^{n(1)} x_{ij}^{(1)}$	$\bar{x}_j^{(1)}$	$\sum_{i=1}^{n(2)} x_{ij}^{(2)}$	$\bar{x}_j^{(2)}$	$d_j=\bar{x}_j^{(1)}-\bar{x}_j^{(2)}$
β-羟基丁酸	X_1	3 778	377.80	720	72.00	305.80
尿酮	X_2	1 520	152.00	360	36.00	116.00

(2) 利用公式(10-2)计算每一类的各观测指标的离均差平方和及离均差乘积和即 sp_{jk}，计算结果见表 10-4。

表 10-4　各类离均差平方和与乘积和

	第 1 类 sp_{jk}		第 2 类 sp_{jk}	
	X_1	X_2	X_1	X_2
X_1	14 777.73	1 995.44	390.89	193.22
X_2	1 995.44	4 596.00	193.22	380.00

(3) 将两类相应的平方和 ss(或乘积和 sp)相加而成为总平方和(或总乘积和)，结果见表 10-5。

表 10-5　两类合并的离均差平方和与乘积和

	X_1	X_2
X_1	7 584.31	1 094.33
X_2	1 094.33	2 488.00

(4) 列出正规方程组。由于有 2 个观测值指标(β-羟基丁酸含量和尿酮含量)，故 $p=2$。用表 10-5 及表 10-3 中的有关数据建立的正规方程组为：

$$\begin{cases} 7\,584.31b_1+1\,094.33b_2=305.80 \\ 1\,094.33b_1+2\,488.00b_2=116.00 \end{cases}$$

(5) 用逆矩阵法解方程组，求出各判别系数，分别为：

$$b_1=0.035\,9,\ b_2=0.030\,9$$

(6) 根据公式(10-1)建立判别函数为：

$$Y=0.035\,9x_1+0.030\,9x_2$$

2. 检验判别效能

利用 F 检验法来判断两个观测值指标对判别健康奶牛与患酮病奶牛是否有显著的判别能力。首先按公式(10-5)计算 T^2 值：

$$T^2=\frac{n^{(1)}\cdot n^{(2)}}{n^{(1)}+n^{(2)}}\sum_{j=1}^{p}d_jb_j=\frac{10\times10}{10+10}\times(305.8\times0.035\,9+116\times0.030\,9)=72.81$$

再根据公式(10-4)计算 F 检验统计量，即：

$$F=\frac{n^{(1)}+n^{(2)}-p-1}{p}T^2=\frac{10+10-2-1}{2}\times72.81=618.89$$

F 值的自由度为 2 和 17，查附表 6，得 $F = 618.2750 > F_{0.01}(2,17) = 3.59$ ，$p < 0.01$，否定 H_0，接受 H_A，表明求得的判别方程式对判别健康奶牛与患酮病奶牛有极显著的判别效果。

3. 确定判别的临界值

(1)根据公式(10－6)计算每一类的平均判别函数值 $\overline{Y}_i$，分别为：

$$\overline{Y}_1 = 0.0359 \times 377.80 + 0.0309 \times 152 = 18.2401$$

$$\overline{Y}_2 = 0.0359 \times 72 + 0.0309 \times 36 = 3.6932$$

可见 $\overline{Y}_1 > \overline{Y}_2$。

(2)两组的观测例数相等，即 $n^{(1)} = n^{(2)} = 10$，按公式(10－7)计算判别临界值 Y_e：

$$Y_e = \frac{\overline{Y}_1 + \overline{Y}_2}{2} = \frac{18.2401 + 3.6932}{2} = 10.9671$$

4. 回代效果分析

首先，将表 10－2 中各类每一个体的观测值代入判别函数中得到相应的判别函数值 Y_i，结果见表 10－6。从表中可以看出，第 1 类中的第 5 号错判为第 2 类。

表 10－6 例 10－2 资料的回代判别分类

第 1 类：患病个体			第 2 类：健康个体		
样本号 i	判别函数值 Y_i	判别分类	样本号 i	判别函数值 Y_i	判别分类
1	19.20	1	1	3.57	2
2	16.53	1	2	3.62	2
3	19.24	1	3	5.23	2
4	13.57	1	4	2.89	2
5	10.59	2	5	5.88	2
6	20.11	1	6	3.63	2
7	12.00	1	7	1.75	2
8	28.21	1	8	3.49	2
9	20.44	1	9	3.34	2
10	22.51	1	10	3.44	2

然后，根据 10－6 中的判别结果，比较实际分类与回代判别分类情况，结果见表 10－7。根据公式(10－8)，计算出判别符合率为：

$$(9 + 10)/(9 + 11) = 95\%$$

表 10－7 实际分类与回代判别分类的比较

回代判别分类	实际分类	
	1	2
1	9	1
2	0	10
合计	9	11

第三节 多类判别

用 Fisher 线性判别函数进行两类判别比较方便，但如果将其用到多类判别中去就比较麻烦，这时可改用**贝叶斯判别**。贝叶斯判别的基本思想是：有一个新样本，先计算其归入每一类的概率，然后把该新样本判归概率最大的一类中。由于概率计算不大方便，实际上还是对每一类建立一个判别函数，然后将函数值的大小作判别归类的依据。

贝叶斯判别需要一些假定条件：

第一，要知道观测指标的分布类型，且各类相应指标之间的方差应相等。

第二，要知道每一类的个体在总体中的比例，即所谓**事前概率**（prior probability），这可根据理论或经验确定。但在兽医临床中有时很难知道每一类在总体中的比例，而且这种比例往往随着条件的改变而改变，例如仔猪腹泻在猪群中的发病率，它不但随季节变化有很大差异，而且与病情、类型（如病毒性腹泻、细菌性腹泻、营养性腹泻和应激性腹泻等）等有很大的关系，因此有时很难确定一个事前概率。这时往往用某一类的例数在总例数中所占的比例作为事前概率的估计值。

第三，要考虑如果对一个样本发生错判所造成的损失大小。很多情况下，往往把由错判所造成的损失看作相等，也就是说不考虑这一项。

假设有 m 类（$m\geqslant 2$），用 g 表示分类号（$g=1,2,\cdots,m$），第 g 类观测例数为 $n^{(g)}$，观测总例数为 $n=n^{(1)}+n^{(2)}+\cdots+n^{(m)}$，对每一个观测对象收集 p 个观测指标，假定这 m 类资料都来自正态分布，则第 i 总体的概率密度函数可以近似地表示为：

$$f(x_1,x_2,\cdots,x_p|\pi_i)=(2\pi)^{-\frac{p}{2}}|\boldsymbol{V}|^{-\frac{1}{2}}\exp\left[-\frac{1}{2}(\boldsymbol{X}-\overline{\boldsymbol{X}}_i)'\boldsymbol{V}^{-1}(\boldsymbol{X}-\overline{\boldsymbol{X}}_i)\right] \quad (10-11)$$

其中：$\boldsymbol{V}$ 为样本的组内方差－协方差矩阵，$\overline{\boldsymbol{X}}_i$ 为第 i 总体的样本平均数向量，$\boldsymbol{X}$ 为个体的观测值向量。

为了判断个体最有可能属于哪个总体，必须比较 g 个概率中哪个最大。概率值分别为：

$$q_1 f(x_1,x_2,\cdots,x_p|\pi_1),q_2 f(x_1,x_2,\cdots,x_p|\pi_2),\cdots,q_m f(x_1,x_2,\cdots,x_p|\pi_g)$$

由于

$$\begin{aligned}&\ln[q_m f(x_1,x_2,\cdots,x_p|\pi_i)]\\&=\ln q_m-\frac{p}{2}\ln(2\pi)-\frac{1}{2}\ln|\boldsymbol{V}|+\left[-\frac{1}{2}(\boldsymbol{X}-\overline{\boldsymbol{X}}_i)'\boldsymbol{V}^{-1}(\boldsymbol{X}-\overline{\boldsymbol{X}}_i)\right]\\&=\ln q_m-\frac{p}{2}\ln(2\pi)-\frac{1}{2}\ln|\boldsymbol{V}|-\frac{1}{2}\boldsymbol{X}'\boldsymbol{V}^{-1}\boldsymbol{X}+\overline{\boldsymbol{X}}_i'\boldsymbol{V}^{-1}\boldsymbol{X}-\frac{1}{2}\overline{\boldsymbol{X}}_i'\boldsymbol{V}^{-1}\overline{\boldsymbol{X}}_i\end{aligned} \quad (10-12)$$

$$(i=1,2,\cdots,g)$$

其中，第二、三、四项均不影响 $P_m f(x_1,x_2,\cdots,x_p|\pi_i)$ 的相对比较，实际需要比较 g 个

$$Y_i=\ln q_m+\overline{\boldsymbol{X}}_i'\boldsymbol{V}^{-1}\boldsymbol{X}-\frac{1}{2}\overline{\boldsymbol{X}}_i'\boldsymbol{V}^{-1}\overline{\boldsymbol{X}}_i \quad (10-13)$$

哪一个最大。如果最大者是 Y_{i_0}，就把这个个体判断为属于第 i_0 个总体。

上述 Y_i 称为第 i 总体的**分类函数**（classification function）。不难看出，Y_i 是 $x_1,x_2,\cdots,x_p$ 线性函数，记为：

$$Y_i=b_0^{(i)}+b_1^{(i)}x_1+b_2^{(i)}x_2+\cdots+b_p^{(i)}x_p \quad (10-14)$$

将方差－协方差矩阵 $\boldsymbol{V}$ 的逆矩阵 $\boldsymbol{V}^{-1}$ 的相应元素记为：

$$\boldsymbol{V}^{-1}=\begin{bmatrix} SS_{11} & SP_{12} & \cdots & SP_{1p} \\ SP_{21} & SS_{22} & \cdots & SP_{2p} \\ \vdots & \vdots & & \vdots \\ SP_{p1} & SP_{p2} & \cdots & SS_{pp} \end{bmatrix} \tag{10-15}$$

$$\begin{bmatrix} b_1^{(i)} \\ b_2^{(i)} \\ \vdots \\ b_p^{(i)} \end{bmatrix}=\overline{\boldsymbol{X}}_i\boldsymbol{V}^{-1} \tag{10-16}$$

便有：

$$\begin{cases} b_i^{(g)} = \sum\limits_{i=1}^{p} s^{ij}\overline{x}_i^{(g)}, & g=1,2,\cdots,m \\ b_0^{(g)} = -\dfrac{1}{2}\sum\limits_{i=1}^{p} b_i^{(g)}\overline{x}_i^{(g)}, & i=1,2,\cdots,p \end{cases} \tag{10-17}$$

在知道每一类的事前概率时，就可以写出 m 类的贝叶斯判别函数式为：

$$Y_i=b_0^{(i)}+b_1^{(i)}x_1+b_2^{(i)}x_2+\cdots+b_p^{(i)}x_p+\ln q_m \tag{10-18}$$

其中：$x_1, x_2, \cdots, x_p$ 为某一样本的观测值，$b_0^{(g)}, b_1^{(g)}, \cdots, b_p^{(g)}$ 为第 g 类的判别系数。

$\ln q^{(g)}$ 为第 g 类事前概率的自然对数（$g=1,2,\cdots,m$）。$q^{(g)}$ 不知时，可用第 g 类样本数在总样本中的比例代替，即：

$$q^{(g)}=\frac{n^{(g)}}{n} \tag{10-19}$$

$Y_1, Y_2, \cdots, Y_m$ 为判别函数值，把新个体判入判别函数值最大的一类中。

下面结合兽医临床例子来说明按贝叶斯准则建立判别函数的过程。

【例 10－2】 宠物在人们生活中越来越常见。定期体检和定期驱虫也越来越常态化，宠物一旦发生了肝脏疾病，就需要及时发现和治疗。现有 23 例患不同肝脏疾病猫的部分血常规和生化指标等数据如表 10－8。试建立判断猫肝脏疾病类型的判别函数。

表 10－8 23 例患不同肝脏疾病猫的部分血常规和生化指标等数据

编号	X_1	X_2	X_3	X_4	X_5	疾病类型
1	8.12	260.45	13.33	5.45	7.32	A
2	8.11	261.01	13.23	5.46	7.36	A
3	9.36	185.39	9.02	5.66	5.99	A
4	9.85	249.58	15.61	6.06	6.11	A
5	2.55	137.13	9.21	6.11	4.35	A
6	6.01	231.38	14.27	5.21	8.79	A
7	9.64	260.25	13.03	4.86	8.53	A

续表

编号	X_1	X_2	X_3	X_4	X_5	疾病类型
8	4.11	259.51	14.27	5.36	10.02	A
9	8.90	273.84	14.16	4.91	9.79	A
10	7.71	303.59	16.01	5.15	8.79	A
11	7.51	231.03	19.14	5.70	8.53	A
12	8.06	356.65	14.41	5.72	6.15	A
13	8.65	308.90	18.15	4.68	9.55	B
14	6.80	258.69	15.11	5.52	8.49	B
15	8.68	355.54	14.02	4.79	7.16	B
16	5.67	476.69	15.13	4.97	9.43	B
17	8.10	316.69	7.83	5.32	11.32	B
18	3.71	316.12	17.12	6.04	8.17	B
19	5.37	274.57	16.75	4.98	9.67	B
20	9.89	409.42	19.47	5.19	10.49	B
21	4.35	332.25	16.45	4.88	12.54	C
22	5.34	334.55	18.55	5.25	12.25	C
23	5.22	330.34	18.19	4.96	9.61	C

注:A 为化脓性胆管炎,B 为淋巴细胞性门静脉肝,C 为脂肪肝。X_1 为总胆红素(TBIL),X_2 为总蛋白(TP),X_3 为谷丙转氨酶(ALT),X_4 为碱性磷酸酶(ALP),X_5 为谷草转氨酶(AST)。

具体步骤如下:

(1) 计算每一类各观测指标的平均数及总平均数,观测例数及事前概率,结果见表 10-9。

表 10-9 各指标的类内平均数

观测指标的平均计分	疾病分类			总平均数 $\overline{X}_j$
	A	B	C	
X_1	7.494 2	7.108 8	4.970 0	7.030 9
X_2	250.817 5	339.577 5	332.380 0	292.329 1
X_3	13.807 5	15.447 5	17.730 0	14.889 6
X_4	5.470 8	5.186 2	5.030 0	5.314 3
X_5	7.644 2	9.285 0	11.466 7	8.713 5
观测例数 $n^{(g)}$	12	8	3	23
* 事前概率 $q^{(g)}$	0.521 7	0.347 5	0.130 4	1.000 0

注:* $q^{(g)}=\dfrac{n^{(g)}}{n}$,$n=23$。

(2) 计算每一类的各观测指标的离均差平方和及离均差乘积和,用 sp_{jk} 表示。将两类相应的平方和 ss(或乘积和 sp)相加而成为总平方和(或总乘积和)。计算结果如表 10－10。

表 10－10 各指标间的协方差矩阵

	X_1	X_2	X_3	X_4	X_5
X_1	1.000	－0.369 8	0.116 8	0.130 3	0.304 0
X_2	－0.369 8	1.000	－0.099 4	－0.500 4	－0.321 3
X_3	0.116 8	－0.099 3	1.000	0.203 9	0.317 8
X_4	0.130 4	－0.500 4	0.203 9	1.000	0.270 5
X_5	0.304 1	－0.321 3	0.317 8	0.270 5	1.000

(3) 根据方差－协方差矩阵 V,利用公式(10－15)计算逆矩阵 V^{-1},结果如表 10－11。

表 10－11 协方差逆矩阵

	X_1	X_2	X_3	X_4	X_5
X_1	1.226 1	0.435 2	－0.046 8	0.136 5	－0.255 0
X_2	0.435 0	1.565 2	－0.104 9	0.689 1	0.217 6
X_3	－0.046 7	－0.105 0	1.138 5	－0.189 3	－0.330 1
X_4	0.136 3	0.689 0	－0.189 2	1.403 4	－0.139 5
X_5	－0.255 1	0.217 6	－0.330 1	－0.139 6	1.290 1

(4) 根据公式(10－18),建立猫三类肝脏疾病的判别函数。从例 10－1 中我们看到,对于样本都有错判现象,错判就有损失,贝叶斯判别准则是使总的平均损失达到最小。根据这一准则和前面假定的条件,根据公式(10－17)求出各系数 $b_i^{(g)}$(其中,s^{ij}为表 10－11 逆矩阵中第 i 行第 j 列的元素)。由于事前概率 $q^{(g)}$ 不知,用第 g 类样本数在总样本中的比例代替,计算结果见表 10－12。

表 10－12 各类判别系数、常数与概率

疾病类型	常数项 $b_0^{(g)}$	判别系数 $b_j^{(g)}$					$lnq^{(g)}$
		$b_1^{(g)}$	$b_2^{(g)}$	$b_3^{(g)}$	$b_4^{(g)}$	$b_5^{(g)}$	
A	－51 182.820 7	116.495 7	399.824 4	－14.525 0	177.833 6	57.206 3	－0.650 7
B	－92 798.376 9	154.117 5	538.572 8	－22.447 3	237.998 2	78.234 0	－1.057 0
C	－88 729.871 0	147.678 3	526.504 6	－19.683 7	231.792 2	79.296 4	－2.037 1

根据公式(10－18)列出猫三类肝脏疾病的判别函数,即:

$$Y_1 = -51\,182.820\,7 + 116.495\,7x_1 - 399.824\,4x_2 - 14.525\,0x_3 + 177.833\,6x_4 + 57.206\,3x_5 - 0.650\,7$$

$$Y_2 = -92\,798.376\,9 + 154.117\,5x_1 + 538.572\,8x_2 - 22.447\,3x_3 + 237.998\,2x_4 + 78.234\,0x_5 - 1.057\,0$$

$$Y_3 = -88\ 729.871\ 0 + 147.678\ 3x_1 + 526.504\ 6x_2 - 19.683\ 7x_3 + 231.792\ 2x_4 + 79.296\ 4x_5 - 2.037\ 1$$

将一个新的患病猫的血常规和生化指标数据 x_1、x_2、x_3、x_4、x_5 代入上述判别函数中，计算出 3 个 Y_g 值，比较这 3 个 Y_g 值的大小，就可以将这只患病猫所患肝脏疾病类型判归到 $Y_g(g=1,2,3)$ 中最大的一类中去。

例如，检测到一只新患病猫的 5 个观测指标值分别为：$x_1=8.13$、$x_2=258.43$、$x_3=12.98$、$x_4=6.00$ 和 $x_5=8.65$，将其代入到判别函数中，则有：$Y_1=54\ 463.254\ 2$，$Y_2=49\ 449.882\ 3$，$Y_3=50\ 355.538\ 3$，其中 $Y_1=54\ 463.254\ 2$ 最大，故把这只患病猫所患肝脏疾病类型归为第 A 类（化脓性胆管炎）。

这里的 Y_1、Y_2、Y_3 数值相差较大，仅凭判别函数（分类函数）的大小就能够判别其所属类别。但有时 Y_i 数值相差较小，单纯的凭分类函数数值的大小作决策容易出现偏差，这时可分别估计该个体属于各总体的概率，则可客观地反映该个体的各种可能归属，以避免错判。

给定个体关于 $x_1, x_2, \cdots, x_p$ 的观测值，得到分类函数值后，可以进一步计算出各个体属于各总体的后验概率，即条件概率（conditional probability）。

$$P(\pi_i \mid X_1, X_2, \cdots, X_p) = \frac{\exp(Y_i)}{\exp(Y_1) + \exp(Y_2) + \cdots + \exp(Y_g)}$$

或

$$= \frac{1}{1 + \exp(Y_1 - Y_i) + \cdots + \exp(Y_g - Y_i)} \tag{10-20}$$

根据后验概率值的大小来判别该个体应该属于哪一类。

复习思考题

1. 试述判别分析的基本思想。

2. 试述 Fisher 判别分析的主要思路。

3. 在进行样本分类时，应用两类判别和多类判别的优缺点各是什么？它们的异同点在哪里？各自的应用前景如何？

4. 在研究长白猪的三种呼吸系统疾病（猪肺疫、猪霉形体肺炎和猪流感）时，每个样本考察 4 项指标，各类的观测样本数分别为 7、4 和 6。现有 4 个待判样本（观测数据见下表），假定样本来自正态总体。

（1）试用下表中数据进行两类判别分析，并对 4 个待判样本进行判别归类。

（2）使用其他的判别方法进行判别分析，并对 4 个待判样本进行判别归类。

（3）比较两种方法判别结果。

样本号	X_1	X_2	X_3	X_4	疾病类型
1	6.0	-11.5	19.0	90.0	A
2	-11.0	-18.5	25.0	-36.0	C
3	90.2	-17.0	17.0	3.0	B
4	-4.0	-15.0	13.0	54.0	A

续表

样本号	X_1	X_2	X_3	X_4	疾病类型
5	0.0	-14.0	20.0	35.0	B
6	0.5	-11.5	19.0	37.0	C
7	-10.0	-19.0	21.0	-42.0	C
8	0.0	-23.0	5.0	-35.0	A
9	20.0	-22.0	8.0	-20.0	C
10	-100.0	-21.4	7.0	-15.0	A
11	-100.0	-21.5	15.0	-40.0	B
12	13	-17.2	18.0	2.0	B
13	-5.0	18.5	15.0	18.0	A
14	10.0	-18.0	14.0	50.0	A
15	-8.0	14.0	16.0	56.0	A
16	0.6	-13.0	26.0	21.0	C
17	40.0	-20.0	22.0	-50.0	C
1	-8.0	-14.0	16.0	56.0	
2	92.2	-17.0	18.0	3.0	
3	-14.0	-18.5	25.0	-36.0	
4	-36.0	-20.0	22.0	-50.0	

注:A 为猪肺疫,B 为猪霉形体肺炎,C 为猪流感。

5. 在奶牛生产中,犊牛的培育是一个奶牛场提高单产、更新换代的重要环节。在培育过程中,犊牛肺炎严重影响犊牛成活率,给犊牛培育造成巨大的损失。某牛场犊牛发生肺炎,兽医进行部分指标检查,从而鉴别犊牛肺炎类型,下表收集了 24 例患病犊牛的 4 项指标及确诊资料,试建立判别函数式。

样本号	X_1	X_2	X_3	X_4	患病类型
1	9.400	0	14.0	1	1
2	6.971	0	7.0	1	1
3	7.650	0	1.3	0	1
4	4.011	2	8.5	1	1
5	1.300	0	9.0	0	3
6	13.900	0	4.0	1	1
7	1.002	0	43.0	1	1
8	1.463	0	15.0	1	1
9	2.600	0	85.0	1	2
10	2.740	2	31.0	0	3
11	6.471	0	133.0	0	2

续表

样本号	X_1	X_2	X_3	X_4	患病类型
12	5. 456	2	97. 0	0	2
13	2. 329	0	61. 0	0	2
14	2. 627	0	19. 0	0	3
15	3. 000	0	49. 0	1	2
16	5. 274	0	85. 0	0	2
17	4. 400	0	4. 0	0	2
18	5. 067	0	13. 0	0	3
19	11. 433	0	37. 0	0	3
20	14. 567	1	13. 0	0	2
21	46. 900	0	73. 0	0	3
22	12. 900	0	85. 0	0	3
23	4. 757	2	13. 0	0	2
24	27. 900	0	121. 0	0	1

第十一章　半数致死量

本章主要介绍半数致死量的基本概念,寇氏法、目测概率单位法和序贯法等计算半数致死量的方法,以及半数致死量的试验设计方法。

在兽医临床实践和科研工作中,经常需要分析某种因素(如药物、毒物、细菌与理化刺激等)对动物机体的毒力或效力。在这类试验中经常要用动物的存活与死亡、有效与无效等某种反应来说明因素对动物所起的作用和效果。由于动物个体间的遗传差异,少数个体对药物的治疗作用不敏感,或对药物及其他条件的毒性有较强的耐受性,不能采用全部显效或全部死亡作为判断指标。因此人们常常用使半数参试动物治疗有效量或引起一半动物死亡的致死量分别表示和衡量药物的有效性或毒力的大小。

第一节　半数致死量的基本概念

经常用来表示药物对试验动物所起效果的指标有**半数致死量**(lethal dose 50%, LD_{50})和**半数效量**(effective dose 50%, ED_{50})等。半数致死量指使全部试验动物有一半死亡所需的药物剂量;半数效量是指使全部试验动物有半数产生有效作用所需的药物剂量。由于半数致死量和半数效量都是反映药物效果的指标,只是统计的角度不同,在试验方法和统计方法上存在很大共性,因此本章仅以半数致死量为例进行介绍。

在进行药物的毒力试验时,由于动物个体的差异,药物致死剂量常常不同。如果对条件相同或相近的动物用某种药物逐渐增加剂量,会发现动物对药物反应具有一定的规律。当药物剂量较小时,动物具耐受性,随着药物剂量的增加,动物开始死亡,这时药物的剂量为最小致死量。随着药物剂量的增加,动物死亡的头数也随之增加,当药物剂量增加到一定程度时动物全部死亡,这时的药物剂量称为绝对致死量。根据各个动物的致死剂量绘成次数分布图则会发现曲线呈不对称、右侧延伸较远的曲线。若将致死剂量变换为对数值,则次数分布图近似呈正态分布,常将之称为对数正态分布(图 11-1)。

在实际研究工作中往往先做一些预试验,大致了解试验所需的药物剂量范围或剂量与死亡率的关系后,将动物分为若干组,每组给予不同剂量的药物进行处理,然后观察各组的死亡率。一般来说,随着药物剂量的增加,各组内动物的死亡率也增加,但药物剂量增加与死亡率并不是直线关系,而呈长尾的 S 型曲线。若将剂量转换为对数值,则死亡率的曲线成为一条对称的 S 型曲线(图 11-2)。

从图 11-1 和图 11-2 可以看出,在曲线的两端即药物在低浓度或高浓度时药物浓度的

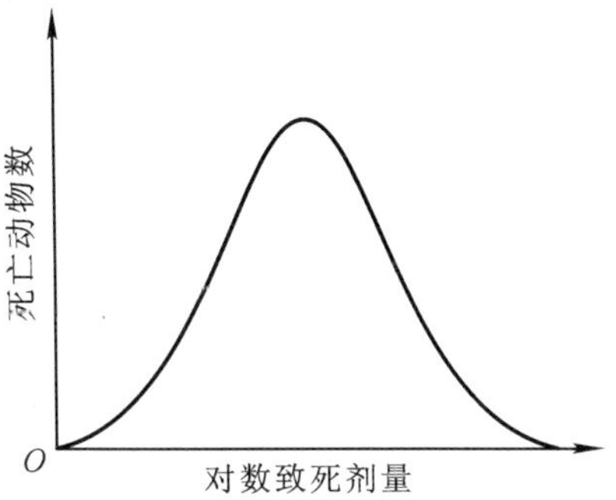

图 11－1　不同对数致死剂量的死亡次数分布

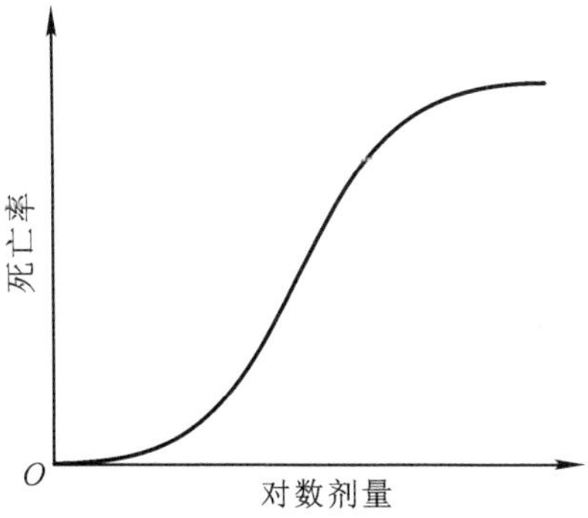

图 11－2　不同对数剂量的死亡率

改变对动物死亡率的改变影响较小,动物的死亡率对药物浓度不敏感。因此,在动物试验中,不同批动物求得的最小致死剂量和绝对致死量的变动很大,以这种指标作为药物毒力的指标是不合适的。而在曲线的中段,药物浓度微小的变动便引起动物死亡率的明显增加,死亡率对药物浓度的改变非常敏感。因此,人们常常用引起一半动物死亡的致死量即半数致死量来表示和衡量药物毒力的大小。

第二节　半数致死量的测定方法

半数致死量的计算方法有多种,其中寇氏法最为常用,目测概率单位法最为简便,序贯法最节约试验动物。下面将分别介绍这三种方法。

一、寇氏法

寇氏法(Karber's method)是一种比较方便的试验方法,在实际工作中应用较多,但在试验设计时要注意合适的试验条件。下面介绍寇氏法的具体计算步骤。

1. 计算 lg LD_{50}

寇氏法要求各组试验动物数相等,最好能包括死亡率为 0% 和 100% 的组。半数致死量对数值(lg LD_{50})的计算公式为:

$$\lg LD_{50}=\frac{1}{2}\sum(x_i+x_{i+1})(p_{i+1}-p_i) \tag{11-1}$$

其中:i 为组号,(x_i+x_{i+1}) 为相邻两组对数剂量之和,$(p_{i+1}-p_i)$ 为相应的两组死亡率之差。若相邻对数剂量又是等差级数即药物剂量是等比级数,则上式可简化为:

$$\lg LD_{50}=x_k-\frac{d}{2}\sum(p_i+p_{i+1}) \tag{11-2}$$

其中:x_k 为最大对数剂量,d 为相邻两组对数剂量之差,即相邻剂量比值的对数。

2. 求 lg LD_{50} 的反对数得 LD_{50}

3. 求 lg LD_{50} 的标准误 $s_{\lg LD_{50}}$

标准误 $s_{\lg LD_{50}}$ 的计算公式为:

$$s_{\lg LD_{50}} = d\sqrt{\sum \frac{p_i(1-p_i)}{n_i}} \tag{11-3}$$

4. 求 LD_{50}的 95% 的置信区间

置信区间的公式为：

$$\lg^{-1}(\lg LD_{50} \pm 1.96 s_{\lg LD_{50}}) \tag{11-4}$$

【例 11-1】 为了研究铵碘消毒剂对建鲤毒力的影响，随机捞取 210 尾规格基本一致的鲤鱼，放入缸内，每缸 30 尾，1 组对照，6 组处理。以等对数间距设置 6 个剂量水平（单位：mL/m^3）分别为：40.000、47.156、55.592、65.538、77.262 和 91.085。量取药液并加入缸内，搅拌均匀，96 h 后观察死亡数，结果见表 11-1。试求铵碘消毒剂对建鲤的半数致死量。

表 11-1 不同剂量铵碘消毒剂对建鲤的致死资料

组别	剂量/(mL/m^3)	动物数	死亡数	死亡率
1	40.000	30	0	0.000
2	47.156	30	3	0.100
3	55.592	30	15	0.500
4	65.538	30	20	0.667
5	77.262	30	27	0.900
6	91.085	30	30	1.000

具体计算步骤如下：

(1) 计算 $\lg LD_{50}$

本例中，相邻对数剂量成等差级数，可利用公式(11-2)进行计算：

$$\begin{aligned}\lg LD_{50} &= x_k - \frac{d}{2}\sum(p_i + p_{i+1}) \\ &= \lg 91.085 - \frac{\lg \frac{47.156}{40.000}}{2}[(0.000+0.100)+(0.100+0.500)+\cdots+(0.900+1.000)] \\ &= 1.768\ 8\end{aligned}$$

(2) 求 $\lg LD_{50}$的反对数得 LD_{50}

铵碘消毒剂对建鲤的半数致死量为：$LD_{50} = \lg^{-1}(\lg LD_{50}) = 58.722$

(3) 求 $\lg LD_{50}$的标准误 $s_{\lg LD_{50}}$

$$\begin{aligned}s_{\lg LD_{50}} &= d\sqrt{\sum \frac{p_i(1-p_i)}{n_i}} \\ &= 0.071\ 4\sqrt{\frac{0.000\times 1.000}{30} + \frac{0.100\times 0.900}{30} + \cdots + \frac{1.000\times 0.000}{30}} = 0.010\ 5\end{aligned}$$

(4) 求 LD_{50}的 95% 的置信区间

$\lg^{-1}(\lg LD_{50} \pm 1.96 s_{\lg LD_{50}}) = \lg^{-1}(1.768\ 8 \pm 1.96\times 0.010\ 5) = \lg^{-1}(1.768\ 8 \pm 0.020\ 6)$

即铵碘消毒剂对建鲤的 LD_{50}的 95% 置信区间为[56.000, 61.574]。

二、目测概率单位法

目测概率单位法是一种较为简单的计算方法，其基本原理是将剂量变成对数剂量，再将死亡率（%）转换成“概率单位”，则剂量反应曲线呈直线化，根据前述回归分析画出直线，再求出半数致死量。

所谓**概率单位**（probit）就是指标准正态曲线下面积相当于某一死亡率时横轴上的距离。为方便计算避免负号，标准正态变量 u 值一律加 5，称为概率单位（y），即：

$$y = u + 5 = \frac{x - \mu}{\sigma} + 5 \tag{11-5}$$

其中 u 值与曲线下面积为对应关系，可查附表 16，例如当死亡率为 15.87% 时，$u = -1$，此时概率单位即为 4。当死亡率为 84.13% 时，$u = 1$，此时概率单位为 6。将死亡率转换为概率单位后，对数剂量与死亡率呈直线关系。据此便可用回归法进行半数致死量的估计。

下面以实例说明目测概率单位法计算半数致死量的具体步骤。

【例 11-2】 为了研究氟对禽类的毒性，选用 1 日龄罗曼褐蛋鸡 48 羽，随机分为 6 组，每组 8 羽，其中一组为空白对照。经饮水添加不同量的氟化钠，1 次性灌喂，观察 7 天内雏鸡中毒死亡的情况，结果见表 11-2。计算口服氟化钠溶液对雏鸡的半数致死量。

计算步骤如下：

1. 编制计算表

（1）将剂量换算成对数剂量 x，结果见表 11-2 中的第五列。

（2）将死亡率换算成概率单位 y。死亡率为 0 或 1 者，不计入，或用校正数，即 0% 校正为 $0.25/n$，100% 校正为 $(n-0.25)/n$，n 为该组试验动物数，本例不需校正。查附表 16，获得死亡率对应的概率单位，列于表 11-2 的第六列。如死亡率为 75%，其概率单位为 5.674，余类推。

表 11-2　口服氟化钠溶液后对雏鸡的毒性影响

浓度/(mg/mL)	雏鸡数(n)	死亡数(r)	死亡率/%	对数剂量(x)	概率单位(y)
80.60	8	6	75.0	1.906 5	5.674
64.51	8	5	62.5	1.809 6	5.332
55.62	8	4	50.0	1.745 2	5.000
41.27	8	3	37.5	1.615 6	4.695
33.03	8	3	37.5	1.518 9	4.695
26.42	8	2	25.0	1.421 9	4.326

2. 用回归法求半数致死量

根据表 11-2 中的对数剂量（x）和概率单位（y）资料配合直线。先绘制“散点图”，横轴为对数剂量 x，纵轴为概率单位 y，绘制 6 个点，见图 11-3。计算回归方程，回归方程为 $\hat{y} = 0.636\,0 + 2.586\,0x$，并作图。当 $\hat{y} = 5$ 时 $x = 1.69$，则口服氟化钠溶液对雏鸡的半数致死量 $LD_{50} = 48.978$（mg/mL）。

3. 求半数致死量的置信区间

上面求得的 LD_{50} 是一个样本指标，只能作为总体 LD_{50} 的点值估计。同样的也可对总体 LD_{50} 做区间估计,即求总体 LD_{50} 的置信区间。首先,按公式(11-6)求各致死剂量对数值的标准差(s)。

$$s=\frac{x_2-x_1}{y_2-y_1} \tag{11-6}$$

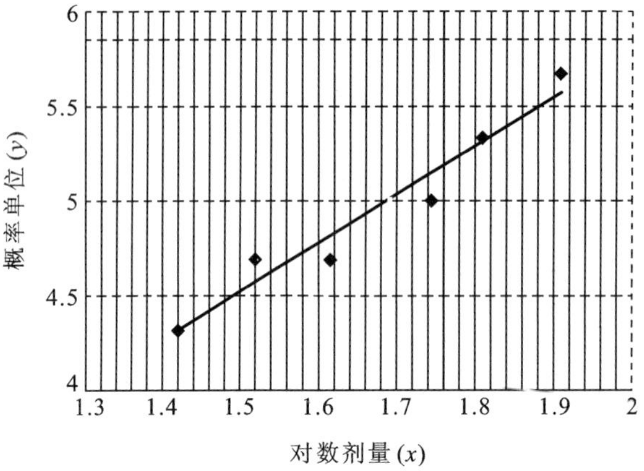

图 11-3 氟化钠溶液毒力试验反应直线

在图 11-3 的直线上任取两点,如取第一点 $y_1=4.5$,$x_1=1.49$,取第二点 $y_2=5.5$,$x_2=1.88$ 代入公式(11-6),得:

$$s=\frac{x_2-x_1}{y_2-y_1}=\frac{1.88-1.49}{5.5-4.5}=0.39$$

然后,根据公式(11-7)求 lg LD_{50} 的标准误($s_{\lg LD_{50}}$):

$$s_{\lg LD_{50}}=\frac{s}{\sqrt{N'/2}} \tag{11-7}$$

N' 为概率单位 4 至 6 范围内(即死亡率为 15.87% 至 84.13% 范围内)各组试验动物数。本例,此范围内共用试验动物数合计 40 头,即 $N'=40$。故:

$$s_{\lg LD_{50}}=\frac{s}{\sqrt{N'/2}}=\frac{0.39}{\sqrt{40/2}}=0.0872$$

最后,按公式(11-4)求 LD_{50} 的 95% 置信区间:

$\lg^{-1}(1.69\pm1.96\times0.0872)=\lg^{-1}(1.69\pm0.171)$,

即口服氟化钠溶液对雏鸡的 LD_{50} 的 95% 的置信区间为[33.037 9,72.611]。

三、序贯法

序贯法是最能节省试验动物的一种方法,又称“上下法”。由于其把计量集中用在 50% 反应率的上下,因此在确定半数致死量时具有很高的效率。其一般方法是:根据以前的经验选择一个近 50% 反应率的等比级数剂量组,通常用 4~6 个剂量组,然后将动物一只一只有序地进行试验,当动物出现阴性反应时,就选用较高一级的剂量给予下一只动物,当出现阳性反应时,就选用较低一级的剂量给予下一只动物,直到试验结束,试验所需的动物总数(n)应在试验开始前决定。

序贯法半数致死量对数值(lg LD_{50})的计算公式为:

$$\lg LD_{50} = \frac{\sum(r \cdot \lg D)}{\sum r} \tag{11-8}$$

其中：r 为同一对数剂量的死亡个体数与存活个体数之和，$\lg D$ 为对数剂量。求 $\lg LD_{50}$ 的反函数即可得到 LD_{50}。

【例 11－3】 为研究某药物的安全性，用序贯法测定昆明小鼠腹腔注射此药物的半数致死量(mg/kg)。随机选择 4 周龄昆明小鼠 22 只，给药的对数剂量应尽量从估计最可能接近 LD_{50} 的剂量开始，本例从 1.85 开始，死亡记为"+"号，存活记为"−"号。后一动物的剂量上升或下降由前一动物的死亡(S)或存活(F)来决定，从第一只改变算起(即表中第一条虚线起)，至 22 只止，最后的终止号(即第二条虚线后的"×")也作为一次试验结果。其位置决定于末一只动物的死亡或存活，末一只动物死亡者，下降一格给"×"，以存活论；末一只动物存活者上升一格绘"×"号，以死亡论。结果见表 11－3，其中 S 表示死亡，F 表示存活。

表 11－3　某药物的 LD_{50} 值测定结果

对数剂量 ($\lg D$)	试验动物号 1	2	3	4	5	6	7	8	9	10	11	12	13	14	15	16	17	18	19	20	21	22	23	死亡 S(+)	存活 F(−)	合计 r
1.95																			+					1	0	1
1.90												+						−		+				2	1	3
1.85	+		+		+		+				−		+				−				+			5	2	7
1.80		−		−		−		+		−				+		−						+		3	5	8
1.75									−						−								×	0	3	3

根据公式(11－8)计算 $\lg LD_{50}$：

$$\lg LD_{50} = \frac{1\times1.95+3\times1.90+7\times1.85+8\times1.80+3\times1.75}{22} = 1.829\ 5$$

腹腔注射某药物对昆明小鼠的半数致死量为：

$$LD_{50} = 67.537\ 6(\text{mg/kg})$$

序贯法简便易行，适于反应快速的药物试验，且使用动物较为节省，但不能估计误差，无法进行 LD_{50} 的显著性检验，因此应用受到一定的限制。但也有一些补充方法，读者可自行查阅相关资料。

第三节　半数致死量的试验设计与应用

一、半数致死量试验设计的要求

1. 试验剂量的确定

(1) 剂量范围的选择　根据以往的临床经验，参考有关资料或进行预试验，了解动物全致死和全不致死的剂量范围，要了解最小剂量等于 0% 死亡率的剂量，最大剂量等于 100% 死亡率的剂量(绝对致死量)。

(2) 剂量分组　一般以 5～8 组为宜，要求死亡率在 50% 上下约各有一半的组。如用寇氏法计算半数致死量，最好包括有死亡率为 0% 及 100% 的剂量组。

（3）各组剂量呈等比级数 即换算成对数剂量后，其相邻对数剂量呈等差级数。剂量的比值可用下式计算。

$$相邻两组剂量的比值 = \lg^{-1}\frac{\lg 最大剂量 - \lg 最小剂量}{组数 - 1} \tag{11-9}$$

求得比值以后，自第一组剂量（最小剂量）开始乘以比值，即得到相邻的下一组剂量，其余类推。

2. 试验动物的选择与分组

（1）试验动物的选择 除动物的种属选择外，对动物个体的年龄、体重、性别、生理状态及健康状况等均应严格注意。在同一试验中，动物的年龄、体重应尽可能一致。动物毒性试验一般应雌、雄动物分组同时进行。若是性别混合编组，则要求雌雄各半。

（2）试验组与对照组的设置 对试验组给予一定剂量受试物质以观察试验动物对受试物质的反应。试验组与对照组除去处理因素（给受试物质）不同外，其他条件应尽量相同。在试验时，如果对照组的试验动物出现死亡，一般应排除死亡原因，重做试验。但是做小模式动物如果蝇和线虫等的毒性试验时，因其易发生自然死亡，当对照组的试验动物死亡率在 10% 以下时，可对试验组的死亡率进行校正。然后根据校正死亡率计算半数致死量。

$$校正死亡率 = \frac{试验组死亡率\% - 对照组死亡率\%}{100\% - 对照组死亡率\%} \tag{11-10}$$

（3）试验动物的分组 试验动物的分组必须严格遵守随机化原则，以减少误差。

3. 操作规程与记录等都应有统一的规格要求。

在试验过程中，应严格遵守试验设计的要求，特别是分批试验时，更应注意条件一致，人员操作一致，以避免产生不必要的误差。

二、半数致死量的应用

1. 毒力比与效力比

半数有效量（ED_{50}）与半数致死量（LD_{50}）是衡量药物的效力与毒力的指标，因此，当需要对两种质量相同强度不同的药物或同一药物对两种不同处理后的动物所起的作用进行比较时，往往就利用 ED_{50}与 LD_{50}的对比来进行。由于药物的效力与毒力皆与其半数有效量或半数致死量的大小相反，于是这个对比公式如下：

$$效力比 = \frac{A 药效力}{B 药效力} = \frac{ED_{50B}}{ED_{50A}} \tag{11-11}$$

$$毒力比 = \frac{A 药毒力}{B 药毒力} = \frac{LD_{50B}}{LD_{50A}} \tag{11-12}$$

效力比也称相对效力。在实际应用中，B 药往往是已知的标准药物，A 药是受检药物。相对效力用 R 表示，它表示受检药物为标准药物的 R 倍。$R>1$ 或 $R<1$ 分别表示 A 药的效力大于或小于 B 药。用完全相同的理由可推知毒力比的实际意义。

2. 药物疗效评定

对药物的估计有时往往需要考虑其疗效与毒力的相对关系，这个相对关系用 LD_{50}与 ED_{50}的比值来表示，这就是**治疗指数**（treatment index，TI）。

$$TI = \frac{LD_{50}}{ED_{50}}$$

治疗指数大，表示药物的毒力低、疗效高、实用价值大。

例如，研究犬用麻醉剂 QFM 合剂急性毒性试验测得 $LD_{50}=67.676\ mg/kg$，$ED_{50}=13.152\ mg/kg$，则 QFM 合剂的麻醉指数为 $LD_{50}/ED_{50}=5.146$，这说明 QFM 安全系数较大，使用价值较高。

复习思考题

1. 半数致死量的意义是什么？为什么要用半数致死量作为药物及有毒物质的毒性指标？

2. 用苯腈腹腔注射 SD 大鼠做毒性试验，试验结果如下表。试用目测法、寇氏法求半数致死量及 95% 置信区间，并比较两种方法的计算结果。

组别	剂量/(mg/kg)	动物数	死亡动物数
1	256	10	0
2	320	10	1
3	400	10	4
4	500	10	7
5	625	10	10

3. 用灌胃法测定新型杀虫剂对某动物的毒性试验，给药剂量(单位：mg/kg)取对数后成等差数列。根据下表结果计算此新型杀虫剂的半数致死量。

对数剂量	实验动物号																						死亡	存活	合计
	1	2	3	4	5	6	7	8	9	10	11	12	13	14	15	16	17	18	19	20	21	22	S(+)	F(−)	r
3.653		+																					1	0	1
3.477	−		+		+		+								+		+				+		6	0	6
3.301				−		−		+		+		+		−		−		+		−		×	4	6	10
3.126									−		−		−						−				0	4	4

第十二章 抽样调查

本章主要介绍抽样调查的基本概念，抽样方案的制定，几种常见的抽样调查方法，样本容量的确定原则，以及抽样调查中样本容量的确定方法。

在兽医临床实践和科学研究中，特别是在流行病学调查中，由于总体往往很大，并且在很多情况下是无限的，因而无法对总体中的所有个体进行全面的调查、研究和分析，所以只能对其中具有代表性的一部分个体进行调查研究。即采用抽样的方法，从总体中抽取部分具有代表性的个体构成样本，通过对样本的分析来推断总体。那么，采取何种抽样调查方法？抽取多少个个体才能最大限度地提高调查研究的精确度、降低调查研究的成本？这就是本章要重点介绍的内容。

第一节 抽样调查的基本概念

一、抽样调查的基本概念

调查可以分为普查和抽样调查两种。**普查**(mass survey)是将所要研究的总体中的每个个体都作为调查对象，普查得到的结果真实、全面。但由于总体规模一般都很大，有些总体甚至是无限总体，在调查研究时，很难或根本无法进行普查，只能进行抽样调查。**抽样调查**(sampling survey)就是指从某一总体抽取若干个体组成样本，通过对样本的统计分析来对总体进行估计、推断。例如对某地区某畜种寄生虫病进行流行病学调查时，我们不可能对该地区所有的该种家畜全部进行调查，也没有这个必要。此时，我们可以在该地区抽取有代表性的一个小群体，对该小群体进行观察、检测和研究，并将所得特征值计算出来，用来估计该总体的一般情况。

进行抽样调查就面临着抽样的问题。**抽样**(sampling)是指从总体中抽取样本的过程。在抽样调查中，抽样是一个非常重要的环节，它直接关系到调查结果的分析、调查成本的高低，甚至整个调查研究的成败。

在调查研究中，总体是具体的，虽然有时总体容量很大，甚至是无限的，但它的确是现实存在的；在试验研究中，总体往往是抽象的，即现实中还没有这一接受某一处理的总体，要等该处理得到试验证实并加以推广后才有这一总体出现。可见，无论是在调查研究中，还是在试验研究中，抽样问题都存在，其目的都是用样本来推断总体，用样本的统计量来估计总体参数。

样本的好坏，即抽样的质量是调查研究的关键环节，因此必须重视抽样工作。抽样必须遵循以下两个原则：

1. 样本必须来自于被研究的总体

在进行调查研究时，我们必须在被调查畜种的分布范围内进行抽样，所得的资料仅用来估测、推断该地区该畜种的基本情况，而不能作跨地区、跨畜种的估计和推断。例如在东北地区调查的猪流感的流行病学调查资料就既不能用到华南地区去，也不能用来推断禽流感的流行病学情况，更不能用来说明其他疾病的流行病学情况。由于数据结构和数学模型不同，在做调查研究和试验研究时，其结果的适用范围也有所不同。总之，样本必须来自被研究的总体。

2. 样本必须具有很强的代表性

很多情况下，人们往往忽略样本的代表性，即所抽取的样本与总体是否有很大的偏离，这不仅反映在其特征值的无偏估计上，也反映在变异程度上。因此，在抽样前，一般要对总体有一个大致的了解，以便抽样时有针对性，以免由于代表性不强而得出错误的结论，产生误导作用。

由于动物体实际上包含有无数个性状，而我们在调查和试验中不可能对某一种动物的所有性状都进行调查和研究，只能选取若干个对试验条件存在有效反应的性状进行观测、调查和研究。因此，统计学意义上的所谓总体，不应该是某一畜种的集合，应该是某一性状具体观测值的集合，而样本也应该是相应性状具体观测值的子集。

二、抽样调查的意义

用样本来研究总体，抽样调查在兽医临床实践和科学研究中具有十分重要的意义。

（1）节省人力、财力和物力。我们知道，总体往往很大（这里假定总体是有限的），对其进行普查需要花费大量的人力、财力、物力和时间。如果我们制订一个合理的抽样调查方案进行准确的抽样，就可以在保证调查结果同样精确的前提下，大大地节省人力、财力和物力，缩短调查时间。

（2）当所调查的总体是破坏性性状时，抽样调查就是唯一的调查办法。例如调查家畜的内寄生虫要进行活体剖检，我们不可能做总体试验，因为这样需要宰杀所有的家畜，这将使我们蒙受巨大的经济损失（这里我们仍假定总体是有限的），因此只能采取抽样调查的办法来完成。

（3）当总体是无限的或是假想的，我们无法对总体进行调查，此时抽样调查就是唯一的调查方法。

（4）由于抽样调查的样本容量比总体容量要小得多，因此对样本进行调查研究，可以获得更高的质量和更好的效果，研究也可以更深入、更细致，所得结果也更精确，更能说明问题。当需要在实验室进行科学研究时，样本就更具有不可替代的优越性和可操作性。

第二节　抽样调查方案的制订

我们在做任何一件事情，或执行任何一项研究任务之前，都要制订一个详细的、可行的行动计划和实施方案。同样，在进行抽样调查前，为了确保调查任务的顺利完成和调查结果的真实可靠，必须先制订一个切实可行的抽样调查方案。一个合理的抽样调查方案的制订必须从以下几个方面来进行考虑。

一、抽样调查的目的

在制订抽样方案前，首先应弄清抽样调查的目的及要解决的问题。例如要对某种传染病进行流行病学调查,其主要目的就是为了摸清该传染病发生的原因、传播的途径和传播的条件,以及流行的范围,以便及时采取合理的防疫措施,以期迅速控制该传染病的流行。

二、抽样调查的对象

在明确抽样调查的目的后,要划定一个调查总体的范围作为调查研究的对象。例如要调查鸡新城疫的流行情况,就要在调查前确定是调查某一个鸡场、还是调查某一个地区,然后再进行抽样调查。抽样单位的大小应根据抽样调查的具体目的、研究的对象、问题的性质以及可支配的经费等来确定。

三、抽样调查的指标

对调查总体的了解要通过一些具体指标的量化、统计和分析来实现。例如在进行某传染病的流行病学调查时,需要统计发病动物数、死亡动物数和预防接种动物数等,然后计算感染率、发病率、死亡率和淘汰率等指标。抽样调查指标的确定一定要具体、合理、容易度量。

四、抽样调查的方法

抽样调查方法的选择是抽样方案制订的关键环节。抽样调查方法的选择应根据调查的具体目的、研究的对象和问题的性质,结合各种抽样方法的特点,并考虑抽样费用、工作难易和估计值的精确度等综合因素作出决定。一般来讲,精确度要求高时,尽量采用分层抽样、整群抽样,其中分层抽样的精确度相对较高;要求计算抽样误差时,就必须采用随机抽样,如简单随机抽样、分层随机抽样或其他形式的随机抽样;要求费用低廉,抽样易于进行时,可以采用顺序抽样、整群抽样。另外,抽样调查方法的选择还要考虑到人力、物力、时间及其他因素,确保抽样调查工作如期按质完成。

五、抽样调查的规模

样本容量与调查结果的精确度密切相关,样本容量越大,抽样误差越小,调查结果的精确度越高,统计推断的可靠性越高。但随着样本容量的增加,调查研究的成本也会迅速增加,这势必造成人力、财力、物力的耗费和时间的浪费。因此,在实际的抽样调查工作中,样本容量应根据调查的目的和研究的对象,综合考虑调查结果的精确度和调查的成本来确定,样本容量的大小应适当。样本容量与置信度(置信系数)也有关,置信度要求较低时样本容量可适当小些,否则样本应适当大些。

六、抽样调查的表格

为了确保抽样调查的规范进行、原始数据的真实可靠,在抽样调查前,要根据调查内容、调查的指标编制各种表格,以便在调查时记录各种原始数据。

七、抽样调查的组织

抽样调查必须有严密周详的组织计划,以保证整个抽样调查工作能够有条不紊的顺利开展。抽样调查的组织主要包括抽样调查工作的领导、时间与进度、人员分工、经费核算和统计分析等。

第三节　抽样调查的方法

抽样调查的方法很多,可根据抽样调查具体目的和要求选择不同的抽样调查方法。下面介绍在兽医临床实践和科学研究中常用的几种抽样调查方法。

一、随机抽样

随机抽样(random sampling),又称**简单抽样**(simple sampling),是指根据随机的原则,从一个总体中抽取若干个个体进行观测。在随机抽样中每个个体都有同等的机会或相等的概率被抽中。随机抽样的特点是:不会产生系统抽样误差,统计分析简单,但不能利用任何事先所了解的总体分布特征的信息。随机抽样适用于个体变异小、群体比较均匀的总体,随机抽样是最简单也是最常用的一种抽样调查方法。

在具体抽样时,我们不能随意地在动物群中随便抓几个个体作为观测个体,这不是随机抽样法。正确的抽样方法应当是把总体内所有个体或待抽样群体内的个体一一编号(保种、育种畜场的动物个体一般都有编号,如猪的耳号,鸡的翅号等),然后采用抓阄法、随机数字表法或计算机(器)随机数字键(伪随机数字法)进行抽样,并把待抽样群体内的相应动物个体找出。兽医抽样调查的对象是动物,是活动的。当试验人员进入畜舍内抓取动物个体时,由于动物个体的躲避、涌动和惊群,会造成动物个体强弱分布的不均匀性,使所抓住的动物个体缺乏代表性,从而使得待估参数出现偏高或偏低的情况。样本的变异情况也会偏离总体的变异情况。因此,随机抽样应严格遵循抽样规则而决不能随心所欲地进行。在抽取样本来完成某一试验时,也应注意这一问题。

二、整群抽样

整群抽样(cluster sampling)是将总体分成若干个单位群(畜群),直接抽取单位群,然后对每一抽得的单位群进行全面的调查。与随机抽样法相比较,整群抽样法可以提供更为精确的总体参数的估计值。当每一单位群内的个体数相等时,整群抽样可以无偏地估计总体平均数、百分率及群体的变异情况。整群抽样的特点是:组织调查比较方便,但抽取群数过少易产生偏差。整群抽样适用于群间差异较小的总体。

如果抽取的单位群是家系或是有血缘关系的动物,则可以对遗传性疾病、血型或某些基因型做更详细的调查和分析。在进行试验时,可以把有血缘关系的单位群从总体中抽取出来,然后随机地投入试验的每一处理或组合中去,以更好地比较处理效应,其试验效果比随机抽样更精确,同时在统计分析时可把家系也作为因素(相当于区组因素)之一进行比较。由于具有血缘关系的个体间可具有概率较大的相同基因型或蛋白型,因而试验结果会更有说服力。

当以地区为单位群进行抽样调查时,应注意被抽取地区的代表性,因而在进行整群抽样前应做预调查,在掌握了初步的情况后再抽取具有代表性的地区作为被调查的单位群,以保证结果的正确性和无偏性。

就抽样单位数而言,整群抽样法抽取的单位数要比随机抽样法少得多,但被调查个体数或投入试验的个体数则应当是相等的。例如,在总体为10 000头的藏猪中抽取10%作为样本来进行调查，随机抽样时应抽取 1 000 头，此时我们是以头为单位进行抽样的；若我们把 10 000 头藏猪均等地分成 100 个小群，每个小群 100 头，仍取 10% 进行调查，则我们随机地抽取 10 个小群进行调查，被调查的总体仍是 1 000 头，但抽样时明显节省了时间和精力。其样本大小并未改变，而调查的精确度则提高了，且用这种抽样调查法所得统计结果来估计总体情况（总体参数）也要准确得多。

当整群抽样所得到的每一单位群都很大，以致无法对抽样单位群进行全面调查或研究时，可以在抽得的单位群内再进行一次抽样，对抽得的样本进行调查研究；在抽得的样本单位群内进行再抽样，称为二次抽样。必要的时候还可以进行三次、四次抽样。

三、分层抽样

分层抽样（stratified sampling）是将研究的总体分成若干个不同的层次，然后根据需要对每个层次进行完全随机抽样，再整合到一起构成样本。分层抽样的特点是：能有效地降低抽样误差，样本代表性好，各层次间也可进行分析比较。分层抽样适用于总体内个体差异较大的情况。

在对一个总体进行抽样时，有时会遇到各种各样的情况而使样本不能精确地代表总体，甚至失去正确性：① 由于偶然的原因，使得样本偏于总体的某一隅。例如对猪舍内各猪圈进行抽样，可能会发生抽得的圈号大部分偏于东边一端或集中偏于西边一端，由于环境的差异，而使东端、中间及西端的猪可能发生生长上的系统性差异，样本圈号偏于一端，用其统计量估计的总体参数就失去准确性，如果用这种抽取的样本圈号进行调查研究时会产生很大的差异。② 当总体不是均质时，某一部分与其他部分有明显的不同，或总体本身就可分为若干不同的部分，如果我们对总体进行随机抽样，所得样本往往受各种因素影响而缺乏代表性，甚至某些部分未被抽到，或即使被抽到也会由于样本内各部分的比例与总体内各部分的比例不相同而使样本所得调查结果不能用来很好地代表总体而失去准确性。

在以上两种情况下，采用完全随机抽样法就显得比较粗糙，为了克服这些可能发生的缺点，抽样时可引入类似于局部控制的方法，将总体分为几个部分，或称层区。根据需要，层区既可以是相等的，也可以是不等的。层区可以看作是总体中的子总体，分层的原则是：每一层区内所调查研究的性状，应尽可能地均匀同质；所抽样本的容量，应根据各层区的大小及在总体内所占的大致比例来设定，每一层区内的抽样则应是完全随机的。

如果总体本身为同质，或可以假设为同质，为了分层和抽样的方便，可将总体分成几个大小相同、各部分所含个体数相等的层区，抽样时每一部分内的样本容量也相等；如果总体并不同质，则应根据总体的具体状况及调查的要求，将总体分为几个大小不等的层区，并计算各层区在原总体内所占的比例而进行抽样，每一层区内所抽得的样本容量大小也应和所在层区大小相一致。

例如，在一个有 120 幢猪舍的大型养猪场内抽取 24 幢猪舍进行伪狂犬病的调查研究，如果按完全随机抽样方法进行抽样，则这 24 幢样本猪舍可能会偏于某一端，这样的调查结果会受到环境影响而失去一定的代表性，现将这 120 幢猪舍均等地划分成 6 块（这里我们假定所有猪舍内饲养的猪都很均匀），每块内随机地抽取 4 幢，则这 24 幢猪舍绝不可能再会由于偶然因素而集中于某一端，而是比较均匀地分布于全场。当然也可以将整个猪场划分成 12 块，每块内随机地抽取 2 幢，其样本总数仍是 24 幢，这样效果更好。这样的分层抽样方法不影响平均数的计算，而抽样平均数的标准误可从层区内均方算得，这三种抽样方法自由度的剖分见表 12－1。

表 12－1　三种不同抽样方法自由度的剖分

变异来源	随机抽样	6 层区分层抽样	12 层区分层抽样
抽样单位内（误差）	23		
抽样单位内层区间	—	5	11
层区内	—	18	12

从表 12－1 中可以看出，完全随机抽样法的标准误是从 23 个自由度的抽样单位的均方计算得到的，而分层抽样是从层区内的均方计算得到的。在分层抽样中，层区间消除了一部分均方（特别是当总体不均等而分层时），余下的层区内均方就缩小了（当分层后各层区内较同质而使均方变小），因而降低了标准误，即增加了精确度。当层区间均方大于层区内均方（总体不均质时的分层必会出现这一结果）时，即表明层区间的差异的确是存在的，因而就更有必要改随机抽样为分层抽样了。需要注意的是，层区并非分得越多越好，应当根据总体的实际情况进行恰当的分层，否则会由于层区间自由度的增大，使层区间均方变小而层区内均方相应变大，致使由此而计算得的标准误变大，从而失去应有的精确度。

在具体进行分层抽样时，每一层区内的随机抽样容量应当大于 1，特别是均分层区时，每一层区间的抽样数更不能都仅为一个抽样单位，否则层区内自由度将等于 0 或变得非常小，从而无法估计抽样误差，同时这也不符合抽样设计的要求。总的来说，在使用分层抽样法进行抽样的过程中，应掌握如下原则：根据总体分布的实际情况进行分层。层区可适当多一些，每一层区的抽样单位数最少不得低于 2 个。在具体的抽样调查中，还应结合当时当地的具体条件而决定分层的形式和层区数。当分层还牵涉到经费、人力时，应以既恰到好处地分层，又能节省经费、人力为分层原则。

四、顺序抽样

顺序抽样（order sampling），又叫等距抽样法，是将总体中全部抽样单位按某种规律（例如按和目标性状有关的或无关的某一标志的大小等）排列顺序，依次编号 $x_1, x_2, x_3, \cdots, x_N$，再根据总体容量 N 和样本容量 n 确定一个抽样距 $m(N/n)$，先从 $x_1, x_2, x_3, \cdots, x_N$ 中取出一个抽样单位 x_d（d 称为随机起点），然后按抽样距 m 等距地抽取样本 x_{im+d}，$i=0,1,2,\cdots$。

当总体的排列很有规律，或可以把总体排得很有规律时，我们可以进行顺序抽样。顺序抽样法的特点是：抽样比较简单，事先不需做随机的准备工作。因此，一般对试验不熟悉的人也能完成而不会出现差错。在有限总体内，顺序抽样可以使样本分布得更均匀、广泛，因而具有更好的代表性和较高的精确度。但当总体内出现周期性交替且抽样顺序（即抽样距）与之相合或近似时，容易产生“共振”现象，这时抽取的样本反而易失去代表性，采用顺序抽样法得到的数据不能得出一个正确的抽样误差，即无法估计其置信区间。

因此，如果试验需要估计抽样误差，即希望知道精确性的话，宁可采用随机抽样法，不能为了图省事而采用顺序抽样法，因为对通过顺序抽样法而获得的样本进行统计分析，没有相应的理论依据。

为了充分发挥顺序抽样简单且可获得具有代表性的平均数的优点，避开无法估计抽样误差的缺点，顺序抽样法可以与整群抽样等其他抽样法相结合进行。

第四节 抽样规模的确定

在兽医调查研究中，我们总是希望抽样规模、样本容量足够大，因为样本容量越大，样本的代表性就越强，抽样误差就越小，抽样调查的精确度就越高，统计推断的可靠性也越高。但在实际的抽样实施过程中，还必须考虑到调查研究的成本（人力、物力、财力和时间）、调查目的和调查对象等各种因素。那么，调查结果的精确性（要求抽样规模、样本容量大）和调查成本（要求抽样规模、样本容量小）就成了一对相互矛盾的因素，这就要求我们在抽样调查前，必须利用统计学的理论来确定一个最佳的抽样规模、样本容量，既要保证调查结果的精确性，又能最大限度地降低调查研究的成本。

一、样本容量的确定原则

样本容量的确定应遵循以下原则：

（1）当总体有限且很大时，只要注意代表性，样本大小可占总体容量的 1/1 000 ~ 1/100；总体容量不是很大时，以 5% 为宜。

（2）当调查性状为质量性状时，所估计的往往是百分率或某一比例，样本容量一般要求大一些，特别是当该类性状可被分成两个以上类型，或某一百分率可能较小的情况下，样本容量更应该大一些。例如遗传性疾病调查、估计某一基因座的基因频率或基因型频率时，样本容量应大一些。家畜某传染病或寄生虫病的流行病学调查、散发性疾病调查（散发性疾病的分布往往呈泊松分布）、遗传性疾病调查（估测基因型频率）等等，样本容量应大于 500 甚至上千才能较好地对总体进行估计。

（3）当调查性状为数量性状时，则样本容量可小一些。数量性状资料也有计算百分率的，但这一类百分率与前面所述质量性状的百分率（率或构成比）不是同一概念，因此，这一类资料的抽样可相对少抽一些。

（4）当抽样调查不会对生产产生明显的不利影响时，可适当加大样本容量，甚至可对整群动物进行调查。

（5）试验样本规模的确定比抽样调查的确定更为复杂，因为试验时根据试验目的和试验因素考察的影响因素较多，分组较多，需要试验材料较多，受到时间、空间的诸多限制，加上兽医学试验往往具有破坏性或对生产有较大影响，因此，不同的试验设计方法对试验样本的规模有不同的要求。但总的原则是在满足试验准确性的前提下，尽量减少样本容量，使试验造成的损失降到最低。在此原则下还可考虑以下几点：

试验过程中，同一水平或组合内的变异越大，所需样本容量应越大；水平或组合内供试动物比较整齐，则可适当减少样本容量。

每一水平或每一组合内的独立供试单位数相等时，所需样本容量可适当少些；独立供试单位数不等时，应适当增加样本容量。

试验越规范，试验结束后所要求使用的统计方法越严格，样本容量可适当减少。

采用小家畜做试验时,试验动物头数可适当多于大家畜。

多因子设计时,每一组合内的独立供试单位可适当少些;单因子设计时,每一水平内的独立供试单位应适当多一些。

二、样本容量的确定方法

样本容量太小,会使调查结果不可靠;样本容量太大,又会造成不必要的浪费。因此,在抽样调查前,应首先确定样本容量的大小。决定样本容量大小的主要因素有:① 所研究的性状、特征的变异程度:当估计或确知所研究总体的变异程度即标准差较大时,样本容量应大一些;反之,标准差较小时可适当缩减样本容量;当对总体的情况一无所知时,则样本容量宁可大一些。② 随机抽样的**允许误差**值:所谓允许误差是指从样本所得的估计值与总体真值间的相差数值,一般来说,允许误差设置得越小,抽样的样本容量应越多;反之,允许误差越大,抽样的样本容量可适当缩减;允许误差可在研究前根据需要而定。③ 样本估计值的置信概率值:允许的置信度越高,抽样的样本容量也应越大;反之,置信度越低,则抽样的样本容量也可小一些。④ 抽样方法:不同的抽样方法,样本容量大小的要求不同。

样本容量的确定就是在保证研究结论具有一定可靠性(统计学意义达到显著性水平)的前提下确定的最少样本容量。确定样本容量方法极其复杂,下面我们介绍几种比较常用的方法。

1. 平均数抽样调查的样本容量的确定方法

在进行统计分析时会经常用到标准误,标准误的计算公式为:

$$s_{\bar{x}} = \frac{s}{\sqrt{n}} \tag{12-1}$$

从公式(12-1)中可以看出,抽样的准确性和标准误有关。标准误又和样本容量有关,即当标准差一定时,标准误与样本容量的平方根成反比。当样本容量还较小时,随着样本容量的增大,标准误即抽样误差将迅速趋小;但当样本容量增大到一定程度后,抽样误差的缩减速度就很缓慢了,此时再增大样本容量,一方面会迅速增加经费开支,另一方面对提高抽样的精确性已起不到太大的作用。因此,确定适宜的样本容量是抽样调查中一个很重要的问题。

一般情况下,我们并不知道总体是否有限,也不知道总体容量的大小,我们仅关心调查的精确性,因此,可以根据自己或他人以往的研究或经验,人为地定出一个样本平均数与总体平均数的离差,即允许误差 L,同时选定一个大致的标准差 s,其中 $L = \bar{x} - \mu$。

对于来自正态总体的小样本资料,其样本平均数服从自由度为 df 的 t 分布,即:

$$t = \frac{\bar{x} - \mu}{S_{\bar{x}}} \sim t_{\alpha}(df)$$

因此,允许误差 L 的计算公式可转换为:

$$L = \bar{x} - \mu = t_{\alpha}(df) \times S_{\bar{x}} = t_{\alpha}(df) \times \frac{S}{\sqrt{n}} \tag{12-2}$$

其中:$t_{\alpha}(df)$ 为自由度 df、双尾概率 α 下的 t 临界值。

对公式(12-2)进行变换,得:

$$n = t_{\alpha}^{2}(df) \times \frac{S^{2}}{L^{2}} \tag{12-3}$$

对于大样本资料,其样本平均数服从正态分布,即:

$$u = \frac{\overline{x} - \mu}{\sigma_{\overline{x} \sim N(0,1)}}$$

在总体方差 σ^2 未知的情况下,上式可变换为:

$$u = \frac{\overline{x} - \mu}{s_{\overline{x}}}$$

因此,允许误差 L 的计算公式可转换为:

$$L = \overline{x} - \mu = u_\alpha \times S_{\overline{x}} = u_\alpha \times \frac{S}{\sqrt{n}} \quad (12-4)$$

对公式(12-4)进行变换,得:

$$n = u_\alpha^2 \times \frac{S^2}{L^2} \quad (12-5)$$

其中:u_α 为双尾概率 α 下的 u 临界值。一般情况下,我们取 95% 的置信度,即 $\alpha = 0.05$,则 $u_\alpha = 1.96 \approx 2$,代入公式(12-5),得:

$$n = \frac{4S^2}{L^2} \quad (12-6)$$

【例 12-1】 血红蛋白含量是血液系统疾病诊断的重要指标。已知某猪种 6 月龄平均血红蛋白含量为 12 g/dL,标准差为 1 g/dL。现对某种疾病流行地区该猪种 6 月龄个体血红蛋白含量进行抽样调查,规定允许误差在 0.2 g/dL 以内,$\alpha = 0.05$,求抽样调查所需的样本容量。

这里,已知 $s = 1$,允许误差 $L = 0.2$,则所需样本容量为:

$$n = \frac{4 \times 1^2}{0.2^2} = 100$$

即在 95% 的置信度下,至少需要调查 100 个个体才能较好地说明问题。

但是,当所得的样本容量(n)较小时,要用临界值 t_α 和 n 进行多次试求,直至得到一个稳定的 n 值为止,一般试求1~2 次即可完成;当所得 $n \leqslant 5$ 时,说明所设 L 值太大,或 s 值太小,应适当调整 L 和 s 值。

【例 12-2】 标准差为 $s = 15.9$,允许误差为 $L = 10$,$\alpha = 0.05$,求抽样调查所需的样本容量。

这里,已知 $s = 15.9$, $L = 10$,$\alpha = 0.05$,根据公式(12-4),可得样本容量:

$$n = \frac{4 \times 15.9^2}{10^2} = 10.110 \approx 10$$

显然这一样本容量太小,故应重求 n 值。我们将自由度 $df = 10$,$\alpha = 0.05$ 时的 t_α 值直接代入公式(12-3),可得:

$$t_{0.05(10)} = 2.281,\text{则 } n = 2.281^2 \times \frac{15.9^2}{10^2} \approx 13$$

$$t_{0.05(13)} = 2.160\,4,\text{则 } n = 2.160\,4^2 \times \frac{15.9^2}{13^2} \approx 12$$

$$t_{0.05(12)} = 2.178\,8,\text{则 } n = 2.178\,8^2 \times \frac{15.9^2}{12^2} \approx 12$$

此时样本容量已稳定在 $n=12$，说明这次抽样调查的最佳样本容量约为 12。

2. 百分率抽样调查的样本容量的确定方法

百分率数据与平均数数据的算法基本一样。百分率标准误的计算公式为：

$$s_p=\sqrt{\frac{p(1-p)}{n}} \tag{12-7}$$

百分率资料一般服从正态分布，因此可用临界值 u_α 计算允许误差，即：

$$L=u_\alpha s_p=u_\alpha\sqrt{\frac{p(1-p)}{n}} \tag{12-8}$$

故当置信度为 95% 时，$u_{0.05}=1.96\approx2$，则样本容量为：

$$n=\frac{4p(1-p)}{L^2} \tag{12-9}$$

【例 12-3】 样本百分率 $p=0.7$，规定允许误差 $L=0.04$，$\alpha=0.05$，求抽样调查所需的样本容量。

根据公式(12-9)，可得：

$$n=\frac{4\times0.7\times(1-0.7)}{0.04^2}=525$$

说明至少需要调查 525 个个体。

百分率抽样时，样本容量一般不能太小，否则所得结果不具代表性或缺乏代表性。百分率越小，所需样本容量就应越大，以保证样本百分率能很好地估计总体百分率，如果此时仍以上面的公式来估计样本容量，就应注意缩小允许误差 L 值。

【例 12-4】 抽样调查猪的某一罕见疾病，该疾病根据以往的调查在猪群中的比例为 0.1%，规定允许误差为 0.001，求抽样调查所需的样本容量。

根据公式(12-9)可得：

$$n=\frac{4\times0.001\times(1-0.001)}{0.001^2}=3\ 996\approx4\ 000$$

但是，这样显然不大合适，因为允许误差一般应小于发病率，故取 $L=0.000\ 5$，则：

$$n=\frac{4\times0.000\ 5\times(1-0.000\ 5)}{0.000\ 5^2}=7\ 996\approx8\ 000$$

所以，至少要调查 8 000 头猪，才有可能得到有 95% 的可靠性所要求的精确度。可见，对于很小的百分率，为了有一个较好的调查结果，应注意允许误差 L 的取值，以保证有足够的样本容量来对该百分率起到一个保护作用。

复习思考题

1. 调查和试验时为什么要进行抽样？对抽样有何要求？
2. 兽医科研和调查中常用的抽样方法有哪些？各有何优缺点？
3. 在确定样本容量时，一般应遵循哪些原则？
4. 调查某地区成年母猪的血红细胞数，发现平均血红细胞数为 7.12×10^6 个/mm^3，标准差

为 2.46×10^6 个/mm^3,求对母猪的血红细胞数进行抽样调查的适宜样本容量(95% 的允许误差不超过 0.8×10^6 个/mm^3)。

5. 为研究某地区鸡的球虫感染率,预测感染率为 15%,希望调查的感染率与该地区的实际感染率相差不超过 3%,且置信水平为 99%,问应调查多少羽鸡才能达到目的?

第十三章　试验设计

本章主要介绍试验设计的概念、意义及类型，试验设计的基本原则及相互关系，试验设计中应注意的事项，以及常见的试验设计方法如完全随机设计、随机区组设计、拉丁方设计、交叉设计、析因设计、正交设计及其试验资料的统计方法。

人类早期认识世界是通过与自然界长期接触、观察而获取知识的。对自然的正确认识基于对自然的观察是否全面、真实，是否能从中找出规律。由于自然现象的复杂性，人类对自然的观察往往不能全面、客观，有时会因为假象的干扰产生错觉，得出错误的结论。随着知识和认识自然方法经验的积累，人类对自然的认识逐渐由无意识、无计划地观察转为有目的、通过试验的方法进行观察研究。

试验（experiment）是人类有明确目的、根据已有的知识和技术，通过控制和改变客观条件，对特定自然现象进行观察、分析、总结的活动，是人类认识自然、掌握自然规律的有效方法。

试验具有以下几个重要特点：① 可以把研究对象和它所处的复杂环境隔离开来，以便在更纯粹的状态下考察这个对象与某一特定条件的联系；② 可以得到在自然条件下很少遇到或根本不可能出现的现象；③ 可以把复杂的过程分解为简单的部分，把自然界的大规模的现象变为试验中的小模型；④ 可以使一种现象多次重复出现；⑤ 科学试验不仅是人的认识同客观世界的联系环节，而且也是人的认识同生产实践的重要联系环节。

按照不同的角度，可将试验分为多种类型。如，按照研究阶段可分为试验初期的探索试验、研究中期的析因试验和研究后期的优化试验；按照研究采用的方法可分为调查试验和研究试验；按照因素数目可分为单因素试验和多因素试验；按照控制试验误差的方向可分为单向控制、双向控制和多向控制试验；按照设计中水平组合与试验单位的安排可分为完全试验和不完全试验等。

试验要具有代表性、正确性和重演性。为了更有效地进行试验，必须对试验进行严密的设计，方能得出科学、有效的结论。

试验设计（experimental design）就是根据试验目的、试验条件和试验设计原则对试验的因素、指标、水平及试验单位进行合理安排，并根据统计学原理提出试验产生数据的分析方法等工作，属于数理统计的一个分支。试验设计的主要目的是：① 使试验结果能回答所提出的问题，答案应是明确的，而不是模棱两可的；② 使试验能在更少的人力、物力和时间的条件下，得到更精确的结果。这不仅意味着工作效率的提高，也是试验的精确性与科学性的加强。

1925 年，英国试验统计学家、方差分析的创立者 R. A. Fisher 在他出版的《研究工作者的统计方法》一书中首先提出了“试验设计”这一术语。1935 年，他又出版了《试验设计》，提出了试验设计的基本原则，并详述了随机区组设计、拉丁方设计等试验设计方法，标志着试验设计体系的诞生。20 世纪 50 年代后，适应工业发展的需求，试验设计理论和实践，尤其是优化设计和质量控制理论方法得到快速发展，在各行业领域包括畜牧兽医行业中得到广泛应用。目前发展出数十种适用于各种条件下和各种研究目的的试验设计方法。

试验设计的理论基础是数理统计，因此，试验设计应符合统计学思想的要求；反过来，每种试验设计方法都有其对应的统计分析方法，用于分析得到的试验数据。

第一节　试验设计的原则

一、试验的一般步骤

一个完整的、科学的试验大致可分为以下六个阶段：

(1) 确定研究目的，提出研究假设　首先要了解相关领域的研究进展和已有研究的背景条件与局限性、已经解决了的问题和尚未解决的问题，并结合自身的软、硬件条件进而确定自己的研究目的，然后将研究目的转化为统计问题，即研究假设。假设的提出应基于前人的研究成果和自己经验与资料的积累。一个假设的提出，必须能为试验过程的直接观测所证实或否定。如某试验的目的是要对新药物 A 和传统药物 B 治疗鸡大肠杆菌病的疗效进行比较，通常提出的是新药物 A 优于传统药物 B 的假设。另外，在提出假设时，应综合考虑影响条件的设置，如果考虑影响条件过多，会使试验过于复杂，或试验规模过大而难以实现；相反，若考虑影响条件过少，会使试验延期，模型过于粗糙，实质性问题不清，花费大且信息量过小。

(2) 查阅并收集相关资料　确定了研究目的之后，就要着手收集与此相关的文献，从文献中了解相关试验研究的技术方法、仪器设备，试验规模、试验动物及其数量，考察的因素及其水平，所需工作量，以及经费估算等。特别要注意前人研究的不足之处，以便在制定自己的研究方案时借鉴或避免。必要时要进行探索性的预试验。

(3) 起草试验方案　考虑研究应该以什么作为试验指标、研究哪些因素、如何配置、怎样处理误差、数据的收集和统计方法等，并考虑试验的场地、时间和设施条件等，提出可行的实施计划。

(4) 试验的实施　要按照设计方案正确地实施试验，在可能的范围内，应当使试验的实施简便易行，尽可能采用机械化、自动化。此阶段是构成研究活动的一个重要部分，但并不是整个研究工作。

(5) 资料的整理和试验结果的分析解释　通过对试验数据资料的初步整理，了解资料的基本特点和分布，采用适当的统计方法进行分析，并对统计分析的结果作出合乎专业知识的结论。

(6) 发表研究成果　在统计分析的基础上要及时将阶段性工作与前人资料进行对比，对有学术价值的或有实践意义的结果公开发表，这将对理论或实践起推动作用。

进行试验设计时要根据试验的目的充分考虑研究条件。在条件满足的情况下，可以考虑采用已成型的试验设计方法安排试验。

二、试验设计中的几个常用术语

(1) 试验单位　在试验中，独立接受某一处理的试验材料称为**试验单位**（experimental unit）。

从统计分析的角度上讲,试验单位是接受处理的一个具有独立误差的观测值的单位。这里所说的试验单位与统计学中的个体有所不同,个体是指在总体中具有独立误差的观测值。

例如,研究复方中药添加剂对奶牛产奶量的增产效果,随机选择中国荷斯坦奶牛 50 头,分 2 组,每组 25 头,第一组饲喂含有添加剂的饲料,第二组饲喂不含添加剂的饲料,测定试验奶牛的 305 天产奶量。在此试验中,一个试验单位就是一头奶牛。但在统计中个体是指每一头奶牛的产奶量。

(2) 试验指标 **试验指标**(experimental index)是对所研究或调查现象性质的定性或定量刻画,是衡量试验结果的标准。试验指标可根据其性质分为量指标、质指标和时指标,还有介于量指标与质指标之间的等级指标。在生物学试验中,试验指标往往等同于**性状**(trait)。

量指标是观测的生物反应的连续量,如产奶量、日增重、血糖浓度等。量指标数据一般服从正态分布。

质指标是以某些特定反应的出现或不出现作为指标,如死亡与存活、有效与无效、阴性与阳性、畜禽的性别、毛色等,常用百分率表示。质指标数据通常服从二项分布。

时指标是某种质反应出现所需的时间,以连续量表示,但不是生物反应的本身,如自给药至动物康复所需的时间,注射激素后至血液中出现某种产物特定浓度的时间等。时指标往往呈偏态分布。

等级指标也称为半定量指标,如用药后疾病的变化可分为痊愈、显效、无效、恶化和死亡;组织的病变程度可分为 + + +、+ +、+ 等。等级指标能比质指标获得较多的信息,但由于等级指标测量值往往带有主观性,因此不如量指标和时指标精确,而且由于其概率分布会严重偏离正态,必须采用非参数统计方法进行统计分析。

指标通常有绝对数、相对数、增减数和百分数等形式。

(3) 试验因素 试验中所研究的影响指标值变化和取值的条件称为因子或**因素**(factor)。在试验中,可将试验因素理解为自变量,而试验指标理解因变量。因素的类型主要有:① 特殊质量因素:其不同水平无自然秩序,是人为确定的。如不同的家畜品种及品系、不同的疾病、不同的药物、不同的度量技术等;② 数量因素:可用数量明确区分的不同水平,如不同饲料的蛋白水平、不同的温度、某种药物不同的剂量、浓度、气压等;③ 秩质量因素:介于前两类因素之间,在水平安排上有一定顺序,但与数量因素相比又显得粗糙。如对疾病的严重程度,可将病畜分为“轻度”“中度”“重度”;月龄可划分为“6 月龄以下”“6 ~ 18 月龄”“18 月龄以上”等;④ 抽样质量因素:因素的不同水平是由抽样造成的,如原材料或兽药的不同年份、不同批次等。

(4) **水平**(level)是因素的不同状态、类别和量级,可分为数量、质量及时序等状态。

(5) **处理**(treatment)是指对试验单位施加的不同措施。在单因素试验中,不同水平就是不同的处理;而在多因素试验中,因素不同水平间的组合就称为处理。多因素试验中处理可分为交叉组合、系统组合以及混合组合等。

三、试验设计的一般原则

英国统计学家 Fisher 提出了试验设计的三个基本原则,即设置重复、随机化和局部控制。

(1) 设置重复 试验中同一处理内含有两个或两个以上的试验单位,即为**重复**(replication)。单饲的试验动物,以个体为单位设置重复;群饲的试验动物,以群为单位设置重复。重复的主要作用有四个：一是试验中如没有系统误差只有随机误差，则可用同一处理内多次重复间的差异来估计随机误差，如果只有一次观测（不设置重复），则无法估计随机误差；二是同一处理的多次观测值的平均数可以作为真值的估计值，但由于随机误差的存在，每次试验的平均数都有所不同，设置重复可以估计出试验结论的可靠性；三是增加重复数可以缩小随机误差，提高试验的精确度，没有重复，没有误差作为相对的参照，就不会得出可靠的结论；四是为下面两个原则创造条件，因为如果没有重复，就谈不上随机化和局部控制。

（2）随机化 **随机化**（randomization）指试验单位在各处理中的分配和各个试验处理进行的次序都是随机的、等概率的。随机化的意义是使研究对象具有相同的机会进入任何一个处理。随机不是随意。随机化是正确使用统计方法的前提。在试验规模较小的情况下，随机化也有可能造成偏差，为了更好地消除系统误差，必须考虑采用局部控制的方法。

（3）局部控制 试验时为控制或降低非试验因素对试验结果的影响而采取一定的技术措施或方法称为**局部控制**（local control）。由于试验规模和试验条件的限制，不可能做到所有试验单位完全一致，试验环境也不可能完全统一。这种情况下，试验单位和试验环境的不一致会增大试验误差，降低试验的精确性和检验的灵敏度。此时，可将试验空间（试验单位或试验环境）或时间分成若干个各自相对一致的局部，每一个局部构成一个区组，在区组间可存在较大差异，而区组内各单位则应尽可能相同。在统计分析时，可将区组作为独立因素从试验误差中分离出去，从而增加试验的准确度。区组内保证试验单位的一致性，可增加试验的精确度。

试验设计三个基本原则的关系和作用如图 13－1 所示。

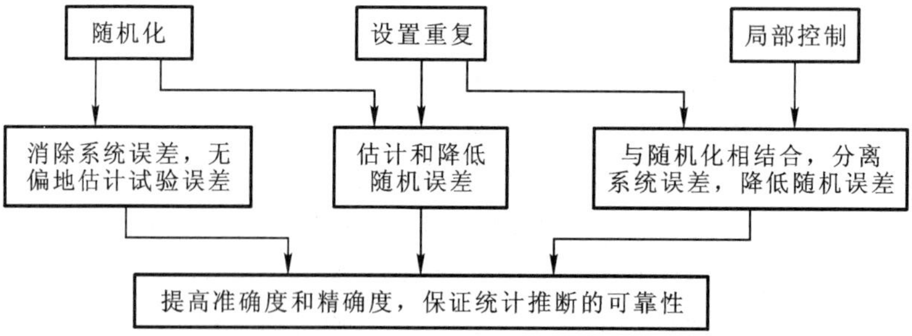

图 13－1 试验设计三个基本原则及其作用

试验设计时还要注意均衡性（balance），即设法使各种处理下的试验单位受到非试验因素干扰和影响的机会和数量基本相等，使试验单位反映出的试验效应能较客观地体现出各处理的效应。

四、试验设计中应注意的问题

（一）试验指标的选择

要根据试验目的来决定试验指标的选择，是量指标还是质指标，是一个指标还是多个指标。试验指标要具有客观性、特异性、重现性、正确性和可行性。

客观性是指该试验指标是客观存在的，可以通过一定的方法观察、测量出来。如体温、血压、病灶的面积和抗体的滴度等都是客观存在的指标，而且可用客观方法进行测量、记录。兴奋、萎靡是人对动物机体生理反应判断的主观指标,不同测定者在不同的心情下可能会有不同的判断。主观判断指标(如评分法)的主观性较强,易受测定者的干扰,重现性较差,不如客观指标判定准确。因此在采用评分法、分级法观察指标时,应注意制订严格的分级评分的标准,统一培训研究者并增加重复,以减小主观因素造成的影响。

试验指标应对研究目的具有特异性。试验指标必须针对研究的问题设定,只有在试验目的明确的前提下才能选定。试验指标要能够反映试验要达到的目标,而且不会产生歧义,要具有专一性。如研究降压药的效应以血压为指标,研究抗结核药的治疗效果以动物结核病变程度作为指标,研究反刍动物的瘤胃微生物菌群,用甲烷、乙烷和丙烷的比例作为指标,研究猪的应激敏感综合征,以氟烷测定结果作为试验指标等都具有特异性。研究绵羊的硫需要量目的就不很明确,是生长需要,产毛需要,还是羊毛的某一项特性(长度、细度、卷曲等)需要,特异性就无法体现。研究牛、羊等的布氏杆菌病,虽然流产是一个良好的指标,但该指标不够特异、专一,因为其他疾病也会造成流产。研究某种药物治疗鸡白痢的效果,如果仅以鸡的体温下降为指标就不恰当,因为影响体温不正常的因素有很多,体温下降也不能说明病情一定好转。

试验指标的重现性是指在相同条件下重复进行试验应该得出相似的结果。这是根据科学研究的结果得出的结论之所以能够对实践具有指导意义的前提条件。如果采用的试验指标不能重现,则试验结论无法作为一个普遍规律应用,试验本身就失去了意义。

指标的正确与否与研究人员、仪器精度及指标的性质有关。正确性包括精确度和准确度。量指标一般比质指标的精确度高,但较易受到仪器设备、操作人员及试验设计中不完善条件的影响。仪器的灵敏度越高,受干扰的因素也越多,误差也越大;而仪器的灵敏度不高,则测定的正确性就会受到影响。仪器有偏差,即使有较好的重现性,也是不正确和不客观的。

试验指标要有可操作性,应尽可能由仪器来测定指标。使用先进的仪器设备进行自动测定会有比较客观的结果。在进行试验设计时,也应当考虑采用其他有效的试验指标。在试验经费有限时,尤其要考虑试验条件的可行性。试验指标还应便于记录,便于统计分析。

在试验中,为了使试验结果在多层次、多角度相互印证,通常采用多个指标。试验指标是多种类型的,不同类型试验指标所对应的统计方法也有所不同。

(二)试验因素的确定

试验因素要根据试验的目的和试验条件确定。试验中应主要考虑对试验指标有较大影响的主要条件(即试验因素),其他条件可作为区组因素考虑。如果无前人的试验和自己的经验作参考,则应考虑多因素情况。因为试验不仅要考虑各种因素的主效应,而且还要考虑因素间的交互作用,因素间的交互作用会对试验指标产生不可忽视的影响。如采用完全试验设计,随着因素数目的增加,其水平组合数将急剧增大,从而增加试验的工作量。因此,必要的预试验是不可缺少的,可以用较少的耗费来决定试验因素的取舍。在预试验中,可考虑采取正交试验设计进行部分试验。单因素试验是较为简单的试验,只有试验的目的十分明确的时候才考虑单因素试验的设计方法。因为单因素试验设计得出的信息量少,有时还会产生较片面的结论。

(三)试验水平的设置

水平的间距应适当,因为因素的水平间可能不是线性关系。但又不能分得过细,否则效应区分不明显,还会加大工作量。如在药物研究中,如果不能测出不同剂量药物的作用差别,就表示其灵敏度选择得不够恰当,必须加以改进。理论上,采用剂量反应呈直线关系的区间,试验的灵敏度最高。应根据前人的试验、调查、积累和预试验的情况确定水平的上下限和水平的间距。

(四) 试验单位的选取

试验单位的选取应考虑到试验的可操作性,并且根据试验设计的原则设置重复。在生产条件下进行动物试验,要注意群饲问题。如进行鸡、猪的饮水防疫,由于在生产中是若干羽鸡同笼饲养,若干头猪同圈饲养,无法区分饮水防疫的单只效果,试验单位就应是一笼鸡或者一圈猪。试验单位的选取还应考虑彼此之间的独立性,这是进行统计分析的前提条件之一。如采用某种治疗方法治疗动物的疾病,虽然试验动物都是从大群中随机选取的,但其中部分个体具有相同的遗传背景,这些个体都抗病或都易感,这就可能使结论产生偏差。

(五) 对照组的设置

对照组(control group)指在试验中为了比较某种处理的效应,作为比较的基础设置的试验组。任何科学研究中都不能缺少对照。应用对照的目的之一在于观察使用的方法是否适合,另一个更为重要的作用是估计和排除各种偏差的效果,从而可以显示出处理的真正影响。因此在试验中设置对照组十分重要,要同等重视对照组设置和试验组设置。

对照分为空白对照、标准对照、自身对照和试验对照。

空白对照是指在空白条件下进行的观测对照。如研究某种中药添加剂的奶牛抗热应激作用,只饲喂普通饲料而不添加中药添加剂组即为空白对照。在药物喷雾进行鸡舍消毒试验中,不消毒就是空白对照。

试验对照是在一定的试验要求下特地为该试验而设的对照。如用姜黄素替代抗生素抑菌效果的试验中,设置的抗生素组即为试验对照。

标准对照是指以某标准值作为对照。如畜禽疫病诊断中设置的各种标准品组。

对照组的设立必须根据研究目的,仔细考虑如何设立。设立对照组必须做到除了各组所给定的处理不同外,其他条件必须完全一致,才具有可比性。设立对照组应有明确的对照作用。如调查某绵羊品种猝死症的发病情况,和其他品种作对照进行比较时,应根据唯一差异原则设置,避免牧场条件和品种间差异的混杂无法正确解释比较结果。如果要比较某种疫苗的免疫效果,单用前人文献中的其他同类疫苗的免疫效果作对照,就难以分清究竟是疫苗差异还是试验条件差异,这样的对照选用得就不合适。

(六) 随机化

试验动物不管怎样选择,其个体间始终都会存在一定的差异。为了使每头动物在试验时都有同等的机会进入试验组或对照组,避免人为主观因素的影响,在对试验动物进行分组时,必须使用随机分配的方法。其目的是为了获得一个正确的、无偏的误差估计值。除此之外,试验资料的统计也要求误差必须具有随机性。随机化是按照不依人主观愿望的机遇法则来进行分配。在试验中抽样、处理的分配和试验动物的分组都要采取随机化的方法。如在某动物试验中已确定每组需动物 20 只,如果先抽取 20 只作一组,再抽取 20 只作为另一组,就不是随机化。可能先抽取到的动物体弱,性情较温和,跑得慢而先被抽取到。尽管抽取动物是未加人为意愿的,但两组的动物体质上可能存在差别,这会影响到试验结果的准确度。再如治疗流感时,由于临床病例数的季节性差异较大,如果新药治疗组用于冬春季,而传统药物治疗组用于夏秋季,就会出现较大的系统误差,无法做出新药的具体疗效是否优于传统药物的结论。再如将试验动物空腹称重,试验动物共 120 只,每只称重时间 2 min,共需 4 h。开始时动物体重是正确的,但随着测量的进行,后面测定的动物就要考虑负的误差影响，因为越到是后面的动物，其空腹的时间就越长，称重结果就有可能产生一定的系统误差。在确有系统误差时，可以用回归方程来修正资料，或通过随机化或随机区组的形式消除存在于组间的系统误差。

随机化的具体方法在本章第二节中将作介绍。

随机化不是万能的，在抽样规模较小时，随机化不能消除所有非试验因素的影响，此时应配合局部控制的方法来分离系统误差。

（七）样本的代表性

试验设计阶段所指的样本与统计分析中的样本有所差别。后者指的是由试验材料施加处理所取得的数据，而前者则是指从符合要求的试验材料中随机抽取的动物个体。变量的测定值是依附于试验材料存在的，用一种试验材料可以测得多个变量的统计样本，从而样本规模往往是一致的。试验材料的代表性和一致性会直接影响到试验测定结果的正确性。

科学研究绝大多数都是抽样研究。通常是从一个或几个样本所得到的数据、规律，来推断、估计总体的情况，用以指导实践。因此，在研究工作中，所选的研究对象是否具有代表性，将直接影响到研究结果的广泛适用性，影响到研究工作的质量。

最理想的样本应该是从拟研究的总体中通过随机抽样得到的，并且达到一定的样本容量。一般来说，采用质指标的试验比采用量指标的试验需要更大的样本容量。另外，在动物试验中选择样本时，供试动物的年龄、性别及其他条件各方面都应尽量保持一致。样本缺乏代表性的本身应看作是一种试验设计的缺陷。如果存在这种问题，应在论文的“讨论”中明确说明。

由于个体之间存在差异，因此，任何抽样方法都不可能使样本完全反映总体的全貌，抽样误差总是存在的。试验应设置重复，样本容量越大，抽样误差越小。但样本容量过大，耗费的人力、物力、财力就越大，这会造成不必要的浪费；而样本容量太小，检验功效太低，又不易检查出有显著性差异的结果。因此试验重复的设置在于样本是否具有足够的代表性。

（八）试验目的与数学模型

根据试验目的的不同，试验因素的效应可分为固定效应和随机效应。相应地，试验数据的数学模型也分为固定模型和随机模型。在多因素试验中，影响试验结果的因素既有固定效应因素，也有随机效应因素时，该模型称为混合模型。不同效应模型数据资料的统计方法是不同的。因此，在试验设计中，不仅要进行试验的安排，也要同时确定试验各因素的数学模型，以便采用相应的统计方法进行统计分析。

第二节　单因素试验设计

在本节和第三节中，我们将介绍几种常见的、成熟的试验设计方法。这些试验设计方法仅适用于相关条件得到满足的情况下。如果条件不具备或不完善，不考虑实际条件生硬套用，会产生较大误差，甚至得出错误结论。

一、完全随机设计

在试验中，每个试验单位具有同等的机会从总体中被抽出，并被随机地分成若干个组，每个组随机地分配到各个处理中，这样的设计就称为**完全随机设计**（complete random design）。完全随机设计是最简单的也是最常用的一种试验设计方法。

（一）应用条件

完全随机设计适用于要考察的试验因素较为简单，各试验单位基本一致，且相互间不存在已知的联系，不存在已知的对试验指标影响较大的干扰因素，或者已知的一些干扰因素虽然存在，但可以通过随机分配试验单位和对试验环境中干扰因素的控制，使干扰因素在各处理中平衡分布，其作用相互抵消，从而达到突出试验处理效应的目的。一般情况下，设置的处理数不宜太多，处理数太多，容易造成处理（水平）之间方差的不同质。

（二）样本容量的确定

1. 两个处理的完全随机设计样本容量　两个处理（或一处理一对照）的完全随机设计的数据分析采用 t 检验。通常总体方差为未知。在确定样本容量时，常采用两样本容量相等的设计。

假设两样本容量均等于 n，事先确定达到显著的差值为 d（即两个总体平均数的差值大于或等于 d 时能得到显著结果），希望达到的检验功效 $p=1-\beta$（通常取 $p=0.8$ 或 0.9），检验所用的显著性水平 α（在一般情况下，取 $\alpha=0.05$）。

样本容量的估计公式为：

$$n=\frac{2(t_{\alpha}+t_{2\beta})^{2}s^{2}}{d^{2}},\quad df=2(n-1) \tag{13-1}$$

其中：n 为需估计的样本容量；s 为两总体标准差估计值，可由预试验、参考文献或经验获得；d 为达到显著时的两总体平均数的最小差值，可根据参考文献人为确定；t_{α} 为在自由度为 $2(n-1)$ 时双尾概率为 α 的 t 分布临界值；$t_{2\beta}$为在自由度为 $2(n-1)$ 时双尾概率为 2β 的 t 分布临界值。

在样本容量估计时，由于公式（13－1）中的 t_{α}、$t_{2\beta}$均与样本容量有关，因此需首先以自由度 $df=\infty$ 的 t_{α} 和 $t_{2\beta}$代入公式进行计算，算出 n 后，根据 $df=2(n-1)$ 查得相应的 t_{α} 和 $t_{2\beta}$，再代入公式计算，计算结果可采用“取整＋1”或“四舍五入”原则，得到 n 值。如此迭代计算，直至连续两次计算所得 n 相等为止。

【例 13－1】 以家兔为试验动物研究内毒素对肾功能的损害作用。设立对照组和以耳静脉注射大肠杆菌内毒素的模型组，测定 35 h 后家兔的排尿量。预试验已知正常家兔的平均排尿量为 2.5 mL，标准差为 1.0 mL。希望平均差值为 $d=1.5$ mL 内即测出差异显著性，问每组需要多少只家兔才能满足试验要求？

根据已知条件，样本标准差为 $s=1.0$，$d=1.5$，$\alpha=0.05$，选择检验功效 $p=0.9$。

首先取 $df=\infty$，$t_{\alpha}=t_{0.05}=1.96$，$t_{2\beta}(df)=t_{0.20}(\infty)=1.282$。

$$n=\frac{2(t_{\alpha}+t_{2\beta})^{2}s^{2}}{d^{2}}=\frac{2\times(1.960+1.553)^{2}\times1.0^{2}}{1.5^{2}}=9.343\approx9\text{ 只}$$

$df=2(n-1)=2\times(9-1)=16$ 时，$t_{0.05}(16)=2.120$，$t_{0.20}(16)=1.337$

$$n=\frac{2(t_{\alpha}+t_{2\beta})^{2}s^{2}}{d^{2}}=\frac{2\times(2.120+1.337)^{2}\times1.0^{2}}{1.5^{2}}=10.623\approx11\text{ 只}$$

$df=2(n-1)=2\times(11-1)=20$ 时，$t_{0.05}(20)=2.086$、$t_{0.20}(20)=1.325$

$$n=\frac{2(t_{\alpha}+t_{2\beta})^{2}s^{2}}{d^{2}}=\frac{2\times(2.086+1.325)^{2}\times1.0^{2}}{0.8^{2}}\approx11\text{ 只}$$

因此，每组至少需要 11 只家兔才能满足在平均差值 1.5 mL 内测出差异显著性的试验要求。

这里，我们可以看出，对试验的要求越严格（即 d 值越小），所需要的样本容量就越大。

2. 三个以上处理的完全随机设计样本容量

一些统计教材中推荐根据 F 分布当 $df_2 \geqslant 12$ 时，5%或1%的临界值变化幅度趋小的现象，以 $df_2=12$ 为确定样本容量的依据。但这种样本容量估计方法较为粗糙。试验设计时应考虑到试验误差的大小和处理数的多少。为了准确估计处理间的差异，当试验误差较大时，所需的样本容量要大；而试验误差较小时，所需的样本容量相对较小。在重复数不变的情况下，处理数越多，误差自由度越大；但分组较多时，往往难以保证处理间误差的同质性。在实际应用时，应考虑试验过程中的意外，尤其是动物试验，要考虑动物的疾病、死亡、逃逸等情况，所以应在此基础上适当扩大重复数。一般情况下，完全随机试验各组的样本容量应大于5个独立试验单位。

（三）分组方法

完全随机设计的实质是随机分组。常用的随机分组可采用抽签或利用随机数字（附表18）等方法。目前大多数函数型计算器都有产生随机数字的功能，也可以使用计算机软件中的随机函数功能产生随机数字。

如果将试验单位分为两组，可用产生的随机数字按照单、双号随机分组；如果分组在三组以上，则可以按照试验单位数的多少，产生不重复的随机数，将产生的随机号按照数字大小依次将试验单位分配给各组。

（四）试验结果的统计分析

试验分为两组时，采用成组数据资料比较的 t 检验法。试验分为三组或三组以上时，采用单因素方差分析法进行 F 检验。

（五）优缺点

优点：设计简单，处理数和重复数的多少不受限制，因此可充分利用所有试验单位提供的信息；在进行方差分析时，随机误差的自由度大于处理数和重复数相同的其他试验设计，检验的灵敏度高；如果试验中有试验单位缺失，信息量损失也最小。

缺点：没有考虑到试验中存在的其他干扰因素的作用。如果试验单位一致性差，则会增大随机误差。由于未考虑试验设计三个原则中的局部控制原则的应用，当存在系统干扰因素时，会产生较大的系统误差，降低检验功效和统计结果可靠性。

二、配对设计

配对设计（paired design）的设计方法及统计分析方法见第四章相关内容。

（一）样本容量的估计

配对设计的数据分析采用配对资料的 t 检验。配对设计的样本容量的估计公式为：

$$n=\frac{(t_{\alpha}+t_{2\beta})^2 s_d^2}{d^2},\quad df=n-1 \tag{13-2}$$

【例 13-2】 在例13-1中，采用配对设计方法进行试验，预试验已知 $s_d=1.0$ mL，希望平均差值为1.5 mL内测出差异显著性，问至少需要的试验家兔为多少对？

根据已知条件，样本标准差为 $s_d=1.0$，$d=1.5$，$\alpha=0.05$，选择检验功效 $p=0.9$。

首先取 $df=\infty$，$t_{\alpha}=t_{0.05}=1.96$，$t_{2\beta}(df)=t_{0.20}(\infty)=1.282$。

$$n=\frac{(t_{\alpha}+t_{2\beta})^{2}s_{d}^{2}}{d^{2}}=\frac{(1.96+1.282)^{2}\times1.0^{2}}{1.5^{2}}=4.671\approx5$$

$$df=n-1=5-1=4,t_{0.05}(4)=2.776、t_{0.20}(4)=1.533$$

$$n=\frac{(t_{\alpha}+t_{2\beta})^{2}s_{d}^{2}}{d^{2}}=\frac{(2.776+1.533)^{2}\times1.0^{2}}{1.5^{2}}=8.25\approx8$$

$$df=n-1=8-1=7,t_{0.05}(7)=2.365、t_{0.20}(7)=1.415$$

$$n=\frac{(t_{\alpha}+t_{2\beta})^{2}s_{d}^{2}}{d^{2}}=\frac{(2.365+1.415)^{2}\times1.0^{2}}{1.5^{2}}=6.350\approx6$$

$$df=n-1=6-1=5,t_{0.05}(5)=2.571、t_{0.20}(5)=1.476$$

$$n=\frac{(t_{\alpha}+t_{2\beta})^{2}s_{d}^{2}}{d^{2}}=\frac{(2.571+1.476)^{2}\times1.0^{2}}{1.5^{2}}=7.279\approx7$$

与上一迭代结果相同,所需要的家兔基本稳定在6~7对,应取其上限。故采用配对设计至少需要7对家兔才能满足试验要求。如果是自身配对,则至少需要7只家兔。

(二)优缺点

优点:应用了局部控制原则,将不同试验单位间的差异通过配对数据的差值予以消除,降低了试验误差,提高了试验分析的灵敏度。

缺点:仅适于两处理的试验;对配对条件要求比较苛刻,有时难以找到适合配对的试验单位。

三、随机区组设计

随机区组设计(randomized block design)是配对设计的扩展。当试验的处理在两个以上时,如果存在某种对试验指标有较大影响的干扰因素(如试验单位的差别,或试验空间、时间、测试仪器、操作人员等条件存在明显差异),根据配对试验可以通过局部控制降低试验误差的原理,将配对设计中的对子扩大为组,每组试验单位基本一致,不同组之间在该干扰因素方面有差别,这样的设计称为随机区组设计。随机区组设计中区组内试验单位数(区组容量)与试验因素水平数(处理数)相同的设计称为完全随机区组设计。区组容量小于处理数的设计称为不完全随机区组设计。本书中仅介绍完全随机区组设计。

在动物试验中,常见的区组有:(1)以窝作为区组,即考虑多胎动物(如猪和小鼠等)个体间的遗传差异和哺乳动物哺乳期的母体环境差异对试验指标的影响,单胎动物(如牛和马等)也可以家系作为区组;(2)以空间(包括场、畜舍等)为区组,即考虑试验单位所在空间的差异对试验指标的影响;(3)以时间为区组,考虑在不同时间分批次完成试验时,试验条件的差异;需要说明的是,以时间为区组时,不包括同一组试验单位在不同时间的测定(属于重复测量设计);(4)以试验测定仪器或操作人员为区组,考虑不同仪器的准确度和精确度,操作人员的技术水平等对试验指标的影响等。

(一)应用条件

随机区组设计适用于在试验中只考察一个试验因素。已知外界还存在着一个对试验指标有明显影响的干扰因素;可以找到由于干扰因素不同水平区分的若干组条件一致的试验单位,每组内包含的试验单位数等于处理数;已知干扰因素和试验因素间不存在交互作用;试验中比较的处理数较少。

（二）区组数的确定和分组方法

区组数（即每个处理重复数）要根据试验单位的差异性、试验的精确度要求来确定。在试验前，可以通过预试验初步了解试验单位的差异性，再根据处理数和试验的精度要求来确定区组数。由于随机区组设计在数据分析中较完全随机设计减小了误差自由度，因此在处理数相同的情况下，区组数（重复数）的设置应比完全随机设计的重复数要大一些。同样，在实际应用时，还应考虑试验过程中的意外对重复数的要求。同一组内的试验单位应随机配置给不同的处理。随机配置可采用抽签或随机数字的方法。

（三）试验结果的统计分析

统计分析方法见第五章随机区组设计资料的方差分析，这里不再叙述。

（四）优缺点

优点：试验的处理数和区组数没有严格的限制，即处理数与区组数之间无关，设计较为简单；应用了局部控制原则，干扰因素作为区组可通过方差分析剖析出来，从而降低了试验误差，提高了检验的灵敏度。

缺点：由于区组自由度的分离，降低了误差项的自由度，因此，如果区组因素间差异不显著时，则此设计与完全随机设计相比，会降低检验的灵敏度；当处理数较多时，有时难以找到足够数量的满足试验条件的试验单位，因而难以实施该设计，因此，当区组的 F 值很小时（如 F 值接近 1 或小于 1），可将区组的自由度与平方和合并到误差项中计算新的误差项均方以检验处理，此时，随机区组设计实际上变成了完全随机设计；试验前有时难以判断区组因素是否与试验因素间存在交互作用。

四、拉丁方设计

随机区组设计是将试验处理从一个方向排成区组或重复，而**拉丁方设计**（latin square design）是从两个方向排成区组（或重复）配置两个区组因素和一个试验因素的设计。

拉丁方是以拉丁字母（A、B、C、D、…）排列的方阵，但每个字母在每一行和每一列出现且仅出现一次。第一行和第一列按字母自然顺序排列的拉丁方称为标准拉丁方。k 行 k 列的拉丁方一般记为 $k \times k$ 拉丁方，也称为 k 阶拉丁方。例如：

3×3 拉丁方

ABC

BCA

CAB

4×4 拉丁方

（1）	（2）	（3）	（4）
ABCD	ABCD	ABCD	ABCD
BADC	BCDA	BDAC	BADC
CDBA	CDAB	CADB	CDAB
DCAB	DABC	DCBA	DCBA

5×5 拉丁方

(1)	(2)	(3)	(4)
ABCDE	ABCDE	ABCDE	ABCDE
BAECD	BADEC	BAECD	BADEC
CDAEB	CEBAD	CEDAB	CDEAB
DEBAC	DCEBA	DCBEA	DEBCA
ECDBA	EDACB	EDABC	ECABD

6×6 拉丁方	7×7 拉丁方	8×8 拉丁方
ABCDEF	ABCDEFG	ABCDEFGH
BFDCAE	BCDEFGA	BCDEFGHA
CDEFBA	CDEFGAB	CDEFGHAB
DAFECB	DEFGABC	DEFGHABC
ECABFD	EFGABCD	EFGHABCD
FEBADC	FGABCDE	FGHABCDE
	GABCDEF	GHABCDEF
		HABCDEFG

上述所列举的拉丁方由于第一行、第一列均为按字母自然顺序排列，因而均为标准拉丁方。

（一）应用条件

试验仅考察一个试验因素；由于经费及试验条件的限制，可采用的试验单位数较少；已知存在两个对试验指标有较大影响的干扰因素，且干扰因素之间、干扰因素与试验因素间不存在交互作用。

（二）设计方法

根据处理数任选一个相应阶数的标准拉丁方，将标准拉丁方的行和列随机重排，并配置给相应的干扰因素，再将处理随机地分配给拉丁方中的每个字母。

【例 13-3】 研制抗生素替代品是解决畜牧业养殖中禁抗后细菌性疾病防控的重要措施。为了研究 5 种新型抗生素替代品的药物代谢动力学特征，采用拉丁方设计，选择 5 头条件一致的大白猪母猪，分别给予 5 种抗生素替代品，每次给药相隔 7 天。在每次给药后的 3 h、6 h、9 h、12 h 和 16 h 各测定一次血液中抗生素替代品的有效成分的含量。按照以往的经验，不同个体和给药后时间对试验指标有较大影响，且不存在药物、个体和测定时间之间的互作。

1. 选择标准拉丁方　任选一个 5×5 拉丁方，如选择第一个标准拉丁方。

2. 从 1、2、3、4、5 这 5 个数中进行不复置抽样，假设抽签得到（5、3、1、2、4）、（4、2、3、1、5）和（2、1、3、5、4）这样 3 组的随机顺序号。

3. 按照第一组随机数字对标准拉丁方进行行重排，再按照第二组随机数字进行列重排，结果如下：

ABCDE1		ECDBA5		BCDEA5
BAECD2		CDAEB3		EDACB3
CDAEB3	→	ABCDE1	→	DBCAE1
DEBAC4		BAECD2		CAEBD2

ECDBA5	DEBAC4	AEBDC4
1 2 3 4 5	1 2 3 4 5	4 2 3 1 5
标准拉丁方	行随机重排	列随机重排

4. 按照第三组随机数字将同剂量的5种抗生素替代品配置给拉丁方中的字母。即：

A = 抗生素替代品2，B = 抗生素替代品1，C = 抗生素替代品3，D = 抗生素替代品5，E = 抗生素替代品4。

按照此拉丁方设计，其中行代表5头大白猪母猪，列代表5个测定时间，字母代表5种抗生素替代品。

（三）试验结果的统计分析

【例13-4】　假设按例13-3中的试验得到以下结果（见表13-1），试进行5种抗生素替代品有效成分在血液中浓度（单位：μg/mL）的差异性分析。

表13-1　不同个体和不同测定时间对5种抗生素替代品有效成分在血液中浓度的影响

母猪编号	测定时间					合计
	3 h	6 h	9 h	12 h	15 h	
1	15.38(B)	9.51(C)	6.23(D)	8.68(E)	6.49(A)	46.29
2	12.23(E)	7.46(D)	8.47(A)	6.09(C)	8.99(B)	43.24
3	5.45(D)	6.25(B)	6.93(C)	4.96(A)	7.57(E)	31.16
4	6.02(C)	5.82(A)	7.22(E)	4.45(B)	3.11(D)	26.62
5	5.23(A)	6.63(E)	3.49(B)	0.87(D)	4.22(C)	20.44
合计	44.31	35.67	32.34	25.05	30.38	167.75

将表13-1中不同抗生素替代品对应的试验结果进行整理，见表13-2。

表13-2　5种抗生素替代品有效成分在血液中的浓度变化

抗生素替代品种类	A	B	C	D	E	合计
合计	30.97	38.56	32.77	23.12	42.33	167.75
平均	6.19	7.71	6.55	4.62	8.47	6.71

由上可见，在拉丁方设计中，行数 = 列数 = 重复数，设拉丁方的阶数为 k，则拉丁方试验资料的数据分析可看成是三因素 k 水平的部分试验，其数学模型为：

$$x_{ijk} = \mu + \alpha_i + \beta_j + \gamma_{(t)} + e_{ij(t)}$$

其中 α_i、β_j 分别为行区组第 i 水平、列区组第 j 水平的效应，可为固定效应也可为随机效应。$\gamma_{(t)}$ 为第 t 处理的效应；$e_{ij(t)}$ 为随机误差，且相互独立，服从 $N(0,\sigma^2)$。

（1）计算各项平方和与自由度

$$C = \frac{T^2}{k^2} = \frac{167.75^2}{5^2} = 1\ 125.602\ 5$$

$$SS_T = \sum_i \sum_j \sum_h x_{ijk}^2 - C = 15.38^2 + 9.51^2 + \cdots + 0.87^2 + 4.22^2 - 1\ 125.602\ 5$$

$$= 1\,330.600\,9 - 1\,125.602\,5 = 204.998\,4$$

$$SS_A = \frac{1}{k}\sum_{i=1}^{k} T_{i\cdot k}^2 - C = \frac{(46.29^2 + 43.24^2 + 31.16^2 + 26.62^2 + 20.44^2)}{5} - 1\,125.602\,5$$

$$= 1\,221.965\,1 - 1\,125.602\,5 = 96.362\,6$$

$$SS_B = \frac{1}{k}\sum_{j=1}^{k} T_{\cdot jk}^2 - C = \frac{(44.31^2 + 35.67^2 + 32.34^2 + 25.05^2 + 30.38^2)}{5} - 1\,125.602\,5$$

$$= 1\,166.409\,5 - 1\,125.602\,5 = 40.807\,0$$

$$SS_t = \frac{1}{k}\sum_{i=1}^{k} T_{ij\cdot}^2 - C = \frac{(30.97^2 + 38.56^2 + 32.77^2 + 23.12^2 + 42.33^2)}{5} - 1\,125.602\,5$$

$$= 1\,169.250\,1 - 1\,125.602\,5 = 43.647\,6$$

$$SS_e = SS_T - SS_A - SS_B - SS_C = 204.998\,4 - 96.362\,6 - 40.807\,0 - 43.647\,6 = 24.181\,2$$

$$df_T = k^2 - 1 = 5^2 - 1 = 24, df_A = df_B = df_t = k - 1 = 5 - 1 = 4$$

$$df_e = df_T - df_A - df_B - df_t = 24 - 4 - 4 - 4 = 8$$

（2）列出方差分析表

方差分析表见表 13－3。

表 13－3 不同抗生素替代品作用时间拉丁方试验方差分析表

变异来源	平方和	自由度	均方	F 值
个体间（行间）	96.362 6	4	24.090 7	11.955 1**
测定时间（列间）	40.807 0	4	10.201 8	5.062 7*
替代品间（处理间）	43.647 6	4	10.911 9	5.415 1**
误差	24.181 2	12	2.015 1	
总计	204.998 4	24		

查 F 表，$df_1=4$，$df_2=12$ 时，$F_{0.05}=3.26$，$F_{0.01}=5.41$，F_A、F_C 均大于 $F_{0.01}$，F_B 大于 $F_{0.05}$。结果表明不同抗生素替代品间有效成分在西液中的浓度存在极显著的差异，需要进行多重比较。

（3）多重比较

采用 q 法，平均数差异标准误为 $s_{\bar{x}} = \sqrt{\frac{MS_e}{k}} = \sqrt{\frac{2.015\,1}{5}} = 0.634\,8$

计算 R 度值 D_α（见表 13－4）。

表 13－4 误差自由度等于 12 时不同极距对应的 R 度值 D_α

极距 r	$q_{0.05}$	$q_{0.01}$	$D_{0.05}$	$D_{0.01}$
2	3.08	4.32	1.955	2.743
3	3.77	5.05	2.393	3.200
4	4.20	5.50	2.666	3.492
5	4.51	5.84	2.863	3.707

各抗生素替代品间平均数差异的多重比较见表 13－5。

表 13-5　不同抗生素替代品有效成分在西液中的浓度多重比较表

抗生素替代品	检测含量	0.05	0.01
E	8.47	a	A
B	7.71	a	AB
C	6.55	ab	AB
A	6.19	ab	AB
D	4.62	b	B

由多重比较表可见，抗生素替代品 E、D 有效成分含量差异极显著，抗生素替代品 B、D 有效成分含量差异显著，其余抗生素替代品间差异不显著。

（四）优缺点

优点：采用双向局部控制，在不增加试验单位的情况下，可用统计方法消除两个干扰因素对试验误差的影响，提高检验的灵敏度。

缺点：要求区组间、区组与试验因素间不存在交互作用，条件较为苛刻，尤其在无文献及经验可参考时，较难判断，如存在交互作用则不能使用这种设计；设计缺乏灵活性，设计中要求两干扰因素水平数和处理数相等，尤其是在处理数较多时，不易安排合适的区组，在这种情况下，可考虑采用不完全拉丁方设计。由于分离出两个区组自由度，误差自由度进一步减小，降低了检验的灵敏度。在处理数少于 5 时，误差自由度小于 12，检验的灵敏度较低，在这种情况下，可考虑采用重复拉丁方设计。

五、交叉设计

交叉设计（crossover design）又叫**反转设计**（reversal design），是指在同一试验中，将不同组的试验单位分期交叉安排不同处理的试验方法。常见的有 2×2 或 2×3 交叉设计。

（一）应用条件

在配对设计或随机区组设计中，为了消除试验单位间的差异，提高试验的精确度，对同一区组的试验单位要求一致，但在实际工作中有时难以做到。当因素间无明显的交互作用，并且在试验中可以避免前期试验所造成的残效时，可以考虑采用交叉设计。

（二）设计方法与统计分析

1. 2×2 交叉设计　2×2 交叉设计试验单位的配置见表 13-6。

2×2 交叉设计的数学模型为 $x_{ijk}=\mu+\alpha_i+\beta_j+\gamma_k+e_{ijk}$，其中 α_i 表示第 i 个处理的效应，β_j 表示第 j 个群体（个体）的效应，γ_k 为第 k 个时期的效应。交叉设计要求不同组别的重复数必须相等。交叉设计是一种不完全设计，资料的统计分析要考虑不完全试验的特点，方差分析较为复杂。其统计分析方法用具体实例来说明。

表 13-6　2×2 交叉设计表

群别	时期	
	Ⅰ	Ⅱ
1	处理 1	处理 2
2	处理 2	处理 1

【例 13-5】　选择 6 头 6 周龄健康杜长大杂

交猪，随机分为 B_1 和 B_2 两组，采用 2×2 交叉设计，进行两种不同 pH 值的恩诺沙星注射液肌注，给药后 4 h 测定血液中药物浓度（单位：μg/mL），同一头猪肌注不同注射液的时间间隔为 7 天。试验设计及结果见表 13-7。分析两种不同 pH 值恩诺沙星注射液给药后血药浓度的差异。

表 13-7 两种不同 pH 值恩诺沙星注射液肌注后血药浓度 单位：μg/mL

群别	个体	时期		$d=C_1-C_2$
		Ⅰ(C_1)	Ⅱ(C_2)	
	B_{11}	0.65(A_1)	0.60(A_2)	0.05
B_1	B_{12}	0.57(A_1)	0.52(A_2)	0.05
	B_{13}	0.72(A_1)	0.39(A_2)	0.33
	B_{21}	0.54(A_2)	0.62(A_1)	-0.08
B_2	B_{22}	0.69(A_2)	0.78(A_1)	-0.09
	B_{23}	0.38(A_2)	0.50(A_1)	-0.12

上表中，$d_1=0.05+0.05+0.33=0.43$，$d_2=-0.08-0.09-0.12=-0.29$

按照单因素二水平差值的分析方法（Lucas 法）进行计算。处理数 $a=2$，重复数 $r=3$。

$$C=\frac{(|d_1|-|d_2|)^2}{ar}=\frac{0.019\,6}{6}=0.003\,3$$

$$SS_T=\sum_i\sum_j d_{ij}^2-C=0.05^2+0.05^2+\cdots+(-0.12)^2-0.003\,3$$
$$=0.142\,8-0.003\,3=0.139\,5$$

$$SS_A=\frac{(d_1-d_2)^2}{ar}=\frac{[0.43-(-0.29)]^2}{6}=0.086\,4$$

$$SS_e=SS_T-SS_A=0.139\,5-0.086\,4=0.053\,1$$

$df_T=ar-1=2\times3-1=5$　$df_A=a-1=2-1=1$　$df_e=a(r-1)=2\times(3-1)=4$

方差分析表见表 13-8。

表 13-8 两种不同 pH 值恩诺沙星注射液肌注后血药浓度方差分析表

变异原因	平方和	自由度	均方	F
处理	0.086 4	1	0.086 4	6.496
误差	0.053 1	4	0.013 3	
总计	0.139 5	5		

查 F 值表，$F=6.496<F_{0.05}(1,4)=7.71$，$p>0.05$，说明两种 pH 值的恩诺沙星注射液肌注 4 h 后猪血液中药物浓度无显著差异。

2. 2×3 交叉设计　2×3 交叉设计试验单位的配置见表 13-9。

表 13-9 2×3 交叉设计表

群别	时期		
	Ⅰ	Ⅱ	Ⅲ
1	处理 1	处理 2	处理 1
2	处理 2	处理 1	处理 2

2×3 交叉设计的数学模型为 $x_{ijk}=\mu+\alpha_i+\beta_j+\gamma_k+e_{ijk}$，其中 α_i 表示第 i 个处理的效应，β_j 表示第 j 个群体（个体）的效应，γ_k 为第 k 个时期的效应。

【例 13-6】 将 120 羽产蛋率相同的海兰蛋鸡随机分为 2 组，每组 4 个重复（15 羽为 1 个重复），分 3 个产蛋期，每期 20 天，每期间隔 10 天，第 1 组在 3 个产蛋期中分别饲喂 EM（有效微生物）发酵料（A）、普通饲料（B）和 EM 发酵饲料（A），第 2 组分别饲喂普通饲料（B）、EM 发酵饲料（A）和普通饲料（B）。记录每期的产蛋数。检验 EM 发酵饲料对海兰蛋鸡产蛋量有无显著影响（表 13-10）。

表 13-10 2×3 交叉试验饲喂两种饲料的蛋鸡产蛋量

重复	产蛋期产蛋量（枚）			$d_i=C_1-2C_2+C_3$	
	Ⅰ（C_1）	Ⅱ（C_2）	Ⅲ（C_3）	d_1	d_2
1	245（A）	246（B）	243（A）	-4	
2	238（A）	234（B）	256（A）	26	
3	251（A）	250（B）	256（A）	7	
4	245（A）	242（B）	247（A）	8	
5	235（B）	241（A）	238（B）		-9
6	245（B）	252（A）	239（B）		-20
7	246（B）	247（A）	242（B）		-6
8	239（B）	243（A）	234（B）		-13

计算每一重复 $C_1-2C_2+C_3$ 的差，得 $d_1=-4+26+7+8=37$，$d_2=-9-20-6-13=-48$

$$C=\frac{(|d_1|-|d_2|)^2}{ar}=\frac{(37-48)^2}{8}=15.125$$

$$SS_T=\sum_i\sum_j d_{ij}^2-C=(-4)^2+26^2+\cdots+(-6)^2+(-13)^2-15.125$$

$$=1\ 491-15.125=1\ 475.875$$

$$SS_A=\frac{(d_1-d_2)^2}{ar}=\frac{[37-(-48)]^2}{8}=903.125$$

$$SS_e=SS_T-SS_A=1\ 475.875-903.125=572.75$$

$df_T = ar - 1 = 2 \times 4 - 1 = 7 \quad df_A = a - 1 = 2 - 1 = 1 \quad df_e = a(r - 1) = 2 \times (4 - 1) = 6$

方差分析表见表 13 - 11。

表 13 - 11　2 ×3 交叉试验饲喂两种饲料的蛋鸡产蛋量方差分析表

变异来源	平方和	自由度	均方	F 值
处理间	903. 125	1	903. 125	9. 46 *
误差	572. 75	6	95. 458	
总变异	1 475. 875	7		

查 F 值表，$F_{0.05}(1,6) = 5.99$，$F_{0.01}(1,6) = 13.75$，$F_{0.05} < F < F_{0.01}$，$p < 0.05$，差异显著，说明 EM 发酵饲料对蛋鸡产蛋量有显著促进作用。

（三）优缺点

优点：设计简单，使用的试验单位少；可以剔出试验中由于前后测定顺序造成的干扰误差，有较高的精确度。交叉设计是兽医学中进行药效试验常用的试验设计方法。

缺点：交叉设计存在一定程度的效应混杂，采用差值分析是考虑到效应之间的相互抵消，因此要求各组试验单位数必须相同；设计要求因素间无交互作用；为了消除上一试验时期处理作用对后一试验时期的干扰，应在试验各时期之间设置一段不施加任何处理的试验缓冲期或间隔时间。缓冲期长短应适当，如果间隔时间不充分，后续处理会受到上一个时期处理的影响，而间隔时间太长，又会延长整个试验期；采用的试验单位少，误差项自由度小于 12 时，检验灵敏度降低。

第三节　多因素试验设计

在兽医临床实践和科研工作中，常常需要同时考察多种试验因素对试验指标的影响，不仅要研究单个因素的效应，更要研究因素间的互作效应，以提高试验的效率。根据因素间的关系与排列方式，多因素试验可分为交叉分组试验和嵌套（系统）分组试验；根据因素水平组合是否在试验中全部设置，多因素试验又可分为完全试验和不完全试验。多因素试验设计属于探索性试验，其目的是了解试验因素的主效应及试验因素之间是否存在互作效应。一个交叉分组的多因素完全试验要对各个因素的所有水平组合（即处理）都安排试验。例如，试验中要考察两个试验因素，每个因素有 3 个水平，完全试验即形成 $3 \times 3 = 9$ 个试验组合（处理），每个处理中安排若干个重复，这样在进行统计分析时，就可分析出两个因素的主效应和两个因素间的互作效应。但当试验中要考察的因素较多或水平较多时，水平组合数就会急剧增加，常常由于无法找到相同的试验单位或者由于试验条件、经费、场地等条件的限制而很难实施完全试验。例如要考察 5 个因素，每个因素各设 3 个水平，完全试验就需要设置 $3^5 = 243$ 个试验组合，如果每个试验组合设置 3 个重复，就要 729 个条件一致的试验单位，这在实际工作中显然是难以做到的。因此，在多因素试验中，可根据试验设计的原则，有选择地安排部分处理进行试验，并使之较好地反映全部试验的情况，这种试验即为不完全试验。在本节中，我们将分别介绍完全试验的析因设计和不完全试验中较简单的正交设计。

一、析因设计

安排所有试验因素的全部水平，各因素水平都交叉形成水平组合（即处理），每个处理中设置若干个重复的试验单位。所有参加试验的试验单位要求基本一致，且按照随机的原则配置到各个处理中，考察因素的主效应和各因素间的互作效应。这种设计称为**析因设计**（factorial experiment design）。

常用的析因设计主要有 2^k 析因设计和 3^k 析因设计，即 k 个因素（一般为 2 ~ 4 个）、2 水平或 3 水平的析因设计，各因素水平也可以不等。因素更多时不宜采用析因试验设计。

（一）两因素析因设计

设计方法和统计分析方法可参见第五章中的两因素方差分析。

（二）三因素完全析因设计

【例 13 - 7】 研究对苯二甲酸（TPA）、乙二醇（EG）和联苯 - 联苯醚（DOW）对肝脏的损伤作用。三种化学物质按照每 kg 体重给药量各设两个水平（TPA：0、1.5 mg；EG：0、0.5mg；DOW：0、0.5 mg），试验大鼠 96 只随机分成 8 组进行析因试验，每组 12 只。测定血液中谷丙转氨酶含量（表 13 - 12），考察三种化学物质对肝脏损伤的主效应及互作效应。

表 13 - 12 三种化学物质对大鼠血液谷丙转氨酶的影响析因试验数据表

B(EG)	C(DOW)	A(TPA) 0	A(TPA) 1.5	$T_{\cdot jk\cdot}$	$T_{\cdot j\cdot\cdot}$
0	0	47.91, 56.01, 25.50, 36.06, 34.25, 38.00, 37.68, 57.72, 35.89, 29.77, 46.27, 39.92	39.98, 54.45, 24.14, 29.59, 49.66, 52.59, 37.05, 53.01, 42.34, 49.37, 53.42, 32.37	942.93	2 397.03
	$T_{ijk\cdot}$	484.98	457.95		
	0.5	35.63, 46.61, 29.00, 44.21, 39.52, 38.00, 30.89, 44.22, 37.41, 43.43, 29.60, 39.43	58.02, 69.62, 36.12, 63.08, 68.75, 59.88, 41.40, 66.08, 59.57, 40.00, 63.63, 38.61	1 454.10	
	$T_{ijk\cdot}$	752.82	701.28		
0.5	0	56.69, 79.30, 53.16, 59.24, 56.35, 68.21, 66.84, 73.36, 60.02, 42.38, 73.22, 64.05	36.29, 43.39, 46.93, 57.15, 63.62, 65.10, 68.10, 72.15, 76.10, 78.34, 79.40, 83.71	1 182.73	2 716.68
	$T_{ijk\cdot}$	517.97	664.76		
	0.5	61.39, 71.28, 47.77, 64.36, 72.17, 58.50, 66.00, 56.51, 50.94, 37.04, 42.34, 72.98	68.36, 76.11, 42.50, 69.96, 47.52, 74.77, 68.82, 73.47, 63.28, 72.76, 50.81, 55.31	1 533.95	
	$T_{ijk\cdot}$	770.28	763.67		
	$T_{i\cdots}$	2 526.05	2 587.66	5 113.71	

设 A 因素(TPA)、B 因素(EG)和 C 因素(DOW)的水平数分别为 a、b 和 c,重复数为 n。计算步骤如下:

$$\sum_i \sum_j \sum_k \sum_l x_{ijkl}^2 = 293\ 717.18$$

$$C = \frac{T_{\cdots\cdot}^2}{abcn} = \frac{5\ 113.71^2}{2\times2\times2\times12} = 272\ 396.15$$

$$SS_T = \sum_i \sum_j \sum_k \sum_l x_{ijkl}^2 - C = 293\ 717.18 - 272\ 396.15 = 21\ 321.03$$

$$SS_A = \frac{1}{bcn}\sum_i T_{i\cdots}^2 - C = \frac{1}{2\times2\times12}\times(2\ 526.05^2 + 2\ 587.66^2) - 272\ 396.15 = 39.53$$

$$SS_B = \frac{1}{acn}\sum_i T_{\cdot j\cdot\cdot}^2 - C = \frac{1}{2\times2\times12}\times(2\ 397.03^2 + 2\ 716.68^2) - 272\ 396.15 = 1\ 064.33$$

$$SS_C = \frac{1}{abn}\sum_k T_{\cdot\cdot k\cdot}^2 - C = \frac{1}{2\times2\times12}\times(2\ 125.66^2 + 2\ 988.05^2) - 272\ 396.15 = 7\ 747.04$$

$$SS_{A\times B} = \frac{1}{cn}\sum_i \sum_j T_{ij\cdot\cdot}^2 - \frac{1}{bcn}\sum_i T_{i\cdots}^2 - \frac{1}{acn}\sum_j T_{\cdot j\cdot\cdot}^2 + C$$

$$= \frac{1}{2\times12}[(484.98 + 752.82)^2 + \cdots + (664.76 + 763.67)^2]$$

$$- \frac{1}{2\times2\times12}\times(2\ 526.05^2 + 2\ 587.66^2)$$

$$- \frac{1}{2\times2\times12}\times(2\ 397.03^2 + 2\ 716.68^2) + 272\ 396.15$$

$$= 498.50$$

$$SS_{A\times C} = \frac{1}{bn}\sum_i \sum_k T_{i\cdot k\cdot}^2 - \frac{1}{bcn}\sum_i T_{i\cdots}^2 - \frac{1}{abn}\sum_j T_{\cdot\cdot k\cdot}^2 + C = 329.75$$

$$SS_{B\times C} = \frac{1}{an}\sum_j \sum_k T_{\cdot jk\cdot}^2 - \frac{1}{acn}\sum_j T_{\cdot j\cdot\cdot}^2 - \frac{1}{abn}\sum_j T_{\cdot\cdot k\cdot}^2 + C = 266.54$$

$$SS_t = \frac{1}{n}\sum_i \sum_j \sum_k T_{ijk\cdot}^2 - C$$

$$= \frac{1}{12}(484.98^2 + 457.95^2 + \cdots + 763.67^2) - 272\ 396.15 = 10\ 116.12$$

$$SS_{A\times B\times C} = SS_t - SS_A - SS_B - SS_C - SS_{A\times B} - SS_{A\times C} - SS_{B\times C} = 170.43$$

$$SS_e = SS_T - SS_t = 21\ 321.03 - 10\ 116.12 = 11\ 204.91$$

$$df_T = abcn - 1 = 2\times2\times2\times12 - 1 = 95$$

$$df_A = a - 1 = 2 - 1 = 1 \quad df_B = b - 1 = 2 - 1 = 1 \quad df_C = c - 1 = 2 - 1 = 1$$

$$df_{A\times B} = (a-1)(b-1) = (2-1)(2-1) = 1$$

$$df_{A\times C} = (a-1)(c-1) = (2-1)(2-1) = 1$$

$$df_{B\times C} = (b-1)(c-1) = (2-1)(2-1) = 1$$

$$df_{A\times B\times C} = (a-1)(b-1)(c-1) = (2-1)(2-1)(2-1) = 1$$

$$df_e = abc(n-1) = 2\times2\times2\times(12-1) = 88$$

列出方差分析表,见表 13-13。

表 13-13　三种化学物质对大鼠血液谷丙转氨酶影响的析因试验方差分析表

变异来源	平方和	自由度	均方	F 值
A	39.53	1	39.53	0.31
B	1 064.33	1	1 064.33	8.36**
C	7 747.04	1	7 747.04	60.84**
A×B	498.50	1	498.50	3.92
A×C	329.75	1	329.75	2.59
B×C	266.54	1	266.54	2.09
A×B×C	170.43	1	170.43	1.34
误差	11 204.91	88	127.33	
总变异	21 321.03	95		

查 F 值表，$F_{0.05}(1,88)=3.96$，$F_{0.01}(1,88)=7.02$，F_B、F_C 均大于 $F_{0.01}$，达到差异极显著水平，其余各项差异均不显著。说明乙二醇（*EG*）、联苯－联苯醚（*DOW*）可极显著增加大鼠血液中谷丙转氨酶水平，对肝脏有显著损害作用。

（三）优缺点

优点：析因设计不仅可研究因素的主效应，还可以分析出因素间的各种互作效应，在一定程度上，因素间的互作效应比单因素的主效应更重要；试验的结论全面、可靠，精确度高。

缺点：随着试验因素及其水平的增多，处理数和试验单位数迅速增加，不仅分析繁琐，而且使试验的误差难以控制。三个因素以上的多因素互作，在实际工作中有时难以解释。

通常在因素多、水平多的试验中，很少采用析因设计等完全试验设计方法，而采用正交设计或均匀设计等不完全试验设计方法。

二、正交设计

正交设计（orthogonal design）是针对多因素试验，利用一套规格化的表格——正交表，有选择地安排部分水平组合，并能反映全部水平组合所包含的主要信息的一种不完全试验设计方法。

（一）正交表

正交表是由数学家设计出来专门用于进行正交设计的规格化表格。对于不同的试验因素数和不同的因素水平数，可以选用不同的正交表。试验设计时，只要根据试验的条件合理选用即可。表 13-14 是一个 $L_8(2^7)$ 正交表，其中 L 代表正交表，2 表示此表适用于安排每个因素有 2 个水平的试验；7 表示列数，表示用这个正交表最多可以安排 7 个试验因素和交互作用；8 是行数，表示这张表选择 8 个水平组合，需安排 8 次试验。或者说，用这张表进行试验设计，最多可以安排 7 个因素，每个因素取 2 个水平，仅需完成 8 次试验。表中的“1”“2”为水平号，表示放在这一列的因素的水平序号。每一行水平搭配起来就成为一个试验条件（又称水平组合或处理）。7 个因素的 2 水平试验，若要进行完全试验就要有 $2^7=128$ 个处理，而用这张表来安排，只要其中 8

个处理就可以了,这样,就大大地节省了人力、物力和时间。

表 13-14 $L_8(2^7)$ 正交表

试验号	列号						
	1	2	3	4	5	6	7
1	1	1	1	1	1	1	1
2	1	1	1	2	2	2	2
3	1	2	2	1	1	2	2
4	1	2	2	2	2	1	1
5	2	1	2	1	2	1	2
6	2	1	2	2	1	2	1
7	2	2	1	1	2	2	1
8	2	2	1	2	1	1	2

常用的正交表中,适用于2水平试验的有:$L_4(2^3)$、$L_8(2^7)$、$L_{16}(2^{15})$、…;适用于三水平试验的有:$L_9(3^4)$、$L_{27}(3^{13})$、…,还有适用于4水平、5水平及水平数不等的各种正交表。部分正交表见附表19。

正交表有如下明显特点:① 在任一列中,所有水平都出现,且不同水平号出现的次数相同;② 任两列中,所有可能的水平组合都出现,且各种组合出现的次数相等。例如,在 $L_8(2^7)$ 中,每一列的水平号"1"、"2"均出现4次,任意两列的水平数字对(1,1)、(1,2)、(2,1)、(2,2)都出现2次。上述两个特点保证了在正交试验设计中,任意因素各水平的试验条件相同,每列因素各个水平的效果进行比较时,其他因素的干扰相互抵消,从而能最大限度地反映该因素不同水平对试验指标的影响,这个性质叫做整齐可比性;所有因素的所有水平信息及两两因素间的所有组合都出现,而且分布均匀,代表性强,虽然正交表安排的只是部分试验,但却能够了解到完全试验的最主要效应,这一性质称为均衡分散性。整齐可比性和均衡分散性是正交设计的两大特点,它反映了正交表的正交性。

为了更清楚地说明正交试验的均衡分散性,我们用一个最简单的正交设计 $L_4(2^3)$ 进行图示(如图13-2)。图中各个顶点是 2^3 完全试验的8个可能的组合,星号标注的顶点是正交试验所选取的试验点。可以看出,正交试验的4个点在三维分布中是均衡而分散的:每条边上都有一个点,每个面上都有两个点;而每个点控制了三条线和三个面。所以虽然仅进行了4次试验,却对全部8个水平组合都有很好的代表性(同样,另四个点也具有正交性)。

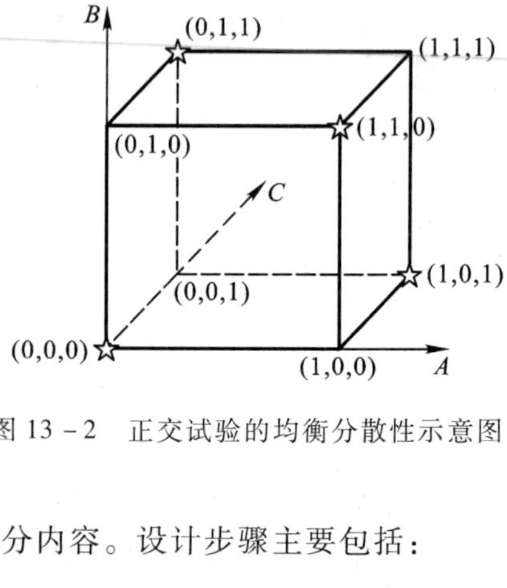

图 13-2 正交试验的均衡分散性示意图

(二) 设计方法

正交设计包括如何安排试验和如何分析试验结果两部分内容。设计步骤主要包括:

1. 确定试验因素和水平 确定了所采用的试验指标后，接下来要确定试验因素和水平。影响试验指标的因素有很多，但在一次试验中，不可能同时研究所有的影响因素，所以我们只能抓住主要矛盾，根据文献资料、理论、经验和以往的试验结果找到对试验指标影响最大的因素进行考察，设计中还要对因素间是否存在交互作用以及哪些因素间的交互作用需要在试验中进行考察作出决定。但对于已经掌握和充分了解的因素，可以固定在适当水平上，不必作为本次试验考察的因素。对选定的因素应设置几个水平，也应根据以往的经验及实际情况来决定。对于数量因素来说，设置的水平间距要适中，既不能太大，也不能太小。

例如，在中药金银花有效成分的提取工艺研究中，根据文献报道及中药材传统提取经验，确定醇的浓度、加醇量、回流时间、回流次数作为考察因素，每个因素设置3个水平进行试验。

2. 选择正交表 因素、水平确定好之后，要根据工作量的大小选用合适的正交表。当试验不考虑因素间互作时，可选择列数大于或等于因素数的相应水平的正交表，如上例中可考虑采用 $L_9(3^4)$ 或 $L_{27}(3^{13})$ 来安排试验。若要考虑因素间的互作的话，则列数必须大于因素数；如果试验不设重复，则选用的正交表的列数必须大于因素数和要考虑的互作数之和，也就是说要安排1个或以上空列，用空列进行随机误差的估计。

3. 进行表头设计 正交表选好后，就可以进行表头设计并列出试验方案。所谓表头设计，就是将各个因素及互作分配给正交表中的各列。在不考虑交互作用时，每个因素可任意放在各列中，每一因素占一列。若考虑交互作用，则应参考正交表的交互作用表（见附表19）按指定列安排各个因素及其交互作用，不可随意放置。

表13-15为 $L_8(2^7)$ 的交互作用表。表中的数字代表不同列的交互作用效应所在的列。如第一列和第二列的交互作用出现在第三列，第四列与第三列的交互作用在第七列，以此类推。当因素A、B分别放在第一列和第二列时，第三列必须空出来放置A、B的互作。一般情况下，我们多考虑两因素的一级互作，因素设置时要避开其他因素的交互作用所在列，以免造成因素间混杂，无法得出正确结论。

表13-15 $L_8(2^7)$ 正交表的交互作用表

列号	列号						
	1	2	3	4	5	6	7
1	(1)	3	2	5	4	7	6
2		(2)	1	6	7	4	5
3			(3)	7	6	5	4
4				(4)	1	2	3
5					(5)	3	2
6						(6)	1
7							(7)

【例13-8】 研究中药配伍对葛根芩连汤中甘草酸含量的影响，选葛根（A）、黄连（B）、黄芩（C）作为3个因素，每个因素分为用药和不用药2个水平，考虑三种中药的互作 A×B、A×C、

B×C，其表头设计见表 13－16。

表 13－16 葛根芩连汤中甘草酸含量分析正交表头设计

列号	1	2	3	4	5	6	7
因素与交互作用	A	B	A×B	C	A×C	B×C	

4. 按正交表安排的试验方案进行试验 对于选定的正交表所要求进行的试验，必须全部完成。试验可按照试验号顺序逐个进行，也可以用随机配置法重新安排处理顺序。试验时，除了试验中涉及的试验因素外，其他条件应保持一致。

（三）试验结果的统计分析

1. 无重复的正交试验资料的统计分析

为了更清楚地说明正交试验资料的统计分析方法，举例如下。

【例 13－9】 全蝎是一种常用的名贵中药，其主要有效成分蝎毒蛋白具有镇痛、抗炎等功效。现进行全蝎蝎毒蛋白水煎蒸馏提取工艺正交试验。考察水的用量（4、6 和 8 倍）（A）、湿润时间（0、5 和 10 min）（B）、提取时间（30、45 和 60 min）（C）等因素对提取蝎毒含量（单位：mg）的影响，每个因素设置 3 个水平，采用 $L_9(3^4)$ 正交表安排试验。试验结果见表 13－17。

表 13－17 水煎蒸馏提取蝎毒蛋白含量结果分析表

试验号	列号				蝎毒蛋白含量/mg
	1 A	2 B	3 C	4	
1	1	1	1	1	27.74
2	1	2	2	2	28.47
3	1	3	3	3	13.11
4	2	1	2	3	23.62
5	2	2	3	1	11.32
6	2	3	1	2	20.67
7	3	1	3	2	17.14
8	3	2	1	3	27.82
9	3	3	2	1	35.25
水平 1 合计 T_1	69.32	68.50	76.23	74.31	
水平 2 合计 T_2	55.61	67.61	87.34	66.28	总和 $T=205.14$
水平 3 合计 T_3	80.21	69.03	41.57	64.55	$\sum y^2=5\ 175.51$

首先将试验结果按照各列的水平号所对应的试验结果计算各因素各水平的合计值，填入表中最下边对应的合计栏。如 A 因素中，A_1 对应的试验结果为 27.74、28.47、13.11，合计值为 69.32，填入 A 因素所在第一列、水平 1 合计行所在栏；A_2 对应的试验结果为 23.62、11.32、20.67，合计值为 55.61，填入水平 2 合计位置。以此类推。并计算所有数据的总和以及数据的平方和。

方差分析如下：

$$C=\frac{T^2}{N}=\frac{205.14^2}{9}=4\ 675.82$$

$$SS_T=\sum\sum x^2-C=(27.74^2+28.47^2+\cdots+35.25^2)-C=5\ 175.51-4\ 675.82=499.69$$

$$SS_A=\frac{1}{k}\sum T_{Ai}^2-C=\frac{1}{3}(69.32^2+55.61^2+80.21^2)-4\ 675.82$$

$$=4\ 777.13-4\ 675.82=101.31$$

$$SS_B=\frac{1}{k}\sum T_{Bi}^2-C=\frac{1}{3}(68.50^2+67.61^2+69.03^2)-4\ 675.82$$

$$=4\ 676.17-4\ 675.82=0.35$$

$$SS_C=\frac{1}{k}\sum T_{Ci}^2-C=\frac{1}{3}(76.23^2+87.34^2+41.57^2)-4\ 675.82$$

$$=5\ 055.78-4\ 675.82=379.96$$

$$SS_e=SS_T-SS_A-SS_B-SS_C=499.69-101.31-0.35-379.96=18.07$$

$$df_T=N-1=9-1=8\quad df_A=df_B=df_C=k-1=2$$

$$df_e=df_T-df_A-df_B-df_C=8-2-2-2=2$$

列出方差分析表，见表 13－18。

表 13－18　水煎蒸馏提取蝎毒蛋白含量结果方差分析表

变异来源	平方和	自由度	均方	F 值
A	101.31	2	50.66	5.61
B	0.35	2	0.18	0.02
C	379.96	2	189.98	21.03*
误差	18.07	2	9.04	
总变异	499.69	8		

$F_{0.05}(2,2)=19.00$，$F_{0.01}(2,2)=99.00$，$F_C>F_{0.05}$，$P<0.05$，说 C 因素对试验结果有显著影响，而 A、B 两因素对试验结果无显著影响。

在结果分析中，B 因素的影响极小，可认为该列上的差异主要是由随机误差引起的，为了提高分析灵敏度，可将 B 项的平方和、自由度合并到误差项，再作方差分析（见表 13－19）。

表 13－19　水煎蒸馏提取蝎毒蛋白含量结果方差分析表

变异来源	平方和	自由度	均方	F 值
A	101.31	2	50.66	11.01*
C	379.96	2	189.98	41.30**
误差	18.41	4	4.60	
总变异	499.69	8		

$F_{0.05}(2,4)=6.94$，$F_{0.01}(2,4)=18.00$，$F_A>F_{0.05}$，差异显著。$F_C>F_{0.01}$，差异极显著。由于没有交互作用，各因素效应可加，故 A 与 C 的最佳水平的组合表现应该也是最佳的。因此可由各处理结果直观分析判断，A_3C_2 组合（8 倍用量的水，提取 45 min）可得到蝎毒蛋白最大含量。

2. 设置重复的正交试验资料的统计分析

【例 13－10】 确定丹参浸出液（A）、马洛替酯（B）、促肝（C）和疗尔健（D）4 种药物对大鼠肝脏纤维化的防治作用。各种药物分别设置 2 水平（A：0.3 mL，0 mL；B：0 mg，10 mg；C：0 mg，25 mg；D：40 mg，0 mg），40 只大鼠随机分成 8 组，每组 5 个重复采用 $L_8(2^7)$ 正交设计进行试验，试验结果见表 13－20。考察各药物主效应及 A×B、A×C、B×C 的交互效应。

将表中各次重复的结果累加列入该表最右边一栏（即处理总和 $T_{t.}$），将各次重复的试验数据纵向累加，填入试验结果下面行；按照前述方法分别计算各列各水平的合计值 T_1、T_2，并计算所有数据的总和与数据平方之和。

表 13－20 4 种药物对大鼠肝脏纤维化防治作用正交试验结果

试验号	列号							纤维化分期					合计 $T_{t.}$
	1 A	2 B	3 A×B	4 C	5 A×C	6 B×C	7 D	Ⅰ	Ⅱ	Ⅲ	Ⅳ	Ⅴ	
1	1	1	1	1	1	1	1	4.2	2.8	2.4	3.1	3.7	16.2
2	1	1	1	2	2	2	2	3.6	3.1	3	2.2	3.3	15.2
3	1	2	2	1	1	2	2	1.7	1.9	1.3	1.2	0.9	7.0
4	1	2	2	2	2	1	1	1.8	3.7	2	2.2	3.3	13.0
5	2	1	2	1	2	1	2	4.0	4.2	3.9	3.6	4.1	19.8
6	2	1	2	2	1	2	1	3.1	4.0	3.7	3.4	3.7	17.9
7	2	2	1	1	2	2	1	2.4	2.5	3.1	2.2	2.7	12.9
8	2	2	1	2	1	1	2	0.4	2.8	0.2	4.0	3.4	10.8
T_1	51.4	69.1	55.1	55.9	51.9	59.8	60.0	21.2	25.0	19.6	21.9	25.1	112.8
T_2	61.4	43.7	57.7	56.9	60.9	53.0	52.8	$\sum\sum y^2=361.46$					

上表中，处理数 $n=8$，重复数 $r=5$，每一列上各水平的重复数 $a=4$，方差分析如下：

$$C=\frac{T^2}{nr}=\frac{112.8^2}{8\times5}=318.10$$

$$SS_T=\sum\sum y^2-C=(4.2^2+2.8^2+\cdots+3.4^2)-C=361.46-318.10=43.36$$

$$SS_r=\frac{1}{n}\sum T_r^2-C=\frac{1}{8}(21.2^2+25.0^2+19.6^2+21.9^2+25.1^2)-318.10$$

$$=321.03-318.10=2.93$$

$$SS_A=\frac{1}{ar}\sum T_{Ai}^2-C=\frac{1}{4\times5}(51.4^2+61.4^2)-318.10=320.60-318.10=2.50$$

$$SS_B=\frac{1}{ar}\sum T_{Bi}^2-C=\frac{1}{4\times5}(69.1^2+43.7^2)-318.10=334.23-318.10=16.13$$

$$SS_C=\frac{1}{ar}\sum T_{Ci}^2-C=\frac{1}{4\times5}(55.9^2+56.9^2)-318.10=318.12-318.10=0.02$$

$$SS_D=\frac{1}{ar}\sum T_{Di}^2-C=\frac{1}{4\times5}(60.0^2+52.8^2)-318.10=319.39-318.10=1.29$$

$$SS_{A\times B}=\frac{1}{ar}\sum T_{A\times Bi}^2-C=\frac{1}{4\times5}(55.1^2+57.7^2)-318.10=318.27-318.10=0.17$$

$$SS_{A\times C}=\frac{1}{ar}\sum T_{A\times Ci}^2-C=\frac{1}{4\times5}(51.9^2+60.9^2)-318.10=320.12-318.10=2.02$$

$$SS_{B\times C}=\frac{1}{ar}\sum T_{B\times Ci}^2-C=\frac{1}{4\times5}(59.8^2+53.0^2)-318.10=319.25-318.10=1.15$$

$$\begin{aligned}SS_e&=SS_T-SS_r-SS_A-SS_B-SS_C-SS_D-SS_{A\times B}-SS_{A\times C}-SS_{B\times C}\\&=43.36-2.93-2.50-16.13-0.02-1.29-0.17-2.02-1.15\\&=17.15\end{aligned}$$

$df_T=40-1=39$，$df_r=5-1=4$

$df_A=df_B=df_C=df_D=df_{A\times B}=df_{A\times C}=df_{B\times C}=1$

$df_e=df_T-df_r-df_A-df_B-df_C-df_D-df_{A\times B}-df_{A\times C}-df_{B\times C}=28$

列出方差分析表，见表 13－21。

表 13－21　4 种药物对大鼠肝脏纤维化防治作用方差分析表

变异来源	平方和	自由度	均方	F 值
A	2.50	1	2.50	4.08
B	16.13	1	16.13	26.33**
C	0.02	1	0.02	0.03
D	1.29	1	1.29	2.11
A×B	0.17	1	0.17	0.28
A×C	2.02	1	2.02	3.30
B×C	1.15	1	1.15	1.88
重复	2.93	4	0.73	
误差	17.15	28	0.612 5	
总变异	43.36	39		

查 F 值表，$F_{0.05}(1,28)=4.20$，$F_{0.01}(1,28)=7.64$，$F_B>F_{0.01}$，差异极显著，其他因素及交互作用无显著差异，说明马洛替酯（B）对大鼠肝脏纤维化具有极显著的防治作用，其他 3 种药物无显著防治作用。且各种药物之间无协同或拮抗作用。本例中，虽然我们可以把 C、A×B 的平方和、自由度合并入误差项以计算新的误差项均方，但由于这种合并已无助于改变其他因素及交互作用的显著性，因而本例不再进行讨论。

（四）应用条件及应注意的问题

正交设计可以用较少的不完全试验反映完全试验的主要信息，花费少，效率高。但不完全试验总会存在一些前提条件，而且不可避免地会遗漏一些信息。正交试验适宜在条件容易控制、周期较短、因素较多的试验中采用，尤其是在有大量可能产生作用的未知因素存在，需要探索时使用。如不同药剂配比效果试验、对疾病治疗方案的筛选等。因此,正交试验不是最终试验,通过正交试验筛选出部分主要因素后,还应进行析因试验以确定因素间的最终组合。

在进行正交设计及结果分析时应注意以下问题:

1. 试验因素及其互作的选择　采用正交设计由于只对部分水平组合进行试验,因此有些互作就不能进行分析。故而要求在设计时要有根据地对可能存在的互作做出准确判断,已知无互作或可以忽略的互作在试验中不必进行考虑。

2. 选择合适的正交表　正交表的选择以可以容纳下要考虑的因素和交互作用且实施试验次数最少为原则。如在试验中考虑 3 因素,每个因素 3 个水平,如无交互作用时,可以选择 $L_9(3^4)$,也可以选择 $L_{27}(3^{13})$,但如需考虑试验的实施次数,应选择前者。当试验中不设重复时,则选择的正交表必须留有空列,用以估计误差。

3. 随机误差　当每个处理中不设重复时,方差分析中的误差是由空列求得的,实际上是假定这些列上的交互作用不存在,该列上的差异是由随机误差引起的,这只能在有充分把握认为无互作的情况下才能采用。即便是这样,误差自由度也很小,检验的灵敏度不高。所以,在有条件的情况下,应尽可能设置重复,求得真正的随机误差用于检验。如果某些列的 F 值很小,也可以将这些列上的变异看成是随机误差,将该列的平方和与自由度合并到误差项中,增加误差自由度,以提高检验的灵敏度。

4. 正交试验的水平数　正交表的处理数与水平数直接相关,水平设置越多,处理数就越大,试验的安排就越困难。正交试验不适于水平数过多的试验。通常适于安排的水平数在 2 ~ 4 个。

5. 正交优化结果的考虑　只有交互作用不存在的情况下,有显著作用的因素各自的最优水平组合才是正交优化的结果。最优水平组合有时并未在试验中实际设置,但它反映的信息可以放心采纳,这正是正交试验的优点。当然,如果有条件,可作进一步验证性试验。最佳水平组合只有在试验所考察的水平范围内才有意义,不能随意扩大使用范围。同时所谓"最佳"也是相对的,对于主要因素一定要选最优水平,对于一些次要因素,考虑到生产过程的难易程度和成本,可选用适当的水平。

正交试验设计的内容很多,本教材只介绍了其中最基本的设计方法和数据分析方法。如在一般的正交表中各列的水平数相同,适宜安排各因素水平数相等的正交试验,当各因素水平数不等时,应该如何处理?在兽医临床和科研工作中,可能出现各种类型的试验设计方案,因此有兴趣学习更多试验设计知识的同学,可参考有关试验设计的专著。

复习思考题

1. 名词解释

试验指标、试验因素、因素水平、试验处理、试验单元、对照组。

2. 为什么说随机区组设计比完全随机设计提高了试验分析的精确度?

3. 比较随机区组设计与配对设计的异同。

4. 拉丁方设计的应用有何条件?

5. 交叉设计的特点是什么?为什么说交叉设计可以提高试验的精确性?

6. 正交设计有何优点？使用中应注意哪些问题？

7. 查阅近期国内外文献，找出本书所涉及的几种试验设计方法在兽医科研中的应用实例，并加以分析。指出试验中都涉及哪些因素？每个因素设置了哪几个水平？试验中采用的试验指标是什么？采用的是何种试验设计？设计和数据分析中还存在哪些问题？

8. 蛋鸡养殖中饲喂的高能量低蛋白日粮容易引起蛋鸡脂肪肝综合征，产蛋量下降，严重时导致死亡。现研制了3种中草药组方，选用120羽51周龄健康海兰蛋鸡随机等量分为4组。预试验1周后，开始正式试验，第4组饲喂基础日粮，第1、2、3组在基础日粮中分别加入1%的不同中药组方，试验期6周。试验结束时每组随机抽取15只鸡，禁食48 h后采血，香草醛法测定血清总脂（单位：mg/L）结果如下表。检验不同草药组方对蛋鸡脂质代谢的影响差异，并回答以下问题：(1)这个试验采用了何种试验设计？(2)试验中设置的重复数是多少？

组别	血清总脂/(mg/L)														
1	3 035	3 731	3 250	3 437	3 769	3 523	3 237	3 680	3 219	3 161	2 939	3 520	3 223	3 114	2 951
2	2 792	3 828	3 961	2 947	3 832	3 403	2 923	3 681	2 566	3 543	2 360	2 871	2 288	2 396	3 996
3	2 887	3 627	2 434	3 192	2 906	3 295	3 143	3 542	2 935	3 336	2 710	2 927	2 580	3 976	3 747
4	4 293	4 830	4 912	4 372	4 613	4 399	4 778	4 838	4 333	3 920	4 289	4 234	4 190	4 247	4 894

9. 研究乌司他丁（UTI）和丹参对大鼠肝脏灌注损伤的保护作用。选体重相近的Wistar大鼠随机分为4组，A组两药合用，B组单用UTI，C组单用丹参，D组两药均不用。尾静脉注射30 min后进行肝动脉阻断，半小时解除阻断再灌注120 min。取静脉血检测血管内皮素含量（单位：mg/L）。结果见下表。(1) 此试验采用了何种试验设计？(2) 用此试验的资料都能分析出哪些效应？(3) 使用适宜统计方法进行检验并得出结论。

组别	血管内皮素含量/(mg/L)						
A	23.99	25.38	7.69	16.76	22.88	18.99	15.88
B	14.56	25.42	10.05	15.81	22.96	15.39	19.68
C	19.94	23.42	15.68	22.64	19.68	18.91	16.93
D	28.87	38.46	31.13	30.28	24.17	27.46	33.85

10. 中药黄芪的主要有效成分黄芪多糖具有调节免疫和抗病毒等作用，但易降解。现拟制备黄芪多糖脂质体提高药效。预试验发现脂药比（卵磷脂与药物质量比）、膜材比（卵磷脂与胆固醇质量比）和超声时间是脂质体制备的主要影响因素。试选择合适的正交表，以脂药比、膜材比和超声时间为考察因素，提出黄芪多糖脂质体的设计方案。

11. 体重相近的6只装有瘤胃瘘管的东北半细毛羊随机分为两组。采用交叉设计，试验分两期进行，正试期5天，中间过渡期10天。在试验期内每天早饲前瘤胃灌注内含50 mg氢醌的磷酸盐缓冲液100 mL（A处理），对照期内只灌注100 mL磷酸盐缓冲液（B处理）。灌注后3天采集瘤胃液样本，离心上清液稀释后培养48 h，平板菌落计数法统计每毫升样品中细菌总数，并进行对数转换。结果见下表。分析氢醌对绵羊瘤胃细菌总数是否有显著影响。

羊号	时期	处理	lg(细菌总数)
1	1	A	8.87
	2	B	8.78
2	1	A	11.5
	2	B	11.2
3	1	A	9.85
	2	B	9.57
4	1	B	10.35
	2	A	9.67
5	1	B	10.18
	2	A	9.88
6	1	B	10.49
	2	A	10.57

12. 研究常山、柴胡、绞股蓝中药复方抗鸡球虫病的效果。常山(A)、柴胡(B)、绞股蓝(C)分别采用大、中、小3个剂量水平,采用 $L_9(3^4)$ 正交设计进行试验。选海赛克斯1日龄雏鸡随机分为9组,每组10只,记录球虫染病情况,按照(增重百分率+存活率)-(病变值+卵囊值)计算抗球虫指数。试对下表试验结果进行统计分析。

试验号	列号				抗球虫指数
	1(A)	2(B)	3	4(C)	
1	1	1	1	1	147.27
2	1	2	2	2	149.91
3	1	3	3	3	142.53
4	2	1	2	3	128.65
5	2	2	3	1	127.17
6	2	3	1	2	118.36
7	3	1	3	2	106.87
8	3	2	1	3	117.43
9	3	3	2	1	103.79

13. 研究中药配伍对葛根芩连汤中甘草酸含量的影响,选葛根(A)、黄连(B)、黄芩(C)作为3个因素,每个因素分用药和不用药2个水平,考虑三种中药的互作 $A\times B$、$A\times C$、$B\times C$,进行正交试验。试验设计及试验结果见下表。进行统计分析并解释结果。

试验号	A	B	A×B	C	A×C	B×C	空白	甘草酸含量/g
1	1	1	1	1	1	1	1	0.119
2	1	1	1	2	2	2	2	0.166
3	1	2	2	1	1	2	2	0.075
4	1	2	2	2	2	1	1	0.132
5	2	1	2	1	2	1	2	0.115
6	2	1	2	2	1	2	1	0.176
7	2	2	1	1	2	2	1	0.116
8	2	2	1	2	1	1	2	0.171

14. 比较 3 种药物,每种药物不同投药剂量的药效持续作用,采用猪血液中药物成分含量为试验指标。现有某猪场可供试验的猪有 80 头,分别来自 15 窝,每窝 3 ~ 12 头不等,年龄在 5 ~ 10 周龄。请提出试验设计方案,并详细说明理由。

15. 研究谷氨酰胺对免疫应激仔猪免疫器官指数的影响。选用 28 ± 2 天断奶的体重相近长白 × 大白断奶仔猪 96 头,随机等量分为 4 组。第 1 组饲喂基础日粮 + 每头猪断奶后 7 天注射 100 μg/kg 生理盐水;第 2 组为免疫应激组,饲喂基础日粮 + 每头猪断奶后 7 天注射 100 μg/kg 脂多糖(LPS);第 3 组饲喂基础日粮 + 每头猪断奶后 7 天注射 100 μg/kg 谷氨酰胺(Gln);第 4 组为免疫应激 + 谷氨酰胺组。试验期 14 天,试验结束后,每组随机抽取 2 头仔猪屠宰,测定胴体重和免疫器官(包括脾脏、胸腺和颌下淋巴结)重量。按照免疫器官重量/胴体重 × 100 % 计算免疫器官指数。(1)此研究采用了哪种试验设计?(2)写出试验数据的数学模型。(3)指出此试验中的总体和样本。(4)试验重复数是多少?(5)若进行相同试验你会对试验设计有何考虑?

16. 某研究中用枯草芽孢杆菌制剂预防断奶仔兔腹泻。随机选择 120 只日龄相同、体重相近的断奶仔兔随机分为四组,在基础日粮中分别添加 0%、0.1%、0.2%、0.3% 的枯草芽孢杆菌制剂,采用方差分析对各组死亡情况进行统计分析。(1)此研究采用了哪种试验设计?(2)写出试验数据的数学模型。(3)你觉得此试验设计与分析中有何问题,如何改进?

17. 7 头 35 日龄健康二元杂交猪(公母兼有,体重 13.9 kg ± 1.0 kg),采用 2 × 2 交叉设计,进行吉他霉素原粉与微囊制剂的药代动力学试验。给药间隔为 7 天。吉他霉素原粉和微囊制剂均按单剂量 2.5×10^4 U/kg 经胃管灌服。灌服原粉后第 0、10、20、30、45 min 及第 1、1.5、2、3、4、6、8、12、16、24 和 36 h 分别采集血样;微囊制剂灌服后第 0、0.25、0.5、0.45、1、2、3、4、6、8、12、14、24 和 36 h 分别采血样。紫外分光光度法检测吉他霉素在各时间点的浓度(μg/mL)。试问此试验中在试验设计中存在什么问题?如何改进?

附　　表

附表 1　标准正态分布的分布函数表

$$P(U \leqslant u) = \frac{1}{\sqrt{2\pi}} \int_{-\infty}^{u} e^{-\frac{x^2}{2}} dx \quad (u \geqslant 0)$$

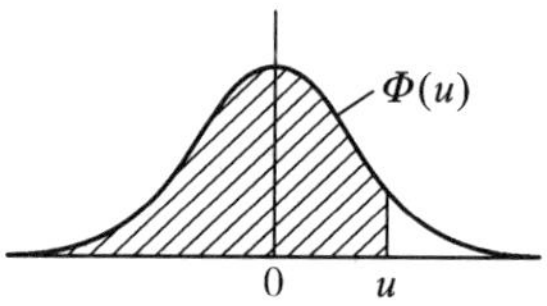

u	0.00	0.01	0.02	0.03	0.04	0.05	0.06	0.07	0.08	0.09	u
0.0	0.500 0	0.504 0	0.508 0	0.512 0	0.516 0	0.519 9	0.523 9	0.527 9	0.531 9	0.535 9	0.0
0.1	0.539 8	0.543 8	0.547 8	0.551 7	0.555 7	0.559 6	0.563 6	0.567 5	0.571 4	0.575 3	0.1
0.2	0.579 3	0.583 2	0.587 1	0.591 0	0.594 8	0.598 7	0.602 6	0.606 4	0.610 3	0.614 1	0.2
0.3	0.617 9	0.621 7	0.625 5	0.629 3	0.633 1	0.636 8	0.640 6	0.644 3	0.648 0	0.651 7	0.3
0.4	0.655 4	0.659 1	0.662 8	0.666 4	0.670 0	0.673 6	0.677 2	0.680 8	0.684 4	0.687 9	0.4
0.5	0.691 5	0.695 0	0.698 5	0.701 9	0.705 4	0.708 8	0.712 3	0.715 7	0.719 0	0.722 4	0.5
0.6	0.725 7	0.729 1	0.732 4	0.735 7	0.738 9	0.742 2	0.745 4	0.748 6	0.751 7	0.754 9	0.6
0.7	0.758 0	0.761 1	0.764 2	0.767 3	0.770 3	0.773 4	0.776 4	0.779 4	0.782 3	0.785 2	0.7
0.8	0.788 1	0.791 0	0.793 9	0.796 7	0.799 5	0.802 3	0.805 1	0.807 8	0.810 6	0.813 3	0.8
0.9	0.815 9	0.818 6	0.821 2	0.823 8	0.826 4	0.828 9	0.831 5	0.834 0	0.836 5	0.838 9	0.9
1.0	0.841 3	0.843 8	0.846 1	0.848 5	0.850 8	0.853 1	0.855 4	0.857 7	0.859 9	0.862 1	1.0
1.1	0.864 3	0.866 5	0.868 6	0.870 8	0.872 9	0.874 9	0.877 0	0.879 0	0.881 0	0.883 0	1.1
1.2	0.884 9	0.886 9	0.888 8	0.890 7	0.892 5	0.894 4	0.896 2	0.898 0	0.899 7	0.901 47	1.2
1.3	0.903 20	0.904 90	0.906 58	0.908 24	0.909 88	0.911 49	0.913 09	0.914 66	0.916 21	0.917 74	1.3
1.4	0.919 24	0.920 73	0.922 20	0.923 64	0.925 07	0.926 47	0.927 85	0.929 22	0.930 56	0.931 89	1.4
1.5	0.933 19	0.934 48	0.935 74	0.936 99	0.938 22	0.939 43	0.940 62	0.941 79	0.942 95	0.944 08	1.5
1.6	0.945 20	0.946 30	0.947 38	0.948 45	0.949 50	0.950 53	0.951 54	0.952 54	0.953 52	0.954 49	1.6
1.7	0.955 43	0.956 37	0.957 28	0.958 18	0.959 07	0.959 94	0.960 80	0.961 64	0.962 46	0.963 27	1.7
1.8	0.964 07	0.964 85	0.965 62	0.966 38	0.967 12	0.967 84	0.968 56	0.969 26	0.969 95	0.970 62	1.8
1.9	0.971 28	0.971 93	0.972 57	0.973 20	0.973 81	0.974 41	0.975 00	0.975 58	0.976 15	0.976 70	1.9
2.0	0.977 25	0.977 78	0.978 31	0.978 82	0.979 32	0.979 82	0.980 30	0.980 77	0.981 24	0.981 69	2.0
2.1	0.982 16	0.982 57	0.983 00	0.983 41	0.983 82	0.984 22	0.984 61	0.985 00	0.985 37	0.985 74	2.1
2.2	0.986 10	0.986 45	0.986 79	0.987 13	0.987 45	0.987 78	0.988 09	0.988 40	0.988 70	0.988 99	2.2

续表

u	0.00	0.01	0.02	0.03	0.04	0.05	0.06	0.07	0.08	0.09	u
2.3	0.989 28	0.989 56	0.989 83	$0.9^{2}0097$	$0.9^{2}0358$	$0.9^{2}0613$	$0.9^{2}0863$	$0.9^{2}1106$	$0.9^{2}1344$	$0.9^{2}1576$	2.3
2.4	$0.9^{2}180$	$0.9^{2}2024$	$0.9^{2}2240$	$0.9^{2}2451$	$0.9^{2}2656$	$0.9^{2}2857$	$0.9^{2}3053$	$0.9^{2}3244$	$0.9^{2}3431$	$0.9^{2}3613$	2.4
2.5	$0.9^{2}379$	$0.9^{2}3963$	$0.9^{2}4132$	$0.9^{2}4297$	$0.9^{2}4457$	$0.9^{2}4614$	$0.9^{2}4766$	$0.9^{2}4915$	$0.9^{2}5060$	$0.9^{2}5201$	2.5
2.6	$0.9^{2}533$	$0.9^{2}5473$	$0.9^{2}5604$	$0.9^{2}5731$	$0.9^{2}5855$	$0.9^{2}5975$	$0.9^{2}6093$	$0.9^{2}6207$	$0.9^{2}6319$	$0.9^{2}6427$	2.6
2.7	$0.9^{2}653$	$0.9^{2}6636$	$0.9^{2}6736$	$0.9^{2}6833$	$0.9^{2}6928$	$0.9^{2}7020$	$0.9^{2}7110$	$0.9^{2}7197$	$0.9^{2}7282$	$0.9^{2}7365$	2.7
2.8	$0.9^{2}744$	$0.9^{2}7523$	$0.9^{2}7599$	$0.9^{2}7673$	$0.9^{2}7744$	$0.9^{2}7814$	$0.9^{2}7882$	$0.9^{2}7948$	$0.9^{2}8012$	$0.9^{2}8074$	2.8
2.9	$0.9^{2}813$	$0.9^{2}8193$	$0.9^{2}8250$	$0.9^{2}8305$	$0.9^{2}8359$	$0.9^{2}8411$	$0.9^{2}8462$	$0.9^{2}8511$	$0.9^{2}8559$	$0.9^{2}8605$	2.9
3.0	$0.9^{2}8650$	$0.9^{2}8694$	$0.9^{2}8736$	$0.9^{2}8777$	$0.9^{2}8817$	$0.9^{2}8856$	$0.9^{2}8893$	$0.9^{2}8930$	$0.9^{2}8965$	$0.9^{2}8999$	3.0
3.1	$0.9^{3}0324$	$0.9^{3}0646$	$0.9^{3}0957$	$0.9^{3}1260$	$0.9^{3}1553$	$0.9^{3}1836$	$0.9^{3}2112$	$0.9^{3}2378$	$0.9^{3}2636$	$0.9^{3}2886$	3.1
3.2	$0.9^{3}3129$	$0.9^{3}3363$	$0.9^{3}3590$	$0.9^{3}3810$	$0.9^{3}4024$	$0.9^{3}4230$	$0.9^{3}4429$	$0.9^{3}4623$	$0.9^{3}4810$	$0.9^{3}4991$	3.2
3.3	$0.9^{3}5166$	$0.9^{3}5335$	$0.9^{3}5499$	$0.9^{3}5658$	$0.9^{3}5811$	$0.9^{3}5959$	$0.9^{3}6103$	$0.9^{3}6242$	$0.9^{3}6376$	$0.9^{3}6505$	3.3
3.4	$0.9^{3}6631$	$0.9^{3}6752$	$0.9^{3}6869$	$0.9^{3}6982$	$0.9^{3}7091$	$0.9^{3}7197$	$0.9^{3}7299$	$0.9^{3}7398$	$0.9^{3}7493$	$0.9^{3}7585$	3.4
3.5	$0.9^{3}7674$	$0.9^{3}7759$	$0.9^{3}7842$	$0.9^{3}7922$	$0.9^{3}7999$	$0.9^{3}8074$	$0.9^{3}8146$	$0.9^{3}8215$	$0.9^{3}8282$	$0.9^{3}8347$	3.5
3.6	$0.9^{3}8409$	$0.9^{3}8469$	$0.9^{3}8527$	$0.9^{3}8583$	$0.9^{3}8637$	$0.9^{3}8689$	$0.9^{3}8739$	$0.9^{3}8787$	$0.9^{3}8834$	$0.9^{3}8879$	3.6
3.7	$0.9^{3}8922$	$0.9^{3}8964$	$0.9^{4}0039$	$0.9^{4}0426$	$0.9^{4}0799$	$0.9^{4}1158$	$0.9^{4}1504$	$0.9^{4}1838$	$0.9^{4}2159$	$0.9^{4}2468$	3.7
3.8	$0.9^{4}2765$	$0.9^{4}3052$	$0.9^{4}3327$	$0.9^{4}3593$	$0.9^{4}3848$	$0.9^{4}4094$	$0.9^{4}4331$	$0.9^{4}4558$	$0.9^{4}4777$	$0.9^{4}4988$	3.8
3.9	$0.9^{4}5190$	$0.9^{4}5385$	$0.9^{4}5573$	$0.9^{4}5753$	$0.9^{4}5926$	$0.9^{4}6092$	$0.9^{4}6253$	$0.9^{4}6406$	$0.9^{4}6554$	$0.9^{4}6696$	3.9
4.0	$0.9^{4}6833$	$0.9^{4}6964$	$0.9^{4}7090$	$0.9^{4}7211$	$0.9^{4}7327$	$0.9^{4}7439$	$0.9^{4}7546$	$0.9^{4}7649$	$0.9^{4}7748$	$0.9^{4}7843$	4.0
4.1	$0.9^{4}7934$	$0.9^{4}8022$	$0.9^{4}8106$	$0.9^{4}8186$	$0.9^{4}8263$	$0.9^{4}8338$	$0.9^{4}8409$	$0.9^{4}8477$	$0.9^{4}8542$	$0.9^{4}8605$	4.1
4.2	$0.9^{4}8665$	$0.9^{4}8723$	$0.9^{4}8778$	$0.9^{4}8832$	$0.9^{4}8882$	$0.9^{4}8931$	$0.9^{4}8978$	$0.9^{5}0226$	$0.9^{5}0655$	$0.9^{5}1066$	4.2
4.3	$0.9^{5}1460$	$0.9^{5}1837$	$0.9^{5}2199$	$0.9^{5}2545$	$0.9^{5}2876$	$0.9^{5}3193$	$0.9^{5}3497$	$0.9^{5}3788$	$0.9^{5}4066$	$0.9^{5}4332$	4.3
4.4	$0.9^{5}4587$	$0.9^{5}4831$	$0.9^{5}5065$	$0.9^{5}5288$	$0.9^{5}5502$	$0.9^{5}5706$	$0.9^{5}5902$	$0.9^{5}6089$	$0.9^{5}6268$	$0.9^{5}6439$	4.4
4.5	$0.9^{5}6602$	$0.9^{5}6759$	$0.9^{5}6908$	$0.9^{5}7051$	$0.9^{5}7187$	$0.9^{5}7318$	$0.9^{5}7442$	$0.9^{5}7561$	$0.9^{5}7675$	$0.9^{5}7784$	4.5
4.6	$0.9^{5}7888$	$0.9^{5}7987$	$0.9^{5}8081$	$0.9^{5}8172$	$0.9^{5}8258$	$0.9^{5}8340$	$0.9^{5}8419$	$0.9^{5}8494$	$0.9^{5}8566$	$0.9^{5}8634$	4.6
4.7	$0.9^{5}8699$	$0.9^{5}8761$	$0.9^{5}8821$	$0.9^{5}8877$	$0.9^{5}8931$	$0.9^{5}8983$	$0.9^{6}0320$	$0.9^{6}0789$	$0.9^{6}1235$	$0.9^{6}1661$	4.7
4.8	$0.9^{6}2067$	$0.9^{6}2453$	$0.9^{6}2822$	$0.9^{6}3173$	$0.9^{6}3508$	$0.9^{6}3827$	$0.9^{6}4131$	$0.9^{6}4420$	$0.9^{6}4696$	$0.9^{6}4958$	4.8
4.9	$0.9^{6}5208$	$0.9^{6}5446$	$0.9^{6}5673$	$0.9^{6}5889$	$0.9^{6}6094$	$0.9^{6}6289$	$0.9^{6}6475$	$0.9^{6}6652$	$0.9^{6}6821$	$0.9^{6}6981$	4.9

附表 2 标准正态分布的双尾临界值表

$$\alpha = 1 - \frac{1}{\sqrt{2\pi}} \int_{-u_\alpha}^{u_\alpha} e^{-u^2/2} du$$

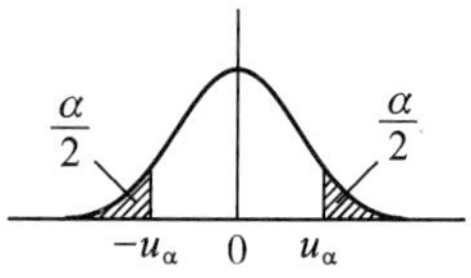

α	0.00	0.01	0.02	0.03	0.04	0.05	0.06	0.07	0.08	0.09	α
0.0	∞	2.575 829	2.326 348	2.170 090	2.053 749	1.959 964	1.880 794	1.811 911	1.750 686	1.695 398	0.0
0.1	1.644 854	1.598 193	1.554 774	1.514 102	1.475 791	1.439 531	0.405 072	1.372 204	1.340 755	1.310 579	0.1
0.2	1.281 552	1.253 565	1.226 528	1.200 359	1.174 987	1.150 349	1.126 391	1.103 063	1.080 319	1.058 122	0.2
0.3	1.036 433	1.015 222	0.994 458	0.974 114	0.954 165	0.934 589	0.915 365	0.896 473	0.877 896	0.859 617	0.3
0.4	0.841 621	0.823 894	0.806 421	0.789 192	0.772 193	0.755 415	0.738 847	0.722 479	0.706 303	0.690 309	0.4
0.5	0.674 490	0.658 838	0.643 345	0.628 006	0.612 813	0.597 760	0.582 841	0.568 051	0.553 385	0.538 836	0.5
0.6	0.524 401	0.510 073	0.495 850	0.481 727	0.467 699	0.453 762	0.439 913	0.426 148	0.412 463	0.398 855	0.6
0.7	0.385 320	0.371 856	0.358 459	0.345 125	0.331 853	0.318 639	0.305 481	0.292 375	0.279 319	0.266 311	0.7
0.8	0.253 347	0.240 426	0.227 545	0.214 702	0.201 893	0.189 113	0.176 374	0.163 658	0.150 969	0.138 304	0.8
0.9	0.125 661	0.113 039	0.100 434	0.087 845	0.075 270	0.062 707	0.050 154	0.037 608	0.025 069	0.012 533	0.9

α	0.001	0.000 1	0.000 01	0.000 001	0.000 000 1	0.000 000 01	α
u_α	3.290 53	3.890 59	4.417 17	4.891 64	5.326 72	5.730 73	u_α

附表 3　χ^2 分布的右尾临界值表

$$P(\chi > \chi^2_\alpha(df)) = \alpha$$

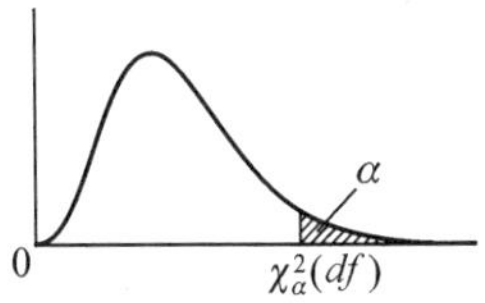

df	α = 0.995	0.99	0.975	0.95	0.90	0.75	α = 0.25	0.10	0.05	0.025	0.01	0.005
1	—	—	0.001	0.004	0.016	0.102	1.323	2.706	3.841	5.024	6.635	7.879
2	0.010	0.020	0.051	0.103	0.211	0.575	2.773	4.605	5.991	7.378	9.210	10.597
3	0.072	0.115	0.216	0.352	0.584	1.213	4.108	6.251	7.815	9.348	11.345	12.838
4	0.207	0.297	0.484	0.711	1.064	1.923	5.385	7.779	9.488	11.143	13.277	14.860
5	0.412	0.554	0.831	1.145	1.610	2.675	6.626	9.236	11.071	12.833	15.086	16.750
6	0.676	0.872	1.237	1.635	2.204	3.455	7.841	10.645	12.592	14.449	16.812	18.548
7	0.989	1.239	1.690	2.167	2.833	4.255	9.037	12.017	14.067	16.013	18.475	20.278
8	1.344	1.646	2.180	2.733	3.490	5.071	10.219	13.362	15.507	17.535	20.090	21.955
9	1.735	2.088	2.700	3.325	4.168	5.899	11.389	14.684	16.919	19.023	21.666	23.589
10	2.156	2.558	3.247	3.940	4.685	6.737	12.549	15.987	18.307	20.483	23.209	25.188
11	2.603	3.053	3.816	4.575	5.578	7.584	13.701	17.275	19.675	21.920	24.725	26.757
12	3.074	3.571	4.404	5.226	6.304	8.438	14.845	18.549	21.026	23.337	26.217	28.299
13	3.565	4.107	5.009	5.892	7.042	9.299	15.984	19.812	22.362	24.736	27.688	29.819
14	4.075	4.660	5.629	6.571	7.790	10.165	17.117	21.064	23.685	26.119	29.141	31.319
15	4.601	5.229	6.262	7.261	8.547	11.037	18.245	22.307	24.996	27.488	30.578	32.801
16	5.142	5.812	6.908	7.962	9.312	11.912	19.369	23.542	26.296	28.845	32.000	34.267
17	5.697	0.408	7.564	8.672	10.085	12.792	20.489	24.769	27.587	30.191	33.409	35.718
18	6.265	7.015	8.231	9.390	10.865	13.675	21.605	25.989	28.869	31.526	34.805	37.156
19	6.844	7.633	8.907	10.117	11.651	14.562	22.718	27.204	30.144	32.852	36.191	38.582
20	7.343	8.260	9.591	10.851	12.443	15.452	23.828	28.412	31.410	34.170	37.566	39.997
21	8.034	8.897	10.283	11.591	13.240	16.344	24.935	29.615	32.671	35.479	38.932	41.401
22	8.643	9.542	10.982	12.338	14.042	17.240	26.039	30.813	33.924	36.781	40.289	42.796
23	9.260	10.196	11.689	13.091	14.848	18.137	27.141	32.007	35.172	38.076	41.638	44.181
24	9.886	10.856	12.401	13.848	15.659	19.037	28.241	33.196	36.415	39.364	42.980	45.559
25	10.520	11.524	13.120	14.611	16.473	19.939	29.339	34.382	37.652	40.646	44.314	46.928
26	11.160	12.198	13.844	15.379	17.292	20.843	30.435	35.563	38.885	41.923	45.642	48.290

续表

df	$\alpha=0.995$	0.99	0.975	0.95	0.90	0.75	$\alpha=0.25$	0.10	0.05	0.025	0.01	0.005
27	11.808	12.879	14.573	16.151	18.114	21.749	31.528	36.741	40.113	43.194	46.963	49.645
28	12.461	13.565	15.308	16.928	18.939	22.657	32.620	37.916	41.337	44.461	48.278	50.993
29	13.121	14.257	16.047	17.708	19.768	23.567	33.711	39.087	42.557	45.722	49.588	52.336
30	13.787	14.954	16.791	18.493	20.599	24.478	34.800	40.256	43.773	46.979	50.892	53.672
31	14.458	15.655	17.539	19.281	21.434	25.390	35.887	41.422	44.985	48.232	52.191	55.003
32	15.134	16.362	18.291	20.072	22.271	26.304	36.973	42.585	46.194	49.480	53.486	56.328
33	15.815	17.074	19.047	20.867	23.110	27.219	38.058	43.745	47.400	50.725	54.776	57.648
34	16.501	17.789	19.806	21.664	23.952	28.136	39.141	44.903	48.602	51.966	56.061	58.964
35	17.192	18.509	20.569	22.465	24.797	29.054	40.223	46.059	49.802	53.203	57.342	60.275
36	17.887	19.233	21.336	23.269	25.643	29.973	41.304	47.212	50.998	54.437	58.619	61.581
37	18.586	19.960	22.106	24.075	26.492	30.893	42.383	48.363	52.192	55.668	59.892	62.883
38	19.289	20.691	22.878	24.884	27.343	31.815	43.462	49.513	53.384	56.896	61.162	64.181
39	19.996	21.426	23.654	25.695	28.196	32.737	44.539	50.660	54.572	58.120	62.428	65.476
40	20.707	22.164	24.433	26.509	29.051	33.660	45.616	51.805	55.758	59.342	63.691	66.766
41	21.421	22.906	25.215	27.326	29.907	34.585	46.692	52.949	56.942	60.561	64.950	68.053
42	22.138	23.650	25.999	28.144	30.765	35.510	47.766	54.090	58.124	61.777	66.206	69.336
43	22.859	24.398	26.785	28.965	31.625	36.436	48.840	55.230	59.304	62.990	67.459	70.616
44	23.584	25.148	27.575	29.787	32.487	37.363	49.913	56.369	60.481	64.201	68.710	71.893
45	24.311	25.901	28.366	30.612	33.350	38.291	50.985	57.505	61.656	65.410	69.957	73.166

附表 4　t 分布的双尾临界值表

$$P(\,|t|>t_{\alpha}(df)\,)=\alpha$$

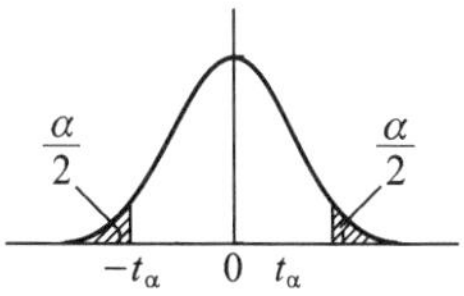

df \ α	0.9	0.8	0.7	0.6	0.5	0.4	0.3	0.2	0.1	0.05	0.02	0.01	0.001	α / df
1	0.158	0.325	0.510	0.727	1.000	1.376	1.963	3.078	6.314	12.706	31.821	63.657	636.619	1
2	0.142	0.289	0.445	0.617	0.816	1.061	1.386	1.886	2.920	4.303	6.965	9.925	31.598	2
3	0.137	0.277	0.424	0.584	0.765	0.978	1.250	1.638	2.353	3.182	4.541	5.841	12.924	3
4	0.134	0.271	0.414	0.569	0.741	0.941	1.190	1.533	2.132	2.776	3.747	4.604	8.610	4
5	0.132	0.267	0.408	0.559	0.727	0.920	1.156	1.476	2.015	2.571	3.365	4.032	6.859	5
6	0.131	0.265	0.404	0.553	0.718	0.906	1.134	1.440	1.943	2.447	3.143	3.707	5.959	6
7	0.130	0.263	0.402	0.549	0.711	0.896	1.119	1.415	1.895	2.365	2.998	3.499	5.405	7
8	0.130	0.262	0.399	0.546	0.706	0.889	1.108	1.397	1.860	2.306	2.896	3.355	5.041	8
9	0.129	0.261	0.398	0.543	0.703	0.883	1.100	1.383	1.833	2.262	2.821	3.250	4.781	9
10	0.129	0.260	0.397	0.542	0.700	0.879	1.093	1.372	1.812	2.228	2.764	3.169	4.587	10
11	0.129	0.260	0.396	0.540	0.697	0.876	1.088	1.363	1.796	2.201	2.718	3.106	4.437	11
12	0.128	0.259	0.395	0.539	0.695	0.873	1.083	1.356	1.782	2.179	2.681	3.055	4.318	12
13	0.128	0.259	0.394	0.538	0.694	0.870	1.079	1.350	1.771	2.160	2.650	3.012	4.221	13
14	0.128	0.258	0.393	0.537	0.692	0.868	1.076	1.345	1.761	2.145	2.624	2.977	4.140	14
15	0.128	0.258	0.393	0.536	0.691	0.866	1.074	1.341	1.753	2.131	2.602	2.947	4.073	15
16	0.128	0.258	0.392	0.535	0.690	0.865	1.071	1.337	1.746	2.120	2.583	2.921	4.015	16
17	0.128	0.257	0.392	0.534	0.689	0.863	1.069	1.333	1.740	2.110	2.567	2.898	3.965	17
18	0.127	0.257	0.392	0.534	0.688	0.862	1.067	1.330	1.734	2.101	2.552	2.878	3.922	18
19	0.127	0.257	0.391	0.533	0.688	0.861	1.066	1.328	1.729	2.093	2.539	2.861	3.883	19
20	0.127	0.257	0.391	0.533	0.687	0.860	1.064	1.325	1.725	2.086	2.528	2.845	3.850	20
21	0.127	0.257	0.391	0.532	0.686	0.859	1.063	1.323	1.721	2.080	2.518	2.831	3.819	21
22	0.127	0.256	0.390	0.532	0.686	0.858	1.061	1.321	1.717	2.074	2.508	2.819	3.792	22
23	0.127	0.256	0.390	0.532	0.685	0.858	1.060	1.319	1.714	2.069	2.500	2.807	3.767	23
24	0.127	0.256	0.390	0.531	0.685	0.857	1.059	1.318	1.711	2.064	2.492	2.797	3.745	24
25	0.127	0.256	0.390	0.531	0.684	0.856	1.058	1.316	1.708	2.060	2.485	2.787	3.725	25
26	0.127	0.256	0.390	0.531	0.684	0.856	1.058	1.315	1.706	2.056	2.479	2.779	3.707	26
27	0.127	0.256	0.389	0.531	0.684	0.855	1.057	1.314	1.703	2.052	2.473	2.771	3.690	27
28	0.127	0.256	0.389	0.530	0.683	0.855	1.056	1.313	1.701	2.048	2.467	2.763	3.674	28

续表

α / df	0.9	0.8	0.7	0.6	0.5	0.4	0.3	0.2	0.1	0.05	0.02	0.01	0.001	α / df
29	0.127	0.256	0.389	0.530	0.683	0.854	1.055	1.311	1.699	2.045	2.462	2.756	3.659	29
30	0.127	0.256	0.389	0.530	0.683	0.854	1.055	1.310	1.697	2.042	2.457	2.750	3.646	30
40	0.126	0.255	0.388	0.529	0.681	0.851	1.050	1.303	1.684	2.021	2.423	2.704	3.551	40
60	0.126	0.254	0.387	0.527	0.679	0.848	1.046	1.296	1.671	2.000	2.390	2.660	3.460	60
120	0.126	0.254	0.386	0.526	0.677	0.845	1.041	1.289	1.658	1.980	2.358	2.617	3.373	120
∞	0.126	0.253	0.385	0.524	0.674	0.842	1.036	1.282	1.645	1.960	2.326	2.576	3.291	∞

附表 5　Dunnett t 表(单尾检验)

上行:$p=0.05$　下行:$p=0.01$

误差 n'	处理数(不包括对照组)T								
	1	2	3	4	5	6	7	8	9
5	2.02 3.37	2.44 3.90	2.68 4.21	2.85 4.43	2.98 4.60	3.08 4.73	3.16 4.85	3.24 4.94	3.30 5.03
6	1.94 3.14	2.34 3.61	2.56 3.88	2.71 4.07	2.83 4.21	2.92 4.33	3.00 4.43	3.07 4.51	3.12 4.59
7	1.89 3.00	2.27 3.42	2.48 3.66	2.62 3.83	2.73 3.96	2.82 4.07	2.89 4.15	2.95 4.23	3.01 4.30
8	1.86 2.90	2.22 3.29	2.42 3.51	2.55 3.67	2.66 3.79	2.74 3.88	2.81 3.96	2.87 4.03	2.92 4.09
9	1.83 2.82	2.18 3.19	2.37 3.40	2.50 3.55	2.60 3.66	2.68 3.75	2.75 3.82	2.81 3.89	2.86 3.94
10	1.81 2.76	2.15 3.11	2.34 3.31	2.47 3.45	2.56 3.56	2.64 3.64	2.70 3.71	2.76 3.78	2.81 3.83
11	1.80 2.72	2.13 3.06	2.31 3.25	2.44 3.38	2.53 3.48	2.60 3.56	2.67 3.63	2.72 3.69	2.77 3.74
12	1.78 2.68	2.11 3.01	2.29 3.19	2.41 3.32	2.50 3.42	2.58 3.50	2.64 3.56	2.69 3.62	2.74 3.67
13	1.77 2.65	2.09 2.97	2.27 3.15	2.39 3.27	2.48 3.37	2.55 3.44	2.61 3.51	2.66 3.56	2.71 3.61
14	1.76 2.62	2.08 2.94	2.25 3.11	2.37 3.23	2.46 3.32	2.53 3.40	2.59 3.46	2.64 3.51	2.69 3.56
15	1.75 2.60	2.07 2.91	2.24 3.08	2.36 3.20	2.44 3.29	2.51 3.36	2.57 3.42	2.62 3.47	2.67 3.52
16	1.75 2.58	2.06 2.88	2.23 3.05	2.34 3.17	2.43 3.26	2.50 3.33	2.56 3.39	2.61 3.44	2.65 3.48
17	1.74 2.57	2.05 2.86	2.22 3.03	2.33 3.14	2.42 3.23	2.49 3.30	2.54 3.36	2.59 3.41	2.64 3.45
18	1.73 2.55	2.04 2.84	2.21 3.01	2.32 3.12	2.41 3.21	2.48 3.27	2.53 3.33	2.58 3.38	2.62 3.42
19	1.73 2.54	2.03 2.83	2.20 2.99	2.31 3.10	2.40 3.18	2.47 3.25	2.52 3.31	2.57 3.36	2.61 3.40
20	1.72 2.53	2.03 2.81	2.19 2.97	2.30 3.08	2.39 3.17	2.46 3.23	2.51 3.29	2.56 3.34	2.60 3.38
24	1.71 2.49	2.01 2.77	2.17 2.92	2.28 3.03	2.36 3.11	2.43 3.17	2.48 3.22	2.53 3.27	2.57 3.31
30	1.70 2.46	1.99 2.72	2.15 2.87	2.25 2.97	2.33 3.05	2.40 3.11	2.45 3.16	2.50 3.21	2.54 3.24

续表

误差 n'	处理数(不包括对照组) T								
	1	2	3	4	5	6	7	8	9
40	1.68 2.42	1.97 2.68	2.13 2.82	2.23 2.92	2.31 2.99	2.37 3.05	2.42 3.10	2.47 3.14	2.51 3.18
60	1.67 2.39	1.95 2.64	2.10 2.78	2.21 2.87	2.28 2.94	2.35 3.00	2.39 3.04	2.44 3.08	2.48 3.12
120	1.66 2.36	1.93 2.60	2.08 2.73	2.18 2.82	2.26 2.89	2.32 2.94	2.37 2.99	2.41 3.03	2.45 3.06
∞	1.64 2.33	1.92 2.56	2.06 2.68	2.16 2.77	2.23 2.84	2.29 2.89	2.34 2.93	2.38 2.97	2.42 3.00

附表 6　F 分布的右尾临界值表

$$P(F > F_{\alpha}(df_1, df_2)) = \alpha$$

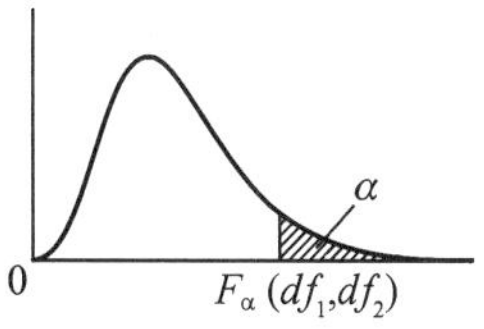

$\alpha = 0.10$

df_2 \ df_1	1	2	3	4	5	6	7	8	9	10	12	15	20	24	30	40	60	120	∞
1	39. 86	49. 50	53. 59	55. 83	57. 24	58. 20	58. 91	59. 44	59. 86	60. 19	60. 71	61. 22	61. 74	62. 00	62. 26	62. 53	62. 79	63. 06	63. 33
2	8. 53	9. 00	9. 16	9. 24	9. 29	9. 33	9. 35	9. 37	9. 38	9. 39	9. 41	9. 42	9. 44	9. 45	9. 46	9. 47	9. 47	9. 48	9. 49
3	5. 54	5. 46	5. 39	5. 34	5. 31	5. 28	5. 27	5. 25	5. 24	5. 23	5. 22	5. 20	5. 18	5. 18	5. 17	5. 16	5. 15	5. 14	5. 13
4	4. 54	4. 32	4. 19	4. 11	4. 05	4. 01	3. 98	3. 95	3. 94	3. 92	3. 90	3. 87	3. 84	3. 83	3. 82	3. 80	3. 79	3. 78	3. 76
5	4. 06	3. 78	3. 62	3. 52	3. 45	3. 40	3. 37	3. 34	3. 32	3. 30	3. 27	3. 24	3. 21	3. 19	3. 17	3. 16	3. 14	3. 12	3. 10
6	3. 78	3. 46	3. 29	3. 18	3. 11	3. 05	3. 01	2. 98	2. 96	2. 94	2. 90	2. 87	2. 84	2. 82	2. 80	2. 78	2. 76	2. 74	2. 72
7	3. 59	3. 26	3. 07	2. 96	3. 88	2. 83	2. 78	2. 75	2. 72	2. 70	2. 67	2. 63	2. 59	2. 58	2. 56	2. 54	2. 51	2. 49	2. 47
8	3. 46	3. 11	2. 92	2. 81	2. 73	2. 67	2. 62	2. 59	2. 56	2. 54	2. 50	2. 46	2. 42	2. 40	2. 38	2. 36	2. 34	2. 32	2. 29
9	3. 36	3. 01	2. 81	2. 69	2. 61	2. 55	2. 51	2. 47	2. 44	2. 42	2. 38	2. 34	2. 30	2. 28	2. 25	2. 23	2. 21	2. 18	2. 16
10	3. 29	2. 92	2. 73	2. 61	2. 52	2. 46	2. 41	2. 38	2. 35	2. 32	2. 28	2. 24	2. 20	2. 18	2. 16	2. 13	2. 11	2. 08	2. 06
11	3. 23	2. 86	2. 66	2. 54	2. 45	2. 39	2. 34	2. 30	2. 27	2. 25	2. 21	2. 17	2. 12	2. 10	2. 08	2. 05	2. 03	2. 00	1. 97
12	3. 18	2. 81	2. 61	2. 48	2. 39	2. 33	2. 28	2. 24	2. 21	2. 19	2. 15	2. 10	2. 06	2. 04	2. 01	1. 99	1. 96	1. 93	1. 90
13	3. 14	2. 76	2. 56	2. 43	2. 35	2. 28	2. 23	2. 20	2. 16	2. 14	2. 10	2. 05	2. 01	1. 98	1. 96	1. 93	1. 90	1. 88	1. 85
14	3. 10	2. 73	2. 52	2. 39	2. 31	2. 24	2. 19	2. 15	2. 12	2. 10	2. 05	2. 01	1. 96	1. 94	1. 91	1. 89	1. 86	1. 83	1. 80
15	3. 07	2. 70	2. 49	2. 36	2. 27	2. 21	2. 16	2. 12	2. 09	2. 06	2. 02	1. 97	1. 92	1. 90	1. 87	1. 85	1. 82	1. 79	1. 76
16	3. 05	2. 67	2. 46	2. 33	2. 24	2. 18	2. 13	2. 09	2. 06	2. 03	1. 99	1. 94	1. 89	1. 87	1. 84	1. 81	1. 78	1. 75	1. 72
17	3. 03	2. 64	2. 44	2. 31	2. 22	2. 15	2. 10	2. 06	2. 03	2. 00	1. 96	1. 91	1. 86	1. 84	1. 81	1. 78	1. 75	1. 72	1. 69
18	3. 01	2. 62	2. 42	2. 29	2. 20	2. 13	2. 08	2. 04	2. 00	1. 98	1. 93	1. 89	1. 84	1. 81	1. 78	1. 75	1. 72	1. 69	1. 66
19	2. 99	2. 61	2. 40	2. 27	2. 18	2. 11	2. 06	2. 02	1. 98	1. 96	1. 91	1. 86	1. 81	1. 79	1. 76	1. 73	1. 70	1. 67	1. 63
20	2. 97	2. 59	2. 38	2. 25	2. 16	2. 09	2. 04	2. 00	1. 96	1. 94	1. 89	1. 84	1. 79	1. 77	1. 74	1. 71	1. 68	1. 64	1. 61
21	2. 96	2. 57	2. 36	2. 23	2. 14	2. 08	2. 02	1. 98	1. 95	1. 92	1. 87	1. 83	1. 78	1. 75	1. 72	1. 69	1. 66	1. 62	1. 59
22	2. 95	2. 56	2. 35	2. 22	2. 13	2. 06	2. 01	1. 97	1. 93	1. 90	1. 86	1. 81	1. 76	1. 73	1. 70	1. 67	1. 64	1. 60	1. 57
23	2. 94	2. 55	2. 34	2. 21	2. 11	2. 05	1. 99	1. 95	1. 92	1. 89	1. 84	1. 80	1. 74	1. 72	1. 69	1. 66	1. 62	1. 59	1. 55
24	2. 93	2. 54	2. 33	2. 19	2. 10	2. 04	1. 98	1. 94	1. 91	1. 88	1. 83	1. 78	1. 73	1. 70	1. 67	1. 64	1. 61	1. 57	1. 53
25	2. 92	2. 53	2. 32	2. 18	2. 09	2. 02	1. 97	1. 93	1. 89	1. 87	1. 82	1. 77	1. 72	1. 69	1. 66	1. 63	1. 59	1. 56	1. 52

续表

df_2 \ df_1	1	2	3	4	5	6	7	8	9	10	12	15	20	24	30	40	60	120	∞
26	2.91	2.52	2.31	2.17	2.08	2.01	1.96	1.92	1.88	1.86	1.81	1.76	1.71	1.68	1.65	1.61	1.58	1.54	1.50
27	2.90	2.51	2.30	2.17	2.07	2.00	1.95	1.91	1.87	1.85	1.80	1.75	1.70	1.67	1.64	1.60	1.57	1.53	1.49
28	2.89	2.50	2.29	2.16	2.06	2.00	1.94	1.90	1.87	1.84	1.79	1.74	1.69	1.66	1.63	1.59	1.56	1.52	1.48
29	2.89	2.50	2.28	2.15	2.06	1.99	1.93	1.89	1.86	1.83	1.78	1.73	1.68	1.65	1.62	1.58	1.55	1.51	1.47
30	2.88	2.49	2.28	2.14	2.05	1.98	1.93	1.88	1.85	1.82	1.77	1.72	1.67	1.64	1.61	1.57	1.54	1.50	1.46
40	2.84	2.44	2.23	2.09	2.00	1.93	1.87	1.83	1.79	1.76	1.71	1.66	1.61	1.57	1.54	1.51	1.47	1.42	1.38
60	2.79	2.39	2.18	2.04	1.95	1.87	1.82	1.77	1.74	1.71	1.66	1.60	1.54	1.51	1.48	1.44	1.40	1.35	1.29
120	2.75	2.35	2.13	1.99	1.90	1.82	1.77	1.72	1.68	1.65	1.60	1.55	1.48	1.45	1.41	1.37	1.32	1.26	1.19
∞	2.71	2.30	2.08	1.94	1.85	1.77	1.72	1.67	1.63	1.60	1.55	1.49	1.42	1.38	1.34	1.30	1.24	1.17	1.00

$\alpha=0.05$

df_2 \ df_1	1	2	3	4	5	6	7	8	9	10	12	15	20	24	30	40	60	120	∞
1	161.4	199.5	215.7	224.6	230.2	234.0	236.8	238.9	240.5	241.9	243.9	245.9	248.0	249.1	250.1	251.1	252.2	253.3	254.3
2	18.51	19.00	19.16	19.25	19.30	19.33	19.35	19.37	19.38	19.40	19.41	19.43	19.45	19.45	19.46	19.47	19.48	19.49	19.50
3	10.13	9.55	9.28	9.12	9.01	8.94	8.89	8.85	8.81	8.79	8.74	8.70	8.66	8.64	8.62	8.59	8.57	8.55	8.53
4	7.71	6.94	6.59	6.39	6.26	6.16	6.09	6.04	6.00	5.96	5.91	5.86	5.80	5.77	5.75	5.72	5.69	5.66	5.63
5	6.61	5.79	5.41	5.19	5.05	4.95	4.88	4.82	4.77	4.74	4.68	4.62	4.56	4.53	4.50	4.46	4.43	4.40	4.36
6	5.99	5.14	4.76	4.53	4.39	4.28	4.21	4.15	4.10	4.06	4.00	3.94	3.87	3.84	3.81	3.77	3.74	3.70	3.67
7	5.59	4.74	4.35	4.12	3.97	3.87	3.79	3.73	3.68	3.64	3.57	3.51	3.44	3.41	3.38	3.34	3.30	3.27	3.23
8	5.32	4.46	4.07	3.84	3.69	3.58	3.50	3.44	3.39	3.35	3.28	3.22	3.15	3.12	3.08	3.04	3.01	2.97	2.93
9	5.12	4.26	3.86	3.63	3.48	3.37	3.29	3.23	3.18	3.14	3.07	3.01	2.94	2.90	2.86	2.83	2.79	2.75	2.71
10	4.96	4.10	3.71	3.48	3.33	3.22	3.14	3.07	3.02	2.98	2.91	2.85	2.77	2.74	2.70	2.66	2.62	2.58	2.54
11	4.84	3.98	3.59	3.36	3.20	3.09	3.01	2.95	2.90	2.85	2.79	2.72	2.65	2.61	2.57	2.53	2.49	2.45	2.40
12	4.75	3.89	3.49	3.26	3.11	3.00	2.91	2.85	2.80	2.75	2.69	2.62	2.54	2.51	2.47	2.43	2.38	2.34	2.30
13	4.67	3.81	3.41	3.18	3.03	2.92	2.83	2.77	2.71	2.67	2.60	2.53	2.46	2.42	2.38	2.34	2.30	2.25	2.21
14	4.60	3.74	3.34	3.11	2.96	2.85	2.76	2.70	2.65	2.60	2.53	2.46	2.39	2.35	2.31	2.27	2.22	2.18	2.13
15	4.54	3.68	3.29	3.06	2.90	2.79	2.71	2.64	2.59	2.54	2.48	2.40	2.33	2.29	2.25	2.20	2.16	2.11	2.07
16	4.49	3.63	3.24	3.01	2.85	2.74	2.66	2.59	2.54	2.49	2.42	2.35	2.28	2.24	2.19	2.15	2.11	2.06	2.01
17	4.45	3.59	3.20	2.96	2.81	2.70	2.61	2.55	2.49	2.45	2.38	2.31	2.23	2.19	2.15	2.10	2.06	2.01	1.96
18	4.41	3.55	3.16	2.93	2.77	2.66	2.58	2.51	2.46	2.41	2.34	2.27	2.19	2.15	2.11	2.06	2.02	1.97	1.92
19	4.38	3.52	3.13	2.90	2.74	2.63	2.54	2.48	2.42	2.38	2.31	2.23	2.16	2.11	2.07	2.03	1.98	1.93	1.88
20	4.35	3.49	3.10	2.87	2.71	2.60	2.51	2.45	2.39	2.35	2.28	2.20	2.12	2.08	2.04	1.99	1.95	1.90	1.84
21	4.32	3.47	3.07	2.84	2.68	2.57	2.49	2.42	2.37	2.32	2.25	2.18	2.10	2.05	2.01	1.96	1.92	1.87	1.81

续表

df_2 \ df_1	1	2	3	4	5	6	7	8	9	10	12	15	20	24	30	40	60	120	∞
22	4.30	3.44	3.05	2.82	2.66	2.55	2.46	2.40	2.34	2.30	2.23	2.15	2.07	2.03	1.98	1.94	1.89	1.84	1.78
23	4.28	3.42	3.03	2.80	2.64	2.53	2.44	2.37	2.32	2.27	2.20	2.13	2.05	2.01	1.96	1.91	1.86	1.81	1.76
24	4.26	3.40	3.01	2.78	2.62	2.51	2.42	2.36	2.30	2.25	2.18	2.11	2.03	1.98	1.94	1.89	1.84	1.79	1.73
25	4.24	3.39	2.99	2.76	2.60	2.49	2.40	2.34	2.28	2.24	2.16	2.09	2.01	1.96	1.92	1.87	1.82	1.77	1.71
26	4.23	3.37	2.98	2.74	2.59	2.47	2.39	2.32	2.27	2.22	2.15	2.07	1.99	1.95	1.90	1.85	1.80	1.75	1.69
27	4.21	3.35	2.96	2.73	2.57	2.46	2.37	2.31	2.25	2.20	2.13	2.06	1.97	1.93	1.88	1.84	1.79	1.73	1.67
28	4.20	3.34	2.95	2.71	2.56	2.45	2.36	2.29	2.24	2.19	2.12	2.04	1.96	1.91	1.87	1.82	1.77	1.71	1.65
29	4.18	3.33	2.93	2.70	2.55	2.43	2.35	2.28	2.22	2.18	2.10	2.03	1.94	1.90	1.85	1.81	1.75	1.70	1.64
30	4.17	3.32	2.92	2.69	2.53	2.42	2.33	2.27	2.21	2.16	2.09	2.01	1.93	1.89	1.84	1.79	1.74	1.68	1.62
40	4.08	3.23	2.84	2.61	2.45	2.34	2.25	2.18	2.12	2.08	2.00	1.92	1.84	1.79	1.74	1.69	1.64	1.58	1.51
60	4.00	3.15	2.76	2.53	2.37	2.25	2.17	2.10	2.04	1.99	1.92	1.84	1.75	1.70	1.65	1.59	1.53	1.47	1.39
120	3.92	3.07	2.68	2.45	2.29	2.17	2.09	2.02	1.96	1.91	1.83	1.75	1.66	1.61	1.55	1.50	1.43	1.35	1.25
∞	3.84	3.00	2.60	2.37	2.21	2.10	2.01	1.94	1.88	1.83	1.75	1.67	1.57	1.52	1.46	1.39	1.32	1.22	1.00

$\alpha = 0.025$

df_2 \ df_1	1	2	3	4	5	6	7	8	9	10	12	15	20	24	30	40	60	120	∞
1	647.8	799.5	864.2	899.6	921.8	937.1	948.2	956.7	963.3	968.6	976.7	984.9	993.1	997.2	1.001	1.006	1.010	1.014	1.018
2	38.51	39.00	39.17	39.25	30.30	39.33	39.36	39.37	39.39	39.40	39.41	39.43	39.45	39.46	39.46	39.47	39.48	39.49	39.50
3	17.44	16.04	15.44	15.10	14.88	14.73	14.62	14.54	14.47	14.42	14.34	14.25	14.17	14.12	14.08	14.04	13.99	13.95	13.90
4	12.22	10.65	9.98	9.60	9.36	9.20	9.07	8.98	8.90	8.84	8.75	8.66	8.56	8.51	8.46	8.41	8.36	8.31	8.26
5	10.01	8.43	7.76	7.39	7.15	6.98	6.85	6.76	6.68	6.62	6.52	6.43	6.33	6.28	6.23	6.18	6.12	6.07	6.02
6	8.81	7.26	6.60	6.23	5.99	5.82	5.70	5.60	5.52	5.46	5.37	5.27	5.17	5.12	5.07	5.01	4.96	4.90	4.85
7	8.07	6.54	5.89	5.52	5.29	5.12	4.99	4.90	4.82	4.76	4.67	4.57	4.47	4.42	4.36	4.31	4.25	4.20	4.14
8	7.57	6.06	5.42	5.05	4.82	4.65	4.53	4.43	4.36	4.30	4.20	4.10	4.00	3.95	3.89	3.84	3.78	3.73	3.67
9	7.21	5.71	5.08	4.72	4.48	4.32	4.20	4.10	4.03	3.96	3.87	3.77	3.67	3.61	3.56	3.51	3.45	3.39	3.33
10	6.94	5.46	4.83	4.47	4.24	4.07	3.95	3.85	3.78	3.72	3.62	3.52	3.42	3.37	3.31	3.26	3.20	3.14	3.08
11	6.72	5.26	4.63	4.28	4.04	3.88	3.76	3.66	3.59	3.53	3.43	3.33	3.23	3.17	3.12	3.06	3.00	2.94	2.88
12	6.55	5.10	4.47	4.12	3.89	3.73	3.61	3.51	3.44	3.37	3.28	3.18	3.07	3.02	2.96	2.91	2.85	2.79	2.72
13	6.41	4.97	4.35	4.00	3.77	3.60	3.48	3.39	3.31	3.25	3.15	3.05	2.95	2.89	2.84	2.78	2.72	2.66	2.60
14	6.30	4.86	4.24	3.89	3.66	3.50	3.38	3.29	3.21	3.15	3.05	2.95	2.84	2.79	2.73	2.67	2.61	2.55	2.49
15	6.20	4.77	4.15	3.80	3.58	3.41	3.29	3.20	3.12	3.06	2.96	2.86	2.76	2.70	2.64	2.59	2.52	2.46	2.40
16	6.12	4.69	4.08	3.73	3.50	3.34	3.22	3.12	3.05	2.99	2.89	2.79	2.68	2.63	2.57	2.51	2.45	2.38	2.32
17	6.04	4.62	4.01	3.66	3.44	3.28	3.16	3.06	2.98	2.92	2.82	2.72	2.62	2.56	2.50	2.44	2.38	2.32	2.25
18	5.98	4.56	3.95	3.61	3.38	3.22	3.10	3.01	2.93	2.87	2.77	2.67	2.56	2.50	2.44	2.38	2.32	2.26	2.19
19	5.92	4.51	3.90	3.56	3.33	3.17	3.05	2.96	2.88	2.82	2.72	2.62	2.51	2.45	2.39	2.33	2.27	2.20	2.13

续表

df_1 / df_2	1	2	3	4	5	6	7	8	9	10	12	15	20	24	30	40	60	120	∞
20	5.87	4.46	3.86	3.51	3.29	3.13	3.01	2.91	2.84	2.77	2.68	2.57	2.46	2.41	2.35	2.29	2.22	2.16	2.09
21	5.83	4.42	3.82	3.48	3.25	3.09	2.97	2.87	2.80	2.73	2.64	2.53	2.42	2.37	2.31	2.25	2.18	2.11	2.04
22	5.79	4.38	3.78	3.44	3.22	3.05	2.93	2.84	2.76	2.70	2.60	2.50	2.39	2.33	2.27	2.21	2.14	2.08	2.00
23	5.75	4.35	3.75	3.41	3.18	3.02	2.90	2.81	2.73	2.67	2.57	2.47	2.36	2.30	2.24	2.18	2.11	2.04	1.97
24	5.72	4.32	3.72	3.38	3.15	2.99	2.87	2.78	2.70	2.64	2.54	2.44	2.33	2.27	2.21	2.15	2.08	2.08	1.94
25	5.69	4.29	3.69	3.35	3.13	2.97	2.85	2.75	2.68	2.61	2.51	2.41	2.30	2.24	2.18	2.12	2.05	1.98	1.91
26	5.66	4.27	3.67	3.33	3.10	2.94	2.82	2.73	2.65	2.59	2.49	2.39	2.28	2.22	2.16	2.09	2.03	1.95	1.88
27	5.63	4.24	3.65	3.31	3.08	2.92	2.80	2.71	2.63	2.57	2.47	2.36	2.25	2.19	2.13	2.07	2.00	1.93	1.85
28	5.61	4.22	3.63	3.29	3.06	2.90	2.78	2.69	2.61	2.55	2.45	2.34	2.23	2.17	2.11	2.05	1.98	1.91	1.83
29	5.59	4.20	3.61	3.27	3.04	2.88	2.76	2.67	2.59	2.53	2.43	2.32	2.21	2.15	2.09	2.03	1.96	1.89	1.81
30	5.57	4.18	3.59	3.25	3.03	2.87	2.75	2.65	2.57	2.51	2.41	2.31	2.20	2.14	2.07	2.01	1.94	1.87	1.79
40	5.42	4.05	3.46	3.13	2.90	2.74	2.62	2.53	2.45	2.39	2.29	2.18	2.07	2.01	1.94	1.88	1.80	1.72	1.64
60	5.29	3.93	3.34	3.01	2.79	2.63	2.51	2.41	2.33	2.27	2.17	2.06	1.94	1.88	1.82	1.74	1.67	1.58	1.48
120	5.15	3.80	3.23	2.89	2.67	2.52	2.39	2.30	2.22	2.16	2.05	1.94	1.82	1.76	1.69	1.61	1.53	1.43	1.31
∞	5.02	3.69	3.12	2.79	2.57	2.41	2.29	2.19	2.11	2.05	1.94	1.83	1.71	1.64	1.57	1.48	1.39	1.27	1.00

$\alpha = 0.01$

df_1 / df_2	1	2	3	4	5	6	7	8	9	10	12	15	20	24	30	40	60	120	∞
1	4 052	4 999.5	5 403	5 625	5 764	5 859	5 928	5 982	6 022	6 056	6 106	6 157	6 209	6 235	6 261	6 287	6 313	6 339	6 366
2	98.50	99.00	99.17	99.25	99.30	99.33	99.36	99.37	99.39	99.40	99.42	99.43	99.45	99.46	99.47	99.47	99.48	99.49	99.50
3	34.12	30.82	29.46	28.71	28.24	27.91	27.67	27.49	27.35	27.23	27.05	26.87	26.69	26.60	26.50	26.41	26.32	26.22	26.13
4	21.20	18.00	16.69	15.98	15.52	15.21	14.98	14.80	14.66	14.55	14.37	14.20	14.02	13.93	13.84	13.75	13.65	13.56	13.46
5	16.26	13.27	12.06	11.39	10.97	10.67	10.46	10.29	10.16	10.05	9.89	9.72	9.55	9.47	9.38	9.29	9.20	9.11	9.02
6	13.75	10.92	9.78	9.15	8.75	8.47	8.26	8.10	7.98	7.87	7.72	7.56	7.40	7.31	7.23	7.14	7.06	6.97	6.88
7	12.25	9.55	8.45	7.85	7.46	7.19	6.99	6.84	6.72	6.62	6.47	6.31	6.16	6.07	5.99	5.91	5.82	5.74	5.65
8	11.26	8.65	7.59	7.01	6.63	6.37	6.18	6.03	5.91	5.81	5.67	5.52	5.36	5.28	5.20	5.12	5.03	4.95	4.86
9	10.56	8.02	6.99	6.42	6.06	5.80	5.61	5.47	5.35	5.26	5.11	4.96	4.81	4.73	4.65	4.57	4.48	4.40	4.31
10	10.04	7.56	6.55	5.99	5.64	5.39	5.20	5.06	4.94	4.85	4.71	4.56	4.41	4.33	4.25	4.17	4.08	4.00	3.91
11	9.65	7.21	6.22	5.67	5.32	5.07	4.89	4.74	4.63	4.54	4.40	4.25	4.10	4.02	3.94	3.86	3.78	3.69	3.60
12	9.33	6.93	5.95	5.41	5.06	4.82	4.64	4.50	4.39	4.30	4.16	4.01	3.86	3.78	3.70	3.62	3.54	3.45	3.36
13	9.07	6.70	5.74	5.21	4.86	4.62	4.44	4.30	4.19	4.10	3.96	3.82	3.66	3.59	3.51	3.43	3.34	3.25	3.17
14	8.86	6.51	5.56	5.04	4.69	4.46	4.28	4.14	4.03	3.94	3.80	3.66	3.51	3.43	3.35	3.27	3.18	3.09	3.00
15	8.68	6.36	5.42	4.89	4.56	4.32	4.14	4.00	3.89	3.80	3.67	3.52	3.37	3.29	3.21	3.13	3.05	2.96	2.87
16	8.53	6.23	5.29	4.77	4.44	4.20	4.03	3.89	3.78	3.69	3.55	3.41	3.26	3.18	3.10	3.02	2.93	2.84	2.75
17	8.40	6.11	5.18	4.67	4.34	4.10	3.93	3.79	3.68	3.59	3.46	3.31	3.16	3.08	3.00	2.92	2.83	2.75	2.65
18	8.29	6.01	5.09	4.58	4.25	4.01	3.84	3.71	3.60	3.51	3.37	3.23	3.08	3.00	2.92	2.84	2.75	2.66	2.57

续表

df_2 \ df_1	1	2	3	4	5	6	7	8	9	10	12	15	20	24	30	40	60	120	∞
19	8.18	5.93	5.01	4.50	4.17	3.94	3.77	3.63	3.52	3.43	3.30	3.15	3.00	2.92	2.84	2.76	2.67	2.58	2.49
20	8.10	5.85	4.94	4.43	4.10	3.87	3.70	3.56	3.46	3.37	3.23	3.09	2.94	2.86	2.78	2.69	2.61	2.52	2.42
21	8.02	5.78	4.87	4.37	4.04	3.81	3.64	3.51	3.40	3.31	3.17	3.03	2.88	2.80	2.72	2.64	2.55	2.46	2.36
22	7.95	5.72	4.82	4.31	3.99	3.76	3.59	3.45	3.35	3.26	3.12	2.98	2.83	2.75	2.67	2.58	2.50	2.40	2.31
23	7.88	5.66	4.76	4.26	3.94	3.71	3.54	3.41	3.30	3.21	3.07	2.93	2.78	2.70	2.62	2.54	2.45	2.35	2.26
24	7.82	5.61	4.72	4.22	3.90	3.67	3.50	3.36	3.26	3.17	3.03	2.89	2.74	2.66	2.58	2.49	2.40	2.31	2.21
25	7.77	5.57	4.68	4.18	3.85	3.63	3.46	3.32	3.22	3.13	2.99	2.85	2.70	2.62	2.54	2.45	2.36	2.27	2.17
26	7.72	5.53	4.64	4.14	3.82	3.59	3.42	3.29	3.18	3.09	2.96	2.81	2.66	2.58	2.50	2.42	2.33	2.23	2.13
27	7.68	5.49	4.60	4.11	3.78	3.56	3.39	3.26	3.15	3.06	2.93	2.78	2.63	2.55	2.47	2.38	2.29	2.20	2.10
28	7.64	5.45	4.57	4.07	3.75	3.53	3.36	3.23	3.12	3.03	2.90	2.75	2.60	2.52	2.44	2.35	2.26	2.17	2.06
29	7.60	5.42	4.54	4.04	3.73	3.50	3.33	3.20	3.09	3.00	2.87	2.73	2.57	2.49	2.41	2.33	2.23	2.14	2.03
30	7.56	5.39	4.51	4.02	3.70	3.47	3.30	3.17	3.07	2.98	2.84	2.70	2.55	2.47	2.39	2.30	2.21	2.11	2.01
40	7.31	5.18	4.31	3.83	3.51	3.29	3.12	2.99	2.89	2.80	2.66	2.52	2.37	2.29	2.20	2.11	2.02	1.92	1.80
60	7.08	4.93	4.13	3.65	3.34	3.12	2.95	2.82	2.72	2.63	2.50	2.35	2.20	2.12	2.03	1.94	1.84	1.73	1.60
120	6.85	4.79	3.95	3.48	3.17	2.96	2.79	2.66	2.56	2.47	2.34	2.19	2.03	1.95	1.86	1.76	1.66	1.53	1.38
∞	6.63	4.61	3.78	3.32	3.02	2.80	2.64	2.51	2.41	2.32	2.18	2.04	1.88	1.79	1.70	1.59	1.47	1.32	1.00

附表 7　q 值表(SNK 法)

上行:p =0.05　下行:p =001

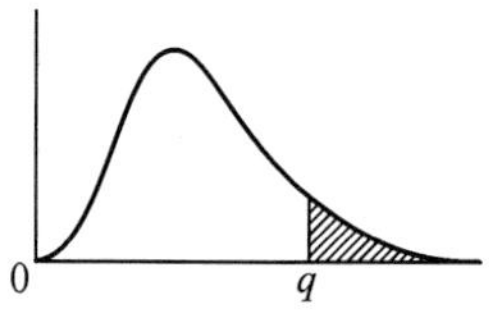

df	极距,r								
	2	3	4	5	6	7	8	9	10
5	3.64	4.60	5.22	5.67	6.03	6.33	6.58	6.80	6.99
	5.70	6.98	7.80	8.42	8.91	9.32	9.67	9.97	10.24
6	3.46	4.34	4.90	5.30	5.63	5.90	6.12	6.32	6.49
	5.24	6.33	7.03	7.56	7.97	8.32	8.61	8.87	9.10
7	3.34	4.16	4.68	5.06	5.36	5.61	5.82	6.00	6.16
	4.95	5.92	6.54	7.01	7.37	7.68	7.94	8.17	8.37
8	3.26	4.04	4.53	4.89	5.17	5.40	5.60	5.77	5.92
	4.75	5.64	6.20	6.62	6.96	7.24	7.47	7.68	7.86
9	3.20	3.95	4.41	4.76	5.02	5.24	5.43	5.59	5.74
	4.60	5.43	5.96	6.35	6.66	6.91	7.13	7.33	7.49
10	3.15	3.88	4.33	4.65	4.91	5.12	5.30	5.46	5.60
	4.48	5.27	5.77	6.14	6.43	6.67	6.87	7.05	7.21
12	3.08	3.77	4.20	4.51	4.75	4.95	5.12	5.27	5.39
	4.32	5.05	5.50	5.84	6.10	6.32	6.51	6.67	6.81
14	3.03	3.70	4.11	4.41	4.64	4.83	4.99	5.13	5.25
	4.21	4.89	5.32	5.63	5.88	6.08	6.26	6.41	6.54
16	3.00	3.65	4.05	4.33	4.56	4.74	4.90	5.03	5.15
	4.13	4.79	5.19	5.49	5.72	5.92	6.08	6.22	6.35
18	2.97	3.61	4.00	4.28	4.49	4.67	4.82	4.96	5.07
	4.07	4.70	5.09	5.38	5.60	5.79	5.94	6.08	6.20
20	2.95	3.58	3.96	4.23	4.45	4.62	4.77	4.90	5.01
	4.02	4.64	5.02	5.29	5.51	5.69	5.84	5.97	6.09
30	2.89	3.49	3.85	4.10	4.30	4.46	4.60	4.72	4.82
	3.89	4.45	4.80	5.05	5.24	5.40	5.54	5.65	5.76
40	2.86	3.44	3.79	4.04	4.23	4.39	4.52	4.63	4.73
	3.82	4.37	4.70	4.93	5.11	5.26	5.39	5.50	5.60
60	2.83	3.40	3.74	3.98	4.16	4.31	4.44	4.55	4.65
	3.76	4.28	4.59	4.82	4.99	5.13	5.25	5.36	5.45
120	2.80	3.36	3.68	3.92	4.10	4.24	4.36	4.47	4.56
	3.70	4.20	4.50	4.71	4.87	5.01	5.12	5.21	5.30
∞	2.77	3.31	3.63	3.86	4.03	4.17	4.29	4.39	4.47
	3.64	4.12	4.40	4.60	4.76	4.88	4.99	5.08	5.16

附表 8 Duncan's 多重比较的 SSR 值表

上行：$p=0.05$ 下行：$p=0.01$

df	α	*r*													
		2	3	4	5	6	7	8	9	10	12	14	16	18	20
1	0.05	18.0	18.0	18.0	18.0	18.0	18.0	18.0	18.0	18.0	18.0	18.0	18.0	18.0	18.0
	0.01	90.0	90.0	90.0	90.0	90.0	90.0	90.0	90.0	90.0	90.0	90.0	90.0	90.0	90.0
2	0.05	6.09	6.09	6.09	6.09	6.09	6.09	6.09	6.09	6.09	6.09	6.09	6.09	6.09	6.09
	0.01	14.0	14.0	14.0	14.0	14.0	14.0	14.0	14.0	14.0	14.0	14.0	14.0	14.0	14.0
3	0.05	4.50	4.50	4.50	4.50	4.50	4.50	4.50	4.50	4.50	4.50	4.50	4.50	4.50	4.50
	0.01	8.26	8.5	8.6	8.7	8.8	8.9	8.9	9.0	9.0	9.0	9.1	9.2	9.3	9.3
4	0.05	3.93	4.01	4.02	4.02	4.02	4.02	4.02	4.02	4.02	4.02	4.02	4.02	4.02	4.02
	0.01	6.51	6.8	6.9	7.0	7.1	7.1	7.2	7.2	7.3	7.3	7.4	7.4	7.5	7.5
5	0.05	3.64	3.74	3.79	3.83	3.83	3.83	3.83	3.83	3.83	3.83	3.83	3.83	3.83	3.83
	0.01	5.70	5.96	6.11	6.18	6.26	6.33	6.40	6.44	6.5	6.6	6.6	6.7	6.7	6.8
6	0.05	3.46	3.58	3.64	3.68	3.68	3.68	3.68	3.68	3.68	3.68	3.68	3.68	3.68	3.68
	0.01	5.24	5.51	5.65	5.73	5.81	5.88	5.95	6.0	6.0	6.1	6.2	6.2	6.3	6.3
7	0.05	3.35	3.47	3.54	3.58	3.60	3.61	3.61	3.61	3.61	3.61	3.61	3.61	3.61	3.61
	0.01	4.95	5.22	5.37	5.45	5.53	5.61	5.69	5.73	5.8	5.8	5.9	5.9	6.0	6.0
8	0.05	3.26	3.39	3.47	3.52	3.55	3.56	3.56	3.56	3.56	3.56	3.56	3.56	3.56	3.56
	0.01	4.74	5.00	5.14	5.23	5.32	5.40	5.47	5.51	5.5	5.6	5.7	5.7	5.8	5.8
9	0.05	3.20	3.34	3.41	3.47	3.50	3.52	3.52	3.52	3.52	3.52	3.52	3.52	3.52	3.52
	0.01	4.60	4.86	4.99	5.08	5.17	5.25	5.32	5.36	5.4	5.5	5.5	5.6	5.7	5.7
10	0.05	3.15	3.30	3.37	3.43	3.46	3.47	3.47	3.47	3.47	3.47	3.47	3.47	3.47	3.48
	0.01	4.48	4.73	4.88	4.96	5.06	5.13	5.20	5.24	5.28	5.36	5.42	5.48	5.54	5.55
11	0.05	3.11	3.27	3.35	3.39	3.43	3.44	3.45	3.46	3.46	3.46	3.46	3.46	3.47	3.48
	0.01	4.39	4.63	4.77	4.86	4.94	5.01	5.06	5.12	5.15	5.24	5.28	5.34	5.38	5.39
12	0.05	3.08	3.23	3.33	3.36	3.40	3.42	3.44	3.44	3.46	3.46	3.46	3.46	3.47	3.48
	0.01	4.32	4.55	4.68	4.76	4.84	4.92	4.96	5.02	5.07	5.13	5.17	5.22	5.24	5.26
13	0.05	3.06	3.21	3.30	3.35	3.38	3.41	3.42	3.44	3.45	3.45	3.46	3.46	3.47	3.47
	0.01	4.26	4.48	4.62	4.69	4.74	4.84	4.88	4.94	4.98	5.04	5.08	5.13	5.14	5.15
14	0.05	3.03	3.18	3.27	3.33	3.37	3.39	3.41	3.42	3.44	3.45	3.46	3.46	3.47	3.47
	0.01	4.21	4.42	4.55	4.63	4.70	4.78	4.83	4.87	4.91	4.96	5.00	5.04	5.06	5.07
15	0.05	3.01	3.16	3.25	3.31	3.36	3.38	3.40	3.42	3.43	3.44	3.45	3.46	3.47	3.47
	0.01	4.17	4.37	4.50	4.58	4.64	4.72	4.77	4.81	4.84	4.90	4.94	4.97	4.99	5.00
16	0.05	3.00	3.15	3.23	3.30	3.34	3.37	3.39	3.41	3.43	3.44	3.45	3.46	3.47	3.47
	0.01	4.13	4.34	4.45	4.54	4.60	4.67	4.72	4.76	4.79	4.84	4.88	4.91	4.93	4.94

续表

df	α	r													
		2	3	4	5	6	7	8	9	10	12	14	16	18	20
17	0.05	2.98	3.13	3.22	3.28	3.33	3.36	3.38	3.40	3.42	3.44	3.45	3.46	3.47	3.47
	0.01	4.10	4.30	4.41	4.50	4.56	4.63	4.68	4.72	4.75	4.80	4.83	4.86	4.88	4.89
18	0.05	2.97	3.12	3.21	3.27	3.32	3.35	3.37	3.39	3.41	3.43	3.45	3.46	3.47	3.47
	0.01	4.07	4.27	4.38	4.46	4.53	4.59	4.64	4.68	4.71	4.76	4.79	4.82	4.84	4.85
19	0.05	2.96	3.11	3.19	3.26	3.31	3.35	3.37	3.39	3.41	3.43	3.44	3.46	3.47	3.47
	0.01	4.05	4.24	4.35	4.43	4.50	4.56	4.61	4.64	4.67	4.72	4.76	4.79	4.81	4.82
20	0.05	2.95	3.10	3.18	3.25	3.30	3.34	3.36	3.38	3.40	3.43	3.44	3.46	3.46	3.47
	0.01	4.02	4.22	4.33	4.40	4.47	4.53	4.58	4.61	4.65	4.69	4.73	4.76	4.78	4.79
22	0.05	2.93	3.08	3.17	3.24	3.29	3.32	3.35	3.37	3.39	3.42	3.44	3.45	3.46	3.47
	0.01	3.99	4.17	4.28	4.36	4.42	4.48	4.53	4.57	4.60	4.65	4.68	4.71	4.74	4.75
24	0.05	2.92	3.07	3.15	3.22	3.28	3.31	3.34	3.37	3.38	3.41	3.44	3.45	3.46	3.47
	0.01	3.96	4.14	4.24	4.33	4.39	4.44	4.49	4.53	4.57	4.62	4.64	4.67	4.70	4.72
26	0.05	2.91	3.06	3.14	3.21	3.27	3.30	3.34	3.36	3.38	3.41	3.43	3.45	3.46	3.47
	0.01	3.93	4.11	4.21	4.30	4.36	4.41	4.46	4.50	4.53	4.58	4.62	4.65	4.67	4.69
28	0.05	2.90	3.04	3.13	3.20	3.26	3.30	3.33	3.35	3.37	3.40	3.43	3.45	3.46	3.47
	0.01	3.91	4.08	4.18	4.28	4.34	4.39	4.43	4.47	4.51	4.56	4.60	4.62	4.65	4.67
30	0.05	2.89	3.04	3.12	3.20	3.25	3.29	3.32	3.35	3.37	3.40	3.43	3.44	3.46	3.47
	0.01	3.89	4.06	4.16	4.22	4.32	4.36	4.41	4.45	4.48	4.54	4.58	4.61	4.63	4.65
40	0.05	2.86	3.01	3.10	3.17	3.22	3.27	3.30	3.33	3.35	3.39	3.42	3.44	3.46	3.47
	0.01	3.82	3.99	4.10	4.17	4.24	4.30	4.34	4.37	4.41	4.46	4.51	4.54	4.57	4.59
60	0.05	2.83	2.98	3.08	3.14	3.20	3.24	3.28	3.31	3.33	3.37	3.40	3.43	3.45	3.47
	0.01	3.76	3.92	4.03	4.12	4.17	4.23	4.27	4.31	4.34	4.39	4.44	4.47	4.50	4.53
100	0.05	2.80	2.95	3.05	3.12	3.18	3.22	3.26	3.29	3.32	3.36	3.40	3.42	3.45	3.47
	0.01	3.71	3.86	3.98	4.06	4.11	4.17	4.21	4.25	4.29	4.35	4.38	4.42	4.45	4.48
∞	0.05	2.77	2.92	3.02	3.09	3.15	3.19	3.23	3.26	3.29	3.34	3.38	3.41	3.44	3.47
	0.01	3.64	3.80	3.90	3.98	4.04	4.09	4.14	4.17	4.20	4.26	4.31	4.34	4.38	4.41

附表 9　符号检验表

n	0.01	0.05	n	0.01	0.05	n	0.01	0.05	n	0.01	0.05	n	0.01	0.05	n	0.01	0.05
1			16	2	3	31	7	9	46	13	15	61	20	22	76	26	28
2			17	2	4	32	8	9	47	14	16	62	20	22	77	26	29
3			18	3	4	33	8	10	48	14	16	63	20	23	78	27	29
4			19	3	4	34	9	10	49	15	17	64	21	23	79	27	30
5			20	3	5	35	9	11	50	15	17	65	21	24	80	28	30
6		0	21	4	5	36	9	11	51	15	18	66	22	24	81	28	31
7		0	22	4	5	37	10	12	52	16	18	67	22	25	82	28	31
8	0	0	23	4	6	38	10	12	53	16	18	68	22	25	83	29	32
9	0	1	24	5	6	39	11	12	54	17	19	69	23	25	84	29	32
10	0	1	25	5	7	40	11	13	55	17	19	70	23	26	85	30	32
11	0	1	26	6	7	41	11	13	56	17	20	71	24	26	86	30	33
12	1	2	27	6	7	42	12	14	57	18	20	72	24	27	87	31	33
13	1	2	28	6	8	43	12	14	58	18	21	73	25	27	88	31	34
14	1	2	29	7	8	44	13	15	59	19	21	74	25	28	89	31	34
15	2	3	30	7	9	45	13	15	60	19	21	75	25	28	90	32	35

注：n 为对子数；0.01 和 0.05 为显著性水平。

附表 10 符号秩和检验表(双尾)

n	0.05	0.02	0.01	n	0.05	0.02	0.01
6	0			16	30	24	20
7	2	0		17	35	28	23
8	4	2	0	18	40	33	28
9	6	3	2	19	46	38	32
10	8	5	3	20	52	43	38
11	11	7	5	21	59	49	43
12	14	10	7	22	66	56	49
13	17	13	10	23	73	62	55
14	21	16	13	24	81	69	61
15	25	20	16	25	89	77	68

附表 11　成组资料秩和检验表

n_2	α	n_1													
		2	3	4	5	6	7	8	9	10	11	12	13	14	15
4	0.05			10											
	0.01			—											
5	0.05		6	11	17										
	0.01		—	—	15										
6	0.05		7	12	18	26									
	0.01		—	10	16	23									
7	0.05		7	13	20	27	36								
	0.01		—	10	17	24	32								
8	0.05	3	8	14	21	29	38	49							
	0.01	—	—	11	17	25	34	43							
9	0.05	3	8	15	22	31	40	51	63						
	0.01	—	6	11	18	26	35	45	56						
10	0.05	3	9	15	23	32	42	53	65	78					
	0.01	—	6	12	19	27	37	47	58	71					
11	0.05	4	9	16	24	34	44	55	68	81	96				
	0.01	—	6	12	20	28	38	49	61	74	87				
12	0.05	4	10	17	26	35	46	58	71	85	99	115			
	0.01	—	7	13	21	30	40	51	63	76	90	106			
13	0.05	4	10	18	27	37	48	60	73	88	103	119	137		
	0.01	—	7	14	22	31	41	53	65	79	93	109	125		
14	0.05	4	11	19	28	38	50	63	76	91	106	123	141	160	
	0.01	—	7	14	22	32	43	54	67	81	96	112	129	147	
15	0.05	4	11	20	29	40	52	65	79	94	110	127	145	164	185
	0.01	—	8	15	23	33	44	56	70	84	99	115	133	151	171
16	0.05	4	12	21	31	42	54	67	82	97	114	131	150	169	
	0.01	—	8	15	24	34	46	58	72	86	102	119	137	155	
17	0.05	5	12	21	32	43	56	70	84	100	117	135	154		
	0.01	—	8	16	25	36	47	60	74	89	105	122	140		
18	0.05	5	13	22	33	45	58	72	87	103	121	139			
	0.01	—	8	16	26	37	49	62	76	92	108	125			
19	0.05	5	13	23	34	46	60	74	90	107	124				
	0.01	3	9	17	27	38	50	64	78	94	111				
20	0.05	5	14	24	35	48	62	77	93	110					
	0.01	3	9	18	28	39	52	66	81	97					

续表

n_2	α	n_1													
		2	3	4	5	6	7	8	9	10	11	12	13	14	15
21	0.05	6	14	25	37	50	64	79	95						
	0.01	3	9	18	29	40	53	68	83						
22	0.05	6	15	26	38	51	66	82							
	0.01	3	10	19	29	42	55	70							
23	0.05	6	15	27	39	53	68								
	0.01	3	10	19	30	43	57								
24	0.05	6	16	28	40	55									
	0.01	3	10	20	31	44									
25	0.05	6	16	28	42										
	0.01	3	11	20	32										
26	0.05	7	17	29											
	0.01	3	11	21											
27	0.05	7	17												
	0.01	4	11												
28	0.05	7													
	0.01	4													

附表 12　Spearman 秩相关系数检验临界值表

n	α			
	0. 10	0. 05	0. 02	0. 01
4	1. 000			
5	0. 900	1. 000	1. 000	
6	0. 829	0. 886	0. 943	1. 000
7	0. 714	0. 786	0. 893	0. 929
8	0. 643	0. 738	0. 833	0. 881
9	0. 600	0. 700	0. 783	0. 833
10	0. 564	0. 648	0. 745	0. 794
11	0. 536	0. 618	0. 709	0. 755
12	0. 503	0. 587	0. 678	0. 727
13	0. 484	0. 560	0. 648	0. 703
14	0. 464	0. 538	0. 626	0. 679
15	0. 446	0. 521	0. 604	0. 654
16	0. 429	0. 503	0. 582	0. 635
17	0. 414	0. 485	0. 566	0. 615
18	0. 401	0. 472	0. 550	0. 600
19	0. 391	0. 460	0. 535	0. 584
20	0. 380	0. 447	0. 520	0. 570
25	0. 337	0. 398	0. 466	0. 511
30	0. 306	0. 362	0. 425	0. 467
35	0. 283	0. 335	0. 394	0. 433
40	0. 264	0. 313	0. 368	0. 405
45	0. 248	0. 294	0. 347	0. 382
50	0. 235	0. 279	0. 329	0. 336
60	0. 214	0. 255	0. 300	0. 331
70	0. 198	0. 235	0. 278	0. 307
80	0. 185	0. 220	0. 260	0. 287
90	0. 174	0. 207	0. 245	0. 271
100	0. 165	0. 197	0. 233	0. 257

附表 13　计数资料封闭型序贯检验边界及中界线坐标

θ = 0.75		θ = 0.80		θ = 0.85		θ = 0.90		θ = 0.95	
U、L	M、M′	U、L	M、M′	U、L	M、M′	U、L	M、M′	U、L	M、M′
n y	n y	n y	n y	n y	n y	n y	n y	n y	n y
9 ± 9	44 ± 0	8 ± 8	26 ± 0	7 ± 7	16 ± 0	7 ± 7	10 ± 0	6 ± 6	6 ± 0
12 ± 10	62 ± 18	11 ± 9	40 ± 14	11 ± 9	27 ± 11	10 ± 8	19 ± 9	11 ± 9	13 ± 7
15 ± 11		14 ± 10		14 ± 10		14 ± 10		13 ± 9	
18 ± 12		17 ± 11		17 ± 11		18 ± 12			
20 ± 12		20 ± 12		20 ± 12		19 ± 11			
23 ± 13		23 ± 13		24 ± 14					
26 ± 14		26 ± 14		26 ± 14					
28 ± 14		29 ± 15		27 ± 13					
31 ± 15		32 ± 16							
34 ± 16		37 ± 17							
37 ± 17		38 ± 18							
39 ± 17		39 ± 17							
42 ± 18		40 ± 16							
45 ± 19		±							
47 ± 19		±							
50 ± 20		±							
53 ± 21									
56 ± 22									
58 ± 22									
60 ± 22									
61 ± 21									
62 ± 20									

附表 14　计量资料序贯检验封闭线坐标 n'、y'_n 数值

$$\left(\mu_1=1,\sigma=1,\mu_1 \text{ 和 } \sigma \text{ 为其他数值时}, n=n'\times\frac{\sigma^2}{\mu^2}、y_n=y'_n\times\frac{\sigma^2}{\mu}\right)$$

$\alpha=$	0.10		0.10		0.10		0.05		0.05		0.05		0.01		0.01		0.01	
$\beta=$	0.10		0.05		0.01		0.10		0.05		0.01		0.10		0.05		0.01	
$a_1=$	2.8904		2.9444		2.9857		3.5835		3.6376		3.6788		5.1930		5.2470		5.2883	
$N'=$	12.01		16.32		38.11		14.29		18.91		45.31		19.19		24.36		59.81	
	n'	y'_n	n'	y'_n	n'	y'_n	n'	y'_n	n'	y'_n	n'	y'_n	n'	y'_n	n'	y'_n	n'	y'_n
	5.96	0	7.16	0	9.09	0	6.36	0	7.47	0	9.19	0	7.00	0	7.89	0	9.12	0
	6.0	0.0	7.5	0.6	10	1.0	6.5	0.4	7.5	0.1	10	1.0	8	1.1	8	0.4	10	1.0
	6.5	0.8	8.0	1.0	11	1.6	7.0	0.9	8.0	0.8	11	1.6	9	1.8	9	1.2	11	1.6
	7.0	1.2	8.5	1.4	12	2.1	7.5	1.3	8.5	1.1	12	2.1	10	2.5	10	1.8	12	2.1
	7.5	1.6	9.0	1.7	13	2.7	8.0	1.7	9.0	1.5	13	2.6	11	3.3	11	2.4	13	2.6
	8.0	2.1	9.5	2.1	14	3.2	8.5	2.1	9.5	1.8	14	3.1	12	4.0	12	3.0	14	3.1
	8.5	2.6	10.0	2.4	15	3.7	9.0	2.4	10.0	2.1	15	3.6	13	4.8	13	3.7	15	3.6
	9.0	3.0	10.5	2.8	16	4.2	9.5	2.9	10.5	2.5	16	4.1	14	5.7	14	4.4	16	4.1
	9.5	3.5	11.0	3.2	17	4.7	10.0	3.3	11.0	2.8	17	4.6	15	6.7	15	5.1	17	4.6
	10.0	4.1	11.5	3.6	18	5.2	10.5	3.8	11.5	3.2	18	5.2	16	7.7	16	5.8	18	5.1
	10.5	4.8	12.0	4.0	19	5.8	11.0	4.3	12.0	3.5	19	5.7	17	9.0	17	6.5	19	5.6
	11.0	5.6	12.5	4.5	20	6.3	11.5	4.8	12.5	3.9	20	6.2	18	10.5	18	7.3	20	6.1
	11.5	6.5	13.0	4.9	21	6.8	12.0	5.4	13.0	4.3	21	6.7	19	13.1	19	8.2	21	6.6
	12.0	8.5	13.5	5.4	22	7.4	12.5	6.0	13.5	4.7	22	7.2	19.19	14.79	20	9.1	22	7.1
	12.01	8.9	14.0	6.0	23	7.9	13.0	6.7	14.0	5.1	23	7.7			21	10.2	23	7.6
			14.5	6.6	24	8.5	13.5	7.6	14.5	5.6	24	8.3			22	11.4	24	8.1
			15.0	7.3	25	9.1	14.0	8.8	15.0	6.0	25	8.8			23	12.9	25	8.6
			15.5	8.1	26	9.6	14.29	10.73	15.5	6.5	26	9.3			24	15.1	26	9.1
			16.0	9.2	27	10.2			16.0	7.0	27	9.9			24.36	17.43	27	9.6
			16.32	11.01	28	10.8			16.5	7.6	28	10.4					28	10.2
					29	11.5			17.0	8.2	29	11.0					29	10.7
					30	12.1			17.5	8.9	30	11.5					30	11.2
					31	12.8			18.0	9.7	31	12.1					31	11.7
					32	13.5			18.5	10.8	32	12.7					32	12.2
					33	14.3			18.91	13.09	33	13.3					33	12.7

续表

α =	0.10		0.10		0.10		0.05		0.05		0.05		0.01		0.01		0.01	
β =	0.10		0.05		0.01		0.10		0.05		0.01		0.10		0.05		0.01	
a_1 =	2.890 4		2.944 4		2.985 7		3.583 5		3.637 6		3.678 8		5.193 0		5.247 0		5.288 3	
N' =	12.01		16.32		38.11		14.29		18.91		45.31		19.19		24.36		59.81	
	n'	y'_n	n'	y'_n	n'	y'_n	n'	y'_n	n'	y'_n	n'	y'_n	n'	y'_n	n'	y'_n	n'	y'_n
					34	15.1					34	13.9					34	13.2
					35	16.1					35	14.5					35	13.8
					36	17.2					36	15.1					36	14.3
					37	18.5					37	15.8					37	14.8
					38	21.0					38	16.5					38	15.4
					38.11	22.04					39	17.2					39	15.9
											40	18.0					40	16.5
											41	18.9					42	17.6
											42	19.8					44	18.7
											43	20.9					46	19.9
											44	22.3					48	21.2
											45	24.4					50	22.5
											45.31	26.33					52	24.0
																	54	25.5
																	56	27.4
																	58	29.9
																	59	31.7
																	59.81	35.20

附表 15　r 和 R 的 5% 和 1% 显著值

df	*p*	变数的个数(*M*)				*df*	*p*	变数的个数(*M*)			
		2	3	4	5			2	3	4	5
1	0.05	0.997	0.999	0.999	0.999	17	0.05	0.456	0.545	0.601	0.641
	0.01	1.000	1.000	1.000	1.000		0.01	0.575	0.647	0.691	0.724
2	0.05	0.950	0.975	0.983	0.987	18	0.05	0.444	0.532	0.587	0.628
	0.01	0.990	0.995	0.997	0.997		0.01	0.561	0.633	0.678	0.710
3	0.05	0.878	0.930	0.950	0.961	19	0.05	0.433	0.520	0.575	0.615
	0.01	0.959	0.977	0.983	0.987		0.01	0.549	0.620	0.665	0.697
4	0.05	0.811	0.881	0.912	0.930	20	0.05	0.423	0.509	0.563	0.604
	0.01	0.917	0.949	0.962	0.970		0.01	0.537	0.607	0.652	0.685
5	0.05	0.754	0.836	0.874	0.898	21	0.05	0.413	0.498	0.552	0.593
	0.01	0.875	0.917	0.937	0.949		0.01	0.526	0.596	0.641	0.674
6	0.05	0.707	0.795	0.839	0.867	22	0.05	0.404	0.488	0.542	0.582
	0.01	0.834	0.886	0.911	0.927		0.01	0.515	0.585	0.630	0.663
7	0.05	0.666	0.758	0.807	0.838	23	0.05	0.396	0.479	0.532	0.572
	0.01	0.798	0.855	0.885	0.904		0.01	0.505	0.574	0.619	0.653
8	0.05	0.632	0.726	0.777	0.811	24	0.05	0.388	0.470	0.523	0.562
	0.01	0.765	0.827	0.860	0.882		0.01	0.496	0.565	0.609	0.643
9	0.05	0.602	0.697	0.750	0.786	25	0.05	0.381	0.462	0.514	0.553
	0.01	0.735	0.800	0.837	0.861		0.01	0.487	0.555	0.600	0.633
10	0.05	0.576	0.671	0.726	0.763	26	0.05	0.374	0.454	0.506	0.545
	0.01	0.708	0.776	0.814	0.840		0.01	0.479	0.546	0.590	0.624
11	0.05	0.553	0.648	0.703	0.741	27	0.05	0.367	0.446	0.498	0.536
	0.01	0.684	0.753	0.793	0.821		0.01	0.471	0.538	0.582	0.615
12	0.05	0.532	0.627	0.683	0.722	28	0.05	0.361	0.439	0.490	0.529
	0.01	0.661	0.732	0.773	0.802		0.01	0.463	0.529	0.573	0.607
13	0.05	0.514	0.608	0.664	0.703	29	0.05	0.355	0.432	0.483	0.521
	0.01	0.641	0.712	0.755	0.785		0.01	0.456	0.522	0.565	0.598
14	0.05	0.497	0.590	0.646	0.686	30	0.05	0.349	0.425	0.476	0.514
	0.01	0.623	0.694	0.737	0.768		0.01	0.449	0.514	0.558	0.591
15	0.05	0.482	0.574	0.630	0.670	35	0.05	0.325	0.397	0.445	0.482
	0.01	0.606	0.677	0.721	0.752		0.01	0.418	0.481	0.523	0.556
16	0.05	0.468	0.559	0.615	0.655	40	0.05	0.304	0.373	0.419	0.455
	0.01	0.590	0.662	0.706	0.738		0.01	0.393	0.454	0.494	0.526

续表

df	p	变数的个数(M)				df	p	变数的个数(M)			
		2	3	4	5			2	3	4	5
45	0.05	0.288	0.353	0.397	0.432	125	0.05	0.174	0.216	0.246	0.269
	0.01	0.372	0.430	0.470	0.501		0.01	0.228	0.267	0.294	0.316
50	0.05	0.273	0.336	0.379	0.412	150	0.05	0.159	0.198	0.225	0.247
	0.01	0.354	0.410	0.449	0.479		0.01	0.208	0.244	0.269	0.290
60	0.05	0.250	0.308	0.348	0.380	200	0.05	0.138	0.172	0.196	0.215
	0.01	0.325	0.377	0.414	0.442		0.01	0.181	0.212	0.235	0.253
70	0.05	0.232	0.286	0.324	0.354	300	0.05	0.113	0.141	0.160	0.176
	0.01	0.302	0.351	0.386	0.413		0.01	0.148	0.174	0.192	0.208
80	0.05	0.217	0.269	0.304	0.332	400	0.05	0.098	0.122	0.139	0.153
	0.01	0.283	0.330	0.363	0.389		0.01	0.128	0.151	0.167	0.180
90	0.05	0.205	0.254	0.288	0.315	500	0.05	0.088	0.109	0.124	0.137
	0.01	0.267	0.312	0.343	0.368		0.01	0.115	0.135	0.150	0.162
100	0.05	0.195	0.241	0.274	0.299	1 000	0.05	0.062	0.077	0.088	0.097
	0.01	0.254	0.297	0.327	0.351		0.01	0.081	0.096	0.106	0.115

附表 16　百分率与概率单位对照表

百分率	0	1	2	3	4	5	6	7	8	9
0	—	2.67	2.95	3.12	3.25	3.36	3.45	3.52	3.59	3.66
10	3.72	3.77	3.83	3.87	3.92	3.96	4.01	4.05	4.08	4.12
20	4.16	4.19	4.23	4.26	4.29	4.33	4.36	4.39	4.42	4.45
30	4.48	4.50	4.53	4.56	4.59	4.61	4.64	4.67	4.69	4.72
40	4.75	4.77	4.80	4.82	4.85	4.87	4.90	4.92	4.95	4.97
50	5.00	5.03	5.05	5.08	5.10	5.13	5.15	5.18	5.20	5.23
60	5.25	5.28	5.31	5.33	5.36	5.39	5.41	5.44	5.47	5.50
70	5.52	5.55	5.58	5.61	5.64	5.67	5.71	5.74	5.77	5.81
80	5.84	5.88	5.92	5.95	5.99	6.04	6.08	6.13	6.18	6.23
90	6.28	6.34	6.41	6.48	6.55	6.64	6.75	6.88	7.05	7.33

百分率	0.0	0.1	0.2	0.3	0.4	0.5	0.6	0.7	0.8	0.9
99	7.33	7.37	7.41	7.46	7.51	7.58	7.65	7.75	7.88	8.09

附表17 正态性 D 检验界值表

n \ p	0.20	0.10	0.05	0.02	0.01
10	0.263 2,0.283 5	0.257 3,0.284 3	0.251 3,0.284 9	0.243 6,0.285 5	0.237 9,0.285 7
12	0.265 3,0.284 1	0.259 8,0.284 9	0.254 4,0.285 4	0.247 3,0.285 9	0.242 0,0.286 2
14	0.266 9,0.284 6	0.261 8,0.285 3	0.256 8,0.285 8	0.250 3,0.286 2	0.245 5,0.286 5
16	0.268 1,0.284 8	0.263 4,0.285 5	0.258 7,0.286 0	0.252 7,0.286 5	0.248 2,0.286 7
18	0.269 0,0.285 0	0.264 6,0.285 5	0.260 3,0.286 2	0.254 7,0.286 6	0.250 5,0.286 8
20	0.269 9,0.285 2	0.265 7,0.285 7	0.261 7,0.286 3	0.256 4,0.286 7	0.252 5,0.286 9
22	0.270 5,0.285 3	0.267 0,0.285 9	0.262 9,0.286 4	0.257 9,0.286 9	0.254 2,0.287 0
24	0.271 1,0.285 3	0.267 5,0.286 0	0.263 8,0.286 5	0.259 1,0.287 0	0.255 7,0.287 1
26	0.271 7,0.285 4	0.268 2,0.286 1	0.264 7,0.286 6	0.260 3,0.287 0	0.257 0,0.287 2
28	0.272 1,0.285 4	0.268 8,0.286 1	0.265 5,0.286 6	0.261 2,0.287 0	0.258 1,0.287 3
30	0.272 5,0.285 4	0.269 3,0.286 1	0.266 2,0.286 6	0.262 2,0.287 1	0.259 2,0.287 2
32	0.272 9,0.285 4	0.269 8,0.286 2	0.266 8,0.286 7	0.263 0,0.287 1	0.260 0,0.287 3
34	0.273 2,0.285 4	0.270 3,0.286 2	0.267 4,0.286 7	0.263 6,0.287 1	0.260 9,0.287 3
36	0.273 5,0.285 4	0.270 7,0.286 2	0.267 9,0.286 7	0.264 3,0.287 1	0.261 7,0.287 3
38	0.273 8,0.285 4	0.271 0,0.286 2	0.268 3,0.286 7	0.264 9,0.287 1	0.262 3,0.287 3
40	0.274 0,0.285 4	0.271 4,0.286 2	0.268 8,0.286 7	0.265 5,0.287 1	0.263 0,0.287 4
42	0.274 3,0.285 4	0.271 7,0.286 1	0.269 1,0.286 7	0.265 9,0.287 1	0.263 6,0.287 4
44	0.274 5,0.285 4	0.272 0,0.286 1	0.269 5,0.286 7	0.266 4,0.287 1	0.264 1,0.287 4
46	0.274 7,0.285 4	0.272 2,0.286 1	0.269 8,0.286 6	0.266 8,0.287 1	0.264 6,0.287 4
48	0.274 9,0.285 4	0.272 5,0.286 1	0.270 2,0.286 6	0.267 2,0.287 1	0.265 1,0.287 4
50	0.275 1,0.285 3	0.272 7,0.286 1	0.270 5,0.286 6	0.267 6,0.287 1	0.265 5,0.287 4
60	0.275 7,0.285 2	0.273 7,0.286 0	0.271 7,0.286 5	0.269 2,0.287 0	0.267 3,0.287 3
70	0.276 3,0.285 1	0.274 4,0.285 9	0.272 6,0.286 4	0.270 8,0.286 9	0.268 7,0.287 2
80	0.276 8,0.285 0	0.275 0,0.285 7	0.273 4,0.286 3	0.271 3,0.286 8	0.269 8,0.287 1
90	0.277 1,0.284 9	0.275 5,0.285 6	0.274 0,0.286 2	0.272 1,0.286 6	0.270 7,0.287 0
100	0.277 4,0.284 9	0.275 9,0.285 5	0.274 5,0.286 0	0.272 7,0.286 5	0.271 4,0.286 9
120	0.277 9,0.284 7	0.276 5,0.285 3	0.275 2,0.285 8	0.273 7,0.286 3	0.272 5,0.286 6
140	0.278 2,0.284 6	0.277 0,0.285 2	0.275 8,0.285 6	0.274 4,0.286 2	0.273 4,0.286 5
160	0.278 5,0.284 5	0.277 4,0.285 1	0.276 3,0.285 5	0.275 0,0.286 0	0.274 1,0.286 3
180	0.278 7,0.284 4	0.277 7,0.285 0	0.276 7,0.285 4	0.275 5,0.285 9	0.274 6,0.286 2
200	0.278 9,0.284 3	0.277 9,0.284 8	0.277 0,0.285 3	0.275 9,0.285 7	0.275 1,0.286 0

续表

n \ p	0.20	0.10	0.05	0.02	0.01
250	0.279 3,0.284 1	0.278 4,0.284 6	0.277 6,0.285 0	0.276 7,0.285 5	0.276 0,0.285 8
300	0.279 6,0.284 0	0.278 8,0.284 4	0.278 1,0.284 8	0.277 2,0.285 3	0.276 6,0.285 5
350	0.279 8,0.283 9	0.279 1,0.284 3	0.278 4,0.284 7	0.277 6,0.285 1	0.277 1,0.285 3
400	0.279 9,0.283 8	0.279 3,0.284 2	0.278 7,0.284 5	0.278 0,0.284 9	0.277 5,0.285 2
450	0.280 1,0.283 7	0.279 5,0.284 1	0.278 9,0.284 4	0.278 2,0.284 8	0.277 8,0.285 1
500	0.280 2,0.283 6	0.279 6,0.284 0	0.279 1,0.284 3	0.278 5,0.284 7	0.278 0,0.284 9
600	0.280 4,0.283 5	0.279 9,0.283 9	0.279 4,0.284 2	0.278 8,0.284 5	0.278 4,0.284 7
700	0.280 5,0.283 4	0.280 0,0.283 8	0.279 6,0.284 0	0.279 1,0.284 4	0.278 7,0.284 6
800	0.280 6,0.283 3	0.280 2,0.283 7	0.279 8,0.283 9	0.279 3,0.284 2	0.279 0,0.284 4
900	0.280 7,0.283 3	0.280 3,0.283 6	0.279 9,0.283 8	0.279 5,0.284 1	0.279 2,0.284 3
1000	0.280 8,0.283 2	0.280 4,0.283 5	0.280 0,0.283 8	0.279 6,0.284 0	0.279 3,0.284 2
1250	0.280 9,0.283 1	0.280 6,0.283 4	0.280 3,0.283 6	0.279 9,0.283 9	0.279 7,0.284 0
1500	0.281 0,0.283 0	0.280 7,0.283 3	0.280 5,0.283 5	0.280 1,0.283 7	0.279 9,0.283 9
1750	0.281 1,0.283 0	0.280 8,0.283 2	0.280 6,0.283 4	0.280 3,0.283 6	0.280 1,0.283 8
2000	0.281 2,0.282 9	0.280 9,0.283 1	0.280 7,0.283 3	0.280 4,0.283 5	0.280 2,0.283 7

附表 18 随机数字表

03 47 43 73 86	36 96 47 36 61	46 96 63 71 62	33 26 16 80 45	60 11 14 10 95
97 74 24 67 62	42 81 14 57 20	42 53 32 37 32	27 07 36 07 51	24 51 79 89 73
16 76 62 27 66	56 50 26 71 07	32 90 79 78 53	13 55 38 58 59	88 97 54 14 10
12 56 85 99 26	96 96 68 27 31	05 03 72 93 15	57 12 10 14 21	88 26 49 81 76
55 59 56 35 64	38 54 82 46 22	31 62 43 09 90	06 18 44 32 53	23 83 01 30 30
16 22 77 94 39	49 54 43 54 82	17 37 93 23 78	87 35 20 96 43	84 26 34 91 64
84 42 17 53 31	57 24 55 06 88	77 04 74 47 67	21 76 33 50 25	83 92 12 06 76
63 01 63 78 59	16 95 55 67 19	98 10 50 71 75	12 86 73 58 07	44 39 52 38 79
33 21 12 34 29	78 64 56 07 82	52 42 07 44 38	15 51 00 13 42	99 66 02 79 54
57 60 86 32 44	09 47 27 96 54	49 17 46 09 62	90 52 84 77 27	08 02 73 43 28
18 18 07 92 46	44 17 16 58 09	79 83 86 19 62	06 76 50 03 10	55 23 64 05 05
26 62 38 97 75	84 16 07 44 99	83 11 46 32 24	20 14 85 88 45	10 93 72 88 71
23 42 40 64 74	82 97 77 77 81	07 45 32 14 08	32 98 94 07 72	93 85 79 10 75
52 36 28 19 95	50 92 26 11 97	00 56 76 31 38	80 22 02 53 53	86 60 42 04 53
37 85 94 35 12	83 39 50 08 30	42 34 07 96 88	54 42 06 87 93	35 85 29 48 39
70 29 17 12 13	40 33 20 38 26	13 89 51 03 74	17 76 37 13 04	07 74 21 19 30
56 62 18 37 35	96 83 50 87 75	97 12 25 93 47	70 33 24 03 54	97 77 46 44 80
99 49 57 22 77	88 42 95 45 72	16 64 36 16 00	04 43 18 66 79	94 77 24 21 90
16 03 15 04 72	33 27 14 34 09	45 59 34 68 49	12 72 07 34 45	99 27 72 95 14
31 16 93 32 43	50 27 89 87 19	20 15 37 00 49	52 85 66 60 44	38 63 88 11 80
68 34 30 13 70	55 74 30 77 40	44 22 78 84 26	04 33 46 09 52	68 07 97 06 57
74 57 25 65 76	59 29 97 68 60	71 91 38 67 54	13 58 18 24 76	15 54 55 95 52
27 42 37 86 53	48 55 90 65 72	96 57 69 36 10	96 46 92 42 45	97 60 49 04 91
00 39 68 29 61	66 37 32 20 30	77 84 57 03 29	10 45 65 04 26	11 04 96 67 24
29 94 98 94 24	68 49 69 10 82	53 75 91 93 30	34 25 20 57 27	40 48 73 51 92
16 90 82 66 59	83 62 64 11 12	67 19 00 71 74	60 47 21 29 68	02 02 37 03 31
11 27 94 75 06	06 09 19 74 66	02 94 37 34 02	76 70 90 30 86	38 45 94 30 38
35 24 10 16 20	33 32 51 26 38	79 78 45 04 91	16 92 53 56 16	02 75 50 95 98
38 23 16 86 38	42 38 97 01 50	87 75 66 81 41	40 01 74 91 62	48 51 84 08 32
31 96 25 91 47	96 44 33 49 13	34 86 82 53 91	00 52 43 48 85	27 55 26 89 62
66 67 40 67 14	64 05 71 95 86	11 05 65 09 68	76 83 20 37 90	57 16 00 11 66
14 90 84 45 11	75 73 88 05 90	52 27 41 14 86	22 98 12 22 08	01 52 74 95 80
68 05 51 18 00	33 96 02 75 19	07 60 62 93 55	59 33 82 43 90	49 37 38 44 59
20 46 78 73 90	97 51 40 14 02	04 02 33 31 08	39 54 16 49 36	47 95 93 13 30
64 19 58 97 79	15 06 15 93 20	01 90 10 75 06	40 78 78 89 62	02 67 74 17 33

续表

05 26 93 70 60	22 35 85 15 13	92 03 51 59 77	59 56 78 06 83	52 91 05 70 74
07 97 10 88 23	09 98 42 99 64	61 71 62 99 15	06 51 29 16 93	58 05 77 09 51
68 71 86 85 85	54 87 66 47 54	73 32 08 11 12	44 95 92 63 16	29 56 24 29 48
26 99 61 65 53	58 37 78 80 70	42 10 50 67 42	32 17 55 85 74	94 44 67 16 94
14 65 52 68 75	87 59 36 22 41	26 78 63 06 55	13 08 27 01 50	15 29 39 39 43
17 53 77 58 71	71 41 61 50 72	12 41 94 96 26	44 95 27 36 99	02 96 74 30 83
90 26 59 21 19	23 52 23 33 12	96 93 02 18 39	07 02 18 36 07	25 99 32 70 23
41 23 52 55 99	31 04 49 69 96	10 47 48 45 88	13 41 43 89 20	97 17 14 49 17
60 20 50 81 69	31 99 73 68 68	35 81 33 03 76	24 30 12 48 60	18 99 10 72 34
91 25 38 05 90	94 58 28 41 36	45 37 59 03 09	90 35 57 29 12	82 62 54 65 60
34 50 57 74 37	98 80 33 00 91	09 77 93 19 82	74 94 80 04 04	45 07 31 66 49
85 22 04 39 43	73 81 53 94 79	33 62 46 86 28	08 31 54 46 31	53 94 13 38 47
09 79 13 77 48	73 82 97 22 21	05 03 27 24 83	72 89 44 05 60	35 80 39 94 88
88 75 80 18 14	22 95 75 42 49	39 32 82 22 49	02 48 07 70 37	16 04 61 67 87
90 96 23 70 00	39 00 03 06 90	55 85 78 38 36	94 37 30 69 32	90 89 00 76 33

附表 19 常用正交表

(1) $L_4(2^3)$

试验号＼列号	1	2	3
1	1	1	1
2	1	2	2
3	2	1	2
4	2	2	1
组	1	2	

注：任意二列间的交互作用出现于另一列。

(2) $L_8(2^7)$

试验号＼列号	1	2	3	4	5	6	7
1	1	1	1	1	1	1	1
2	1	1	1	2	2	2	2
3	1	2	2	1	1	2	2
4	1	2	2	2	2	1	1
5	2	1	2	1	2	1	2
6	2	1	2	2	1	2	1
7	2	2	1	1	2	2	1
8	2	2	1	2	1	1	2
组	1	2		3			

$L_8(2^7)$：二列间的交互作用表

试验号＼列号	1	2	3	4	5	6	7
(1)	(1)	3	2	5	4	7	6
(2)		(2)	1	6	7	4	5
(3)			(3)	7	6	5	4
(4)				(4)	1	2	3
(5)					(5)	3	2
(6)						(6)	1

(3)　$L_{16}(2^{15})$

试验号＼列号	1	2	3	4	5	6	7	8	9	10	11	12	13	14	15
1	1	1	1	1	1	1	1	1	1	1	1	1	1	1	1
2	1	1	1	1	1	1	1	2	2	2	2	2	2	2	2
3	1	1	1	2	2	2	2	1	1	1	1	2	2	2	2
4	1	1	1	2	2	2	2	2	2	2	2	1	1	1	1
5	1	2	2	1	1	2	2	1	1	2	2	1	1	2	2
6	1	2	2	1	1	2	2	2	2	1	1	2	2	1	1
7	1	2	2	2	2	1	1	1	1	2	2	2	2	1	1
8	1	2	2	2	2	1	1	2	2	1	1	1	1	2	2
9	2	1	2	1	2	1	2	1	2	1	2	1	2	1	2
10	2	1	2	1	2	1	2	2	1	2	1	2	1	2	1
11	2	1	2	2	1	2	1	1	2	1	2	2	1	2	1
12	2	1	2	2	1	2	1	2	1	2	1	1	2	1	2
13	2	2	1	1	2	2	1	1	2	2	1	1	2	2	1
14	2	2	1	1	2	2	1	2	1	1	2	2	1	1	2
15	2	2	1	2	1	1	2	1	2	2	1	2	1	1	2
16	2	2	1	2	1	1	2	2	1	1	2	1	2	2	1
组	1	2		3				4							

$L_{16}(2^{15})$：二列间的交互作用表

试验号＼列号	1	2	3	4	5	6	7	8	9	10	11	12	13	14	15
(1)	(1)	2	2	5	4	7	6	9	8	11	10	13	12	15	14
(2)		(2)	1	6	7	4	5	10	11	8	9	14	15	12	13
(3)			(3)	7	6	5	4	11	10	9	8	15	14	13	12
(4)				(4)	1	2	3	12	13	14	15	8	9	10	11
(5)					(5)	3	2	13	12	15	14	9	8	11	10
(6)						(6)	1	14	15	12	13	10	11	8	9
(7)							(7)	15	14	13	12	11	10	9	8
(8)								(8)	1	2	3	4	5	6	7
(9)									(9)	3	2	5	4	7	6
(10)										(10)	1	6	7	4	5
(11)											(11)	7	6	5	4
(12)												(12)	1	2	3
(13)													(13)	3	2
(14)														(14)	1

（4）　$L_9(3^4)$

试验号＼列号	1	2	3	4
1	1	1	1	1
2	1	2	2	2
3	1	3	3	3
4	2	1	2	3
5	2	2	3	1
6	2	3	1	2
7	3	1	3	2
8	3	2	1	3
9	3	3	2	1
组	1		2	

注:任意二列间的交互作用出现于另外二列。

（5）　$L_{27}(3^{13})$

试验号＼列号	1	2	3	4	5	6	7	8	9	10	11	12	13
1	1	1	1	1	1	1	1	1	1	1	1	1	1
2	1	1	1	1	2	2	2	2	2	2	2	2	2
3	1	1	1	1	3	3	3	3	3	3	3	3	3
4	1	2	2	2	1	1	1	2	2	2	3	3	3
5	1	2	2	2	2	2	2	3	3	3	1	1	1
6	1	2	2	2	3	3	3	1	1	1	2	2	2
7	1	3	3	3	1	1	1	3	3	3	2	2	2
8	1	3	3	3	2	2	2	1	1	1	3	3	3
9	1	3	3	3	3	3	3	2	2	2	1	1	1
10	2	1	2	3	1	2	3	1	2	3	1	2	3
11	2	1	2	3	2	3	1	2	3	1	2	3	1
12	2	1	2	3	3	1	2	3	1	2	3	1	2
13	2	2	3	1	1	2	3	2	3	1	3	1	2
14	2	2	3	1	2	3	1	3	1	2	1	2	3
15	2	2	3	1	3	1	2	1	2	3	2	3	1
16	2	3	1	2	1	2	3	3	1	2	2	3	1
17	2	3	1	2	2	3	1	1	2	3	3	1	2
18	2	3	1	2	3	1	2	2	3	1	1	2	3
19	3	1	3	2	1	3	2	1	3	2	1	3	2
20	3	1	3	2	2	1	3	2	1	3	2	1	3
21	3	1	3	2	3	2	1	3	2	1	3	2	1
22	3	2	1	3	1	3	2	2	1	3	3	2	1
23	3	2	1	3	2	1	3	3	2	1	1	3	2
24	3	2	1	3	3	2	1	1	3	2	2	1	3
25	3	3	2	1	1	3	2	3	2	1	2	1	3
26	3	3	2	1	2	1	3	1	3	2	3	2	1
27	3	3	2	1	3	2	1	2	1	3	1	3	2
组	1		2						3				

$L_{27}(3^{13})$二列间的交互作用表

试验号＼列号	1	2	3	4	5	6	7	8	9	10	11	12	13
(1)	(1)	3 4	2 4	2 3	6 7	5 7	5 6	9 10	8 10	8 9	12 13	11 13	11 12
(2)		(2)	1 4	1 3	8 11	9 12	10 13	5 11	6 12	7 13	5 8	6 9	7 10
(3)			(3)	1 2	9 13	10 11	8 12	7 12	5 13	6 11	6 10	7 8	5 9
(4)				(4)	10 12	8 13	9 11	6 13	7 11	5 12	7 9	5 10	6 8
(5)					(5)	1 7	1 6	2 11	3 13	4 12	2 8	4 10	3 9
(6)						(6)	1 5	4 13	2 12	3 11	3 10	2 9	4 8
(7)							(7)	3 12	4 11	2 13	4 9	3 8	2 10
(8)								(8)	1 10	1 9	2 5	3 7	4 6
(9)									(9)	1 8	4 7	2 6	3 5
(10)										(10)	3 6	4 5	2 7
(11)											(11)	1 13	1 12
(12)												(12)	1 11

(6)　$L_{16}(4^5)$

试验号＼列号	1	2	3	4	5
1	1	1	1	1	1
2	1	2	2	2	2
3	1	3	3	3	3
4	1	4	4	4	4
5	2	1	2	3	4
6	2	2	1	4	3
7	2	3	4	1	2
8	2	4	3	2	1
9	3	1	3	4	2
10	3	2	4	3	1
11	3	3	1	2	4
12	3	4	2	1	3

续表

试验号＼列号	1	2	3	4	5
13	4	1	4	2	3
14	4	2	3	1	4
15	4	3	2	4	1
16	4	4	1	3	2
组	1	2			

注：任意二列间的交互作用出现于其他三列。

（7）　$L_{25}(5^6)$

试验号＼列号	1	2	3	4	5	6
1	1	1	1	1	1	1
2	1	2	2	2	2	2
3	1	3	3	3	3	3
4	1	4	4	4	4	4
5	1	5	5	5	5	5
6	2	1	2	3	4	5
7	2	2	3	4	5	1
8	2	3	4	5	1	2
9	2	4	5	1	2	3
10	2	5	1	2	3	4
11	3	1	3	5	2	4
12	3	2	4	1	3	5
13	3	3	5	2	4	1
14	3	4	1	3	5	2
15	3	5	2	4	1	3
16	4	1	4	2	5	3
17	4	2	5	3	1	4
18	4	3	1	4	2	5
19	4	4	2	5	3	1
20	4	5	3	1	4	2
21	5	1	5	4	3	2
22	5	2	1	5	4	3
23	5	3	2	1	5	4
24	5	4	3	2	1	5
25	5	5	4	3	2	1
组	1	2				

注：任意二列间的交互作用出现于其他四列。

(8)　$L_8(4\times2^4)$

列号 / 试验号	1	2	3	4	5
1	1	1	1	1	1
2	1	2	2	2	2
3	2	1	1	2	2
4	2	2	2	1	1
5	3	1	2	1	2
6	3	2	1	2	1
7	4	1	2	2	1
8	4	2	1	1	2

(9)　$L_{12}(3^1\times2^4)$

列号 / 试验号	1	2	3	4	5
1	1	1	1	1	1
2	1	1	1	2	2
3	1	2	2	1	2
4	1	2	2	2	1
5	2	1	2	1	1
6	2	1	2	2	2
7	2	2	1	1	1
8	2	2	1	2	2
9	3	1	2	1	2
10	3	1	1	2	1
11	3	2	1	1	2
12	3	2	2	2	1

(10)　$L_{12}(6^1\times2^2)$

列号 / 试验号	1	2	3
1	2	1	1
2	5	1	2
3	5	2	1
4	2	2	2
5	4	1	1
6	1	1	2
7	1	2	1
8	4	2	2
9	3	1	1
10	6	1	2
11	6	2	1
12	3	2	2

(11) $L_{12}(4^1\times2^{12})$

试验号＼列号	1	2	3	4	5	6	7	8	9	10	11	12	13
1	1	1	1	1	1	1	1	1	1	1	1	1	1
2	1	1	1	1	1	2	2	2	2	2	2	2	2
3	1	2	2	2	2	1	1	1	1	2	2	2	2
4	1	2	2	2	2	2	2	2	2	1	1	1	1
5	2	1	1	2	2	1	1	2	2	1	1	2	2
6	2	1	1	2	2	2	2	1	1	2	2	1	1
7	2	2	2	1	1	1	1	2	2	2	2	1	1
8	2	2	2	1	1	2	2	1	1	1	1	2	2
9	3	1	2	1	2	1	2	1	2	1	2	1	2
10	3	1	2	1	2	2	1	2	1	2	1	2	1
11	3	2	1	2	1	1	2	1	2	2	1	2	1
12	3	2	1	2	1	2	1	2	1	1	2	1	2
13	4	1	2	2	1	1	2	2	1	1	2	2	1
14	4	1	2	2	1	2	1	1	2	2	1	1	2
15	4	2	1	1	2	1	2	2	1	2	1	1	2
16	4	2	1	1	2	2	1	1	2	1	2	2	1

注：$L_{16}(4^1\times2^{12})$，$L_{16}(4^2\times2^9)$，$L_{16}(4^3\times2^6)$，$L_{16}(4^4\times2^3)$均由$L_{16}(2^{15})$并列得到。

参考书目

1. 杜荣骞．生物统计学[M]．4版．北京:高等教育出版社,2014.
2. 方积乾,陆盈．现代医学统计学[M]．2版．北京:人民卫生出版社,2015.
3. 冯学民,周鸿飞．试验与统计[M]．哈尔滨:哈尔滨工业大学出版社,2002.
4. 盖钧镒．试验统计方法[M]．4版．北京:中国农业出版社,2013.
5. 贵州农学院．生物统计附试验设计[M]．2版．北京:中国农业出版社,1991.
6. 胡良平．医学统计应用错误的诊断与释疑[M]．北京:军事医学科学出版社,1999.
7. 李春喜,王志和,王文林．生物统计学[M]．2版．北京:科学出版社,2002.
8. 林德光．生物统计的数学原理[M]．沈阳:辽宁人民出版社,1982.
9. 刘定远．医药数理统计方法[M]．3版．北京:人民卫生出版社,1999.
10. 马斌荣．医学统计学[M]．5版．北京:人民卫生出版社,2008.
11. 莫惠栋．农业试验统计[M]．2版．上海:上海科学技术出版社,1992.
12. 倪宗瓒．卫生统计学[M]．4版．北京:人民卫生出版社,2001.
13. 四川医学院．卫生统计学[M]．北京:人民卫生出版社,1982.
14. 吴仲贤．生物统计[M]．北京:北京农业大学出版社,1993.
15. 谢庄,章元明．水产试验统计学[M]．北京:中国农业科学技术出版社,1998.
16. 徐继初．生物统计及试验设计[M]．北京:中国农业出版社,1992.
17. 徐金香．兽医生物统计方法[M]．长春:吉林科学技术出版社,1997.
18. 杨茂成．兽医统计学[M]．北京:中国展望出版社,1990.
19. 张启能．数据处理试验设计模型建立[M]．北京:中国农业大学出版社,2000.
20. 张勤．生物统计学[M]．3版．北京:中国农业大学出版社,2018.
21. DUNN O J, CLARK V A. Applied Statistics: Analysis of Variance and Regression[M]. 2nd ed. Hoboken: John Wiley & Sons, Inc, 1987.
22. QUINN G P, KEOUGH M J. 生物试验设计与数据分析[M]. 蒋志刚, 李春旺, 曾岩, 译. 北京:高等教育出版社, 2003.
23. GLOVER T, MITCHELL K. An Introduction to Biostatistics[M]. 3rd ed. Long Grove: Waveland Press, Inc., 2006.
24. PETRIE A, WATSON P. Statistics for Veterinary and Animal Science[M]. 3rd ed. Hoboken: John Wiley & Sons, Inc., 2013.
25. SNEDECOR G W, COCHRAN W G. Statistics Methods[M]. 7th ed. Ames: The Iowa State University Press, 1980.

郑重声明

读者意见反馈

为收集对教材的意见建议,进一步完善教材编写并做好服务工作,读者可将对本教材的意见建议通过如下渠道反馈至我社。

咨询电话　400-810-0598

反馈邮箱　gjdzfwb@pub.hep.cn

通信地址　北京市朝阳区惠新东街4号富盛大厦1座　高等教育出版社总编辑办公室

邮政编码　100029

防伪查询说明

用户购书后刮开封底防伪涂层,使用手机微信等软件扫描二维码,会跳转至防伪查询网页,获得所购图书详细信息。

防伪客服电话　(010)58582300